U0269578

Jiegou Donglixue

结构动力学

主　编　武兰河

人民交通出版社股份有限公司
China Communications Press Co.,Ltd.

内 容 提 要

本书系统地介绍了结构动力学的基本概念和基本方法，内容包括绪论、单自由度系统的振动、多自由度系统的振动、大型特征问题的实用近似计算方法、连续系统的振动、连续系统的离散化方法及近似解；本书强调结构动力学与静力学之间的差别和联系，内容通俗易懂、深入浅出，是高等工科学校土木工程、水利工程类专业学生学完结构力学课程后，为进一步拓宽和加深结构动力学知识而编写的教材。

本书可作为相关专业高年级本科生的教材和教学参考书，也可供相关专业研究生或有关工程技术人员和科学技术人员参考。

图书在版编目(CIP)数据

结构动力学／武兰河主编. — 北京 ：人民交通出版社股份有限公司，2016.4

ISBN 978-7-114-12991-9

Ⅰ. ①结… Ⅱ. ①武… Ⅲ. ①结构动力学 Ⅳ. ①O342

中国版本图书馆 CIP 数据核字(2016)第 096791 号

书　　名：结构动力学
著 作 者：武兰河
责任编辑：王　霞　王景景
出版发行：人民交通出版社股份有限公司
地　　址：(100011)北京市朝阳区安定门外外馆斜街 3 号
网　　址：http://www.ccpress.com.cn
销售电话：(010)59757973
总 经 销：人民交通出版社股份有限公司发行部
经　　销：各地新华书店
印　　刷：北京盈盛恒通印刷有限公司
开　　本：787×1092　1/16
印　　张：14.75
字　　数：360 千
版　　次：2016 年 8 月　第 1 版
印　　次：2016 年 8 月　第 1 次印刷
书　　号：ISBN 978-7-114-12991-9
定　　价：38.00 元

前言

结构动力学是一门工程背景很强的专业技术基础课程，它的主要研究内容是结构体系在受到各种形式的激励后所表现出的动力学行为，其根本目的是为保证和改善工程结构在服役期间所处的动力环境下的安全性和可靠性提供坚实的理论基础。由于课程内容的深度和难度，目前，这门课程在我国多数大学的相关本科专业都未独立开设，与之相关的内容仅在结构力学课程的某些章节当中有所提及，都是在研究生阶段才广泛开设这门课程。随着我国高等教育的发展和土木工程专业教学改革的需要，这门课程对本科学生的重要性越来越明显，一些学校的土木工程专业和水利工程专业开始对本科生独立开设结构动力学课程。然而，时至目前，在我国并没有一本深入浅出、通俗易懂、适合于本科生教学的结构动力学教材，多数结构动力学教材都是面向研究生的，其教学内容过于专业化，研究的色彩过浓，使很多基础相对缺乏的本科学生学习起来有较大的难度。本书正是出于这种考虑而编写的，其主要目的是为本科学生的结构动力学课程学习提供一个基础性的教学参考书，其教学内容不涉及非线性振动、随机性振动等专业性很强而又繁难的部分，主要偏重于结构动力学的基本概念、基本理论和基本方法。

本书共由六章组成。第1章重点介绍结构动力学计算的特点、振动问题的分类、振动问题的提法以及与力学计算有关的动力自由度概念、运动微分方程的建立方法等基本问题。第2章主要探讨单自由度结构的自由振动、受迫振动的机理，重点阐述结构振动系统的固有频率以及其在各种外部激励作用下的动力响应计算。首先详细介绍建立运动微分方程的几种方法及其适用对象，然后介绍系统的等效质量和等效刚度等概念，讨论它们对固有频率的影响，并分别在时间域和频率域中讨论结构系统在外部激励作用下的动力响应计算方法。第3章分析多自由度系统的自由振动和受迫振动，建立运动微分方程组之后，通过讨论其固有振动的频率和主振型等动力学固有特性，给出了求解多自由度系统的动力响应的直接解法和振型叠加法。第4章对实际工程中遇到的大型特征值问题介绍了一些实用的近似方法，以方便读者在处理具体工程问题时应用和参考。第5章对连续的无限自由度系统的振动给予了一定的阐述，对几种典型的连续系统如弦、杆、梁、薄膜、薄板等的振动问题给出了解析解，并讨论了其振动的机理和特征。第6章主要介绍连续系统的离散化方法和近似解，介绍了集中质量法、Dunkerly法、Rayleigh法、Ritz法、加权残值法和动力有限元法的基本思想和具体实施方法，这些近似方法是解决实际工程问题必不可少且行之有效的方法。

作者从事结构动力学和振动力学课程的教学工作已有二十多年，深感这类课程对本科学生的重要性和学习难度，因此在编写本书的过程中，不追求高大上和高大全，比较注重结构动力学的基本概念和基本方法，强调结构动力学与静力学之间的差别和联系，突显这门课程的基础性，将研究对象较多地集中到结构类振动系统上，力求对结构动力学的基本概念交代清楚，使学生能够以结构力学课程为基础，顺利地解决结构系统在承受动力荷载时的动位移、动内力计算等土木工程类专业学生较关心的问题，而对那些力学模型较复杂的机械振动系统则较少采用，只是在阐述有关振动理论时才偶有涉及。在建立系统运动微分方程的方法时，重点介绍以达朗伯原理为基础的刚度法和柔度法等力学概念较强、与结构力学联系较密切的方法，而对以分析力学为基础、对数学知识要求较高的 Lagrange 方程方法和以 Hamilton 原理为基础的变分法则只作简单介绍。另外，对阻尼这种动力系统中必不可少的因素也作了扼要介绍，不去深究阻尼的机理，只求满足工程应用，因为阻尼的机理本身就不是很清楚，多数情况下它们对工程应用的影响并不大，而严格地考虑阻尼只会给数学分析带来较大的困难。

本书是高等工科学校土木工程、水利工程类专业学生学完结构力学课程后，为进一步拓宽和加深结构动力学知识而编写的教材，其内容与结构力学的教学内容紧密相连，较全面、系统地介绍了结构动力分析的基本理论和基本方法，可作为相关专业高年级本科生的教材或教学参考书，也可供有关工程技术人员和科学技术人员参考。

本书在编写过程中参考和汲取了国内外有关结构动力学和振动力学方面的经典教材的相关内容，如 William T Thomson 的《Theory of Vibration with Applications》，盛宏玉的《结构动力学》，刘晶波的《结构动力学》，张子明的《结构动力学》，刘延柱的《振动力学》，倪振华的《振动力学》，谢官模的《振动力学》，张相庭的《结构振动力学》等，同时还得到了许多专家的支持和帮助，作者谨对他们一并表示衷心的感谢。由于作者水平所限，书中难免会有各种缺点、错误和不当之处，希望广大师生和同行专家不吝指正。

作　者

2016 年 4 月

目录

第1章 绪　论

作为本书的第一章，将简要阐述结构动力学分析的主要目的及基本内容，结构振动的基本特点、动力问题的提法、动力分析的力学模型和数学模型的建立方法，以便帮助读者打开结构动力学这个学科的大门。本章的主要内容有：结构动力学的任务和研究内容，结构的动力自由度及结构离散化方法，并简要介绍建立结构运动方程的几种常用方法。

1.1 结构动力学的任务和研究内容

1.1.1 结构动力学的任务

在自然界、工程技术和日常生活中，普遍存在着物体的往复运动或状态的循环变化现象，这类现象被称为振荡。如大海的波涛起伏、花朵的日开夜闭、心脏的跳动、钟摆的摆动、经济的发展和萧条等现象，都具有明显的振荡特性。振动是一种特殊的振荡，即平衡位置附近微小或有限的振荡。工程技术领域所涉及的机械和结构的振动常被称为机械振动，例如大型桥梁和高层建筑物在受到风荷载、冲击波、地震、波浪等作用时的振动，车辆运行中由于路面不平顺而引起的车辆振动及车辆引起的路面振动，飞行器在航行时受到气流作用而产生的振动，机床的刀具在行进过程中由于电机的质量偏心导致的振动等，都属于机械振动。

振动现象通常被认为是有害的。例如，振动会影响精密仪器设备的功能，降低构件的加工精度，加剧构件的疲劳，从而缩短机器和结构物的使用寿命。振动还可能引起结构物的大变形破坏，典型的案例是 1940 年美国华盛顿州 Tacoma 峡谷上一座跨度为 853m 的悬索桥因风载引起剧烈扭转振动而发生的坍塌事故。最近几十年，全球处于地震频发期，如 1960 年的智利地震，1976 年的中国唐山地震，1995 年的日本阪神地震，1999 年的中国台湾地震，2001 年的印度地震和 2008 年的中国汶川地震等，都对人民群众的生命财产和国家经济建设造成了巨大的损失。即使不引起灾难性的破坏,但车辆和飞机等运载工具的振动会劣化乘载条件,电机的振动会影响电机运转的稳定性,导弹的振动会使得控制其飞行轨迹比较困难,房屋的大幅振动会影响居住的舒适性甚至房屋的破坏,强烈的振动噪声会形成严重的社会公害。

然而,振动也有其积极和可利用的一面,人们日常生活中的音乐就是利用了振动发声的基本原理,手机、电视等现代文明的通信基础也是电磁振荡。近年来工程技术领域出现了许多利用振动现象的生产装备和工艺,例如振动筛选、振动传输、振动抛光、振动沉桩等,这些工艺极大地改善了人们的劳动条件,提高了生产效率。可以预计,随着科学研究的深入和生产实践的普及,人们对振动机理的认识会越来越深化,对振动的利用会与日俱增。

结构动力学的主要任务就是研究工程结构在受到动力荷载作用下的运动规律,探讨振动现象的机理,以便充分利用结构振动的有利因素,设计出新颖合理的结构形式,减弱或者避免结构振动带来的不利影响,为工程结构的设计、保证结构的经济与安全提供科学的依据。

1.1.2 振动的分类及结构动力学的研究内容

结构振动问题所涉及的内容可用系统、激励和响应来描述。机械部件、工程结构等研究对象称为振动系统,构成振动系统的基本要素是惯性元件和弹性元件,即质量和弹簧。对实际工程问题而言,振动系统中还有阻尼元件。惯性元件存储的动能和弹性元件存储的势能在振动过程中相互转化,阻尼则消耗系统的能量。初始干扰、强迫力等外界对于系统的作用统称为激励。系统在激励作用下产生的运动称为系统的响应。系统、激励和响应之间的关系可用图 1-1来说明,结构动力学就是要探究这三者之间的关系。按照振动问题的这种提法,振动问题通常分为三大类:振动分析,即已知系统的特性和激励的大小,求系统的响应,为结构强度和刚度设计提供依据;系统识别,即已知激励和响应,求系统的物理特性参数,也称为系统设计;振动环境预测,即已知系统特性和响应,求输入的激励情况,判别系统的环境特性。

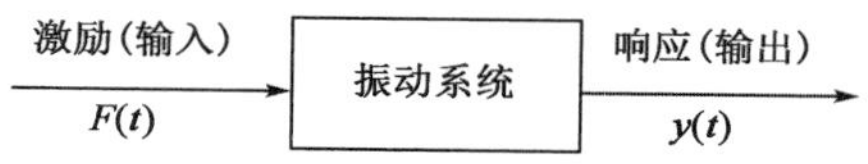

图 1-1 系统、激励与响应的关系

在这三类问题中,振动分析为正问题,相对来说较为容易;系统识别和振动环境预测则属于反问题,实际振动问题往往错综复杂,可能同时包含着分析、识别和设计等几个方面的问题。作为基础性的结构动力学,本书仅限于讨论振动分析问题。振动分析的主要工作就是求解一个已知物理参数的振动系统在已知激励作用下所产生的动力响应,包括此系统的位移、速度、加速度和结构内力等。同时,由于结构的动力响应与结构系统本身的物理参数之间有着密切的关系,因此,求解系统自身的振动特性也是结构动力学一个重要的研究内容。

振动分析问题根据研究的侧重点,可以从不同的角度进行分类。

按照振动系统的物理特点和基本假设,振动可以分为线性振动和非线性振动。所谓线性振动,是指结构振动的幅度不是很大时,系统的质量可以认为是不变的,系统的弹性力和阻尼力可以近似看作与运动参数(位移和速度)呈线性关系;在这种假设下,振动问题的数学描述为线性微分方程,正因为如此,才称其为线性振动。非线性振动是指那些数学模型为非线性微分方程的振动,它是由不能简化为线性系统的振动系统产生的振动。由于非线性微分方程的求解非常困难,所以本书只讨论线性振动问题。

如果按照激励的类型,振动可以分为以下几类:自由振动、受迫振动、自激振动和参数振动。自由振动是指系统仅由初始激励激发的振动,在振动的过程中不再受任何激励。受迫振动是指系统在振动的过程中不断受到由外界控制的激励作用。自激振动是指系统在振动的过程中不断受到由自身控制的激励作用,如机械钟摆之所以持续下去,就是因为在特定的时刻受到了发条的冲击作用,这个冲击的时刻不是任意的,而是受系统自身控制。参数振动是指由系统自身参数的变化而激发的振动,例如人在荡秋千时一会儿蹲下去,一会儿站起来,由于摆长的变化使得振动幅度愈来愈大。

按照响应的情况,振动可以分为以下几类:简谐振动、周期振动、准周期振动、混沌振动和随机振动。简谐振动是指系统的响应为时间的简谐函数(正弦或余弦)。周期振动是指系统的响应为时间的周期函数,可用谱分析法将其展开为一系列周期可通约的简谐振动的叠加。准周期振动是指系统的响应为一系列周期不可通约的简谐振动的叠加。混沌振动是指系统的响应为时间的始终有界非周期函数。随机振动是指系统的响应为时间的随机函数,只能用概率统计的方法来描述。

1.1.3 动力荷载的类型及动力计算的基本特点

结构物之所以会产生振动,主要是因为受到了某种动力荷载的作用。动力荷载是相对静力荷载而言的,它是指大小、方向和作用位置随时间不断变化的荷载。严格来讲,工程上所有的荷载都应属于动力荷载,因为它们都是随时间变化的。但是,如果荷载随时间变化很慢,荷载对结构产生的影响与静荷载相比差别很小,这种荷载作用下的结构计算问题便可以简化为静力荷载作用下的结构计算问题。如果荷载不仅随时间变化,而且变化较快,荷载对结构产生的影响与静力荷载产生的影响相比差别很大,那么这种荷载就必须被当作是动力荷载来考虑。荷载变化的快与慢是相对于结构系统自身的固有振动周期而言的,确定一种随时间变化的荷载是否为动力荷载,须将其本身的特征和结构的动力特性结合起来考虑才能确定。

根据荷载是否预先确定,动力荷载可以分为两类:确定性荷载和随机性荷载。预先的含义是指在进行结构动力分析之前。确定性荷载是指荷载随时间的变化规律是预先知道的,是完全已知的时间过程;而随机性荷载则是指荷载随时间的变化规律是无法预先确定的,是一种随机过程,比如地震荷载、风荷载等都属于随机性荷载。需要说明的是,随机的含义是指不确定的而不是指复杂的,简单的荷载可以是随机性的,复杂的荷载也可以是确定性的。

确定性荷载按时域特性不同,可分为周期荷载和非周期荷载两大类。周期荷载是时间的周期函数:$F(t)=F(t+T)$,其中 T 为周期。周期荷载是重复的荷载,在多次循环中这些荷载相继出现相同的随时间变化过程。按正弦或余弦规律变化的荷载是最简单的周期荷载,如旋转机械由于质量偏心产生的离心力在竖直或者水平方向的投影就是 $F(t)=F_0\sin\theta t$ 或 $F(t)=F_0\cos\theta t$,这种周期荷载也称为简谐荷载。简谐荷载作用下结构的动力反应分析是非常重要的,因为这种荷载不仅在工程中确实存在,而且由傅里叶级数理论可知,任何周期荷载都可以分解为一系列简谐荷载的叠加,如此,一般周期荷载作用下结构的动力反应问题可以转化为一系列简谐荷载作用下的反应问题。非周期荷载可以是短时间内的冲击荷载,也可以是长时间的一般形式的荷载。锻造、冲压和爆破是最典型的冲击荷载,而风荷载和地面脉动荷载则属于长时间的任意荷载。图 1-2 给出了工程中常见的几种动力荷载。

在动力荷载作用下,结构物会产生振动,其各种响应都将是时间的函数,在运动的过程中结构会产生不容忽视的加速度,其惯性力会反过来对结构的变形产生影响。因此,动力分析与静力分析的根本区别在于建立结构的平衡方程时是否考虑惯性力的影响。在进行动力分析时,结构的动力平衡方程中除了动力荷载和弹簧的弹性力之外,还要引入因其质量而产生的惯性力和耗散能量的阻尼力。

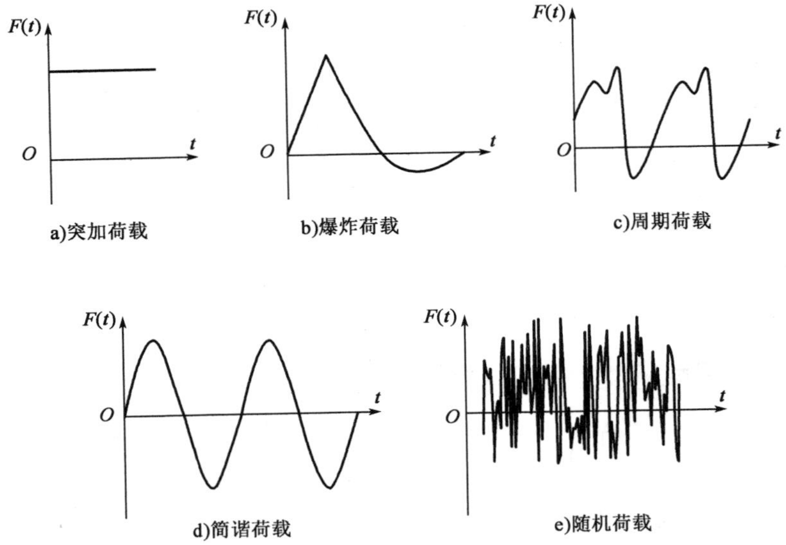

图 1-2 工程中常见的几种动力荷载

1.2 > 结构的动力自由度及结构离散化方法

由于惯性力是导致结构在动力荷载作用下响应不同于静力荷载作用下响应的根本原因,因此弄清楚结构的质量分布情况并分析质量可能产生的位移,对动力分析来说是非常关键的。在结构运动过程中的某一时刻,确定其全部质量位置所需要的独立几何参数的个数,称为系统的动力自由度或振动自由度。

实际结构的质量都是分布的,因而惯性力也是连续分布的,如果要准确考虑和确定全部惯性力,就必须确定结构上每一点的运动,这时,结构上各点的位置都是独立的变量,导致结构有无限多个动力自由度。对于无限自由度系统的动力计算,只有一些很简单的问题能给出解答,而且计算十分复杂。实践证明,如果所有结构均按无限自由度系统来处理,不仅十分困难,而且确无必要。因此,通常会对计算模型加以简化,采用某种近似方法使连续系统变成有限自由度系统,这个过程一般称为离散化。结构离散化方法如下所述。

1.2.1 集中质量法

集中质量法是结构动力分析最常用的离散化处理方法,它是根据结构上质量分布和刚度分布情况,将连续分布的质量集中到结构在某些几何位置的有限个质点或者刚体(质体)上,如此将一个原本是无限自由度的问题简化为有限自由度问题。

图 1-3a)所示为一质量连续分布的简支梁,按照其在振动时的变形特征和计算精度的要

求,可以将梁的质量集中到图 1-3b)所示的几个点上。当然,结构的质量集中为几个质体以及集中到哪些点上,取决于结构中的质量和刚度分布情况,要具体问题具体考虑。如图 1-3c)所示,同样是简支梁,但当梁上有一个具有一定尺寸并且质量相对较大的固定的设备时,该设备可以当作是一个刚体,梁的质量便可以忽略不计或者将梁的质量等效到质量较大的设备处,从而得到图 1-3d)所示形式的计算简图,如果只考虑设备在平面内的振动,并且不考虑梁的轴向变形,则其动力自由度为 2。如果刚体的尺寸相对梁来说很小,也可以忽略刚体的尺寸而将其简化为一个质点,从而简化为一个单自由度系统。

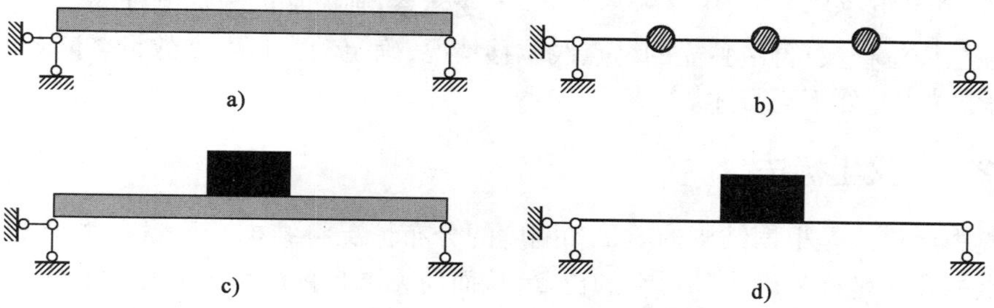

图 1-3　简支梁的简化

又如图 1-4a)所示的建于 1997 年高 280m 的石家庄电视塔,若采用粗略的计算模型,可以将塔身看作固定在地基上的一根悬臂梁,将塔身的质量集中到上下塔楼两处,从而得到一个两自由度动力模型。

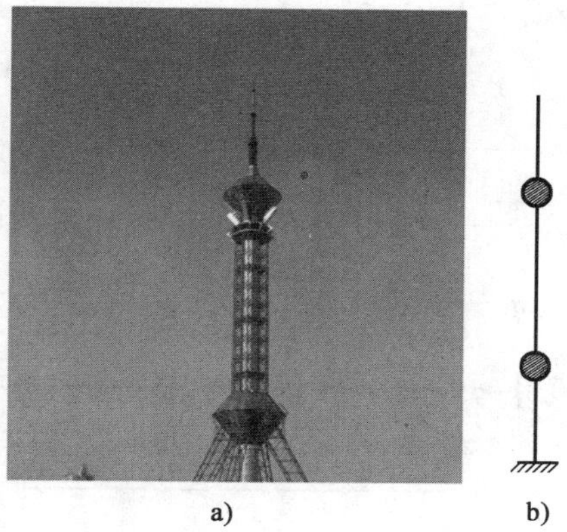

图 1-4　石家庄电视塔的简化

需要指出,结构的动力自由度数目并不是固定不变的,会随着结构分析的假设而变化,采用不同的假设必然会得到不同的简化模型。一般来说,计算假定越少,自由度数目就越多,模型就越能反映实际结构的动力性能,计算精度也就越高,但计算的工作量也会加大。反之,计算假定越多,自由度数目就越少,计算工作就越简便,但计算精度也就越低。对于一个实际问题,应同时兼顾计算精度与计算效率,在不改变结构主要动力特点并保证足够计算精度的前提下,做出合理的假设,尽量减少动力自由度的个数以简化计算。对杆件结构而言,我们通常忽略掉杆件的分布质量,在考虑结构的变形时依然采用结构力学中的假设,对受弯杆件都忽略掉杆件的轴向变形,并且假设杆件的弯曲变形也是微小的。在这种假设下,一个受弯杆件上任意两点之间的距离在杆件变形前后都不发生改变。如图 1-5a)所示的刚架结构体系,在振动过程中水平杆和竖直杆均可发生弯曲变形但没有轴向变形,因此质点 m 在水平方向和竖直方向均有位移发生,故其动力自由度为 2。而图 1-5b)所示的系统,振动过程中两个质点处均没有竖向位移,且它们的水平位移相等,故其动力自由度为 1。

由以上两个例子不难发现,结构的动力自由度数目与该结构是静定还是超静定,以及其超静定次数的多少没有直接关系,与质点的个数也没有绝对的对应关系。动力自由度的多少只取决于所采用的假设,如果考虑轴向变形,则图 1-5b)所示系统中的两个质点就会都有竖直和

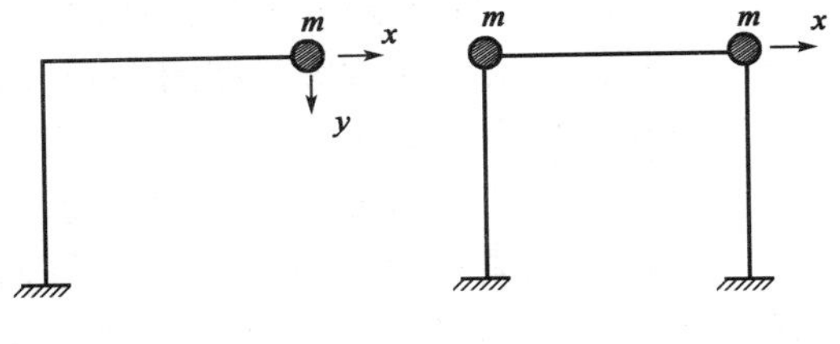

图 1-5 刚架结构系统的动力自由度确定

水平位移，而且它们的水平位移不再相等，因此，其动力自由度数目就变成了 4。

对于比较复杂的刚架类振动系统，还可以用结构力学位移法中添加附加链杆的方法来确定其动力自由度，即将结构中所有的刚结点（包括固定支座）都改为铰结点；然后对此几何可变的铰结链杆体系添加附加链杆，使之刚好成为几何不变体系，则添加的附加链杆数目就是原刚架系统的结点独立线位移数；再由独立的结点线位移情况，确定动力自由度数目。读者可参考有关的结构力学教材，此处不再赘述。

1.2.2 广义坐标法

上述集中质量法是根据结构的质量和刚度的分布情况将结构的质量在物理上进行离散，然后用质点的几何坐标来确定其运动的位置，从而使无限自由度系统简化为有限自由度系统。与此不同，我们还可以换一种思路，对一个连续系统，不从物理的角度去分析它的质量分布情况，而是对其振动时的位置从数学的角度进行近似模拟，假设系统的位移是某些满足一定条件的已知函数（基函数）的线性组合，此即所谓广义坐标法，那些线性组合的系数称为广义坐标。如图 1-6 所示的具有分布质量的简支梁，设在 t 时刻梁的位移为 $w(x,t)$，其挠曲线可用三角级数的和来表示，即

$$w(x,t)=\sum_{i=1}^{\infty}q_i(t)\sin\frac{i\pi x}{l} \tag{1-1}$$

式中：l——梁的跨度；

$\sin\frac{i\pi x}{l}$——满足边界条件的位移函数（基函数）；

q_i——广义坐标，是一组待定参数，对动力问题而言它们是时间的函数。

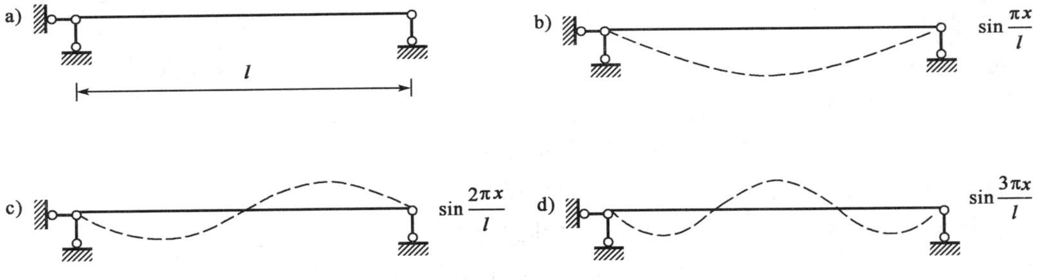

图 1-6 简支梁的基函数

由于基函数是事先给定的确定函数，梁的变形就可以由无限多个广义坐标 $q_i(i=1,2,\cdots,\infty)$来表示，也就是说，结构的无限多个动力自由度可以用无限多个广义坐标来表示。实际分析中，不可能也没必要取级数的无穷多项，一般仅取级数的前几项就有足够的计算精度。例如取 3 项，则有

$$w(x,t)=\sum_{i=1}^{3}q_i(t)\sin\frac{i\pi x}{l} \tag{1-2}$$

这样就将无限自由度系统简化为三个自由度的系统。当然,随着级数项数的增加,计算的精度会越来越高。

一般地,结构的位移可表示为

$$w(x,t)=\sum_{i=1}^{n}q_i(t)\phi_i(x) \tag{1-3}$$

式中:q_i——广义坐标,它可以理解为基函数的幅值;

$\phi_i(x)$——基函数,它一般为连续函数并满足几何边界条件,这点在第6章会详细讨论。

广义坐标是基函数的系数,它们表示了基函数的大小,如果基函数是位移量,则广义坐标不具有位移的量纲,只有当它们乘以基函数并叠加以后,才是真实的位移物理量,因而广义坐标实际上并不是真实的物理量,仅是某些形式上的参数。

1.2.3 有限单元法

集中质量法和广义坐标法分别从物理和数学的角度对结构的振动问题进行了离散化,它们有各自的优点和缺点。集中质量法简便易行,物理概念清楚,但由于其质量集中的方式具有随意性,缺乏严密的数学基础,计算精度有时无法估计;广义坐标法则完全采用数学的方法,有严密的理论基础作保证,计算精度较容易估计,但是广义坐标的物理意义不甚明确,而且有时要选择满足特定条件的基函数非常困难。有限单元法将两种方法结合起来,兼有集中质量法和广义坐标法的特点,它是将实际结构划分成若干个子域(单元),认为各单元只在有限个结点处相互连接,而在每个单元内构造位移函数,将位移函数假设为一些基函数的线性组合。在有限单元法中,这些基函数又称为插值函数或形函数。与广义坐标法不同的是,此处的广义坐标有明确的物理意义,它们就是单元在结点处的位移或其导数。而且由于基函数只需要在单元内构造,并且不需要满足边界条件,这比在整个结构域上构造满足边界条件的函数要容易得多。

上述三种方法以集中质量法较为简便实用,广义坐标法需要选择满足边界条件的函数族,这在有些情况下是比较困难的,故只适用于比较简单的结构。有限单元法综合了集中质量法和广义坐标法的优点,可适用于各种复杂的结构,因而在求解工程结构的实际问题时被广泛采用。关于有限元法的有关知识,可参阅第6章的有关章节。

1.3 ➤ 建立结构运动方程的方法简介

研究结构振动问题的关键,是求得各惯性元件的位移随时间变化的历程,而要求得结构的这些位移,就必须首先由问题的力学模型建立数学模型,即运动方程。建立结构的运动方程是一项重要的基础性工作,它为求解运动方程和分析结构的响应奠定了基础。

建立结构的运动方程有很多种方法,这些方法大致可以分为两大类:一是基于牛顿第二定律或达朗贝尔原理的动静法,二是基于能量原理与变分法的拉格朗日方程和哈密顿原理方法。第一类方法以力的平衡为基础,其力学概念比较清楚;第二类方法以能量原理和数学上的变分法为基础,主要是进行数学推导和变换,故又称为分析力学方法。关于达朗贝尔原理、拉格朗日方程和哈密顿原理的详细论述,请读者参阅理论力学和分析力学的有关书籍,这里只作扼要介绍。

1.3.1 动静法

以一个简单的单自由度系统为例，如图1-7a)所示的结构系统，设梁的弯曲刚度为 EI，长度为 l，质量忽略不计，端部的集中质量大小为 m，受激励力 $F(t)$ 作用。现将某时刻的质点取出来研究其受力平衡，根据牛顿第二定律有

$$F_E(t) + F(t) = ma \tag{1-4}$$

式中：$F_E(t)$——梁对质点的弹性力；

a——质点的加速度。

将式(1-4)右边的 ma 移到左边，并引入惯性力，得

$$F_I(t) = -ma \tag{1-5}$$

式(1-5)中的负号表示惯性力的方向与加速度方向相反，于是有

$$F_I(t) + F_E(t) + F(t) = 0 \tag{1-6}$$

式(1-6)即达朗贝尔原理，它可以理解为，在加上惯性力之后，质点在其所受到的激励力 $F(t)$、弹性力 $F_E(t)$ 和惯性力 $F_I(t)$ 共同作用下处于平衡状态，即所谓动平衡，如图1-7b)所示。

如果用 $x(t)$ 表示质点在 t 时刻的位移，则有 $a=\ddot{x}$，惯性力和弹性力可写为

$$F_I(t) = -m\ddot{x} \tag{1-7}$$

$$F_E(t) = -k_{11}x \tag{1-8}$$

式(1-8)中的负号表示弹性力方向与质点位移的方向相反，k_{11} 可理解为梁对质点的弹簧刚度，可用结构力学方法求得，即 $k_{11} = 3EI/l^3$，见图1-7c)。于是式(1-6)可写成

$$m\ddot{x} + k_{11}x = F(t) \tag{1-9}$$

对于多自由度系统，可分别取每个惯性元件为隔离体，利用达朗贝尔原理建立其动平衡方程，从而得到多自由度系统动力平衡的方程组。

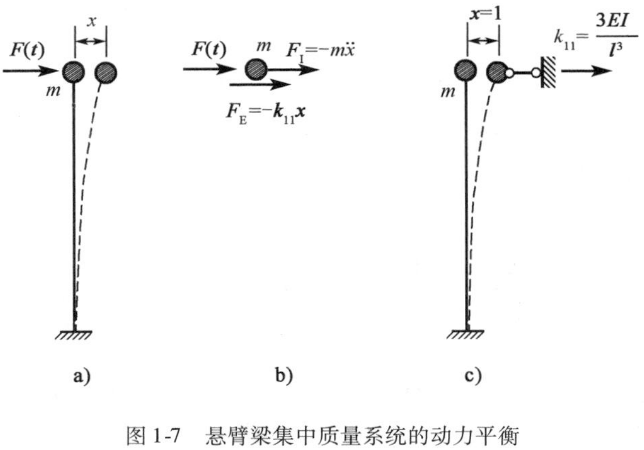

图1-7 悬臂梁集中质量系统的动力平衡

1.3.2 拉格朗日方程

设有一个多自由度系统，现将系统所有质点的位移用广义坐标 $q_i(i=1,2,\cdots,n)$ 来表示，振动过程中系统的动能和势能显然都跟系统位形和运动状态有关，动能是广义速度的函数，而势能是广义位移的函数。将系统的动能 T 和势能 U 分别用广义速度和广义位移表示后，便可

以由拉格朗日方程

$$\frac{\mathrm{d}}{\mathrm{d}t}\left(\frac{\partial L}{\partial \dot{q}_i}\right)-\frac{\partial L}{\partial q_i}=F_i(t) \qquad (i=1,2,\cdots,n) \tag{1-10}$$

用求导数的办法得到系统的动力平衡方程组,其中

$$L=T-U \tag{1-11}$$

称为拉格朗日函数, $F_i(t)$ 为与广义坐标 q_i 相对应的非保守力。

如前面的悬臂梁的例子,其动能和势能表达式分别为

$$T=\frac{1}{2}m\dot{x}^2 \tag{1-12}$$

$$U=\frac{1}{2}k_{11}x^2 \tag{1-13}$$

将式(1-12)和式(1-13)代入式(1-10),同样可以得到式(1-9)的动力学方程。

1.3.3 哈密顿原理

哈密顿原理是分析力学中的一个基本的变分原理,它给出了一条系统从一切可能的运动状态中判断真实运动状态的准则。它是这样描述的:对于任意时间段,例如从 t_1 到 t_2 时段,在一切可能的运动中,只有真实的运动使得某一物理量 H 取得极值。哈密顿于19世纪提出了这个物理量 H 的表达式,即

$$H=\int_{t_1}^{t_2}(T-U+W_{\mathrm{F}})\mathrm{d}t \tag{1-14}$$

式中:T——系统的动能;

U——系统的势能;

W_{F}——非保守力所做的功。

这个物理量也称为哈密顿作用量。

根据变分原理,H 取极值的条件为,其一阶变分等于零,即

$$\delta H=0 \tag{1-15}$$

将系统的动能和势能以及外力做的功等物理量用广义位移表示,然后代入式(1-15),经过数学上的变分运算,便可得到系统的运动方程。仍以前面的悬臂梁为例,其哈密顿作用量为

$$H=\int_{t_1}^{t_2}(T-U+W_{\mathrm{F}})\mathrm{d}t=\int_{t_1}^{t_2}\left[\frac{1}{2}m\dot{x}^2-\frac{1}{2}k_{11}x^2+\int_0^y F(t)\mathrm{d}x\right]\mathrm{d}t \tag{1-16}$$

现对式(1-16)进行变分运算,注意变分可与积分交换顺序,得

$$\begin{aligned}\delta H&=\delta\int_{t_1}^{t_2}\left[\frac{1}{2}m\dot{x}^2-\frac{1}{2}k_{11}x^2+\int_0^y F(t)\mathrm{d}x\right]\mathrm{d}t\\&=\int_{t_1}^{t_2}\delta\left[\frac{1}{2}m\dot{x}^2-\frac{1}{2}k_{11}x^2+\int_0^y F(t)\mathrm{d}x\right]\mathrm{d}t\\&=\int_{t_1}^{t_2}\left[m\dot{x}\delta\dot{x}-k_{11}x\delta x+F(t)\delta x\right]\mathrm{d}t\end{aligned} \tag{1-17}$$

对式(1-17)第一项,交换变分与微分的顺序,然后利用分部积分,并注意到有变分 δx 在积分上下限的值为零,得到

$$\int_{t_1}^{t_2}m\dot{x}\delta\dot{x}\mathrm{d}t=\int_{t_1}^{t_2}m\dot{x}\mathrm{d}\delta x=m\dot{x}\delta x\Big|_{t_1}^{t_2}-\int_{t_1}^{t_2}\delta x\mathrm{d}(m\dot{x})=-\int_{t_1}^{t_2}m\ddot{x}\delta x\mathrm{d}t \tag{1-18}$$

再代入式(1-17)并令其等于零,注意到变分 δx 的任意性,得

$$m\ddot{x} + k_{11}x = F(t) \tag{1-19}$$

以上三种方法各具特点,可分别适用于不同形式的动力系统。动静法是借助于惯性力的概念,立足于力的平衡这样一个最基本的事实,直接建立系统动力学平衡方程的方法,具体应用时会涉及惯性力、弹性力和阻尼力与加速度、位移和速度之间的关系,尤其是弹性力与系统位移之间的关系。而对工程结构这样的系统,这种关系相对来说比较容易求得,故动静法常用于建立工程结构这类系统的动力学方程。基于分析力学的拉格朗日方程和哈密顿原理,需要将系统的动能和势能用广义坐标来表示,对于由弹簧和刚体质量组成的机械系统,这种表达式比较容易得到,故这些分析力学的方法通常用于建立机械系统的动力学方程。但是对土木工程结构而言,要将系统的能量用系统的位形来表达是比较困难的,因而在建立工程结构类系统的动力学方程时通常不用这种方法。

习题

1.1　结构动力计算与静力计算的主要区别是什么?

1.2　什么是体系的振动自由度?它与几何组成分析中体系的自由度有何区别?如何确定体系的振动自由度?

1.3　采用集中质量法、广义坐标法和有限单元法都可以使无限自由度体系简化为有限自由度体系,它们所采用的手段有什么不同?

1.4　判断题 1.4 图中各振动系统的动力自由度。如无特殊说明,各受弯杆件的弯曲刚度 EI 均为常数,质量忽略不计,且不考虑轴向变形。

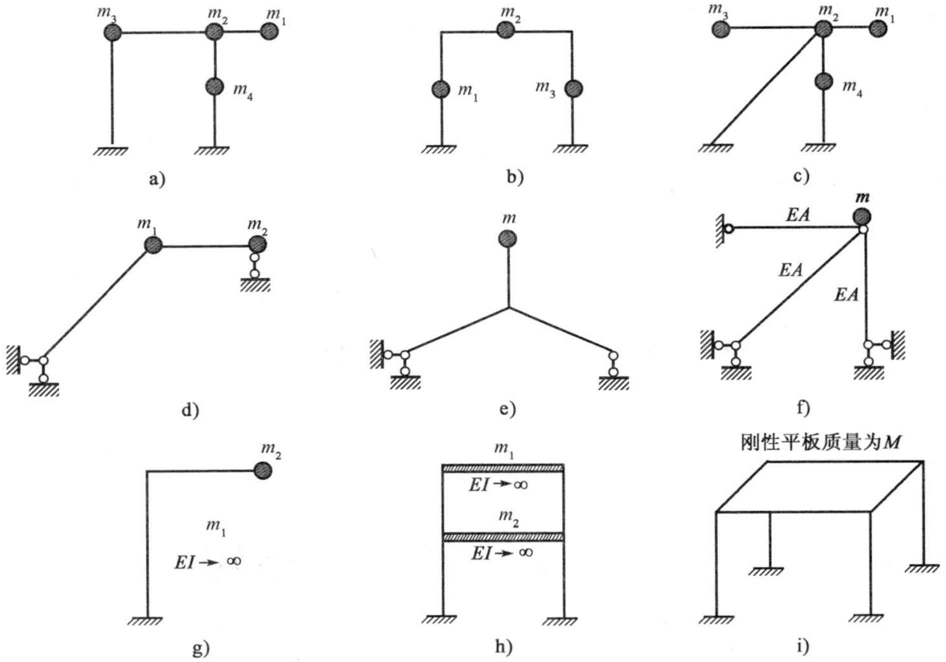

题 1.4 图

1.5　建立系统运动微分方程的方法主要有哪些？它们的基本原理是什么？

1.6　当激励力的作用线与惯性力不一致时，应如何建立运动微分方程？

1.7　如题1.7图所示，质量为m_1、长度为l的均质细长刚性杆一端铰支悬挂，另一端有集中质量m_2，试建立该系统在铅垂面内作微幅摆动时的运动微分方程。

1.8　如题1.8图所示，质量为m、半径为R的均质圆柱体在水平面上作无滑动的微幅滚动，其上A点处有两个刚度系数为k的水平弹簧约束。试建立其自由振动的微分方程。

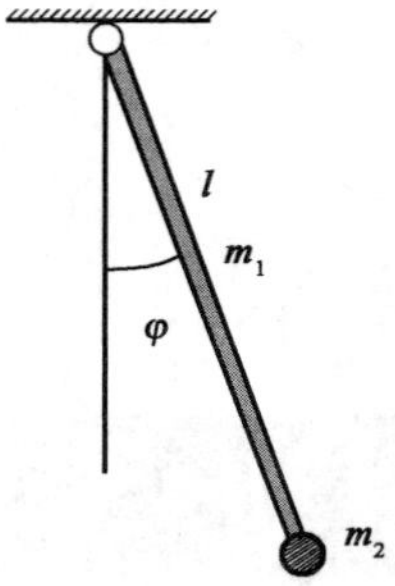

题1.7图

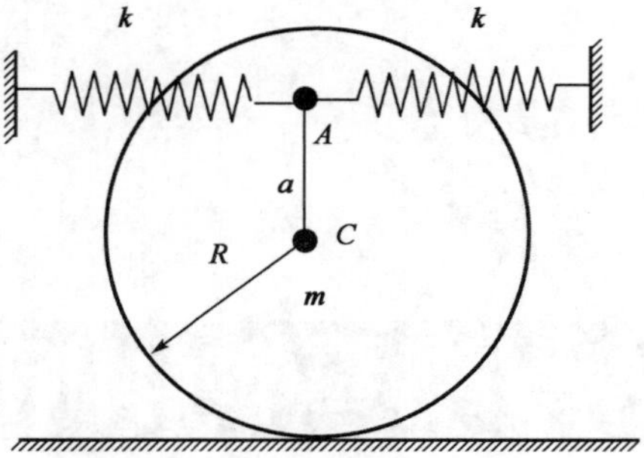

题1.8图

第2章
单自由度系统的振动

单自由度系统就是只有一个自由度的振动系统，也是最简单、最重要的振动系统。它的求解和分析相对来说比较容易，但其分析的方法和结论在动力学上具有重要的意义。其重要性体现在：首先，工程中的许多实际结构都可以近似地简化为单自由度系统，得到的结果具有相当高的精度，完全能满足工程误差的要求；其次，单自由度系统的分析方法和结论对多自由度系统和连续系统的分析具有指导意义，多自由度系统和连续系统的振动分析都是建立在单自由度系统振动理论的基础之上的。本章主要介绍单自由度系统力学模型和运动方程的建立，研究其自由振动和受迫振动的振动规律，并研究振动系统的自身参数，如质量、弹簧刚度和阻尼系数等因素对系统固有振动属性的影响。

2.1 ➤ 单自由度系统的力学模型与运动方程

单自由度系统是一个只需要一个独立参数来描述运动的振动系统的总称，它对应的物理系统是多种多样的，可以是各种形式的线性结构或者机械系统，其形式虽然千差万别，但其最后的运动方程在形式上却是相同的，鉴于此，我们可以先讨论一个最简单的质量弹簧阻尼器系统。如图 2-1a）所示，设质点的质量为 m，弹簧的刚度系数为 k，质量忽略不计，无扰动时弹簧无变形，质点处于平衡状态，阻尼器的黏滞阻尼系数为 c。以平衡位置为原点建立坐标轴 x，取质点隔离体的受力图如图 2-1b）所示，利用 1.3 节中的动静法（达朗贝尔原理），很容易得到

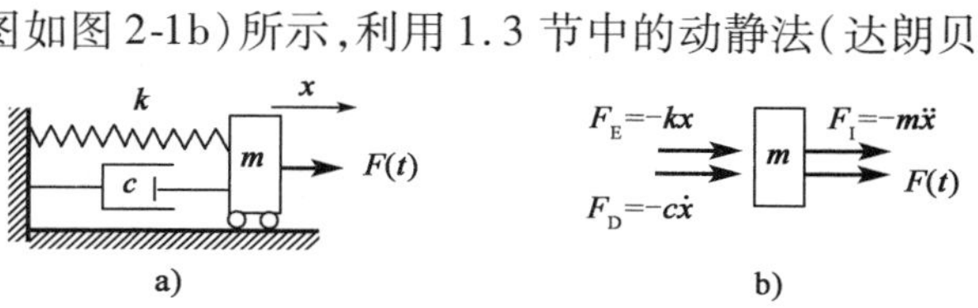

a)　　　　　　b)

图 2-1　质量弹簧阻尼系统的动平衡

系统的动力方程，即

$$F_{\mathrm{I}}(t)+F_{\mathrm{D}}(t)+F_{\mathrm{E}}(t)+F(t)=0 \tag{2-1}$$

式中：$F_{\mathrm{I}}(t)$、$F_{\mathrm{D}}(t)$、$F_{\mathrm{E}}(t)$——惯性力、阻尼力和弹性力。

若对阻尼力采用线性黏滞阻尼假设，弹性力满足胡克定律，则它们可以表达为

$$F_{\mathrm{I}}(t)=-m\ddot{x} \tag{2-2}$$

$$F_{\mathrm{D}}(t)=-c\dot{x} \tag{2-3}$$

$$F_{\mathrm{E}}(t)=-kx \tag{2-4}$$

式中的负号表示惯性力、阻尼力和弹性力的方向分别和加速度、速度和位移的方向相反。将以上三式代入式(2-1)，得到

$$m\ddot{x}+c\dot{x}+kx=F(t) \tag{2-5}$$

式(2-5)就是一般的单自由度系统的动力学方程。以后我们可以看到，任何复杂的单自由度系统，其动力学平衡方程都具有式(2-5)的形式。然而，对那些形形色色的复杂的单自由度系统，建立其运动方程的过程并不总是如此简单，针对不同的振动系统，需要用第1章提到过的各种方法。

2.1.1 动静法

根据达朗贝尔原理，在质量上添加一个形式上的惯性力之后，一个本质上的动力学问题就变成了一个形式上的静力学问题。在利用动静法建立运动方程时，又有刚度法和柔度法两种具体形式。

1）刚度法

刚度法就是我们前面所述的方法，它是取振动系统的惯性元件（质体）为研究对象，画出隔离体的受力图并在隔离体上加上惯性力，然后利用静力平衡条件建立结构的运动方程。如图2-2a)所示的剪切形门式刚架，横梁的弯曲刚度为无穷大，质量为 m，在柱子的顶端受到激励力 $F(t)$ 作用。由于横梁的弯曲刚度无穷大，且不考虑立柱的轴向变形，故立柱的上端不会产生转动，作为结构的横梁也只有水平位移，其变形方式如图2-2b)所示。现将该系统的惯性元件隔离体取出，画出其受力图，注意加上惯性力，如图2-2c)所示。在水平方向建立平衡方程，不难得到

$$F_{\mathrm{I}}-F_{\mathrm{SBA}}-F_{\mathrm{SCD}}+F(t)=0 \tag{2-6}$$

式中：F_{I}——惯性力，如果用质量和质点的位移来表示，有

$$F_{\mathrm{I}}=-m\ddot{x} \tag{2-7}$$

式中的负号表示惯性力的方向跟加速度的方向相反。F_{SBA} 和 F_{SCD} 为柱子 BA、CD 顶端的剪力，它们的大小跟结构的变形有关，由结构力学知

$$F_{\mathrm{SBA}}=F_{\mathrm{SCD}}=\frac{12EI}{l^3}x \tag{2-8}$$

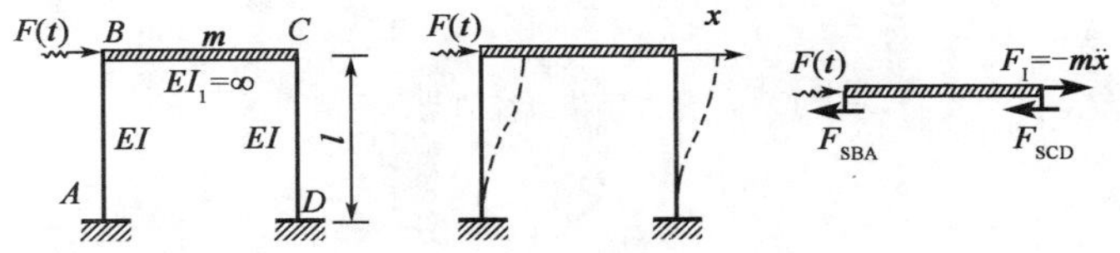

图2-2 门式刚架系统的动力平衡

将式(2-7)和式(2-8)代入式(2-6),得

$$m\ddot{x}+\frac{24EI}{l^3}x=F(t) \tag{2-9}$$

式(2-9)显然跟式(2-5)具有相同的形式,只不过此处没有考虑阻尼,方程中自然缺少了阻尼项,式中 $24EI/l^3$ 相当于式(2-5)中的系统的刚度系数 k。所谓刚度法,其实是因为在求结构对惯性元件的弹性恢复力(剪力)时利用了结构力学中的刚度系数的概念。显然,弹性恢复力跟刚体的位移呈线性关系,即

$$F_{\mathrm{E}}=-(F_{\mathrm{SBA}}+F_{\mathrm{SCD}})=-\frac{24EI}{l^3}x=-kx \tag{2-10}$$

式中:k——系统的刚度系数。

注意,规定弹性力与位移方向一致为正。对上述的剪切形刚架,k 也就是其层间侧移刚度或者称层间剪切刚度。

若激励力 $F(t)$ 不是作用在柱顶而是在柱子中间,如图 2-3a)所示,则直接取质体的动平衡时无法考虑激励力的影响,此时可采用结构力学位移法中添加附加链杆的办法来解决。因为系统在任何时刻均处于动平衡状态,当其振动到某一典型位置时,若在柱顶端添加一附加链杆,则链杆上面的反力应该等于零,如图 2-3b)所示,即

$$R_1=0 \tag{2-11}$$

根据叠加原理可知

$$R_1=R_{1\mathrm{I}}+R_{1\mathrm{E}}+R_{1\mathrm{P}}=0 \tag{2-12}$$

显然由平衡条件有

$$R_{1\mathrm{I}}=m\ddot{x} \tag{2-13}$$

$$R_{1\mathrm{E}}=kx=\frac{24EI}{l^3}x \tag{2-14}$$

$$R_{1\mathrm{P}}=-\frac{1}{2}F(t) \tag{2-15}$$

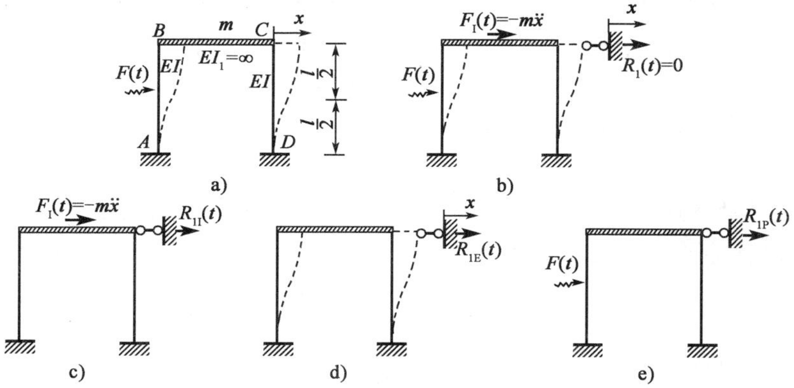

图 2-3 门式刚架系统的动力平衡

代入式(2-12),得

$$m\ddot{x}+\frac{24EI}{l^3}x=\frac{1}{2}F(t) \tag{2-16}$$

例 2.1　图 2-4a）所示为一超静定外伸梁，AB 部分为弹性杆，其弯曲刚度为 EI，不计质量，BC 部分为刚性杆，质量 m 沿 BC 均匀分布。建立其动力学方程。

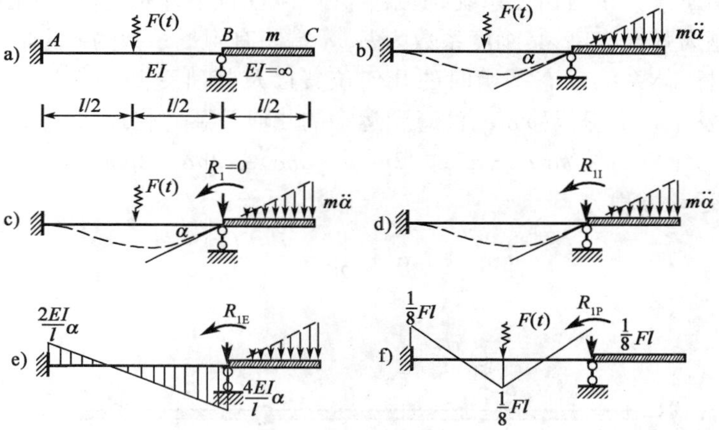

图 2-4　外伸梁振动系统

解：该系统中的质体 BC 部分在振动时绕 B 点转动，现取其逆时针转角 $\alpha(t)$ 为广义位移。其动平衡状态见图 2-4b），注意此时刚体的惯性力是连续的分布力，由于刚体上各点的加速度是线性分布的，故各点的惯性力也是线性分布。

这里，激励力仍然不是直接作用在质体上，我们依然采用结构力学位移法中添加附加约束的办法来解决，如图 2-4c）所示。同样，因为结构在任何时刻都处于动平衡状态，故人为添加的附加刚臂上的约束力矩必定等于零，即

$$R_1 = 0 \tag{2-17}$$

根据叠加原理可知

$$R_1 = R_{1\mathrm{I}} + R_{1\mathrm{E}} + R_{1\mathrm{P}} = 0 \tag{2-18}$$

显然由平衡条件有

$$R_{1\mathrm{I}} = \frac{1}{2}m\ddot{\alpha}\cdot\frac{1}{2}l\cdot\frac{2}{3}\cdot\frac{l}{2} = \frac{1}{12}ml^2\ddot{\alpha} \tag{2-19}$$

$$R_{1\mathrm{E}} = \frac{4EI}{l}\alpha \tag{2-20}$$

$$R_{1\mathrm{P}} = -\frac{1}{8}F(t)\cdot l \tag{2-21}$$

代入式(2-18)，得

$$\frac{1}{12}ml^2\ddot{\alpha} + \frac{4EI}{l}\alpha = \frac{1}{8}F(t)l \tag{2-22}$$

整理，得

$$\ddot{\alpha} + \frac{48EI}{ml^3}\alpha = \frac{3}{2ml}F(t) \tag{2-23}$$

2）虚功法

对有些广义的单自由度系统，系统中可能有许多个质体，惯性元件不止一个，它们之间的动平衡互相牵连，若直接用达朗贝尔原理建立其平衡方程会很麻烦，需要分别建立每一个质体

的平衡方程然后再消除其耦合参数。此时，用虚位移原理建立其平衡方程会比较简便，亦称虚功法。

如图 2-5a）所示广义单自由度系统，横梁为无限刚性且不计质量，横梁上有两个各为 m 的集中质量，B 支座为弹性支座，其刚度系数为 k，F 端装有阻尼系数为 c 的阻尼器。取 AC 杆的转角 α 为广义坐标，体系的动态平衡时的几何位置以及其所受到的作用力如图 2-5b）所示。设在该位置附近发生一个虚位移 $\delta\alpha$，注意到运动的几何关系，则由刚体体系的虚功原理得

$$[F(t) - ka\alpha]\cdot a\delta\alpha - 2ma\ddot{\alpha}\cdot a\delta\alpha - c2a\dot{\alpha}\cdot 2a\delta\alpha = 0 \tag{2-24}$$

整理后得系统的运动方程为

$$m\ddot{\alpha}\cdot + 2c\dot{\alpha} + \frac{1}{2}k\alpha = \frac{F(t)}{2a} \tag{2-25}$$

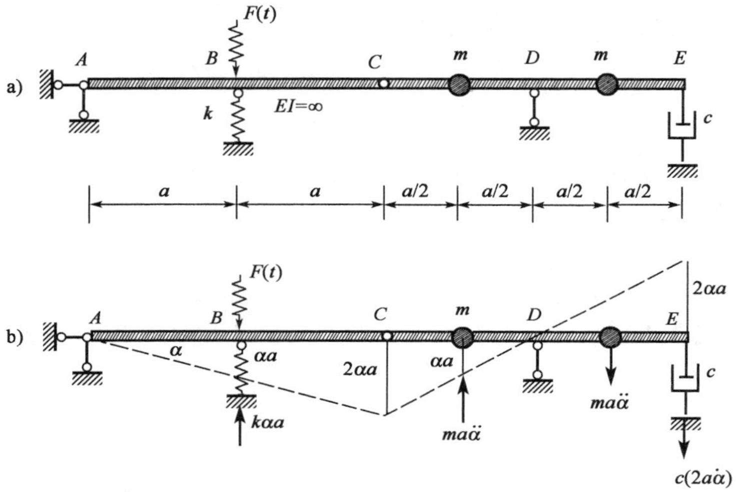

图 2-5 广义单自由度系统

3）柔度法

用刚度法建立系统的运动方程时，需要将系统的弹性力表达成质体位移的线性函数，但有些系统中的弹性力与质体位移之间的线性关系并不是可以很容易地求得，即刚度系数不易求得。此时可以换一种思路，不再取系统中的惯性元件为隔离体研究其平衡状态，而是基于弹性体系受力和变形相对应这样一个事实，取系统中的弹性部分为研究对象，将惯性力和激励看作是引起结构变形的外因，通过寻找这些力产生的位移得到结构的运动方程，这种方法称为柔度法。

如图 2-6a）所示的简支刚架结构系统，激励力不作用在质点上，质点振动方向沿水平方向，其运动过程的变形状况见图 2-6b）。结构的受力和变形是协调的，恒具有某种对应关系，在振动的任一时刻，若取质点为研究对象，则其在惯性力和弹性力的作用下处于动平衡状态，反过来，若取弹性结构为研究对象，其在该时刻的变形也完全是由此时刻的惯性力和外力共同产生的。利用结构力学求位移的方法，应有

$$x(t) = \delta_{11}(-m\ddot{x}) + \delta_{12}F(t) \tag{2-26}$$

式中的柔度系数 δ_{11} 和 δ_{12} 分别为图 2-6c）和图 2-6d）所示的单位力作用下引起的 x 方向的位移。由结构力学的图乘法知

$$\delta_{11} = \frac{l^3}{8EI}, \delta_{12} = \frac{l^3}{32EI}$$

代入式(2-26)得

$$x = \frac{l^3}{8EI}(-m\ddot{x}) + \frac{l^3}{32EI}F(t) \tag{2-27}$$

此即柔度形式的运动方程，亦可将其化为刚度形式，即

$$m\ddot{x} + \frac{8EI}{l^3}x = \frac{1}{4}F(t) \tag{2-28}$$

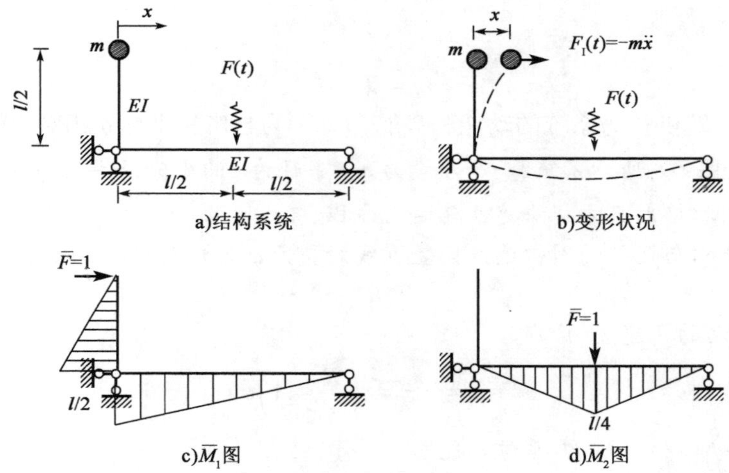

图2-6 简支刚架的动位移

4)重力的影响

前面讨论的振动系统质点大多是在水平方向运动，不涉及重力的问题，只有图2-7a)所示的广义自由度体系是在竖直方向的运动，而在讨论该问题时，也没有提到重力的问题，现在讨论重力对运动方程的影响。为了简单起见，考虑图2-7a)所示的简支梁，跨中有集中质量m，在激励力的作用下质点在竖直方向振动，现以静力平衡位置为坐标的零点，取向下的位移为x，以柔度法建立其运动方程

$$x + \Delta_{ST} = \delta_{11}[F(t) + mg - m\ddot{x}] \tag{2-29}$$

由于$\Delta_{ST} = \delta_{11}mg$，故式(2-29)两边相应的项消去后变为

$$x = \delta_{11}[F(t) - m\ddot{x}] \tag{2-30}$$

可见，当以静力平衡位置为坐标的零点时，方程中的重力项自然消失了，仿佛没有重力一样。今后为了简单，凡是遇到系统在竖向振动的问题时，都以静力平衡位置为坐标的原点，这样列

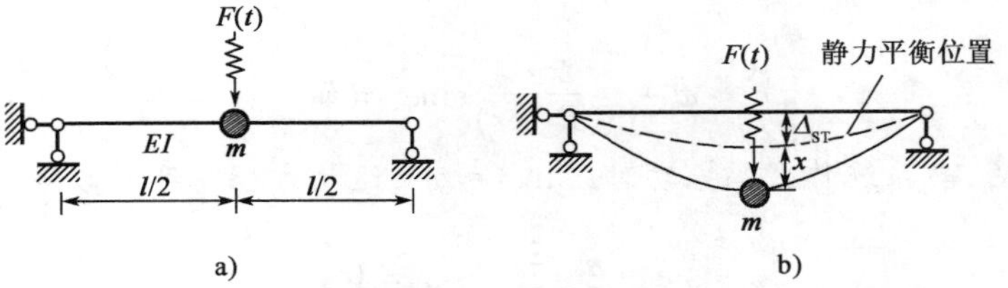

图2-7 重力对运动方程的影响

出的运动方程不含重力,运动方程中的位移也只是动力位移。如果需要计算结构的总位移,只需要叠加上静力位移即可。

2.1.2 拉格朗日方程法

对一些机械振动系统来说,其势能和动能较容易表达成广义位移和广义速度的泛函,用拉格朗日方程建立其动力学方程十分方便。对单自由度系统来讲,拉格朗日方程为

$$\frac{\mathrm{d}}{\mathrm{d}t}\left(\frac{\partial L}{\partial \dot{q}}\right)-\frac{\partial L}{\partial q}=F(t) \tag{2-31}$$

其中

$$L=T-U$$

为拉格朗日函数,T 和 U 为系统的动能和势能,$F(t)$ 为与广义坐标 q 相对应的非有势力。

例 2.2 如图 2-8 所示系统,一个质量为 m、半径为 r 的小球沿半径为 R 的圆弧形滑道做微幅纯滚动,试用拉格朗日方程法建立其运动方程。

解:以小球质心与圆弧的圆心连线同竖直线的夹角 φ 为广义坐标,小球质心处的线速度为

$$v=(R-r)\dot{\varphi}$$

小球绕其质心滚动的角速度为

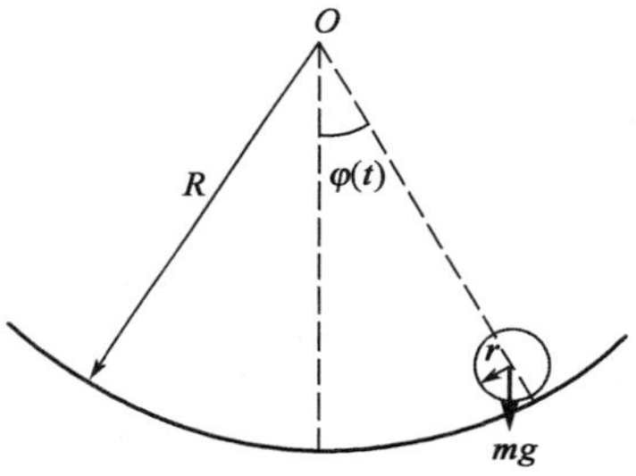

图 2-8 小球滚动系统

$$\omega=\frac{v}{r}=\left(\frac{R}{r}-1\right)\dot{\varphi}$$

系统动能

$$\begin{aligned}T&=\frac{1}{2}mv^2+\frac{1}{2}J\omega^2\\&=\frac{1}{2}m(R-r)^2\dot{\varphi}^2+\frac{1}{2}\cdot\frac{1}{2}mr^2\left(\frac{R}{r}-1\right)^2\dot{\varphi}^2\\&=\frac{3}{4}m(R-r)^2\dot{\varphi}^2\end{aligned}$$

如果以小球质心最低点为零势能面,则系统的势能为

$$U=mg(R-r)(1-\cos\varphi)$$

代入拉格朗日方程,得

$$\frac{3}{2}(R-r)^2\ddot{\varphi}+(R-r)g\sin\varphi=0$$

整理有

$$\ddot{\varphi}+\frac{2g}{3(R-r)}\sin\varphi=0$$

该方程是非线性的,当系统作微幅振动时,$\sin\varphi\approx\varphi$,运动方程即可近似地变为线性的方程

$$\ddot{\varphi}+\frac{2g}{3(R-r)}\varphi=0$$

2.2 ➤ 无阻尼单自由度系统的自由振动

由第 1 章已知,自由振动是指系统受到初始激励离开平衡位置后,不再受任何干扰力影响的振动过程。通过对单自由度体系的自由振动分析,不仅可以了解其自由振动的运动规律,还可以对学习和掌握系统的自振频率、阻尼比等自身振动的特性,这些振动特性对系统受到激励之后的响应有着密切的关系,所以分析单自由度系统的自由振动有着重要的意义。本节先讨论无阻尼单自由度系统的自由振动。

2.2.1 运动微分方程的解

将式(2-5)中的阻尼项去掉,即令 $c = 0$,并令激励力 $F(t) = 0$,便得到无阻尼单自由度系统的自由振动微分方程

$$m\ddot{x} + kx = 0 \tag{2-32}$$

为求解方便,可将该方程两边同时除以质量 m ,并令 $\omega_0^2 = k/m$,得到标准化的方程

$$\ddot{x} + \omega_0^2 x = 0 \tag{2-33}$$

引起自由振动的初始激励可用初始条件来表示,即系统的初位移和初速度

$$x\big|_{t=0} = x_0 \text{ , } \dot{x}\big|_{t=0} = \dot{x}_0 \tag{2-34}$$

方程式(2-33)是一个二阶常系数齐次线性微分方程,可用特征根方法求解。

根据常微分方程理论,令方程的特解为 $x = e^{\lambda t}$,代入式(2-33)导出本征方程为

$$\lambda^2 + \omega_0^2 = 0 \tag{2-35}$$

相应的本征值为 $\lambda = \pm \omega_0 \mathrm{i}$($\mathrm{i} = \sqrt{-1}$, 为虚数单位),对应的线性无关特解为 $\cos\omega_0 t$ 和 $\sin\omega_0 t$。方程的通解为

$$x = C_1\cos\omega_0 t + C_2\sin\omega_0 t \tag{2-36}$$

对式(2-36)求导可得到其速度表达式

$$\dot{x} = -\omega_0 C_1\sin\omega_0 t + \omega_0 C_2\cos\omega_0 t \tag{2-37}$$

其中, C_1 和 C_2 为待定常数,由初始条件式(2-34)确定。将式(2-36)和式(2-37)代入式(2-34)后可求得积分常数

$$C_1 = x_0 \text{ , } C_2 = \frac{\dot{x}_0}{\omega_0} \tag{2-38}$$

则方程式(2-33)满足初始条件式(2-34)的解为

$$x = x_0\cos\omega_0 t + \frac{\dot{x}_0}{\omega_0}\sin\omega_0 t \tag{2-39}$$

利用三角函数公式,引入辅助角 α ,式(2-39)也可以写作

$$x = A\sin(\omega_0 t + \alpha) \tag{2-40}$$

其中, A 和 α 分别为

$$A = \sqrt{x_0^2 + \left(\frac{\dot{x}_0}{\omega_0}\right)^2} \text{ , } \alpha = \arctan\left(\frac{\omega_0 x_0}{\dot{x}_0}\right) \tag{2-41}$$

2.2.2 自由振动的特性

由式(2-40)可以看出,无阻尼单自由度系统的自由振动是一种简谐振动,它是式(2-39)中两个同频率的简谐运动的合成,其中第一项是由初位移激发的振动,第二项是由初速度激发的振动,两者相位差为 $\pi/2$。

将式(2-40)画成曲线如图 2-9a)所示,图 2-9b)表示了长度为 A 的矢量 $\boldsymbol{OR}$ 从 α 角初始位置出发,以角速度 ω_0 作平面圆周运动,该矢量在 t 时刻在竖直方向的投影即是图 2-9a)所示的正弦曲线在 t 时刻的函数值。

由图 2-9 可得出结论:单自由度系统在做无阻尼自由振动时,其运动规律表现为以平衡位置为中心的简谐振动。在 $t=0$ 时刻曲线值等于初位移 x_0,曲线的斜率为初速度 $\dot{x}_0$,然后曲线沿斜率方向变化,经过一段时间后曲线达到其最大值 A,此时质点运动的速度为零,位移最大,弹性力也最大,然后质点向反方向运动,即向平衡位置逐步靠近,当到达平衡位置时,质点的速度(速率)达到最大,弹性恢复力为零。由于惯性作用,质点越过平衡位置继续运动直到反方向的最大位移点,然后质点又向正方向运动到平衡位置再到位移最大点,这样一直循环往复下去。A 称作自由振动的振幅,α 称为振动的初相角,对特定的结构而言,它们取决于给定的初位移和初速度。

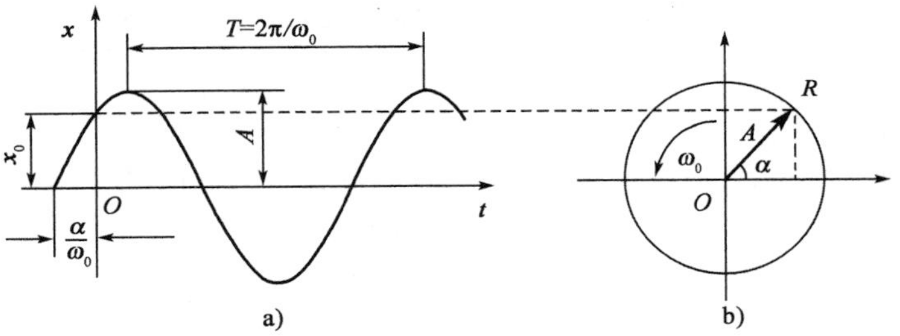

图 2-9 自由振动的图像

显然,质点往复一次的时间间隔为

$$T=\frac{2\pi}{\omega_0} \tag{2-42}$$

称为系统振动的周期。参数 ω_0 称作无阻尼系统自由振动的角频率或圆频率,有时习惯上也叫作频率,单位为 rad/s 或 1/s,它表示矢量 $\boldsymbol{OR}$ 旋转的快慢程度,也就是振动的快慢程度。角频率的计算公式为

$$\omega_0=\sqrt{\frac{k}{m}} \tag{2-43}$$

很显然,T 和 ω_0 均是系统本身固有的特性,它们只跟振动系统的刚度和质量有关,而与初始激励的大小没有任何关系,故也称作是固有周期和固有频率。系统的刚度越大,其弹性恢复力越大,质点越容易回到平衡位置,因而其振动的周期就越小,固有频率就越大;而质量越大,质点的惯性也越大,系统要使其改变运动状态相对比较困难,振动的周期会变大,固有频率会变小。

对单自由度系统来说,系统的刚度系数和柔度系数互为倒数,故计算固有频率时也可以用以下公式

$$\omega_0 = \sqrt{\frac{k}{m}} = \sqrt{\frac{1}{m\delta_{11}}} = \sqrt{\frac{g}{mg\delta_{11}}} = \sqrt{\frac{g}{\Delta_{ST}}} \tag{2-44}$$

工程和理论研究中有时也常用工程频率 f 作为结构振动快慢的度量，工程频率 f（单位为 Hz）和固有周期 T 以及角圆频率的关系为

$$f = \frac{1}{T} = \frac{\omega_0}{2\pi} = \frac{1}{2\pi}\sqrt{\frac{k}{m}} \tag{2-45}$$

例 2.3 图 2-10 所示简支梁质量忽略不计，在梁的中点处放置一质量为 m 的物体时梁的静位移为 Δ_{ST}。现假设该物体从高为 h 的地方自由落下到梁上且不发生弹跳，求之后系统的振动规律。

解：质点落在梁上之后和梁一起构成一单自由度系统，该系统自由振动的角频率为

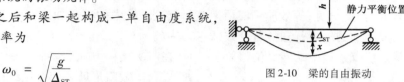

$$\omega_0 = \sqrt{\frac{g}{\Delta_{ST}}}$$

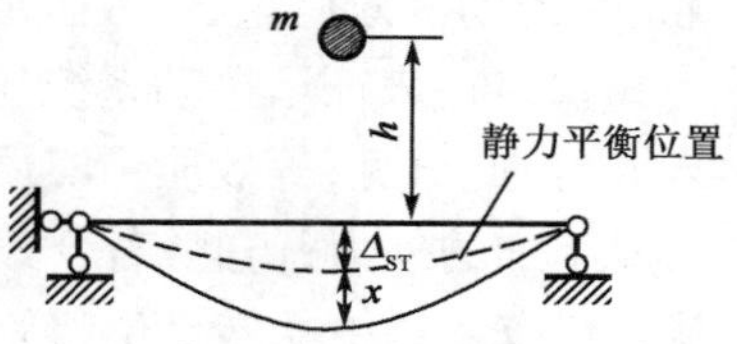

图 2-10　梁的自由振动

系统受到初始激励后产生自由振动，注意到系统的振动是围绕平衡位置的振动，如果将坐标的零点建在静力平衡位置处，则其初始条件为

$$x_0 = -\Delta_{ST}, \dot{x}_0 = \sqrt{2gh}$$

于是

$$A = \sqrt{\Delta_{ST}^2 + \frac{2gh}{g/\Delta_{ST}}} = \sqrt{\Delta_{ST}^2 + 2h\Delta_{ST}}$$

$$\alpha = \arctan\left(\frac{-\Delta_{ST}\sqrt{\dfrac{g}{\Delta_{ST}}}}{\sqrt{2gh}}\right) = \arctan\left(-\sqrt{\frac{\Delta_{ST}}{2h}}\right)$$

如果假设 $\Delta_{ST} = 0.4\text{cm}, h = 10\text{cm}$，则

$$\omega_0 = \sqrt{\frac{g}{\Delta_{ST}}} = \sqrt{\frac{9.8}{0.4\times10^{-2}}} = 49.5\text{rad/s}$$

$$A = \sqrt{0.4^2 + 2\times10\times0.4} = 2.86\text{cm}$$

$$\alpha = \arctan\left(-\sqrt{\frac{0.4}{2\times10}}\right) = -0.14\text{rad}$$

故所求的振动规律为

$$x(t) = 2.86\sin(49.5t - 0.14)$$

其中，位移和时间分别以厘米和秒计。

如果 $h = 0$，即将物体无速度地放在梁中点，则

$$A = \Delta_{ST} = 0.4\text{cm}$$

$$\alpha = \arctan(-\infty) = -\frac{\pi}{2}$$

$$x(t) = 0.4\sin\left(49.5t - \frac{\pi}{2}\right) = -0.4\cos(49.5t)$$

对比以上结果可见，物体从 10cm 高处落到梁上所引起振动的振幅是将物体突然放在梁上所引起振动的振幅的七倍。因此，在厂房中放置机器或在住房中放置物体时需注意，不要让

物体落下，以免引起梁、板的过大振动而产生裂缝甚至破坏。

2.2.3 等效质量与等效刚度

在 2.1 节中曾经提到，任何一个复杂的单自由度系统的动力平衡方程都可以简化成式(2-5)的形式，即

$$m\ddot{x}+c\dot{x}+kx=F(t) \tag{2-46}$$

这相当于把原来复杂的结构等效成了图 2-1a)所示的最简单的单自由度模型，式中的 m、c 和 k 就是系统的等效质量、等效阻尼和等效刚度，也称为广义质量、广义阻尼和广义刚度。

式(2-46)表征了振动系统在任何时刻的动平衡。若令式(2-46)中的 $\ddot{x}=1,\dot{x}=x=0$，得 $m=F$，由此可见，等效质量实质上就是仅让系统中的广义加速度等于 1 时，在广义坐标方向所需要施加的外力；仿此，若令式(2-46)中的 $\ddot{x}=0,\dot{x}=0,x=1$，可得 $k=F$，这表明，等效刚度就是仅令系统中的广义位移等于 1 时，在广义坐标方向需要施加的力；同样，若令式(2-46)中的 $\ddot{x}=0,\dot{x}=1,x=0$，可得 $c=F$，即是说，等效阻尼就是仅令系统中的广义速率等于 1 时，在广义坐标方向需要施加的力。由于实际问题中阻尼的机理尚不是很明确，故这里重点讨论等效质量和等效刚度。

需要特别说明的是，在求系统的等效质量时，必须仅让其加速度等于 1，而令其位移和速度都等于零，也就是令系统仅有运动的趋势但没有产生位移和速度，此时阻尼力和弹性力都是等于零的，质点上只有惯性力；而当求等效刚度时，则仅令其位移等于 1，而加速度和速度都等于零，也就是让系统既没有运动也没有运动的趋势，只有静位移，故此时系统的惯性力和阻尼力都等于零，质点上只有弹性力。

例 2.4 图 2-11a)所示的由两根刚性杆组成的系统，AB 杆的质量沿长度均匀分布，单位长度的质量为 $\bar{m}$，在中间有一弹簧支承，弹簧的刚度系数为 k。BC 杆不计质量，但其杆的中点处有一集中质量 m。求该系统的等效质量和等效刚度。

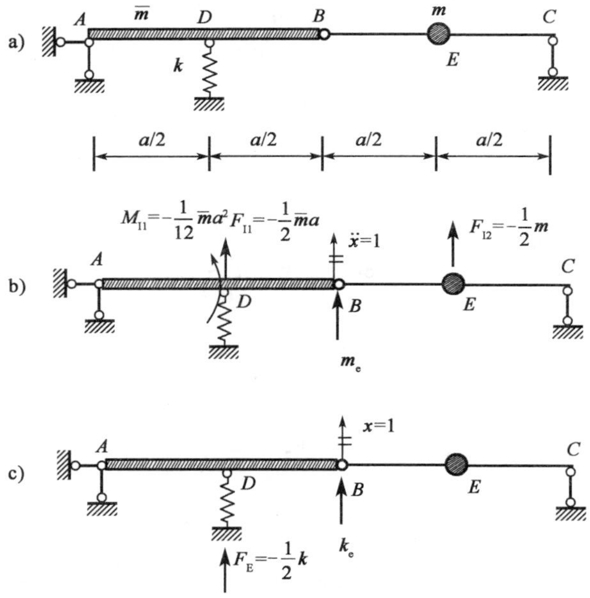

图 2-11 广义单自由度系统的等效质量和等效刚度

解:选 B 点向上的位移为自由度 x,首先令 $\ddot{x}=1,x=0$,根据各点的加速度求出各惯性元件的惯性力,此时需要在广义坐标方向施加一个外力与这些惯性力平衡,即等效质量 m_e,如图 2-11b)所示。根据虚位移原理列出其虚功方程

$$m_e \cdot \delta x - \frac{1}{12}\bar{m}a^2\frac{\delta x}{a} - \frac{1}{2}\bar{m}a\frac{\delta x}{2} - \frac{1}{2}m\frac{\delta x}{2} = 0$$

求得

$$m_e = \frac{1}{3}\bar{m}a + \frac{1}{4}m$$

然后求等效刚度,令 $\ddot{x}=0,x=1$,根据各点的位移计算出各弹簧的弹性力,此时需要在广义坐标方向施加一个外力与这些弹性力平衡,即等效质量 k_e,如图 2-11c)所示。由平衡条件不难求得

$$k_e = \frac{1}{4}k$$

求出系统的等效质量和等效刚度后,可以直接利用式(2-43)求得系统的固有频率

$$\omega_0 = \sqrt{\frac{k}{m + \frac{4}{3}\bar{m}a}}$$

需要说明的是,系统的等效质量和等效刚度与广义坐标的选取有关,如果选不同的广义坐标,其等效质量和等效刚度会有不同的数值,但等效刚度与等效质量的比值是不会改变的。

还可以用能量法来求其等效质量和等效刚度。因为在线性假设下,一个单自由度系统做自由振动时的动能和势能是广义速度和广义位移的二次函数,所以只需选定广义坐标,然后写出其动能和势能的表达式,整理之后这些二次项前面的系数就是其等效质量和等效刚度。如图 2-11a)所示系统,如果仍选 B 点向上的位移 x 为广义坐标,则

$$T = \frac{1}{2}m\left(\frac{1}{2}\dot{x}\right)^2 + \frac{1}{2}\left(\frac{1}{3}\bar{m}a \cdot a^2\right)\left(\frac{\dot{x}}{a}\right)^2 = \frac{1}{2}\left(\frac{1}{4}m + \frac{1}{3}\bar{m}a\right)\dot{x}^2 = \frac{1}{2}m_e\dot{x}^2$$

$$U = \frac{1}{2}k\left(\frac{1}{2}x\right)^2 = \frac{1}{2}\left(\frac{1}{4}k\right)x^2 = \frac{1}{2}k_e x^2$$

可知

$$m_e = \frac{1}{3}\bar{m}a + \frac{1}{4}m, k_e = \frac{1}{4}k$$

例 2.5　图 2-12 所示一质量均匀分布、长度为 l、弹性系数为 k 的弹簧带有质量为 m 的质点,弹簧材料的线密度为 ρ_l,试求该系统自由振动的频率。

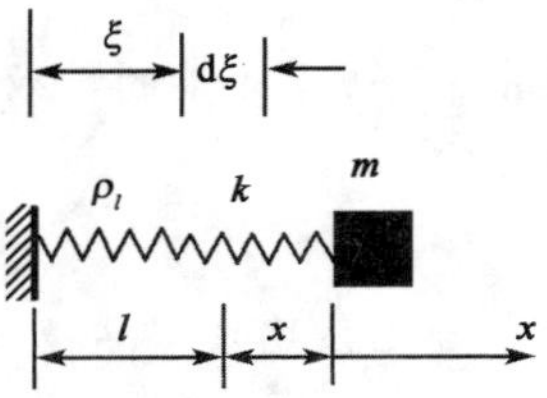

图 2-12　考虑弹簧质量的振动系统

解:由于弹簧的弹性和质量都是连续分布的,故该系统实际是无限自由度系统。但如果弹簧的质量相比质点来说很小,则可近似看作是单自由度系统,仍然认为弹簧上面各点的位移跟质点的位移呈线性关系。设弹簧端点处的位移为 x,假定弹簧的变形与离固定点的距离 ξ 成正比,则振动时 ξ 点处的位移为 $\xi x/l$。将微元长度 $\mathrm{d}\xi$ 的动能在整个弹簧范围内积分,得到弹簧的总动能为

$$T_1 = \frac{1}{2}\rho_l\int_0^l\left(\frac{\xi}{l}\dot{x}\right)^2 d\xi = \frac{1}{2}\left(\frac{m_1}{3}\right)\dot{x}^2$$

其中 $m_1 = \rho_l l$ 为弹簧的质量，令弹簧质量的1/3为弹簧的等效质量，则考虑弹簧质量的系统总动能为

$$T = \frac{1}{2}\left(m + \frac{m_1}{3}\right)\dot{x}^2$$

故其等效质量为

$$m_e = m + \frac{m_1}{3}$$

弹簧的势能与弹簧的质量无关，仍为

$$U = \frac{1}{2}kx^2$$

其等效刚度就等于弹簧的刚度，即

$$k_e = k$$

利用公式(2-43)导出考虑弹簧质量的系统固有频率为

$$\omega_0 = \sqrt{\frac{k}{m + \frac{1}{3}m_1}}$$

可见，考虑弹簧的质量后系统的固有频率变小了。

例2.6 图2-13所示一均质悬臂梁，长度为 l，弯曲刚度为 EI，线密度为 ρ_l，梁的另一端带有质量为 m 的质点，试求该系统自由振动的频率。

解：由材料力学知道，当自由端有静挠度 x 时，距固定端的距离为 ξ 的截面处的挠度为

$$f(\xi) = \frac{3l\xi^2 - \xi^3}{2l^3}x$$

将梁的挠曲线 $f(\xi)$ 作为近似振型，计算梁的动能得到

$$T_1 = \frac{1}{2}\rho_l\int_0^l\left(\frac{3l\xi^2 - \xi^3}{2l^3}\right)^2\dot{x}^2 d\xi = \frac{1}{2}\left(\frac{33m_1}{140}\right)\dot{x}^2$$

其中 $m_1 = \rho_l l$ 为梁的质量。重复例2.5的过程，导出系统的固有频率

$$\omega_0 = \sqrt{\frac{k}{m + \frac{33}{140}m_1}}$$

其中，$\frac{33}{140}m_1$ 为梁的等效质量，刚度系数 k 取决于梁的弯曲刚度 EI 和长度 l，应为

$$k = \frac{3EI}{l^3}$$

有些结构系统的惯性元件只有一个质点且运动方向比较简单，但其中有较多的弹性元件，每个弹性元件实质上相当于一个弹簧，它们之间可以看作是几个弹簧串联、并联或混联的关系，利用弹簧的串并联关系很容易计算其等效刚度，如图2-14所示的串联弹簧系统和并联弹簧系统，其等效刚度分别为

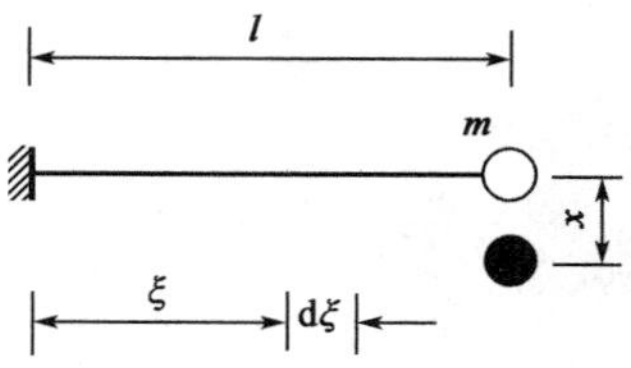

图 2-13　考虑梁质量的振动系统

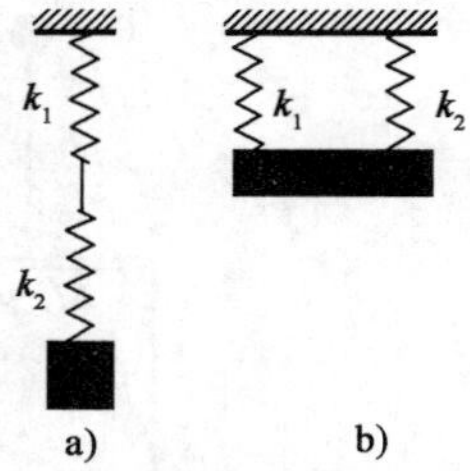

图 2-14　串联和并联弹簧质量系统

$$k_{e串} = \frac{k_1 k_2}{k_1 + k_2}, k_{e并} = k_1 + k_2$$

例 2.7　求图 2-15a) 所示系统自由振动的频率。设横梁为无限刚性，质量为 m，立柱的弯曲刚度为 EI。

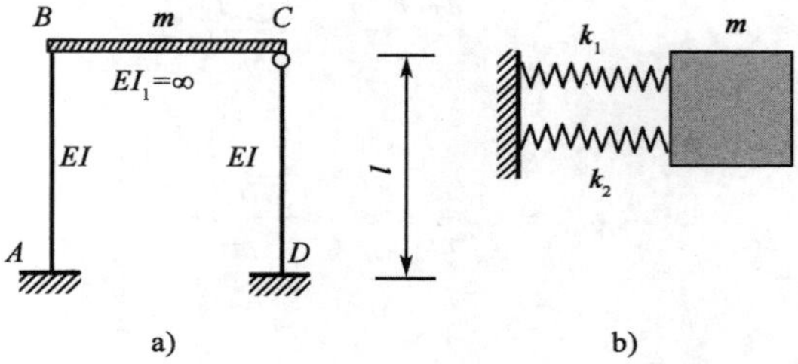

图 2-15　门式刚架系统的等效系统

解：该系统的横梁是有质量的惯性元件，立柱是无质量的弹性元件。两个立柱可看作两个弹簧，由于无限刚性的横梁产生水平位移时，各立柱的水平侧移相同，因此两个弹簧是并联关系，如图 2-15b) 所示。

由结构力学知，两个立柱的侧移刚度系数分别为

$$k_1 = \frac{12EI}{l^3}, k_2 = \frac{3EI}{l^3}$$

故该系统的等效刚度为

$$k_e = k_1 + k_2 = \frac{15EI}{l^3}$$

其固有频率为

$$\omega_0 = \sqrt{\frac{k_e}{m_e}} = \sqrt{\frac{15EI}{ml^3}}$$

例 2.8　求图 2-16a) 所示系统自由振动的频率。设 BC 杆的刚度 $EI_1 = \infty$，不计质量。

解：该系统只有一个集中质点 m 沿水平方向运动，显然其振动的质量就是 m。由于 BC 杆的刚度为无限大，故 AB 和 CD 两个立柱都相当于两端没有转角只有侧移的梁，而 DE 则相当于一个悬臂梁。若将 AB、CD 和 DE 看作三个弹簧，则它们之间的串并联关系如图 2-16b)，而

$$k_{AB} = \frac{12EI}{l^3}, k_{CD} = \frac{24EI}{l^3}, k_{DE} = \frac{3EI}{l^3}$$

先求出 AB 和 CD 并联后的刚度

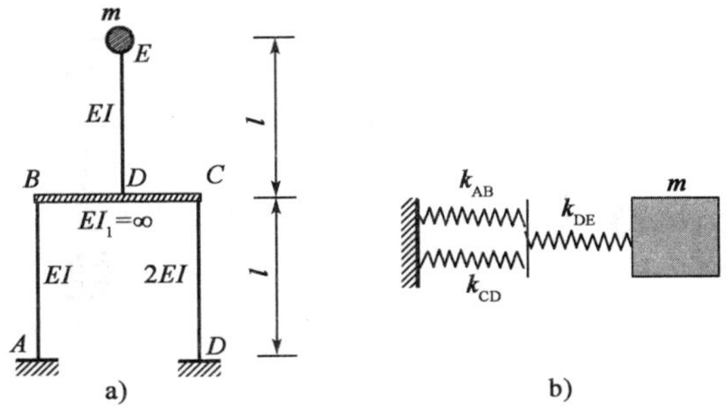

图 2-16 例题 2.8 图

$$\tilde{k} = k_{AB} + k_{CD} = \frac{36EI}{l^3}$$

然后与 DE 串联，设串联后的刚度为 k_e，则

$$k_e = \frac{k_{DE}\tilde{k}}{k_{DE} + \tilde{k}} = \frac{36EI}{13l^3}$$

其固有频率为

$$\omega_0 = \sqrt{\frac{k_e}{m_e}} = \sqrt{\frac{36EI}{13ml^3}}$$

2.3 ➤ 有阻尼单自由度系统的自由振动

无阻尼自由振动是一种理想情况，由于能量没有耗散，系统的运动将按简谐函数的变化规律无休止地延续下去。实际振动系统不可避免地存在着阻尼因素，如接触面的摩擦力、流体介质、磁场的阻力和弹性材料的内阻尼等，这些因素将不断地消耗系统的能量，最终使运动趋于停止。

当物体速度不很大时，黏性液体的介质阻力近似与运动的速度成正比，这种线性阻尼也称为黏性阻尼，通常用黏性阻尼器表示，如图 2-1a）所示。第 2.1 节也讨论了有阻尼时系统的动力平衡方程，如式(2-5)，如令式中的 $F(t) = 0$，便得到有黏滞阻尼的自由振动方程

$$m\ddot{x} + c\dot{x} + kx = 0 \tag{2-47}$$

各项除以 m，并令

$$\omega_0 = \sqrt{\frac{k}{m}}, \zeta = \frac{c}{2m\omega_0} = \frac{c}{2\sqrt{km}} \tag{2-48}$$

得到方程标准形式

$$\ddot{x} + 2\zeta\omega_0\dot{x} + \omega_0^2 x = 0 \tag{2-49}$$

式中：ω_0——无阻尼系统的固有频率；

ζ——阻尼因子或阻尼比，反映了阻尼的大小。

式(2-49)是一个常系数齐次线性微分方程，可用特征根法寻求特解然后叠加得到其通解。令 $x = e^{\lambda t}$，代入式(2-49)，导出特征方程为

$$\lambda^2 + 2\zeta\omega_0\lambda + \omega_0^2 = 0$$

特征根为

$$\lambda_{1,2} = -(\zeta \mp \sqrt{\zeta^2 - 1})\omega_0$$

对应的线性无关特解根据阻尼大小有小阻尼、临界阻尼、大阻尼三种情况。

2.3.1　小阻尼情况

当 $\zeta < 1$ 时为小阻尼状态，此时特征根为一对共轭复数 $\lambda_{1,2} = -\omega_0(\zeta \pm \mathrm{i}\sqrt{1-\zeta^2})$，i 为虚数单位。方程(2-49)的通解为

$$x = \mathrm{e}^{-\zeta\omega_0 t}(C_1\cos\omega_\mathrm{d}t + C_2\sin\omega_\mathrm{d}t)$$

其中

$$\omega_\mathrm{d} = \omega_0\sqrt{1-\zeta^2} \tag{2-50}$$

其中 C_1、C_2 为积分常数，仍可由初始条件确定

$$C_1 = x_0,\ C_2 = \frac{\dot{x}_0 + \zeta\omega_0 x_0}{\omega_\mathrm{d}}$$

于是动位移的表达式可写为

$$x = \mathrm{e}^{-\zeta\omega_0 t}\left(x_0\cos\omega_\mathrm{d}t + \frac{\dot{x}_0 + \zeta\omega_0 x_0}{\omega_\mathrm{d}}\sin\omega_\mathrm{d}t\right) \tag{2-51}$$

与无阻尼自由振动类似，也可以写作

$$x = A\mathrm{e}^{-\zeta\omega_0 t}\sin(\omega_\mathrm{d}t + \alpha) \tag{2-52}$$

其中常数

$$A = \sqrt{x_0^2 + \left(\frac{\dot{x}_0 + \zeta\omega_0 x_0}{\omega_\mathrm{d}}\right)},\alpha = \arctan\left(\frac{\omega_\mathrm{d}x_0}{\dot{x}_0 + \zeta\omega_0 x_0}\right) \tag{2-53}$$

图2-17做出了式(2-52)的曲线，可见在小阻尼情况下系统的运动规律仍然具有往复运动的特点，质点在初始激励作用下过一段时间到达最大位移，之后向反方向运动，经过静力平衡位置后继续运动到反方向的最大位移，然后又向位移正方向运动至平衡位置并继续运动到达位移最大点，以此往复下去。与无阻尼振动不同的是，其运动的最大位移会不断减小，因此系统的运动不再具有周期性。但是，系统运动时每经过平衡位置一次的时间间隔仍然是常数 $T_\mathrm{d} = 2\pi/\omega_\mathrm{d}$，从这个意义上说，仍然称系统的运动规律为振动，习惯上称其为衰减振动，T_d 称作是阻尼自由振动的周期，ω_d 为阻尼振动的固有角频率，它小于无阻尼振动的固有频率 ω_0，也是系统固有振动的物理参数。而阻尼自由振动的周期 T_d 则大于无阻尼自由振动的周期

$$T_\mathrm{d} = \frac{2\pi}{\omega_\mathrm{d}} = \frac{2\pi}{\omega_0\sqrt{1-\zeta^2}} \tag{2-54}$$

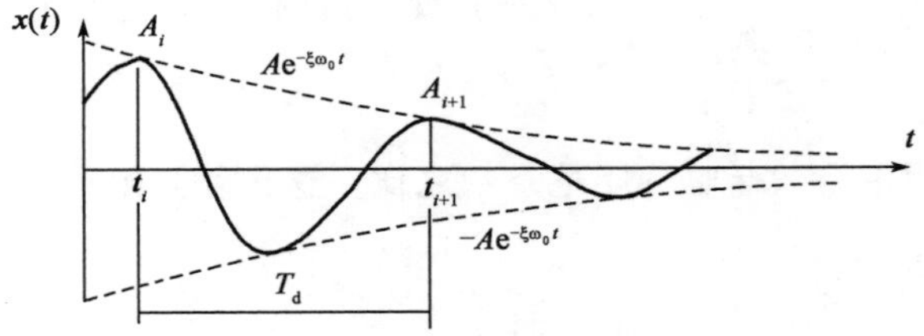

图2-17　阻尼自由振动时程曲线

在实际工程中，由于阻尼比 ζ 的值很小，通常在 0.01 ~ 0.1 之间，所以有阻尼自由振动的周期和频率与无阻尼时非常接近，因此可以近似地取

$$T_d \approx T, \omega_d \approx \omega_0$$

由于阻尼作用引起的能量消耗，系统不可能保持等幅的简谐振动，而转变为振幅不断递减的衰减振动，若将系统在某时刻的最大位移称作是振幅，则相邻两个振幅的比值为

$$\frac{A_i}{A_{i+1}} = \frac{Ae^{-\zeta\omega_0 t_i}}{Ae^{-\zeta\omega_0(t_i+T_d)}} = e^{\zeta\omega_0 T_d} \tag{2-55}$$

注意，振幅比与时间 t 无关，任何两个相邻振幅之比均相同，因此有

$$\frac{A_i}{A_{i+j}} = \left(\frac{A_i}{A_{i+1}}\right)\left(\frac{A_{i+1}}{A_{i+2}}\right)\cdot \cdots \cdot\left(\frac{A_{i+j-1}}{A_{i+j}}\right) = e^{j\zeta\omega_0 T_d} \tag{2-56}$$

对式(2-56)两边取自然对数，得

$$\ln\left(\frac{A_i}{A_{i+j}}\right) = j\zeta\omega_0 T_d = j\zeta\omega_0\frac{2\pi}{\omega_d} \approx 2j\pi\zeta \tag{2-57}$$

于是

$$\zeta \approx \frac{1}{2j\pi}\ln\left(\frac{A_i}{A_{i+j}}\right) \tag{2-58}$$

根据式(2-58)，可利用实验测出振幅 A_i 和 A_{i+j}，从而计算出阻尼比，进一步可换算出黏滞阻尼系数。

2.3.2 临界阻尼情况

当 $\zeta = 1$ 时为临界阻尼状态，此时特征根为一对重根 $\lambda_1 = \lambda_2 = -\omega_0$，方程(2-49)的通解为

$$x = (C_1 + C_2 t)e^{-\omega_0 t}$$

引入初始条件后得到微分方程满足初始条件的解为

$$x = [x_0(1 + \omega_0 t) + \dot{x}_0 t]e^{-\omega_0 t} \tag{2-59}$$

式(2-59)表示的曲线如图 2-18 所示，可见，临界阻尼状态下系统的运动具有衰减性质，但不再具有振动的性质。

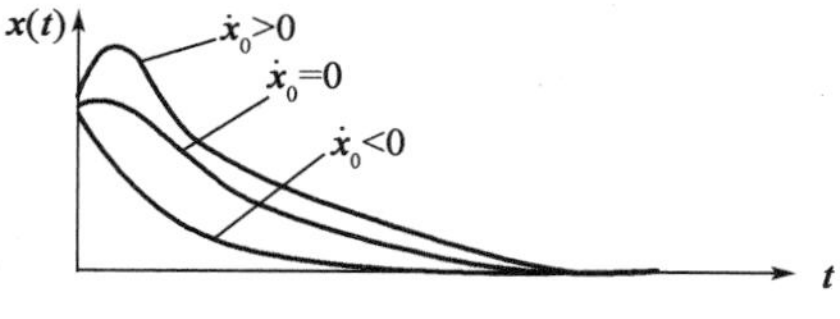

图 2-18 临界阻尼时位移时程曲线

阻尼比 $\zeta = 1$ 时的阻尼系数称作是临界阻尼系数，记为 c_{cr}。由式(2-48)可知

$$c_{cr} = 2m\omega_0 = 2\sqrt{mk} \tag{2-60}$$

可见临界阻尼系数与体系的质量和刚度系数乘积的平方根成正比。此时，可表达为

$$\zeta = \frac{c}{2m\omega_0} = \frac{c}{c_{cr}} \tag{2-61}$$

说明阻尼比 ζ 是实际阻尼系数与临界阻尼系数之比。这也就是阻尼比名称的由来。

2.3.3 大阻尼情况

当 $\zeta > 1$ 时为大阻尼情况或过阻尼情况，此时特征方程的两个根为两个负实数 $\lambda_{1,2} =$

$-\omega_0(\zeta \pm \sqrt{\zeta^2-1})$，方程(2-49)的通解为

$$x = e^{-\zeta\omega_0 t}\left[C_1 e^{\sqrt{\zeta^2-1}\,\omega_0 t} + C_2 e^{-\sqrt{\zeta^2-1}\,\omega_0 t}\right] \tag{2-62}$$

引入初始条件后可以求得分常数

$$C_1 = \frac{\dot{x}_0 + (\zeta + \sqrt{\zeta^2-1})\omega_0 x_0}{2\omega_0\sqrt{\zeta^2-1}},\quad C_2 = \frac{-\dot{x}_0 - (\zeta - \sqrt{\zeta^2-1})\omega_0 x_0}{2\omega_0\sqrt{\zeta^2-1}} \tag{2-63}$$

显然，方程的解不含有三角函数因子，对应的时程曲线不再具有振荡的性质，系统的振动不再是往复运动，而是衰减的非往复运动。

例2.9 用自由振动的方法研究图2-19所示单层屋架结构的性质。设BC杆的刚度$EI_1=\infty$，质量为m。先用一钢索给结构屋面施加一73kN的水平力使结构产生5cm的水平位移，然后突然切断钢索使结构自由振动，发现经过2s，结构完成了4次振动，振幅变为2.5cm。由以上数据计算结构的阻尼比、无阻尼自由振动的周期、系统的等效质量、等效刚度和阻尼系数，并计算系统振幅衰减到0.5cm时所需要的时间。

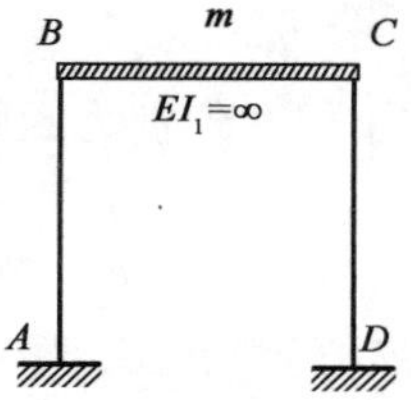

图2-19 例题2.9图

解：将数据代入式(2-58)，可求得阻尼比

$$\zeta \approx \frac{1}{2j\pi}\ln\left(\frac{A_i}{A_{i+j}}\right) = \frac{1}{2\times 4\pi}\ln\left(\frac{5}{2.5}\right) = 0.0276$$

由于是小阻尼系统，故系统无阻尼振动周期与实测周期近似相等，即

$$T \approx T_d = \frac{2}{4} = 0.5\text{s}$$

无阻尼频率

$$\omega_0 = \frac{2\pi}{T} = \frac{2\pi}{0.5} \approx 12.57\text{rad/s}$$

系统的刚度

$$k = \frac{73\text{kN}}{0.05\text{m}} = 1460\text{kN/m}$$

系统的等效质量

$$m = \frac{k}{\omega_0^2} = \frac{1460\times 1000}{12.57^2} = 9240\text{kg}$$

阻尼系数

$$c = 2\sqrt{km}\cdot\zeta = 2\sqrt{1460000\times 9240}\times 0.0276 = 6410\text{kN}\cdot\text{s/m}$$

由$\zeta \approx \frac{1}{2j\pi}\ln\left(\frac{A_i}{A_{i+j}}\right)$得

$$j \approx \frac{1}{2\pi\zeta}\ln\left(\frac{A_i}{A_{i+j}}\right) = \frac{1}{2\pi\times 0.0276}\ln\left(\frac{5}{0.5}\right) = 13.28$$

所需要的时间

$$t = jT = 13.28\times 0.5 = 6.64\text{s}$$

2.4 无阻尼单自由度系统对简谐激励的响应

2.4.1 运动方程及其解

单自由度系统在简谐荷载激励作用下的反应是结构动力学中的一个经典内容。不仅工程实际中存在着这种形式的荷载,而且简谐荷载激励作用下单自由度系统的解提供了了解结构动力特性和用于更复杂荷载作用下体系响应分析的手段和方法。

将式(2-5)中的阻尼项去掉,并令 $F(t) = F_0\sin\theta t$,便得到无阻尼单自由度系统的运动方程

$$m\ddot{x} + kx = F_0\sin\theta t \tag{2-64}$$

F_0 和 θ 分别为激励力的幅值和频率。两边同除以 m 得

$$\ddot{x} + \omega_0^2 x = \frac{F_0}{m}\sin\theta t \tag{2-65}$$

该方程为二阶常系数非齐次方程,其通解等于齐次方程的通解 $\tilde{x}$ 加上非齐次方程的任意一个特解 x^* 。其中齐次方程的通解就是无阻尼自由振动的解,即式(2-36)。

设非齐次方程的特解 x^* 为

$$x^* = D\sin\theta t$$

其中 D 为待定系数。代入式(2-65),得

$$-\theta^2 D\sin\theta t + \omega_0^2 D\sin\theta t = \frac{F_0}{m}\sin\theta t$$

消去 $\sin\theta t$,解得

$$D = \frac{F_0}{m(\omega_0^2 - \theta^2)}$$

故

$$x^* = \frac{F_0}{m(\omega_0^2 - \theta^2)}\sin\theta t$$

因此,式(2-65)的通解为

$$x = C_1\cos\omega_0 t + C_2\sin\omega_0 t + \frac{F_0}{m(\omega_0^2 - \theta^2)}\sin\theta t \tag{2-66}$$

其中,积分常数 C_1 、C_2 由初始条件确定。

设 $t = 0$ 时, $x(0) = x_0$, $\dot{x}(0) = \dot{x}_0$,由式(2-66)及其导数可解得

$$C_1 = x_0\ ,\ C_2 = \frac{\dot{x}_0}{\omega_0} - \frac{\theta}{\omega_0}\frac{F_0}{m(\omega_0^2 - \theta^2)}\sin\theta t$$

代入式(2-66),得运动方程在给定初始条件的解

$$x = x_0\cos\omega_0 t + \frac{\dot{x}_0}{\omega_0}\sin\omega_0 t - \frac{F_0}{m(\omega_0^2 - \theta^2)}\frac{\theta}{\omega_0}\sin\omega_0 t + \frac{F_0}{m(\omega_0^2 - \theta^2)}\sin\theta t \tag{2-67}$$

式(2-67)中前两项与式(2-39)完全相同,其振动的频率等于系统自由振动的固有频率 ω_0 ,振幅由初始条件决定,通常称其为初始自由振动;第三项振动的频率也等于系统自由振动

的固有频率,但其振幅与初始条件无关,而取决于激励力的幅值和频率,通常称其为伴生自由振动;第四项振动的频率等于激励力的频率,振幅也取决于激励力的幅值和频率,称为纯受迫振动或稳态受迫振动。

若是零初始条件,即 $x_0 = \dot{x}_0 = 0$,则上式简化为

$$x = -\frac{F_0}{m(\omega_0^2 - \theta^2)}\frac{\theta}{\omega_0}\sin\omega_0 t + \frac{F_0}{m(\omega_0^2 - \theta^2)}\sin\theta t \tag{2-68}$$

可以看到,即使是零初始条件,受迫振动的解也是两个不同频率的简谐振动之和,一个是按固有频率振动的自由振动部分,一个是按激励力频率振动的纯受迫振动部分。两个不同频率的叠加不再是简谐振动,甚至不是周期振动,只有当两者的频率可通约时,合成运动才是周期振动。

两部分简谐振动共同存在的阶段称为振动的过渡阶段。实际上,由于阻尼的存在,自由振动部分会很快衰减掉,过渡阶段持续的时间很短,很快只剩下纯受迫振动部分。纯受迫振动不会衰减而是会稳定地持续下去,故称稳态受迫振动。由于持续时间长,稳态受迫振动在工程上更受到关注。

2.4.2　稳态响应的特性

略去式(2-67)中的初始自由振动和伴生自由振动,得

$$x = \frac{F_0}{m(\omega_0^2 - \theta^2)}\sin\theta t = \frac{F_0}{m\omega_0^2\left(1 - \dfrac{\theta^2}{\omega_0^2}\right)}\sin\theta t$$

因为

$$\frac{F_0}{m\omega_0^2} = \frac{F_0}{k} = x_{ST} \tag{2-69}$$

引入无量纲参数 $s = \dfrac{\theta}{\omega_0}$,并记

$$\beta = \frac{1}{1 - s^2} \tag{2-70}$$

稳态响应可写为

$$x = \beta x_{ST}\sin\theta t \tag{2-71}$$

可以看到,系统的稳态响应是与激励力频率完全相同的简谐振动,其振幅为激励力的幅值产生的静位移乘上一个系数 β , β 称为位移动力系数,它就是动力位移的幅值与激励力的幅值产生的静位移之比,取决于激励频率与固有频率之比 s 。

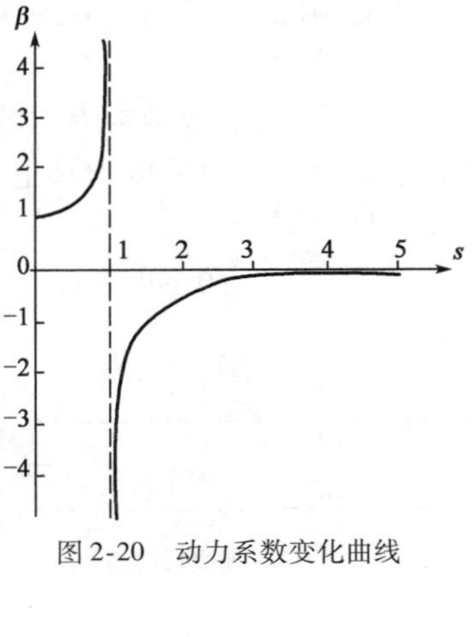

图 2-20　动力系数变化曲线

做出 β 与 s 之间的关系曲线如图 2-20 所示,该曲线也称为幅频响应曲线。从该图可以看出:

(1)当激励力的频率 s 为零时, $\beta = 1$,这说明当激励力的频率很小时,系统的动力影响很小,接近于静荷载作用的情况。

(2)当$s \to 1$时,$\beta \to \infty$,这说明当激励力的频率接近于系统的固有频率时,动力系数急速增大并趋向于无穷大,这种现象称为共振,实际结构中共振对结构系统来说是十分危险的,设计时应设法避免共振现象发生。一般说来,激励频率是系统的工作频率,是由工艺或使用要求决定的,设计时可通过调整结构的质量或者刚度等参数使系统的工作状态远离共振区。当s由小于1过渡到大于1时,β由正号变为负号,这说明激励频率小于固有频率时,质点的振动与激励力是同相位的,它们同时达到最大同时变为零。当激励频率大于固有频率时,质点的振动与激励力的相位差了$\pi/2$,或者说它们是反相的,当激励力达到最大值时,位移响应应该达到反方向的最大值。s大于1之后,$|\beta|$是随着s的增大而减小。

(3)当$s \to \infty$时,$\beta \to 0$,这说明当激励力的频率远大于系统的固有频率时,系统的质点振幅很小,但频率非常高,质点基本上在平衡位置作微幅的颤动。实际上是由于激励力频率变化太快,系统跟不上激励的节奏,质点来不及响应时激励力的方向就又改变了。

2.4.3 动位移和动内力的计算

对一个弹性结构来说,其受力和变形是一一对应的,在求得结构的最大位移之后,可根据它们之间的对应关系得到其最大内力。另一方面,由于在任何时刻结构的位移都可以看作是由惯性力和激励力共同产生的,当位移最大时,可以求得此时的激励力和惯性力的值,然后用静力的方法求出结构的最大内力。我们已经知道,当位移达到最大时,激励力也达到最大或者反向最大,现考察惯性力

$$F_I = -m\ddot{x} = -m(-\theta^2 A\sin\theta t) = \theta^2 mA\sin\theta t \tag{2-72}$$

发现惯性力与位移总是同相的,其幅值

$$F_{Imax} = \theta^2 mA \tag{2-73}$$

根据这点,可以将激励力的最大值和惯性力的最大值同时加到振动系统上,利用静力学方法不难求得结构最大动内力。

若惯性力和激励力在同一方向,两者可以合成为一个力

$$F_0 + F_{Imax} = F_0 + \theta^2 mA = F_0 + \theta^2 m \frac{F_0}{m\omega_0^2} \cdot \frac{1}{1-s^2}$$

$$= F_0\left(1 + \frac{s^2}{1-s^2}\right) = F_0 \frac{1}{1-s^2} = \beta F_0$$

在此情况下,可不计算振幅,只需要将激励力的幅值乘上一个因子β加在振动系统上,由此计算出动内力的幅值。

显然,由于引起结构内力的荷载是由激励力的幅值乘上位移动力系数β,因而其内力必然也等于激励力的幅值内力乘上位移动力系数β,也就是说,此时结构的内力动力系数和位移动力系数是相同的。

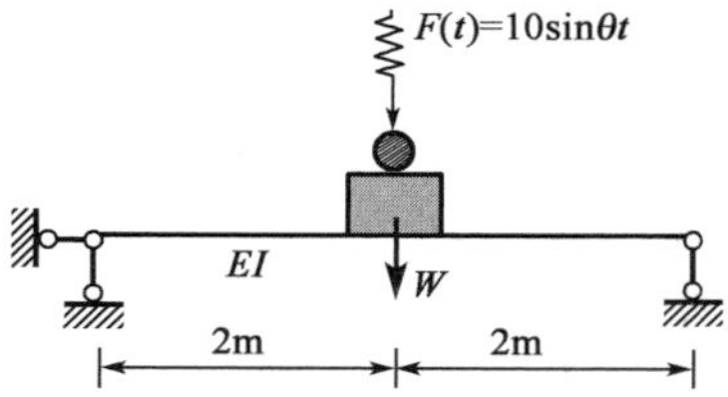

图2-21 受电机偏心扰动的简支梁

例2.10 图2-21所示一无重简支梁,在跨中有重$W=20\text{kN}$的电机,电机转动部件由于质量偏心所产生的离心力在竖直方向的投影为$F(t)=10\sin\theta t$(单位kN),机器每分钟的转数为$n=500\text{r/min}$。梁的弯曲刚度$EI=1.008\times10^4\text{kN}\cdot\text{m}^2$。若不计阻尼,试求梁的最大挠度和最大弯矩。

解:由结构力学知,梁跨中点的柔度系数为

$$\delta_{11}=\frac{l^3}{48EI}$$

系统的固有频率为

$$\omega_0=\sqrt{\frac{1}{m\delta_{11}}}=\sqrt{\frac{48EI}{ml^3}}=\sqrt{\frac{48EIg}{Wl^3}}=\sqrt{\frac{48\times1.008\times10^4\times10^3\times9.8}{20\times10^3\times4^3}}=60.812\text{rad/s}$$

机器的扰动频率

$$\theta=\frac{2\pi n}{60}=\frac{2\times3.1416\times500}{60}=52.36\text{rad/s}$$

系统的动力系数

$$\beta=\frac{1}{1-\left(\frac{52.36}{60.8112}\right)^2}=3.866$$

梁中点处的动力位移幅值

$$A=\beta x_{\text{ST}}=\beta\times\frac{F_0l^3}{48EI}=3.866\times\frac{10\times4^3}{48\times1.008\times10^4}=0.00511\text{m}$$

梁中点处的动力弯矩幅值

$$\overline{M}=\beta\cdot\frac{1}{4}\cdot F_0L=3.866\times\frac{1}{4}\times10\times4=38.66\text{kN}\cdot\text{m}$$

因为梁的振动是围绕静力平衡位置，其最大位移和最大弯矩还应叠加上电机的自重引起的静力位移和静弯矩

$$x_{\max}=A+\frac{Wl^3}{48EI}=0.005511+\frac{20\times4^3}{48\times1.008\times10^4}=0.00776\text{m}$$

$$M_{\max}=\overline{M}+\frac{1}{4}WL=38.66+\frac{1}{4}\times20\times4=58.66\text{kN}\cdot\text{m}$$

例 2.11　图 2-22a）所示悬臂梁在杆 AB 中间的 C 点处有一集中质量 m，在自由端 B 处受简谐激励 $F(t)=F_0\sin\theta t$ 作用，激励力的频率为 $\theta=\sqrt{\frac{6EI}{ml^3}}$。若不计阻尼，试做出梁的最大动力弯矩图，并求自由端 B 点的竖向动力位移的幅值。

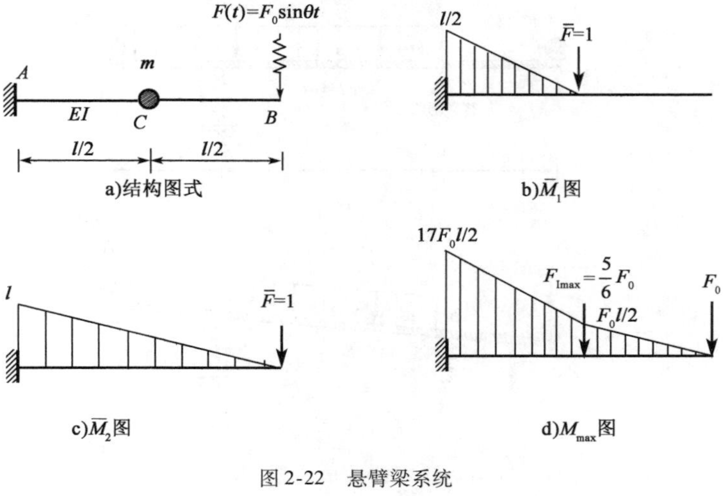

图 2-22　悬臂梁系统

解:以 C 点向下的位移为广义坐标,首先建立系统的运动方程,其柔度形式为

$$x = \delta_{11}(-m\ddot{x}) + \delta_{12}F_0\sin\theta t$$

由结构力学知,求出梁的一些柔度系数为

$$\delta_{11} = \frac{l^3}{24EI},\ \delta_{12} = \frac{5l^3}{48EI}$$

将柔度系数代入位移方程并将其整理成刚度形式的方程

$$m\ddot{x} + \frac{24EI}{l^3}x = \frac{5}{2}F_0\sin\theta t$$

系统的固有频率为

$$\omega_0 = \sqrt{\frac{24EI}{ml^3}}$$

位移动力系数

$$\beta = \frac{1}{1-\left(\frac{\theta}{\omega_0}\right)^2} = \frac{4}{3}$$

系统质点的振幅为

$$A = \beta x_{ST} = \beta \times F_0\frac{5l^3}{48EI} = \frac{5F_0l^3}{36EI}$$

惯性力幅值

$$F_{\mathrm{Imax}} = \theta^2 mA = \frac{6EI}{ml^3}\times m\frac{5F_0l^3}{36EI} = \frac{5}{6}F_0$$

将惯性力幅值和激励力幅值同时加到结构中,得到其动力弯矩幅值图,如图 2-22d)所示。将图 2-22d)与图 2-22c)图乘,得

$$x_{\mathrm{Bmax}} = \frac{M_{\max}\overline{M}_2}{EI} = \frac{121Fl^3}{288EI}$$

例 2.12 图 2-23a)所示带弹性支座的刚性简支梁承受分布简谐荷载 $q\sin\theta t$ 作用,已知 $\theta = \sqrt{2k/m}$。求弹簧支座的最大动反力,并求此时 B 支座的反力。

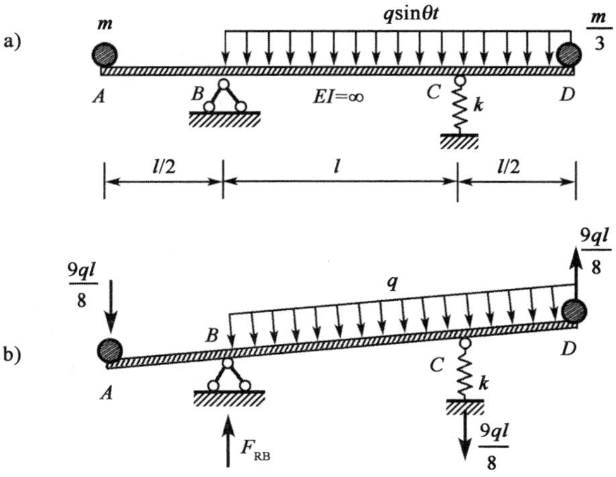

图 2-23 刚性梁的受迫振动

解：选 A 点竖向位移 x 为广义坐标。首先列出其运动方程，依据动静法，由 $\sum M_B = 0$ 得

$$(-m\ddot{x}) \cdot \frac{1}{2}l + \left[-\frac{m}{3}(3\ddot{x})\right] \cdot \frac{3}{2}l + (-k \cdot 2x) \cdot l + q\sin\theta t \cdot \frac{3}{2}l \cdot \frac{3}{4}l = 0$$

整理得

$$m\ddot{x} + kx = \frac{9}{16}ql\sin\theta t$$

固有频率

$$\omega_0 = \sqrt{\frac{k}{m}}$$

位移动力系数

$$\beta = \frac{1}{1 - \left(\frac{\theta}{\omega_0}\right)^2} = -1$$

A 点振幅

$$A = \beta x_{ST} = -\frac{9ql}{16k}$$

弹簧支座的反力为

$$F_{RC} = k \cdot 2A = -\frac{9ql}{8}$$

由于位移动力系数为负值，表明位移与激励力相位差为 π，当动力荷载向下最大时，刚性杆向逆时针方向转动到最大，弹簧支座处于受拉状态，如图 2-23b）所示，将此时的惯性力也加上去，利用平衡条件可求得

$$F_{RB} = \frac{21ql}{8}$$

2.5 ➤ 有阻尼单自由度系统对简谐激励的响应

如前所述，实际的振动系统总是有阻尼的，本节采用黏性阻尼理论分析简谐激励作用下单自由度系统的受迫振动。

2.5.1 运动方程的解

令 $F(t) = F_0\sin\theta t$，其中 F_0 和 θ 为激励力的幅值和频率。代入式(2-5)便得到有阻尼单自由度系统的运动方程

$$m\ddot{x} + c\dot{x} + kx = F_0\sin\theta t \tag{2-74}$$

方程两边同除以 m，并采用 2.3 节中的常数

$$\omega_0 = \sqrt{\frac{k}{m}},\ \zeta = \frac{c}{2m\omega_0} = \frac{c}{2\sqrt{km}}$$

得到标准形式的方程

$$\ddot{x} + 2\zeta\omega_0\dot{x} + \omega_0^2 x = \frac{F_0}{m}\sin\theta t \tag{2-75}$$

式(2-75)为二阶常系数非齐次线性微分方程，与2.4节中无阻尼的情况类似，其通解仍然是由齐次方程的通解加上非齐次方程的任意一个特解组成

$$x(t) = \bar{x}(t) + x^*(t)$$

齐次通解为

$$\bar{x} = e^{-\zeta\omega_0 t}(C_1\cos\omega_d t + C_2\sin\omega_d t)$$

现用待定系数法求其特解，设式(2-75)的一个特解为

$$x^* = D_1\cos\theta t + D_2\sin\theta t$$

式中：D_1、D_2——待定的常数。

将特解代入式(2-75)，比较系数后得

$$D_1 = -\frac{F_0}{m}\cdot\frac{2\zeta\omega_0\theta}{(\omega_0^2-\theta^2)^2+4\zeta^2\omega_0^2\theta^2},\ D_2 = \frac{F_0}{m}\cdot\frac{\omega_0^2-\theta^2}{(\omega_0^2-\theta^2)^2+4\zeta^2\omega_0^2\theta^2}$$

若将特解表示为

$$y^*(t) = A\sin(\theta t - \alpha)$$

则

$$A = \sqrt{D_1^2 + D_2^2} = \frac{F_0}{m\omega_0^2}\cdot\frac{1}{\sqrt{(1-s^2)^2+4\zeta^2 s^2}} \tag{2-76}$$

$$\tan\alpha = \frac{2\zeta s}{1-s^2} \tag{2-77}$$

式中：s——无量纲的激励频率，$s=\theta/\omega_0$。

于是可得到式(2-75)的通解形式

$$x(t) = e^{-\zeta\omega_0 t}(C_1\cos\omega_d t + C_2\sin\omega_d t) + A\sin(\theta t - \alpha) \tag{2-78}$$

式中：C_1、C_2——待定系数，由初始条件确定。

若仍用 x_0 和 $\dot{x}_0$ 表示初位移和初速度，则可以定出

$$C_1 = x_0 + A\sin\alpha,\ C_2 = \frac{\dot{x}_0 + \zeta\omega_0 x_0 + \zeta\omega_0 A\sin\alpha - \theta A\cos\alpha}{\omega_d}$$

最终运动微分方程式(2-75)在给定初始条件下的解为

$$\begin{aligned} x(t) = {} & e^{-\zeta\omega_0 t}\left(x_0\cos\omega_d t + \frac{\dot{x}_0 + \zeta\omega_0 x_0}{\omega_d}\sin\omega_d t\right) + \\ & Ae^{-\zeta\omega_0 t}\left(\sin\alpha\cos\omega_d t + \frac{\zeta\omega_0\sin\alpha - \theta\cos\alpha}{\omega_d}\sin\omega_d t\right) + \\ & A\sin(\theta t - \alpha) \end{aligned} \tag{2-79}$$

与2.4节中类似，式(2-79)中的第一项是由初始条件决定的自由振动，其频率与激励系统的固有频率相同，振幅跟初始条件有关；第二项是伴随激励力而产生的伴生自由振动，其频率也等于系统的固有频率，振幅与激励力有关；第三项是纯受迫振动，其振动的频率与激励力的频率相同，振幅也取决于激励力，与初始条件无关。

由于阻尼的存在，自由振动部分都是衰减振动，它们会随着时间的推移而消失，最终有阻尼受迫振动只剩下稳态的受迫振动，也就是原微分方程的特解部分为

$$x(t) = A\sin(\theta t - \alpha) \tag{2-80}$$

若引入静位移

$$x_{ST} = \frac{F_0}{m\omega_0^2} = \frac{F_0}{k} \tag{2-81}$$

以及位移动力系数

$$\beta = \frac{1}{\sqrt{(1-s^2)^2 + 4\zeta^2 s^2}} \tag{2-82}$$

则稳态响应的振幅为

$$A = \beta x_{ST} \tag{2-83}$$

式(2-80)中的 α 为位移与激励力之间的相位差，即

$$\alpha = \arctan\frac{2\zeta s}{1-s^2} \tag{2-84}$$

2.5.2　幅频曲线及其特性

以阻尼比 ζ 为参数，画出位移动力系数 β 与无量纲频率 s（频率比）之间的曲线，如图2-24所示，称为幅频特性曲线。

从图2-24可以看出，当 $s\to 0$ 时，亦即激励力变化很慢时，无论阻尼情况如何，系统的位移动力系数 β 都趋向于1，说明此时与静荷载作用的效果很接近；当 $s\to\infty$ 时，亦即动力荷载变化非常快的时候，系统的位移动力系数 β 都趋向于0，而且也几乎与阻尼没有关系，这说明因为激励频率太快而导致系统的响应跟不上激励的步调，根本来不及响应，所以质点几乎在平衡位置不动。这两点与2.4节不考虑阻尼的情况是相同的。

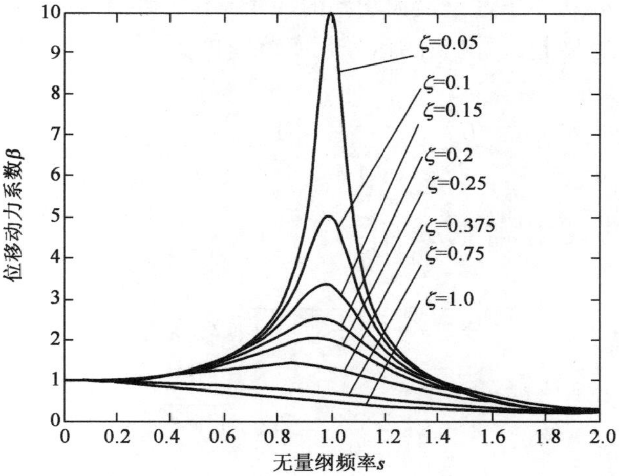

图2-24　幅频特性曲线

当 $s\to 1$ 时，即激励力频率接近于系统的固有频率时，位移动力系数很大，幅频曲线在 $s=1$ 附近有一波峰，振幅会急剧增大，这就是我们熟悉的共振现象。与无阻尼情况不同的是，由于阻尼的影响，共振时振幅不会无限增大，但仍是非常危险的。共振时的振幅受阻尼的影响很明显，阻尼比越小振幅越大，共振峰越陡峭。利用数学上求极值的方法可知，当 $s=\sqrt{1-2\zeta^2}$ 时

β 有极大值：

$$\beta_{\max} = \frac{1}{2\zeta\sqrt{1-\zeta^2}} \tag{2-85}$$

工程上，通常情况下 $\zeta \ll 1$，此时，可近似认为位移动力系数的最大值 $\beta_{\max}$ 发生在 $s=1$ 处，则最大值近似为

$$\beta_{\max} = \frac{1}{2\zeta} \tag{2-86}$$

但是当阻尼比 $\zeta > 1/\sqrt{2}$ 时 β 无极值。

2.5.3 品质因数与半功率带宽

前面看到，共振时振幅受阻尼系数的影响显著，阻尼较小时系统振幅急剧增大，阻尼较大时振幅变化平缓。从抑制共振危害的角度看，幅频曲线的共振峰越平缓、共振区宽度越窄越好；而从振动测量的角度看，在不影响被测试结构安全的前提下，幅频曲线应有足够的共振峰值和共振区宽度，共振峰值高，则测量的信号强，共振区宽度大，则测试装置的频率使用范围更广。在振动测量中，常用品质因数来反映共振峰的陡峭程度与阻尼的强弱，将共振时的位移动力系数称为**品质因数**，即

$$Q = \frac{1}{2\zeta} \tag{2-87}$$

品质因数越大，共振峰越高，测量的信号强，灵敏度高。它也反映了系统的窄带滤波性能，在振荡电路中称为选择性，品质因数越大，选择性越好。

在幅频曲线上共振峰的两侧取 $\beta = Q/\sqrt{2}$ 对应的两点 s_1 和 s_2，称为半功率点（功率与振幅的平方成正比，在此点处功率正好是最大功率的一半），$\Delta = s_2 - s_1$ 称作系统的**半功率带宽**。半功率带宽越大，共振区宽度越大，测量的信号频率范围越宽。

根据定义，有

$$\frac{Q}{\sqrt{2}} = \frac{1}{\sqrt{(1-s^2)^2+(2\zeta s)^2}}$$

将 $Q=\dfrac{1}{2\zeta}$ 代入，并在等式两边取平方，得

$$\frac{1}{8\zeta^2} = \frac{1}{(1-s^2)^2+(2\zeta s)^2}$$

解此方程得

$$s^2 = 1-2\zeta^2 \pm 2\zeta\sqrt{1+\zeta^2}$$

略去根号中的 ζ^2 项，得

$$s_1^2 \approx 1-2\zeta-2\zeta^2,\ s_1 \approx 1-\zeta-\zeta^2$$
$$s_2^2 \approx 1+2\zeta-2\zeta^2,\ s_2 \approx 1+\zeta-\zeta^2$$

半功率带宽则为

$$\Delta = s_2 - s_1 = 2\zeta = \frac{1}{Q} \tag{2-88}$$

由此得阻尼比

$$\zeta = \frac{1}{2}(s_2 - s_1) = \frac{\theta_2 - \theta_1}{2\omega_0} \tag{2-89}$$

这种测定阻尼比的方法称为半功率法。半功率带宽和品质因数互为倒数，都与阻尼有关。共振峰的陡峭程度和宽度是一对矛盾，测试时根据需要兼顾。

2.5.4 相频曲线及其特性

以阻尼比 ζ 为参数，画出相位差 α 与无量纲频率 s 之间的曲线如图 2-25 所示，称为相频特性曲线。

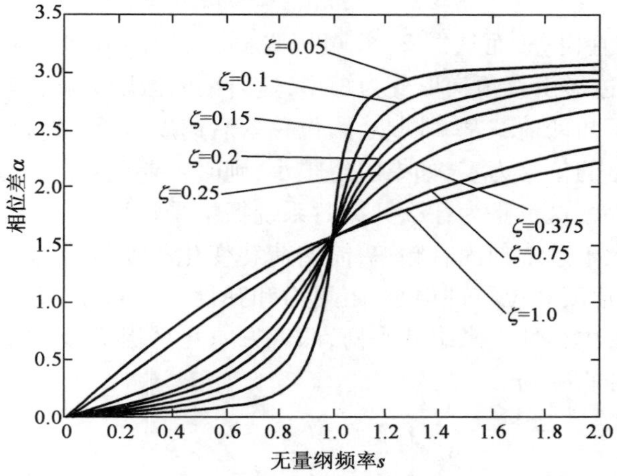

图 2-25 相频特性曲线

从相频曲线来看，有阻尼情形的 α 是在 $0 \sim \pi$ 之间连续变化的光滑曲线，相位差随着 s 的增加而不断增大，当 s 从 0 到 1 变化时，α 由 0 逐渐增大到 $\pi/2$，当 s 从 1 到 ∞ 变化时，α 由 $\pi/2$ 逐渐增大到 π。阻尼比越小，相频曲线越靠近 0 和 π 两条水平直线，实际上上节中无阻尼情形的相频曲线就是由 $\alpha = 0$ 和 $\alpha = \pi$ 的两条半直线组成的，在 $s = 1$ 处发生了间断。

另外，在相频曲线上，不论阻尼比 ζ 取何数值，相频曲线也可以分为三个特定的区域，$s \to 0$，$s \to 1$ 和 $s \to \infty$。当 $s \to 0$ 时，$\alpha \to 0$，说明激励力的频率很小时，系统的位移响应与激励力之间基本上是同步的，这正是静力荷载的特点；当 $s \to 1$ 时，$\alpha \to \pi/2$，且与阻尼比没有关系，这说明在共振区附近，位移响应总是滞后激励力 $\pi/2$；当 $s \to \infty$ 时，$\alpha \to \pi$，位移响应滞后激励力 π，即位移和激励力是反相的。

在振动测量时，可利用 $s \to 1$ 时，$\alpha \to \pi/2$ 的特性去测定系统的固有频率，这种测量固有频率的方法称为相位共振法。

可以用旋转矢量法对振动系统在不同阶段的动态特性进行进一步阐释。由已经求得的稳态响应的位移 $x(t) = A\sin(\theta t - \alpha)$ 可以求得惯性力 F_{I}、阻尼力 F_{D} 和弹性力 F_{E}，具体计算公式如下：

$$F_{\mathrm{I}} = -m\ddot{x} = m\theta^2 A\sin(\theta t - \alpha) = F_{\mathrm{Imax}}\sin(\theta t - \alpha)$$

$$F_{\mathrm{D}} = -c\dot{x} = -c\theta A\cos(\theta t - \alpha) = c\theta A\sin\left(\theta t - \alpha - \frac{\pi}{2}\right) = F_{\mathrm{Dmax}}\sin\left(\theta t - \alpha - \frac{\pi}{2}\right)$$

$$F_{\mathrm{E}} = -kx = -kA\sin(\theta t - \alpha) = kA\sin(\theta t - \alpha - \pi) = F_{\mathrm{Emax}}\sin(\theta t - \alpha - \pi)$$

可见，惯性力比激励力 $F(t)=F_0\sin\theta t$ 落后一个相位角 α，阻尼力比惯性力落后 $\pi/2$，弹性恢复力又比阻尼力落后 $\pi/2$。激励力、惯性力、阻尼力和弹性力之间的夹角不变，它们以共同的角频率 θ 同时转动，四个力的旋转矢量如图 2-26a) 所示。

根据达朗贝尔原理，在任一瞬时，简谐激励力、弹性力、阻尼力和惯性力都必须满足形式上的平衡，即这四个旋转矢量应构成一封闭的力四边形，如图 2-26b) 所示。

当 $s\to0$ 时，由于荷载的频率很小，系统振动会很慢，此时，惯性力和阻尼力都很小，动力荷载主要靠弹性力来维持平衡，因弹簧弹力与位移相反，故位移与动荷载基本同步。当 $s\to1$ 时，激励力频率与固有频率很接近，此时

$$F_{\mathrm{Emax}}=kA=m\omega_0^2A=m\theta^2A=F_{\mathrm{Imax}}$$

即惯性力和弹性力幅值相等，而从图 2-26 可以看到，它们的方向总是相反的，故两者相互抵消，图 2-26 中的力四边形由直角梯形变为矩形，这时候的激励力就由阻尼力来维持平衡，阻尼力与速度反向，则速度与动荷载基本同步，因位移落后速度 $\pi/2$，故位移落后激励力 $\pi/2$；当激励力达到最大时，质点的位移为零，如果阻尼很小，则必须要质点的速度很大才能维持平衡，以至于运动的位移也很大，这也是为什么共振时系统振幅受阻尼影响很大的原因所在。当 $s\to\infty$ 时，激励力的频率远大于系统的固有频率，简谐荷载变化很快，质点运动方向随简谐荷载变化很快，加速度很大，但速度和位移都很小，阻尼力和弹性力都很小，力四边形中 F_{Emax} 和 F_{Dmax} 很短，此时动力荷载主要由惯性力来维持平衡，两者方向几乎相反，因惯性力与位移同相位，故位移与动荷载基本是反向，$\alpha\to\pi$。

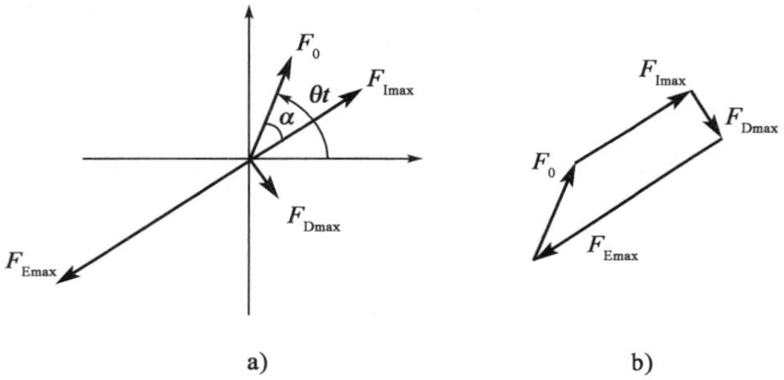

图 2-26 稳态响应中四个力的平衡

例 2.13 图 2-27 所示简支梁由 10 号工字钢组成，设 $E=205.8\mathrm{GPa}$，$I=245\mathrm{cm}^4$，梁跨中动力机械的质量 $m=100\mathrm{kg}$，旋转部分的质量 $m'=40\mathrm{kg}$，转速 $n=500\mathrm{r/min}$，质量偏心距 $e=0.4\mathrm{mm}$，不计梁的自重，阻尼比 $\zeta=0.05$，求梁中点的振幅、总位移的最大值和弯矩的最大值。

解：首先求梁的柔度系数，由例 2.10 知

$$\delta_{11}=\frac{l^3}{48EI}=\frac{4^3}{48\times205.8\times10^9\times245\times10^{-8}}=2.64\times10^{-6}\mathrm{m/N}$$

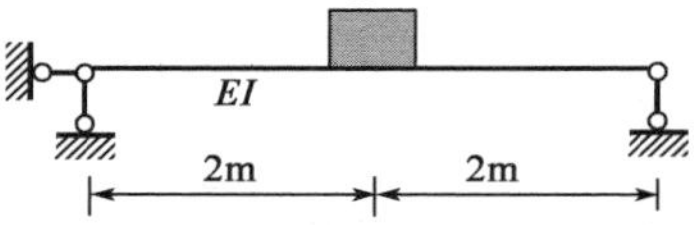

图 2-27 受电机偏心扰动的简支梁

系统的固有频率

$$\omega_0=\sqrt{\frac{1}{m\delta_{11}}}=\sqrt{\frac{1}{100\times2.64\times10^{-6}}}=61.5\mathrm{rad/s}$$

机器的扰动频率

$$\theta = \frac{2\pi n}{60} = \frac{2 \times 3.1416 \times 500}{60} = 52.36\text{rad/s}$$

系统的动力系数

$$\beta = \frac{1}{\sqrt{\left(1 - \frac{\theta^2}{\omega_0^2}\right)^2 + \frac{4\zeta^2\theta^2}{\omega_0^2}}} = \frac{1}{\sqrt{\left(1 - \frac{52.3^2}{61.5^2}\right)^2 + \frac{4 \times 0.05^2 \times 52.3^2}{61.5^2}}} = 3.45$$

激励力的幅值

$$F_0 = \theta^2 m'e = 52.36^2 \times 40 \times 0.0004 = 43.86\text{N}$$

梁中点的振幅

$$A = \beta F_0 \delta_{11} = 3.45 \times 43.86 \times 2.64 \times 10^{-6} = 3.995 \times 10^{-4}\text{m}$$

梁中点的最大位移

$$\Delta_{\max} = mg\delta_{11} + A = 100 \times 9.8 \times 2.64 \times 10^{-6} + 3.995 \times 10^{-4} = 2.986 \times 10^{-3}\text{m}$$

梁中点的最大弯矩

$$M_{\max} = \frac{1}{4}(mg + \beta F_0)l = \frac{1}{4}(100 \times 9.8 + 3.45 \times 43.86) \times 4 = 1131\text{kN}\cdot\text{m}$$

需要特别说明的是：在求最大弯矩时，如果用最大惯性力和干扰力叠加的方法，则必须注意惯性力和干扰力并不是同步的，结构位移最大时内力一定是最大的，此时惯性力最大，但干扰力并不是最大的，宜首先求出产生最大位移的时刻。由于

$$x = \beta F_0 \delta_{11} \sin(\theta t - \alpha)$$

显然，产生最大位移的时刻由

$$\sin(\theta t - \alpha) = 1$$

确定，式中

$$\alpha = \arctan\left(\frac{2\zeta s}{1 - s^2}\right) = \arctan\frac{2\zeta\omega_0\theta}{\omega_0^2 - \theta^2} = \arctan\frac{2 \times 0.05 \times 61.5 \times 52.3}{61.5^2 - 52.3^2} = 0.30$$

于是，产生最大位移的时刻为

$$t^* = \frac{\frac{\pi}{2} + \alpha}{\theta} = \frac{\frac{\pi}{2} + 0.30}{52.3} = 0.0358\text{s}$$

此刻的惯性力最大，为

$$F_1(t^*) = m\theta^2 A = 100 \times 52.3^2 \times 3.995 \times 10^{-4} = 109.27\text{N}$$

而此时的干扰力为

$$F(t^*) = F_0\sin\theta t^* = 43.86 \times \sin(52.3 \times 0.0358) = 41.88\text{N}$$

将惯性力的最大值和此时的干扰力同时加在结构上，便可求得结构的动内力幅值，若需要求结构最大内力，再叠加上重力产生的影响。

2.5.5 稳态振动过程中的能量平衡关系

由于阻尼的存在，系统在振动过程中要消耗能量，只有外部激励力不断给系统输入能量，并且能量达到收支平衡时，系统才能维持稳态振动。

当系统在简谐激励力 $F(t) = F_0\sin\theta t$ 作用下维持稳态振动时，它在一个周期内所做的功为

$$W_W = \int_0^T F_0 \sin\theta t \cdot dx$$

因为

$$x(t) = A\sin(\theta t - \alpha)$$

所以

$$dx = \theta A\cos(\theta t - \alpha)dt$$

代入前式得

$$W_W = F_0 \theta A \int_0^{2\pi/\theta} \sin\theta t \cdot \cos(\theta t - \alpha)dt = \pi F_0 A\sin\alpha \tag{2-90}$$

而阻尼力在振动的一个周期内所做的功为

$$W_D = \int_0^T (-c\dot{x})dx = -c\theta^2 A^2 \int_0^{2\pi/\theta} \cos^2(\theta t - \alpha) \cdot dt = -c\pi\theta A^2 \tag{2-91}$$

由于

$$\sin\alpha = \frac{2\zeta s}{\sqrt{(1 - s^2)^2 + (2\zeta s)^2}}$$

故

$$\begin{aligned}
W_W + W_D &= \pi F_0 A\sin\alpha - c\pi\theta A^2 \\
&= \pi F_0 A \frac{2\zeta s}{\sqrt{(1 - s^2)^2 + (2\zeta s)^2}} - c\pi\theta A^2 \\
&= \frac{2\pi\zeta s}{(1 - s^2)^2 + (2\zeta s)^2} \cdot \frac{F_0^2}{m\omega_0^2} - \frac{c\pi\theta}{(1 - s^2)^2 + (2\zeta s)^2} \cdot \frac{F_0^2}{(m\omega_0^2)^2} \\
&= \frac{2\pi\zeta s}{(1 - s^2)^2 + (2\zeta s)^2} \cdot \frac{F_0^2}{m\omega_0^2} - \frac{2\pi\zeta m\omega_0\theta}{(1 - s^2)^2 + (2\zeta s)^2} \cdot \frac{F_0^2}{(m\omega_0^2)^2} \\
&= \frac{2\pi\zeta s}{(1 - s^2)^2 + (2\zeta s)^2} \cdot \frac{F_0^2}{m\omega_0^2} - \frac{2\pi\zeta s m\omega_0^2}{(1 - s^2)^2 + (2\zeta s)^2} \cdot \frac{F_0^2}{(m\omega_0^2)^2} \\
&= 0
\end{aligned}$$

而弹性力所做的功为

$$W_E = \int_0^T (-kx)dx = -k\theta A^2 \int_0^{2\pi/\theta} \sin(\theta t - \alpha)\cos(\theta t - \alpha) \cdot dt = 0$$

惯性力做的功为

$$W_I = \int_0^T (-m\ddot{x})dx = m\theta^3 A^2 \int_0^{2\pi/\theta} \sin(\theta t - \alpha)\cos(\theta t - \alpha) \cdot dt = 0$$

由此看到,在振动的一个周期内,弹性力和惯性力所做的功均等于零,而激励力和阻尼力所做的功正好抵消。这说明,激励力输入给系统的能量恰好用于补充阻尼力耗散的能量,正因为如此,系统方能维持稳态等幅的振动。

2.6 ➤ 简谐惯性力激励下的受迫振动及其应用

2.6.1 简谐惯性力激励下受迫振动的解

工程中经常发生由交变的惯性力产生的受迫振动，例如由于地基振动引起结构物的受迫振动，或者由于转子偏心引起的受迫振动。这类受迫振动的特点是激励惯性力的振幅与频率的平方成正比。以地基振动为例，设安装质量弹簧阻尼系统的基座沿 x 轴方向作振幅为 B、频率为 θ 的简谐振动（图 2-28），振动规律为

$$x_f = B\sin\theta t \tag{2-92}$$

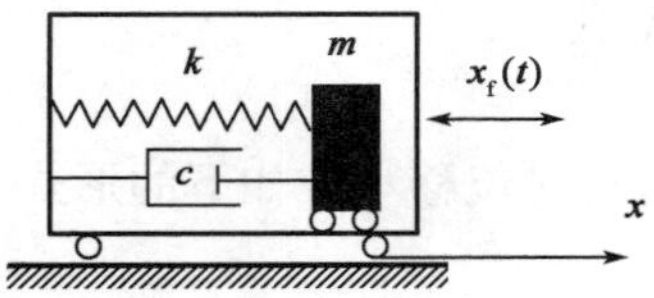

图 2-28　受激励的振动系统

将物体相对基座的位移记作 x_1，取质点的动平衡，有

$$-m(\ddot{x}_1+\ddot{x}_f)-c\dot{x}_1-kx_1=0$$

将式(2-92)代入得

$$m\ddot{x}_1+c\dot{x}_1+kx_1=mB\theta^2\sin\theta t \tag{2-93}$$

如令

$$F(t)=mB\theta^2\sin\theta t \tag{2-94}$$

$F(t)$可以理解为基础的运动在物体上产生的简谐变化的惯性力，则式(2-93)与式(2-74)有相同的形式。重复上一节的推导，可得其稳态的解

$$x_1(t)=A_1\sin(\theta t-\alpha_1) \tag{2-95}$$

式中

$$A_1=\beta_1 B \tag{2-96}$$

$$\beta_1(s)=\frac{s^2}{\sqrt{(1-s^2)^2+(2\zeta s)^2}} \tag{2-97}$$

$$\alpha_1(s)=\arctan\frac{2\zeta s}{1-s^2} \tag{2-98}$$

式中：s——无量纲的激励频率或频率比，$s=\theta/\omega_0$。

比较式(2-97)、式(2-98)与式(2-82)、式(2-84)可知，此时的相频特性与简谐干扰力作用的情况相同，但幅频特性却不同于简谐干扰力作用的情况。

由于当 $s\to 0$ 时 $\beta_1(s)=0$，$s\to\infty$ 时 $\beta_1(s)=1$，即当激励力频率远小于固有频率时，相对运动的振幅接近于零，相位接近相同，这说明系统的质点相对于基座无相对运动，而是与基座一起作同步的缓慢的运动；当激励频率远大于系统固有频率时，相对运动的振幅接近于基座运动的振幅，但相位正好相反，这说明此时的系统与基座作反相等幅的运动，或者说质点此时基本处于静止状态，绝对运动的振幅接近于零。当激励频率接近系统固有频率时，依然存在着振幅急剧增大的共振现象。仍以振幅极大值对应的频率 ω_m 为共振频率，从 $d\beta_1/ds=0$ 导出 $s_m=1/\sqrt{1-2\zeta^2}$，因此共振频率略大于系统的固有频率 ω_0，$\zeta>1/\sqrt{2}$时振幅无极值。品质因子 Q 与式(2-87)相同。

若将质点相对惯性坐标系的绝对位移作为响应 x，则 x 等于相对位移 x_1 与基座牵连位移

x_f 之和

$$\begin{aligned} x &= x_1 + x_f = \beta_1 B\sin(\theta t - \alpha_1) + B\sin\theta t \\ &= \beta_1 B\sin(\theta t - \alpha_1) + B\sin(\theta t - \alpha_1 + \alpha_1) \\ &= (\beta_1 + \cos\alpha_1) B\sin(\theta t - \alpha_1) + B\sin\alpha_1\cos(\theta t - \alpha_1) \\ &= \sqrt{(\beta_1 + \cos\alpha_1)^2 + \sin^2\alpha_1}\, B\sin(\theta t - \alpha_1 + \alpha_2) \\ &= \sqrt{\frac{1 + (2\zeta s)^2}{(1 - s^2)^2 + (2\zeta s)^2}}\, B\sin(\theta t - \alpha_1 + \alpha_2) \end{aligned}$$

式中

$$\alpha_2(s) = \arctan(2\zeta s)$$

将绝对位移写成如下的形式

$$x = A\sin(\theta t - \alpha) \tag{2-99}$$

绝对运动的振幅为

$$A = \beta B \tag{2-100}$$

其中

$$\beta(s) = \sqrt{\frac{1 + (2\zeta s)^2}{(1 - s^2)^2 + (2\zeta s)^2}} \tag{2-101}$$

为此时的位移动力系数，而相位差为

$$\alpha(s) = \arctan\frac{2\zeta s}{1 - s^2} - \arctan(2\zeta s) \tag{2-102}$$

2.6.2 惯性式测振仪

在结构工程中常常需要进行对运动量(位移、速度、加速度等)的测量，例如地震动时程的测量、振动台试验中结构模型动力反应的测量、脉动作用下结构物的振动测量、大型桥梁和高层建筑结构风振的测量、大型机器设备和动力基础的振动测量等。用于测量振动量的仪器主要有位移计、加速度计和速度计，惯性式位移计和加速度计是常用的测振仪器，下面仅从原理上简单介绍惯性式位移计和加速度计，它们都是利用支座运动时稳态受迫振动的幅频特性制成的。

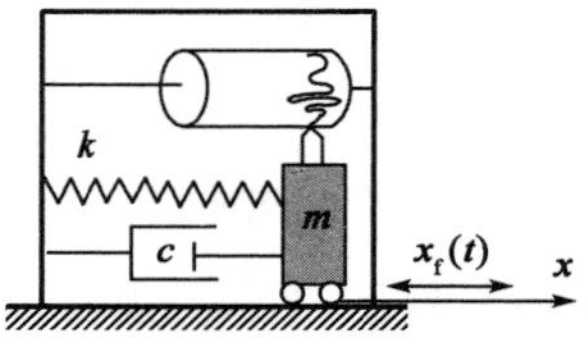

图 2-29　惯性式测振仪

图 2-29 所示为一惯性式测振仪的基本结构。测振仪包括一个惯性质量 m、弹簧 k 和阻尼器 c，它们构成一个单自由度振动系统，弹簧和阻尼器连接在测振仪的外壳上。测振时，将测振仪直接固定在振动物体上，测振仪的外壳与振动物体一起作同样的运动，利用连接在质量块上的指针或者通过电信号指示出所测的位移或加速度。

设振动物体的运动规律为 $x_f = B\sin\theta t$，显然测振仪系统的相对响应为

$$x_1(t) = A_1\sin(\theta t - \alpha_1) \tag{2-103}$$

式中，运动的振幅为

$$A_1 = \beta_1 B \tag{2-104}$$

$$\beta_1 = \frac{s^2}{\sqrt{(1-s^2)^2+(2\zeta s)^2}} \tag{2-105}$$

当频率比 $s \to \infty$ 时，$\beta_1 \approx 1$，$A_1 = B$。此时，相对运动的振幅就等于振动物体运动的振幅，测振仪的质点记录下的信号就是振动物体的最大位移，故此时的测振仪称为位移计。位移计要求自身的固有频率很小，以保证频率比 s 足够大，因此位移计是一种低固有频率的仪器。位移计的缺点是自身重量大，对重量不大的被测物体的测振结果的影响较大，测量范围小。但是位移计的阻尼器对测振仪频率使用范围有较大影响，如取 $\zeta = 0.6 \sim 0.7$，$s > 2.5$ 时，β_1 就已经相当接近 1，即是说测振仪记录下的信号基本上等于振动物体的最大位移。所以合理选择阻尼，可以扩大位移计的频率使用范围的下限。

地震记录仪就是典型的位移计，能比较准确地记录下地震波的曲线。

将式(2-104)改写为

$$A_1 = \beta_1 B = \frac{1}{\sqrt{(1-s^2)^2+(2\zeta s)^2}}\left(\frac{\theta^2 B}{\omega_0^2}\right)$$

当频率比 $s \to 0$ 时

$$A_1 \approx \frac{\theta^2 B}{\omega_0^2} = \frac{\ddot{x}_{\mathrm{fmax}}}{\omega_0^2} \tag{2-106}$$

此时，指针记录的值与振动物体的加速度幅值成正比，测振仪指针的记录振幅乘以测振仪固有频率的平方就等于被测物体振动加速度的最大值，故此时的测振仪称为加速度计。加速度计要求测振仪自身的固有频率很大，只有当它远大于被测物体的运动频率时，测量结果才有足够的精度，所以加速度计是一种高固有频率的仪器。只有加速度计的固有频率也不能太大，因为式(2-106)分母上有固有频率的平方 ω_0^2，如果 ω_0 太大，则测振仪的读数会很小，影响测量的精度。

加速度计的使用非常广泛，尤其是各种压电晶体式加速度计，它本身的固有频率可达 10kHz 以上，具有使用频率范围广、体积小、灵敏度高等优点。加速度计的使用频率范围同样受阻尼的影响较大，如 $\zeta = 0.65 \sim 0.7$，$s = 0 \sim 0.4$ 的范围内时，$A_1\omega_0^2$ 已经非常接近 $\ddot{x}_{\mathrm{fmax}}$。因此合理选择阻尼，会使加速度计的频率使用范围更广。

惯性式测振仪中的阻尼除了能扩大位移计和加速度计的频率使用范围外，还能影响测振仪的性能。阻尼比 ζ 增大时，能使弹簧质量系统的自由振动迅速衰减，这一点对测振仪很重要，尤其在测量冲击和瞬态振动时更为重要。阻尼比过小的测振仪是很难使用的，这时测振仪的初始自由振动长时间不衰减，叠加到被测量的物理量中，分析起来较困难。

阻尼还对测振仪的相频特性有很大影响，因为测振仪指针指示值与振动物体的运动之间有相位差 α，而且 α 与 s 在多数情况下呈现非线性关系，在测量由若干简谐函数叠加而成的非简谐周期振动时，会造成波形畸变(相位畸变)。要避免这种畸变，就必须使 α 与 s 呈线性关系，如阻尼比 $\zeta = 0.7$ 时，在 $s < 1$ 的范围内 α 与 s 近似呈线性关系，$\alpha \approx \pi s/2$。所以阻尼比的选择在测振仪中是个非常重要的问题。

2.6.3 减振与隔振

振动有其有利的一面，也有其有害的一面，为了避免或减少振动的不利影响，工程上常采用隔振的方法，具体做法是在振动物体和研究对象之间加入一些垫层，使振动物体的运动不能完全传递到研究对象上。根据振源的不同,隔振可分为主动隔振和被动隔振两种形式。

1)主动隔振

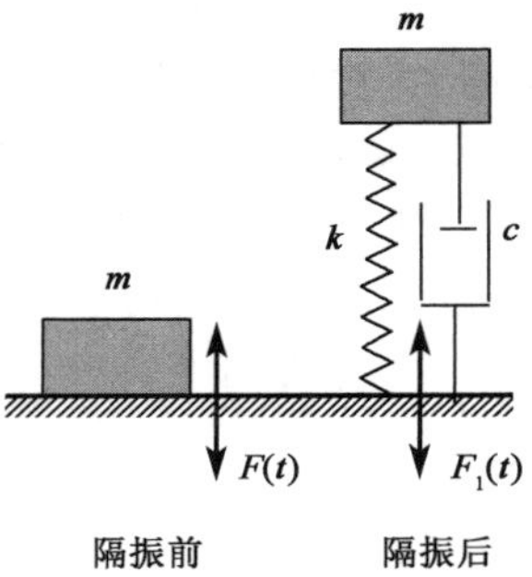

图 2-30 主动隔振

主动隔振也称为力隔振,它是将作为振源的机器设备与地基隔离,以减少振动的设备对周围环境的影响。例如把机器安装在较大的基础上,在机器与基础之间设置若干橡胶垫层,就是一种主动隔振措施。

如图 2-30 所示,当机器稳定运转时,由旋转部件的质量偏心产生的离心惯性力会在竖直方向有投影,设为 $F_0\sin\theta t$。未隔振时,这个力会直接传递到基础上。当在机器和基础之间加入弹性阻尼垫层后,形成一个质量弹簧阻尼单自由度系统,受简谐激励力的作用。由上节所知,系统的稳态响应为

$$x(t) = A(\sin\theta t - \alpha)$$

质点的振动通过弹簧和阻尼器传递到地基上的力为

$$\begin{aligned} F_1(t) &= c\dot{x} + kx \\ &= c\theta A\cos(\theta t - \alpha) + kA\sin(\theta t - \alpha) \\ &= \sqrt{c^2\theta^2 + k^2}A\sin(\theta t - \alpha + \alpha') \end{aligned}$$

计算 F_1 的模的幅值,得到

$$F_{1m} = \sqrt{k^2 + \omega^2 c^2}A = F_0\sqrt{\frac{1 + (2\zeta s)^2}{(1 - s^2)^2 + (2\zeta s)^2}}$$

为衡量隔振的效果,引入主动隔振系数 η_a,令 η_a 为隔振后传至地基的力幅值与隔振前传至地基的力幅值之比。于是导出隔振系数

$$\eta_a = \frac{F_{1m}}{F_0} = \sqrt{\frac{1 + (2\zeta s)^2}{(1 - s^2)^2 + (2\zeta s)^2}} \tag{2-107}$$

2)被动隔振

被动隔振也称为运动隔振,它是将作为振源的地基振动与机器设备隔离开来,以免将地基的振动传至设备。隔振的方法依然是设置弹性阻尼垫层。例如精密仪器橡胶垫层与地基隔开,就是被动隔振。

如图 2-31 所示,假设地基以 $B\sin\theta t$ 的形式振动,如果没有隔振,则精密仪器会和地基一样作运动。现在地基与仪器之间加入一些弹性和阻尼的垫层,则相当于一个质量弹簧阻尼系统的支座在做形如 $B\sin\theta t$ 的简谐运动,由本节所知,系统绝对运动的响应为

$$x(t) = A(\sin\theta t - \alpha)$$

其中

$$A = \beta B = \sqrt{\frac{1 + (2\zeta s)^2}{(1 - s^2)^2 + (2\zeta s)^2}}B$$

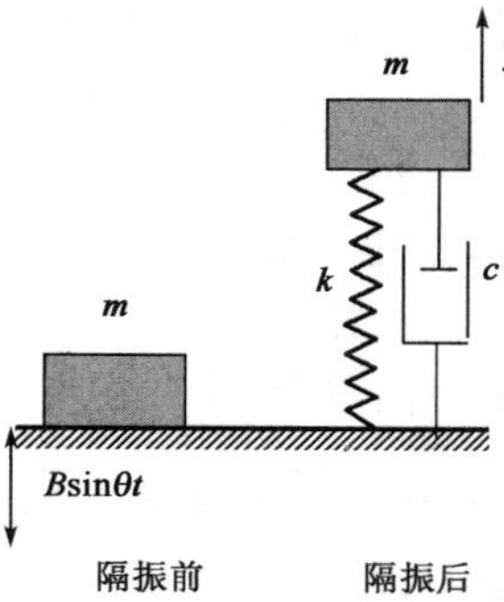

图 2-31 被动隔振

若隔振的效果用被动隔振系数 η_b 来表示,其定义为隔振后

设备的振幅与隔振前设备的振幅之比，则

$$\eta_b = \frac{A}{B} = \sqrt{\frac{1 + (2\zeta s)^2}{(1 - s^2)^2 + (2\zeta s)^2}} \tag{2-108}$$

由式(2-107)和式(2-108)可见，尽管主动隔振系数与被动隔振系数的含义不同，但其表达式是完全相同的，若将隔振系数与无量纲频率(频率比)关系画成曲线，如图2-32所示。由图2-32可知：

(1)不论阻尼比ζ取何值，只有当$s > \sqrt{2}$时才有隔振效果。s越大隔振效果越好，而$\omega_0 = \sqrt{k/m}$，所以应选用刚度系数较小的弹簧或者适当加大质量。

(2)当$s > \sqrt{2}$后，随着频率比增大，隔振系数逐渐趋于零。在$s > 5$之后，曲线几乎完全水平，即使使用更好的隔振装置，隔振效率提高有限，实用上选取s值在2.5～5已足够。

(3)当$s > \sqrt{2}$后，隔振系数随阻尼比的增大而提高，即此时阻尼的增大是不利于隔振的，盲目增大阻尼并不一定能带来好的隔振效果。

(4)当$s < \sqrt{2}$时，隔振系数大于1，即隔振器反而起到相反的作用。特别是当$s \approx 1$而阻尼较小时，振动达到很大的峰值，隔振器完全起到了放大振动的作用，这点在设计时必须特别注意，应避免这种情况发生。

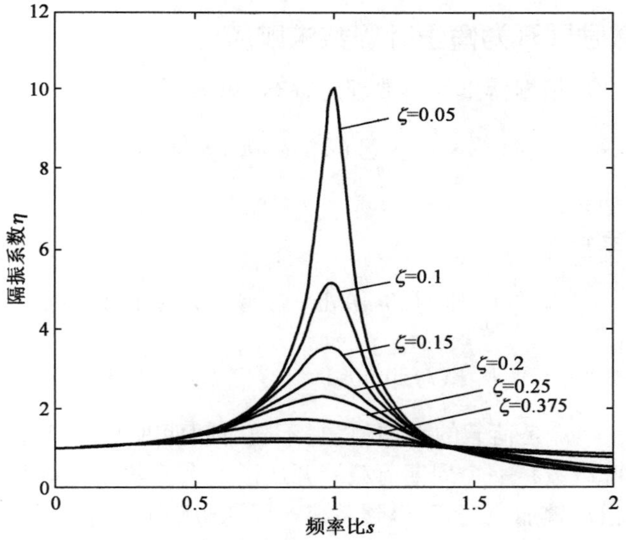

图2-32　隔振系数随频率比的变化曲线

2.7 ➤ 周期激励下的稳态受迫振动

前面讨论了单自由度系统在承担简谐激励时的稳态受迫振动，而在实际工程中，许多问题的激励是周期的但不是正弦或余弦函数。如图2-33所示的活塞式发动机中，假定曲柄OA以角速度θ绕定轴O匀速转动，通过连杆AB使活塞B沿直线平动，在图示坐标系下，活塞的运动方程为

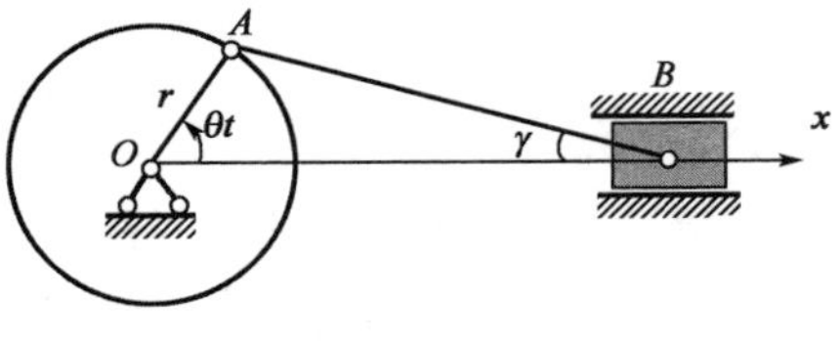

图 2-33 曲柄连杆机构

$$x = r\cos\theta t + l\cos\gamma$$

因为 $l\sin\gamma = r\sin\theta t$，所以

$$\cos\gamma = \sqrt{1-\sin^2\gamma} \approx 1 - \frac{1}{2}\sin^2\gamma$$

$$= 1 - \frac{r^2}{2l^2}\sin^2\theta t = 1 - \frac{r^2}{4l^2} + \frac{r^2}{4l^2}\cos 2\theta t$$

代入活塞的位移表达式，得

$$x = l - \frac{r^2}{4l} + r\cos\theta t + \frac{r^2}{4l}\cos 2\theta t$$

活塞的速度和加速度为

$$\dot{x} = -r\theta\left(\sin\theta t + \frac{r}{2l}\sin 2\theta t\right)$$

$$\ddot{x} = -r\theta^2\left(\cos\theta t + \frac{r}{l}\cos 2\theta t\right)$$

显然，活塞的运动由两个可通约的不同频率简谐运动叠加而得，是周期运动但不是简谐运动，其周期为 $T = 2\pi/\theta$。由此活塞作用于发动机支座的力及可能由此导致的支座运动就不再是正弦型激励了。

2.7.1 周期激励展开为傅里叶级数求响应

设 $F(t) = F(t \pm nT)$，根据傅里叶级数理论，$F(t)$ 可展开为

$$F(t) = \frac{a_0}{2} + \sum_{n=1}^{\infty}(a_n\cos n\theta t + b_n\sin n\theta t) \tag{2-109}$$

式中：θ——荷载基频，$\theta = 2\pi/T$。

而傅里叶级数的系数为

$$a_n = \frac{2}{T}\int_0^T F(t)\cos n\theta t\mathrm{d}t \qquad (n = 1,2,\cdots) \tag{2-110}$$

$$b_n = \frac{2}{T}\int_0^T F(t)\sin n\theta t\mathrm{d}t \qquad (n = 1,2,\cdots) \tag{2-111}$$

式(2-109)中第一项 a_0 是荷载的平均值，它不随时间而改变，是静荷载，第二项之后都是简谐荷载。可见傅里叶级数将一个周期荷载展开成了一个静载和一系列频率为 θ 的整数倍数的简谐荷载的叠加。根据叠加原理，可得到系统在周期激励下的总响应。

若不考虑阻尼，则

$$x = \frac{a_0}{2k} + \frac{1}{k}\sum_{n=1}^{\infty}\beta_n(a_n\cos n\theta t + b_n\sin n\theta t) \tag{2-112}$$

式中

$$\beta_n = \frac{1}{1-s_n^2}, s_n = \frac{n\theta}{\omega_0} = \frac{2\pi n}{\omega_0 T}$$

如果考虑阻尼，则有

$$x = \frac{a_0}{2k} + \frac{1}{k}\sum_{n=1}^{\infty}\beta_n[a_n\cos(n\theta t - \alpha_n) + b_n\sin(n\theta t - \alpha_n)] \tag{2-113}$$

式中

$$\beta_n = \frac{1}{\sqrt{(1 - s_n^2)^2 + (2\zeta s_n)^2}},\ \alpha_n = \arctan\frac{2\zeta s_n}{1 - s_n^2}$$

这种将周期力展开成傅里叶级数的分析方法称为谐波分析法。若以各阶频率为横坐标，作出 β_n 和 α_n 的离散图形，称作频谱图。根据频谱图分析周期激励力响应状况称作频谱分析法。

2.7.2　利用复数形式的傅里叶级数求响应

利用三角函数与指数函数关系的欧拉方程

$$e^{ix} = \cos x + i\sin x$$

可将式(2-109)写成指数形式

$$F(t) = \sum_{-\infty}^{\infty} c_n e^{in\theta t} \tag{2-114}$$

式中：i——虚数单位；

c_n——复数形式的傅里叶系数。

而傅里叶级数的系数为

$$c_n = \frac{1}{T}\int_0^T F(t)e^{-in\theta t}dt \tag{2-115}$$

求荷载 $F(t)$ 作用下的解，可先求其中任意一项 $c_n e^{in\theta t}$ 作用下的解，然后应用叠加原理求其总响应。在荷载 $c_n e^{in\theta t}$ 作用下，系统的动力方程为

$$m\ddot{x} + c\dot{x} + kx = c_n e^{in\theta t} \tag{2-116}$$

取稳态特解为 $x = X_n e^{in\theta t}$，代入上式，可得

$$X_n = H(n\theta) \cdot c_n \tag{2-117}$$

其中

$$H(n\theta) = \frac{1}{k - m(n\theta)^2 + icn\theta} \tag{2-118}$$

式中：X_n——稳态响应的复振幅；

$H(n\theta)$——激励频率 $n\theta$ 的复函数，称作复频响应函数。

系统的稳态响应为

$$x = H(n\theta) \cdot c_n \cdot e^{in\theta t} \tag{2-119}$$

显然，原系统在周期激励 $F(t)$ 作用下的稳态响应可以由式(2-119)叠加得到

$$x = \sum_{-\infty}^{+\infty} H(n\theta) \cdot c_n \cdot e^{in\theta t} \tag{2-120}$$

复频响应函数 $H(n\theta)$ 可化作

$$H(n\theta) = \frac{1}{k}\left[\frac{1 - s_n^2 - 2i\zeta s_n}{(1 - s_n^2)^2 + (2\zeta s_n)^2}\right] = \frac{1}{k}\beta_n e^{-i\alpha_n} \tag{2-121}$$

其中参数 β_n、α_n 均为 s_n 的函数，即

$$\beta(s_n) = \frac{1}{\sqrt{(1 - s_n^2)^2 + (2\zeta s_n)^2}} \tag{2-122}$$

$$\alpha_n(s_n) = \arctan\frac{2\zeta s_n}{1 - s_n^2} \tag{2-123}$$

而 $s_n=\dfrac{n\theta}{\omega_0}$。将式(2-121)代入式(2-120),得到

$$x=\sum_{n=-\infty}^{+\infty}A_n\mathrm{e}^{\mathrm{i}(n\theta t-\alpha_n)} \tag{2-124}$$

式中:A_n——稳态响应的实振幅,$A_n=\beta_n\dfrac{c_n}{k}$;

β_n——第 n 阶谐波的振幅放大因子;

α_n——第 n 阶谐波的响应与激励的相位差。

例 2.14 设质量—弹簧系统受到周期方波激励 $F(t)=\begin{cases}F_0 & (0<t<T/2)\\ -F_0 & (T/2<t<T)\end{cases}$,如图 2-34 所示,求此系统的响应。令 $\theta/\omega_0=1/6$,$\xi=0.1$,作出频谱图。

解:将 $F(t)$ 展开为傅里叶级数

$$F(t)=\frac{4F_0}{\pi}\left(\sin\theta t+\frac{1}{3}\sin3\theta t+\cdots+\frac{1}{n}\sin n\theta t+\cdots\right) \tag{a}$$

利用式(2-113)导出

$$x=\frac{4F_0}{\pi k}\cdot\sum_{n=1,3,5,\cdots}^{\infty}\beta_n\sin(n\theta t-\alpha_n) \tag{b}$$

其中,

$$\beta_n=\frac{1}{n\sqrt{(1-s_n^2)^2+(2\zeta s_n)^2}},\ \alpha_n=\arctan\frac{2\zeta s_n}{1-s_n^2},s_n=\frac{n\theta}{\omega_0}=\frac{n}{6} \tag{c}$$

β_n 和 α_n 的频谱图在图 2-35 中给出。

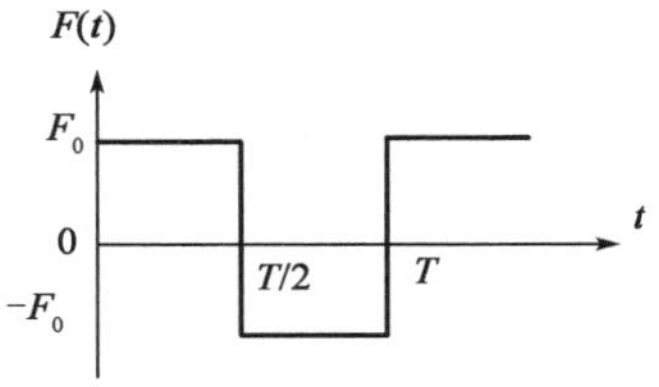

图 2-34 方波激励力

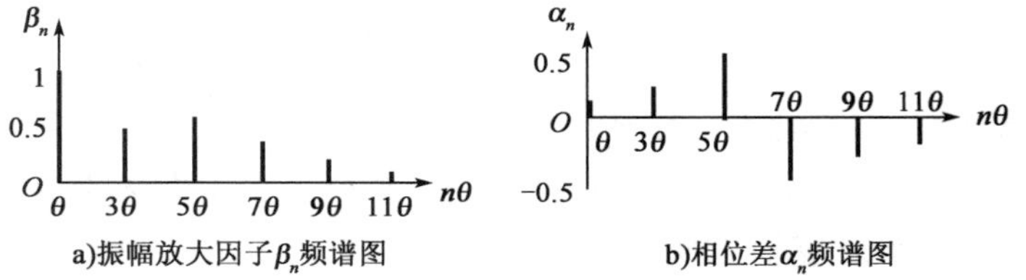

图 2-35 方波激励的响应频谱图

2.8 任意激励作用下的受迫振动

前面分别讨论了简谐激励和周期激励下单自由度系统的响应,在不考虑初始阶段的瞬态振动时,它们分别是简谐的或周期的稳态振动。然而在诸多情况下,外界对系统的激励既非是简谐的亦非是周期的,而是时间的任意函数,或者是在极短的时间间隔内的冲击作用。例如火车在启动时各车辆挂钩之间的撞击力、打桩机的桩锤对桩顶的冲击、地震荷波以及爆炸形成的冲击波对结构物的作用等。在这些荷载作用下,系统通常没有稳态的振动,而只有暂态的响应,这种激励可称作是任意激励。本节讨论在这类激励作用下单自由度系统的响应。

求任意激励作用下的响应有许多种方法，大体上可分为两大类，一类是将任意激励看作是无限多个脉冲作用的累加，通过叠加原理在时间域内求系统的响应，另一类是通过积分变换的方法将问题转化到频率域求解。

2.8.1　时域内的响应分析

1）单位脉冲激励的响应

单位脉冲力可利用 Dirac-δ 函数表示，δ 函数是一种数学上的广义函数，其定义为

$$\delta(t-t_0)=\begin{cases}0 & (t\neq t_0)\\ \infty & (t=t_0)\end{cases} \tag{2-125}$$

且

$$\int_{-\infty}^{\infty}\delta(t-t_0)\,\mathrm{d}t=1 \tag{2-126}$$

δ 函数可理解为某一函数系列的极限，如图 2-36 所示，它实际上是一个指定面积为 1 的矩形当其宽度趋向于零时矩形的高度。从力学定义上讲，单位脉冲函数描述了一个单位冲量作用于结构时，当它的作用时间极其短暂时对结构产生的极其巨大的冲击力。

设单自由度系统在 $t=0$ 时刻受单位脉冲力激励，其动力学方程为

$$m\ddot{x}+c\dot{x}+kx=\delta(t) \tag{2-127}$$

设脉冲作用前物体的位移和速度均为零。将上式中各项乘以 $\mathrm{d}t$，在脉冲力作用的瞬间，位移来不及发生变化，但速度可以产生突变。将 $\ddot{x}\mathrm{d}t$ 写作 $\mathrm{d}\dot{x}$，令 $x=0$，$\mathrm{d}x=\dot{x}\mathrm{d}t=0$，得到

$$m\mathrm{d}\dot{x}=\delta(t)\,\mathrm{d}t \tag{2-128}$$

将上式在区间$(-\varepsilon,\varepsilon)$内积分，得到脉冲作用后的速度增量为 $1/m$。脉冲激励结束后系统在初始扰动

$$x(0)=0,\dot{x}(0)=\frac{1}{m} \tag{2-129}$$

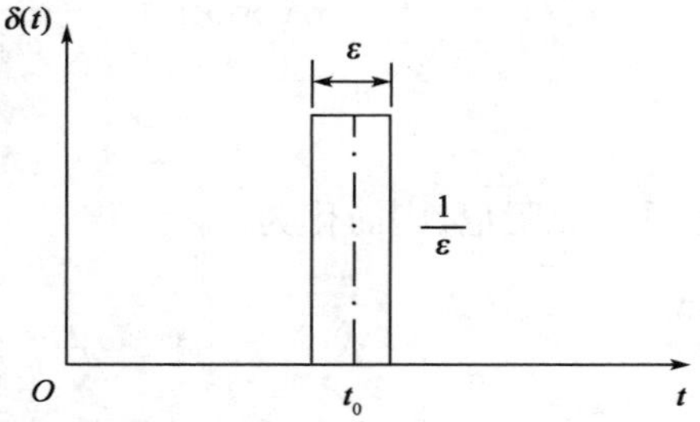

图 2-36　狄拉克 σ 函数

下作自由振动，可根据式(2-51)写出其暂态响应规律，称作脉冲响应函数，记作 $h(t)$，即

$$h(t)=\frac{1}{m\omega_\mathrm{d}}\mathrm{e}^{-\zeta\omega_0 t}\sin\omega_\mathrm{d}t \tag{2-130}$$

若单位脉冲力不是作用在 $t=0$ 时刻，而是作用在 $t=\tau$ 时刻，则系统的暂态响应必须滞后时间间隔 τ 发生，写作

$$h(t-\tau)=\frac{1}{m\omega_\mathrm{d}}\mathrm{e}^{-\zeta\omega_0(t-\tau)}\sin\omega_\mathrm{d}(t-\tau)\quad(t>\tau) \tag{2-131}$$

系统在 $t=\tau$ 时刻受到冲量为 I_0 的任意脉冲力作用时，其暂态响应可用脉冲响应函数表示为

$$x(t)=I_0h(t-\tau)\quad(t>\tau) \tag{2-132}$$

2）任意非周期激励的响应

系统受任意非周期力 $F(t)$ 激励，可将 $F(t)$ 的作用看作一系列脉冲激励的叠加，在 $t=\tau$ 至 $\tau+\mathrm{d}\tau$ 的微小间隔内激励力产生的脉冲冲量为 $F(\tau)\mathrm{d}\tau$，如图 2-37 所示。系统受脉冲后速度的增量为 $F(\tau)\mathrm{d}\tau/m$，并引起 $t>\tau$ 各个时刻的响应，可利用式(2-132)计算得到

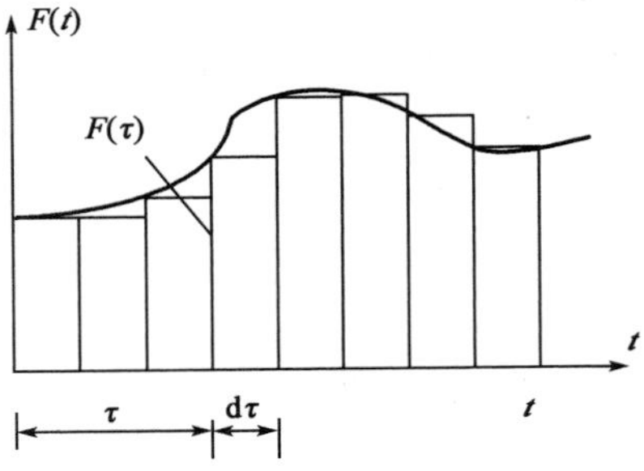

图 2-37　任意非周期激励力

$$dx = F(\tau)h(t-\tau)d\tau \tag{2-133}$$

利用线性系统的叠加原理，系统对任意激励力产生的 t 时刻的响应等于系统在 $0 \leqslant \tau \leqslant t$ 内各个脉冲响应的总和，即

$$x(t) = \int_0^t F(\tau)h(t-\tau)d\tau \tag{2-134}$$

式(2-134)称为杜哈梅(Duhamel)积分，它表示在零初始条件下系统对任意激励力的响应可用脉冲响应与激励的卷积表示。根据卷积的性质，该式也可写作

$$x(t) = \int_0^t F(t-\tau)h(\tau)d\tau \tag{2-135}$$

式(2-134)的展开式形式为

$$x(t) = \frac{1}{m\omega_d}\int_0^t F(\tau)e^{-\zeta\omega_0(t-\tau)}\sin\omega_d(t-\tau)d\tau \tag{2-136}$$

如果在激励力作用之初，系统还有初位移和初始速度，则

$$x(t) = e^{-\zeta\omega_0 t}\left(x_0\cos\omega_d t + \frac{\dot{x}_0 + \zeta\omega_0 x_0}{\omega_d}\sin\omega_d t\right) + \frac{1}{m\omega_d}\int_0^t F(\tau)e^{-\zeta\omega_0(t-\tau)}\sin\omega_d(t-\tau)d\tau \tag{2-137}$$

若系统无阻尼，则简化为

$$x(t) = x_0\cos\omega_0 t + \frac{\dot{x}_0}{\omega_0}\sin\omega_0 t + \frac{1}{m\omega_0}\int_0^t F(\tau)\sin\omega_0(t-\tau)d\tau \tag{2-138}$$

例 2.15　设无阻尼质量弹簧系统在$(0,t_1)$时间内受到图 2-38 所示的突加矩形脉冲力激励

$$F(t) = \begin{cases} F_0 & (0 \leqslant t \leqslant t_1) \\ 0 & (t > t_1) \end{cases}$$

作用，求系统在零初始激励下的响应。

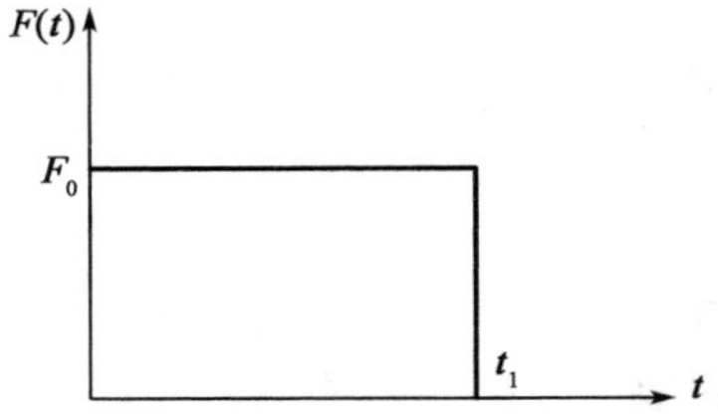

图 2-38　矩形脉冲激励力

解：在$(0,t_1)$时间间隔，令式(2-138)中 $F(\tau) = F_0$，$x_0 = \dot{x}_0 = 0$，得到

$$x(t) = \frac{F_0}{m\omega_0}\int_0^t \sin\omega_0(t-\tau)d\tau = \frac{F_0}{k}(1-\cos\omega_0 t)$$

在 $t > t_1$ 时刻以后的响应为

$$x(t) = \frac{1}{m\omega_0}\int_0^{t_1} F_0\sin\omega_0(t-\tau)d\tau + \frac{1}{m\omega_0}\int_{t_1}^t 0\cdot\sin\omega_0(t-\tau)d\tau$$

$$= \frac{F_0}{k}[\cos\omega_0(t-t_1) - \cos\omega_0 t]$$

最终得到系统的响应为

$$x(t)=\begin{cases}\dfrac{F_0}{k}(1-\cos\omega_0 t) & (0\leqslant t\leqslant t_1)\\ \dfrac{F_0}{k}[\cos\omega_0(t-t_1)-\cos\omega_0 t] & (t>t_1)\end{cases}$$

后一阶段的响应还可以用其他方法求出。如可将后一阶段的激励力看作是原来的 F_0 一直作用，并在 t_1 时刻开始叠加了一个 $-F_0$ 的作用，系统的响应是这两者的叠加，即

$$x(t)=\frac{F_0}{k}[1-\cos\omega_0 t]-\frac{F_0}{k}[1-\cos\omega_0(t-t_1)]=\frac{F_0}{k}[\cos\omega_0(t-t_1)-\cos\omega_0 t]$$

或者，还可以将后一阶段看作是自由振动，前一阶段在 t_1 时刻的运动状态作为下一阶段自由振动的初始条件。求出第一阶段在 t_1 时刻的位移和速度

$$x(t_1)=\frac{F_0}{k}(1-\cos\omega_0 t_1)\ ,\ \dot{x}(t_1)=\frac{F_0}{k}\omega_0\sin\omega_0 t_1$$

将它们作为自由振动的初位移和初速度，由自由振动的公式得到后一阶段的响应

$$\begin{aligned}x(t)&=x_0\cos\omega_0(t-t_1)+\frac{\dot{x}_0}{\omega_0}\sin\omega_0(t-t_1)\\&=\frac{F_0}{k}(1-\cos\omega_0 t_1)\cos\omega_0(t-t_1)+\frac{\frac{F_0}{k}\omega_0\sin\omega_0 t_1}{\omega_0}\sin\omega_0(t-t_1)\\&=\frac{F_0}{k}[\cos\omega_0(t-t_1)-\cos\omega_0 t]\end{aligned}$$

例 2.16　设无阻尼系统在 $(0,t_1)$ 时间内受到图 2-39 所示的半正弦脉冲激励力作用，脉冲力为

$$F(t)=\begin{cases}F_0\sin\theta t & (0\leqslant t\leqslant t_1)\\ 0 & (t>t_1)\end{cases}$$

试用杜哈梅积分求系统的响应，并画出其最大位移对于作用时间 t_1 的响应谱。

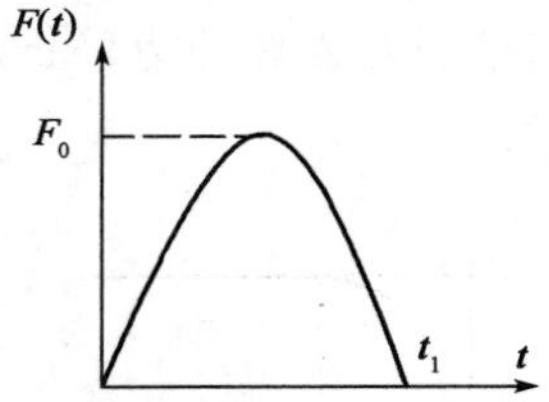

图 2-39　半正弦脉冲激励力

解：在 $0\leqslant t\leqslant t_1$ 时

$$x(t)=\frac{F_0}{m\omega_0}\int_0^t\sin\theta\tau\sin\omega_0(t-\tau)\mathrm{d}\tau=\frac{F_0\omega_0}{k(\omega_0^2-\theta^2)}(\omega_0\sin\theta t-\theta\sin\omega_0 t)\tag{a}$$

当 $t\geqslant t_1$ 时，激励力可以看作 $F_0\sin\theta t$ 与 $F_0\sin\theta(t-t_1)$ 的叠加，于是其响应为

$$\begin{aligned}x(t)&=\frac{F_0\omega_0}{k(\omega_0^2-\theta^2)}[(\omega_0\sin\theta t-\theta\sin\omega_0 t)+\omega_0\sin\theta(t-\tau)-\theta\sin\omega_0(t-\tau)]\\&=\frac{2F_0\omega_0}{k(\omega_0^2-\theta^2)}\left[\omega_0\cos\frac{\theta t_1}{2}\sin\theta\left(t-\frac{t_1}{2}\right)-\theta\cos\frac{\omega_0 t_1}{2}\sin\omega_0\left(t-\frac{t_1}{2}\right)\right]\end{aligned}\tag{b}$$

后一阶段的响应也可以用其他方法求得，此处略去。

杜哈梅(Duhamel)积分法给出了计算线性单自由度系统在任意激励作用下动力反应的一

般解,适用于线弹性体系。因为使用了叠加原理,因此它限于弹性范围而不能用于非线性分析。如果干扰力 $F(t)$ 是简单的函数,则用杜哈梅积分可得到封闭解,如果 $F(t)$ 是比较复杂的函数,一般用数值积分的方法可以得到其数值解,其计算仅涉及简单的代数运算。但从实际应用的角度来看,采用杜哈梅积分求解时计算效率并不高,因为对于任一个时间点 t 的反应,积分都要从 0 积到 t,而实际要计算的时间点可能要有几百到几千个,这时可采用效率更高的数值解法。

虽然在实际的计算中并不常用杜哈梅积分法,但它毕竟给出了以积分形式表示的体系运动的解析表达式,在分析任意荷载作用下体系动力反应的理论研究中有着广泛的应用,当外荷载可以用解析函数表示时,采用杜哈梅积分方法有时很容易获得体系动力反应的解析解。

3)响应谱

对于系统在任意激励作用下的响应,尤其是对一些作用时间特别短暂的冲击激励的响应,工程人员通常关心的不是振动系统的运动如何随时间而改变的全部历史,而是振动过程中出现的最大位移、最大应力等,即所谓最大响应。系统的最大响应一般都会随着激励的某个参数改变或者系统的某个参数改变而变化。最大响应值与激励或者系统的某个参数(如激励作用时间)的关系曲线称作响应谱。

例 2.17 试作出无阻尼系统在图 2-40 所示的矩形脉冲激励作用下产生的最大位移关于脉冲时间的响应谱。

解:当脉冲力作用时间 t_1 超过系统的半周期 $T/2=\pi/\omega_0$,即 $t_1>T/2$ 时,例 2.15 中给出的位移响应 $x(t)$ 的驻值发生在 $\dot{x}(t_m)=0$,即 $t_m=T/2$ 时刻,位移的最大值为 $x_m(T/2)=2F_0/k$,即静态位移的 2 倍。当 $t_1<T/2$ 时,位移响应 $x(t)$ 在脉冲力作用的时间间隔内单调增大,最大值只能出现在脉冲力停止后的阶段 $t>t_1$,计算例2.15中后一阶段响应的最大值,令

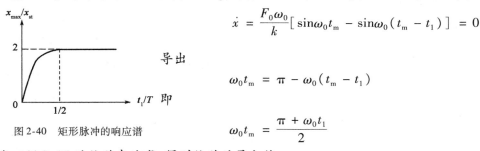

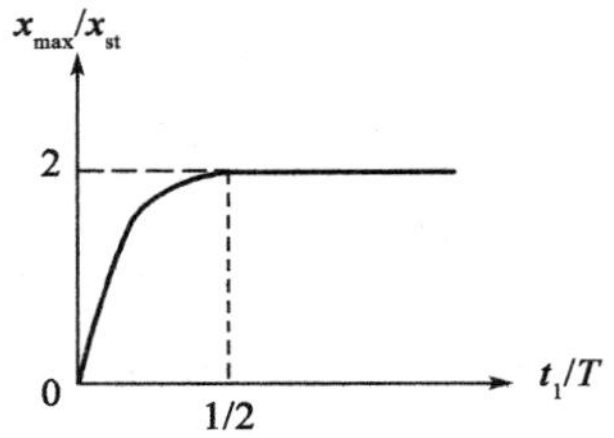

图 2-40 矩形脉冲的响应谱

$$\dot{x}=\frac{F_0\omega_0}{k}[\sin\omega_0 t_m-\sin\omega_0(t_m-t_1)]=0$$

导出

$$\omega_0 t_m=\pi-\omega_0(t_m-t_1)$$

即

$$\omega_0 t_m=\frac{\pi+\omega_0 t_1}{2}$$

代回例 2.15 的位移表达式,得到位移的最大值

$$x_{max}=\frac{2F_0}{k}\sin\frac{\omega_0 t_1}{2}=\frac{2F_0}{k}\sin\frac{\pi t_1}{T}$$

以 $x_{st}=F_0/k$ 表示静态位移,则矩形脉冲的响应谱(图 2-40)为

$$\frac{x_{max}}{x_{st}}=\begin{cases}2\sin\dfrac{\pi t_1}{T} & (0\leqslant t_1\leqslant T/2)\\ 2 & (t_1>T/2)\end{cases}$$

例 2.18　试作出无阻尼系统在图 2-41 所示的线性渐增荷载作用下所产生的响应，并作出其最大位移与荷载渐增的时间 t_1 的响应谱。假设初始条件为零。

解： 当脉冲力作用时间 $0 \leqslant t \leqslant t_1$ 时

$$x(t) = \frac{1}{m\omega_0}\int_0^t F_0\,\frac{\tau}{t_1}\sin\omega_0(t-\tau)\,\mathrm{d}\tau$$

$$= \frac{F_0}{m\omega_0^2 t_1}\int_0^t \tau\,\mathrm{d}[\omega_0(t-\tau)]\,\tau = \frac{F_0}{kt_1}\left(t - \frac{\sin\omega_0 t}{\omega_0}\right)$$

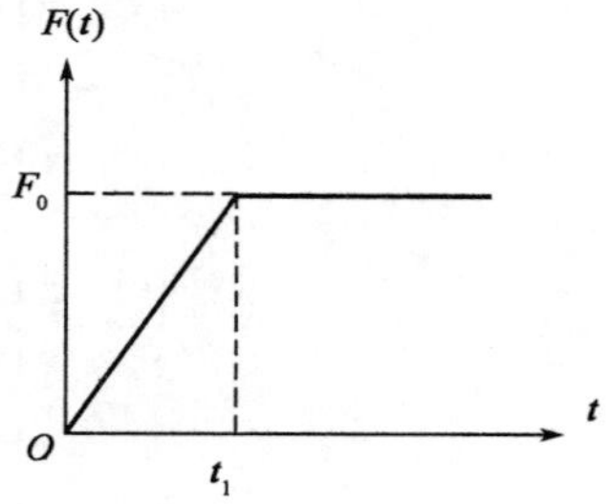

图 2-41　线性渐增荷载

当 $t \geqslant t_1$ 时

$$x(t) = \frac{1}{m\omega_0}\int_0^{t_1} F_0\,\frac{\tau}{t_1}\sin\omega_0(t-\tau)\,\mathrm{d}\tau + \frac{1}{m\omega_0}\int_{t_1}^{t} F_0\sin\omega_0(t-\tau)\,\mathrm{d}\tau$$

$$= \frac{F_0}{m\omega_0^2 t_1}\int_0^{t_1}\tau\,\mathrm{d}[\omega_0(t-\tau)]\,\tau + \frac{F_0}{m\omega_0^2}\int_{t_1}^{t}\mathrm{d}[\omega_0(t-\tau)]\,\tau$$

$$= \frac{F_0}{k}\left\{1 - \frac{1}{\omega_0 t_1}[\sin\omega_0 t - \sin\omega_0(t-t_1)]\right\}$$

合写为

$$x(t) = \begin{cases} \dfrac{F_0}{kt_1}\left(t - \dfrac{\sin\omega_0 t}{\omega_0}\right) & (0 \leqslant t \leqslant t_1) \\ \dfrac{F_0}{k}\left\{1 - \dfrac{1}{\omega_0 t_1}\left[\sin\omega_0 t - \sin\omega_0(t-t_1)\right]\right\} & (t > t_1) \end{cases}$$

观察发现，由于前一阶段的响应包含时间的线性函数，故没有极值，最大响应一定发生在后一阶段。将响应的第二式利用三角函数和差化积公式，并引入静位移 $x_{\mathrm{st}} = F_0/k$ 得

$$x(t) = \frac{F_0}{k}\left\{1 - \frac{1}{\omega_0 t_1}[\sin\omega_0 t - \sin\omega_0(t-t_1)]\right\}$$

$$= x_{\mathrm{st}} + \frac{2}{\omega_0 t_1}x_{\mathrm{st}}\cos\frac{\omega_0 t + \omega_0(t-t_1)}{2}\sin\frac{\omega_0 t - \omega_0(t-t_1)}{2}$$

$$= x_{\mathrm{st}} + \frac{2}{\omega_0 t_1}x_{\mathrm{st}}\sin\frac{\omega_0 t_1}{2}\cos\omega_0\left(t - \frac{t_1}{2}\right)$$

显然，其最大位移为

$$x_{\max} = x_{\mathrm{st}} + \frac{2}{\omega_0 t_1}x_{\mathrm{st}}\left|\sin\frac{\omega_0 t_1}{2}\right|$$

得

$$\frac{x_{\max}}{x_{\mathrm{st}}} = 1 + \frac{2}{\omega_0 t_1}\left|\sin\frac{\omega_0 t_1}{2}\right|$$

作出其响应谱如图 2-42 所示。可见当线性渐增荷载的升载阶段极短，即 $t_1 \to 0$ 时，动力系数趋向于 2；当升载阶段较长时，动力系数趋向于 1，基本和静力荷载作用情况相同。

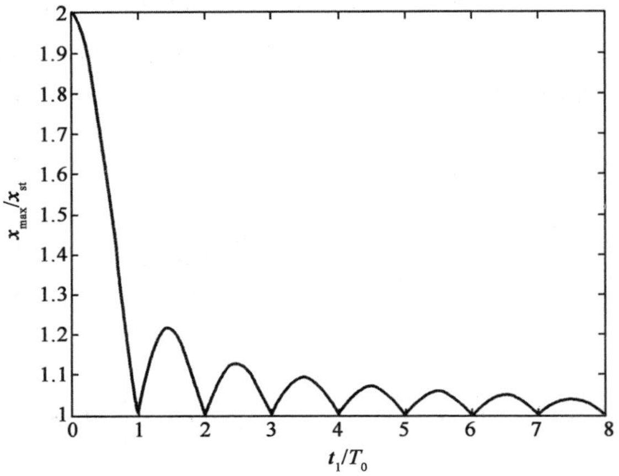

图 2-42 线性渐增荷载作用下的响应谱

2.8.2 频率域内的响应分析

利用上述杜哈梅积分,可以计算任意非周期激励的响应随时间的变化规律。但也可从另一角度出发,改在频率域中讨论系统的响应。利用积分变换将关于时间的微分方程转变为关于频率的代数方程,求得频率域的响应后再利用积分逆变换求出时间域的响应。积分变换是求解微分方程经常用到的方法,常用的有傅里叶(Fourier)变换和拉普拉斯(Laplace)变换。

1)傅里叶变换

将任意非周期函数 $F(t)$ 视为周期 T 无穷大的周期函数,频谱图中相邻频率间隔 $\Delta\theta=2\pi/T$ 成为无限小量,因此可以认为频率在 $(-\infty,\infty)$ 上接近于连续分布。将傅里叶展开式(2-114)和式(2-115)中的 $n\theta$ 以 θ_n,T 以 $2\pi/\Delta\theta$ 代替,写作

$$F(t)=\sum_{-\infty}^{\infty}\frac{1}{T}(TF_n)\mathrm{e}^{\mathrm{i}\theta_n t}=\sum_{n=-\infty}^{\infty}TF_n\mathrm{e}^{\mathrm{i}\theta_n t}\frac{\Delta\theta}{2\pi} \tag{2-139}$$

$$TF_n=\int_{-T/2}^{T/2}F(t)\mathrm{e}^{-\mathrm{i}\theta_n t}\mathrm{d}t \tag{2-140}$$

当 $T\to\infty$,$\Delta\theta\to0$ 时离散变量 θ_n 改用连续变量 θ 表示,将 TF_n 记作 θ 的函数 $\Phi(\theta)$,称作激励的频谱函数。上面两式转化为傅里叶变换公式

$$F(t)=\frac{1}{2\pi}\int_{-\infty}^{\infty}\Phi(\theta)\mathrm{e}^{\mathrm{i}\theta t}\mathrm{d}\theta \tag{2-141}$$

$$\Phi(\theta)=\int_{-\infty}^{\infty}F(t)\mathrm{e}^{-\mathrm{i}\theta t}\mathrm{d}t \tag{2-142}$$

积分式(2-142)称作关于函数 $F(t)$ 的傅里叶变换,它给出了激励函数 $F(t)$ 的连续的频谱函数。积分式(2-141)称作关于函数 $\Phi(\theta)$ 的傅里叶逆变换,它将非周期函数 $F(t)$ 表示为频率为 θ、强度为 $\Phi(\theta)\mathrm{d}\theta$ 的简谐分量的无限和。$F(t)$ 和 $\Phi(\theta)$ 共称为傅里叶变换对。

从数学上讲,$F(t)$ 是时间域中的原函数,$\Phi(\theta)$ 是它在频率域中的象函数,式(2-142)实现从原函数到象函数的变换,可记为 $\Phi(\theta)=\mathscr{F}[F(t)]$,而式(2-141)实现了从象函数到原函数的逆变换,可记为 $F(t)=\mathscr{F}^{-1}[\Phi(\theta)]$。一些常用的傅里叶变换及其逆变换都已经编制成表,使用时可查阅有关的工程数学书籍。非周期函数的傅里叶变换实际就是周期函数的傅里叶级

数向周期无限大领域的延伸和拓展,它们的不同在于,傅里叶级数对应的频谱是离散谱,而傅里叶变换对应的是连续谱。

下面在频率域中分析系统的响应。系统受非周期激励的动力学方程为

$$m\ddot{x} + c\dot{x} + kx = F(t) \tag{2-143}$$

将 $F(t)$ 以傅里叶变换式(2-141)代入,可利用式(2-118)的复频响应函数得到系统的稳态响应

$$x(t) = \frac{1}{2\pi}\int_{-\infty}^{\infty} H(\theta)\cdot\Phi(\theta)\mathrm{e}^{\mathrm{i}\theta t}\mathrm{d}\theta \tag{2-144}$$

因此 $x(t)$ 与 $H(\theta)\cdot\Phi(\theta)$ 组成傅里叶变换对。先对 $F(t)$ 作傅里叶变换,导出频谱函数 $\Phi(\theta)$,然后乘以 $H(\theta)$,进行傅里叶逆变换即得到系统的稳态响应。

也可以直接对式(2-143)两边同时进行傅里叶变换,并利用傅里叶变换的微分性质 $\mathscr{F}[\dot{x}(t)] = \mathrm{i}\theta\mathscr{F}[x(t)]$,得

$$-\theta^2 mX(\theta) + \mathrm{i}c\theta X(\theta) + kX(\theta) = \Phi(\theta) \tag{2-145}$$

式中:$X(\theta)$、$\Phi(\theta)$——系统响应 $x(t)$ 和激励力 $F(t)$ 的傅里叶变换。

由式(2-145)可得

$$X(\theta) = H(\theta)\cdot\Phi(\theta) \tag{2-146}$$

其中

$$H(\theta) = \frac{1}{k - \theta^2 m + \mathrm{i}c\theta} \tag{2-147}$$

表示系统响应的傅里叶变换与激励的傅里叶变换之比,称为系统的复频响应函数,是简谐激励下得到的复频响应函数的推广。

在求得频率域的响应之后,再将式(2-145)进行傅里叶逆变换,便可得到系统在时间域的响应。

还可以证明,描述系统响应特性的在时域和频率域中分别定义的函数,即脉冲响应函数 $h(t)$ 和复频响应函数 $H(\theta)$ 恰好构成傅里叶变换对。为证明此结论,设系统受到简谐激励力作用,令

$$F(t) = F_0\mathrm{e}^{\mathrm{i}\theta t} \tag{2-148}$$

系统在简谐激励作用下的稳态响应可利用式(2-119)导出

$$x(t) = H(\theta)F_0\mathrm{e}^{\mathrm{i}\theta t} \tag{2-149}$$

也可利用杜哈梅积分式(2-135)导出

$$x(t) = \int_0^t F_0\mathrm{e}^{\mathrm{i}\theta(t-\tau)}h(\tau)\mathrm{d}\tau \tag{2-150}$$

由于激励从 $t=0$ 时刻才开始作用,在此以前无激励,因此上式的积分下限可改为 $-\infty$。对于 $\tau>t$ 以后的激励不会超前引起 t 时刻的响应,因此积分上限可改为 ∞。此积分式可改为

$$x(t) = \int_{-\infty}^{\infty} F_0\mathrm{e}^{\mathrm{i}\theta(t-\tau)}h(\tau)\mathrm{d}\tau = F_0\mathrm{e}^{\mathrm{i}\theta t}\int_{-\infty}^{\infty} h(\tau)\mathrm{e}^{-\mathrm{i}\theta\tau}\mathrm{d}\tau \tag{2-151}$$

将上式与式(2-149)对比,可导出

$$H(\theta) = \int_{-\infty}^{\infty} h(\tau)\mathrm{e}^{-\mathrm{i}\theta\tau}\mathrm{d}\tau \tag{2-152}$$

$$h(t) = \frac{1}{2\pi}\int_{-\infty}^{\infty} H(\theta)\mathrm{e}^{\mathrm{i}\theta t}\mathrm{d}\theta \tag{2-153}$$

脉冲响应函数 $h(t)$ 和复频响应函数 $H(\theta)$ 分别表示在时间域和频率域内不同形式描述系统的响应特征，它们之间的关系如图 2-43 所示，其中双向箭头表示傅里叶变换对。

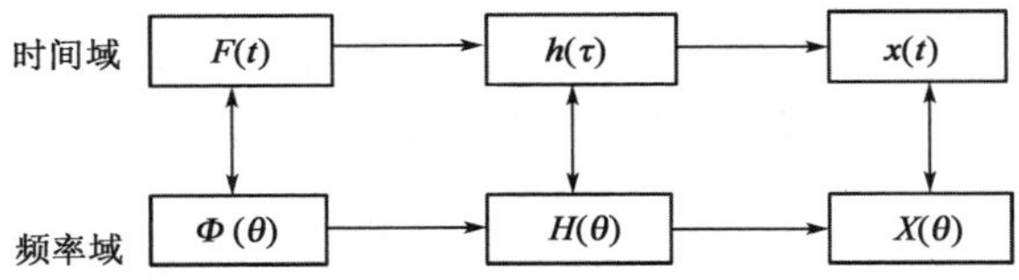

图 2-43　$h(t)$ 与 $H(\theta)$ 关系示意图

例 2.19　求图 2-44a) 所示高度为 F_0、宽度为 t_1 的矩形脉冲的傅里叶积分，并画出频谱图，讨论宽度趋于零时单位脉冲的极限情形。

解：利用式(2-142)，积分得到

$$\Phi(\theta) = \int_{-t_1/2}^{t_1/2} F_0 e^{-i\theta t} dt = \frac{F_0}{i\theta}(e^{i\theta t_1/2} - e^{-i\theta t_1/2}) = \frac{2F_0}{\theta}\sin\frac{\theta t_1}{2} = F_0 t_1\left[\frac{\sin(\theta t_1/2)}{\theta t_1/2}\right]$$

可作出连续频谱图，见图 2-44b)。对于 $t_1 \to 0$ 时，$F_0 = 1/t_1$ 的极限情形，$\Phi(\theta) = 1$，即单位脉冲的傅里叶积分等于 1，其频谱在区间 $(-\infty, +\infty)$ 内均匀分布。

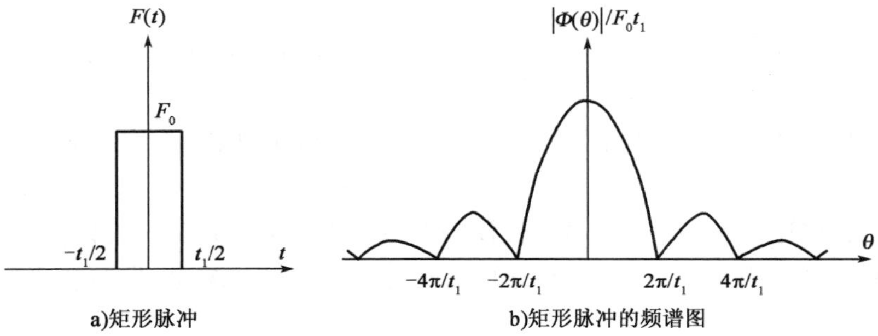

图 2-44　矩形脉冲及其频谱图

2) 拉普拉斯变换

计算线性系统对任意非周期激励的响应还可以用拉普拉斯(Laplace P S)变换。与傅里叶变换方法类似，其求解过程为，通过拉普拉斯变换将由常系数线性微分方程以及相应的初始条件所表述的初值问题转化为复数域的代数问题，在求得响应的变换代数式(象函数)之后，再通过拉普拉斯逆变换求出响应的时间函数(原函数)。

对任意时间函数 $x(t)$，定义其拉普拉斯变换为

$$X(s) = \mathscr{L}[x(t)] = \int_0^{\infty} x(t) e^{-st} dt \tag{2-154}$$

式中：s——$s = \phi + i\theta$，为复变量，称为拉普拉斯变换的辅助变量；

e^{-st}——变换的核。

上述变换将时间 t 的函数 $x(t)$ 变换为辅助变量 s 的函数 $X(s)$。与式(2-142)对比，可看出 $x(t)$ 的傅里叶变换等于 $\phi = 0$ 时的拉普拉斯变换，因此，拉普拉斯变换可视为傅里叶变换向

复数域的扩展。容易验证,拉普拉斯变换为线性变换,满足

$$\mathscr{L}[x_1(t)+x_2(t)]=\mathscr{L}[x_1(t)]+\mathscr{L}[x_2(t)] \tag{2-155}$$

单自由度线性系统的运动微分方程

$$m\ddot{x}+c\dot{x}+kx=F(t) \tag{2-156}$$

相应的初始条件为

$$\dot{x}(0)=\dot{x}_0, x(0)=x_0 \tag{2-157}$$

现对方程式(2-156)两边进行拉普拉斯变换,对 $\dot{x}$ 的变换利用分部积分化作

$$\mathscr{L}[\dot{x}(t)]=\int_0^{\infty}\dot{x}(t)e^{-st}dt=x(t)e^{-st}\Big|_0^{\infty}+s\int_0^{\infty}x(t)e^{-st}dt=sX(s)-x(0)$$

同样,对 $\ddot{x}$ 的变换利用两次分部积分,得

$$\mathscr{L}[\ddot{x}(t)]=\int_0^{\infty}\ddot{x}(t)e^{-st}dt=\dot{x}(t)e^{-st}\Big|_0^{\infty}+s\int_0^{\infty}\dot{x}(t)e^{-st}dt=s^2X(s)-sx(0)-\dot{x}(0)$$

记

$$\mathscr{L}[F(t)]=\Phi(s) \tag{2-158}$$

则方程式(2-156)进行拉普拉斯变换后,得到

$$(ms^2+cs+k)X(s)=\Phi(s)+m\dot{x}_0+(ms+c)x_0 \tag{2-159}$$

上式将自变量 t 的线性常系数微分方程变成了自变量 s 的代数方程,且包含了外激励以初始扰动在内的全部激励,这是拉普拉斯变换的最大优点。

如果激励力 $F(t)$ 延迟在 $t=t_1$ 时刻施加,则将 $F(t-t_1)$ 代入拉普拉斯变换式,化作

$$\mathscr{L}[F(t-t_1)]=\int_0^{\infty}F(t-t_1)e^{-st}dt=e^{-st_1}\int_0^{\infty}F(\tau)e^{-s\tau}d\tau=e^{-st_1}\mathscr{L}[F(t)] \tag{2-160}$$

表明时间滞后对拉普拉斯变换的影响由指数函数 e^{-st_1} 来体现。

暂令式(2-159)中的初始激励 $\dot{x}_0=0, x_0=0$,导出

$$X(s)=H(s)\cdot\Phi(s) \tag{2-161}$$

其中

$$H(s)=\frac{1}{ms^2+cs+k}=\frac{1}{m(s^2+2\zeta\omega_0 s+\omega_0^2)} \tag{2-162}$$

称作系统的传递函数,它实际上是从激励力的拉普拉斯变换 $\Phi(s)$ 计算响应的拉普拉斯变换 $X(s)$ 的代数算子。若令式中 $s=i\theta$,则得到与式(2-118)相同的复频响应函数。

导出 $X(s)$ 之后,再对其进行拉普拉斯逆变换,便可得到系统在时间域的响应

$$x(t)=\mathscr{L}^{-1}[X(s)]=\frac{1}{2\pi i}\int_{\phi-i\theta}^{\phi+i\theta}X(s)e^{st}ds \tag{2-163}$$

拉普拉斯逆变换是在复数域内的积分,不过在具体应用时多数情况下不必做积分运算,因为各种典型函数对应的拉普拉斯变换和逆变换均有现成的表格,可查阅相关的工程数学书籍。

例 2.20 用拉普拉斯变换法求例 2.15 中的无阻尼质量弹簧系统在图 2-38 所示的突加矩形脉冲力激励下的响应。设初位移和初速度均为零。

解：将激励力表示为

$$F(t)=F_0[\varepsilon(t)-\varepsilon(t-t_1)]$$

其中，$\varepsilon(t)$为单位阶跃函数。

$$\varepsilon(t-t_1)=\begin{cases}0 & (0\leqslant t\leqslant t_1)\\ 1 & (t>t_1)\end{cases}$$

计算突加的矩形脉冲激励的拉普拉斯变换，隐去被积函数为零的项，得

$$\Phi(s)=\mathscr{L}[F(t)]=\begin{cases}\dfrac{1}{s}F_0 & (0\leqslant t\leqslant t_1)\\ \dfrac{1}{s}F_0(1-\mathrm{e}^{-st_1}) & (t>t_1)\end{cases}$$

无阻尼时的传递函数为

$$H(s)=\frac{1}{ms^2+k}=\frac{1}{m(s^2+\omega_0^2)}$$

代入式(2-161)，并加上跟初始条件有关的项，得响应的拉普拉斯变换

$$X(s)=\begin{cases}\dfrac{1}{s^2+\omega_0^2}\left(\dfrac{F_0}{ms}+sx_0+\dot{x}_0\right)\\ \dfrac{1}{s^2+\omega_0^2}\left(\dfrac{F_0(1-\mathrm{e}^{-st_1})}{ms}+sx_0+\dot{x}_0\right)\end{cases}$$

利用拉普拉斯变换表查得 $X(s)$的逆变换，得到与例 2.15 完全相同的结果，且考虑了初始条件的影响

$$x(t)=\mathscr{L}^{-1}[X(s)]=\begin{cases}\dfrac{F_0}{k}(1-\cos\omega_0 t)+x_0\cos\omega_0 t+\dfrac{\dot{x}_0}{\omega_0}\sin\omega_0 t & (0\leqslant t\leqslant t_1)\\ \dfrac{F_0}{k}[\cos\omega_0(t-t_1)-\cos\omega_0 t]+x_0\cos\omega_0 t+\dfrac{\dot{x}_0}{\omega_0}\sin\omega_0 t & (t>t_1)\end{cases}$$

2.9 关于阻尼的讨论

前面在讨论单自由度结构体系的反应分析时，都给定了结构的物理特性（质量、刚度和阻尼）。多数情况下，结构的质量和刚度可以比较容易地用简单的物理方法计算，然而，实际结构中基本的能量损失机理却没有被人们充分了解，现实结构中的阻力方式有很多种，它们对结构的能量损耗和对结构运动的影响方式各不相同，通常不可能用简单而统一的表达式来确定阻尼对结构振动的影响。本章所有关于单自由度系统的自由振动和受迫振动的讨论在考虑阻尼时，都采用了黏性阻尼的假设，这种假设使得系统运动的微分方程保持为线性，从而在数学求解时可以非常方便地利用叠加原理，得出的表达式也很有规律性，所以应用范围很广。然而实验表明，黏性阻尼假设并不完全符合实际系统的能量耗散规律。下面讨论黏性阻尼的耗能机理。

2.9.1　黏性阻尼的缺陷

由第 2.5 节已经知道，在荷载 $F(t)=F_0\sin\theta t$ 作用下，稳态位移响应为

$$x(t)=A\sin(\theta t-\alpha)$$

相应的速度为

$$\dot{x}(t)=\theta A\cos(\theta t-\alpha)=\pm\theta A\sqrt{1-\sin^2(\theta t-\alpha)}=\pm\theta A\sqrt{1-\left(\frac{x}{A}\right)^2}$$

阻尼力

$$F_D=-c\dot{x}(t)=\mp c\theta A\sqrt{1-\left(\frac{x}{A}\right)^2}$$

此式亦可写成

$$\left(\frac{F_D}{c\theta A}\right)^2+\left(\frac{x}{A}\right)^2=1 \tag{2-164}$$

这表明，阻尼力和位移之间的关系是一个椭圆，如图 2-45a）所示。此曲线称为滞回曲线，它表示黏性阻尼系统在稳态谐振中的滞回特性。

考察阻尼力在振动一个周期内所做的功，由式(2-91)得

$$W_D=-c\pi\theta A^2 \tag{2-165}$$

容易证明，其绝对值等于图 2-45a）所示椭圆所包围的面积。该式表明，黏性阻尼假设认为，能量耗散与激励力的频率成正比，振动越快耗能越多。但是，实验表明，许多结构振动一个周期的耗能与振动频率无关，也就是说能耗与振动的快慢无关。因此，这就需要对黏性阻尼假设给予符合实际情况的修正，或者另行考虑其他的阻尼假设。

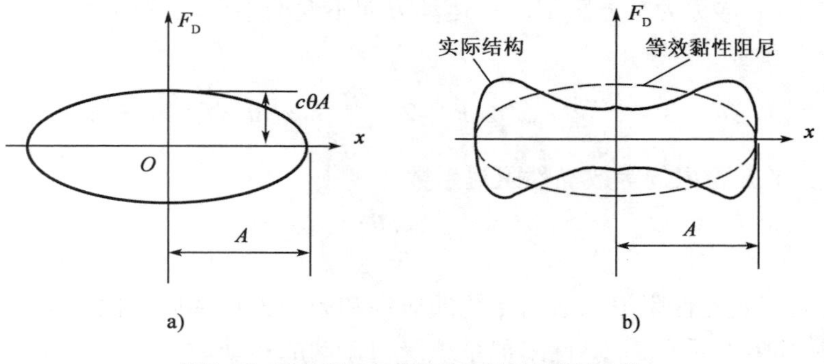

图 2-45　黏性阻尼与等效黏性阻尼的滞回曲线

2.9.2　等效黏性阻尼

实验结果表明，结构在振动时，阻尼对振动影响的大小主要取决于耗散的能量，而对能量耗散的具体过程则无显著影响。正因为如此，人们建立了等效黏性阻尼的概念。尽管实际振动系统中并非所有的阻尼特性都近似黏性阻尼，但由于利用黏性阻尼假设后的计算过程简单、计算结果的规律性好，为了能利用黏性阻尼计算简化的优点，可以假定系统为一等效黏性阻尼系统。所谓等效黏性阻尼系统，是指在一个振动的周期内令等效黏性阻尼损失的能量与实际系统损失的能量相等，并且两者具有相同的位移幅值。即设图 2-45b）中实线表示的实际结构

滞回曲线包围的面积等于虚线所表示的椭圆面积,并且具有相同的振幅 A。

如遵循库仑定律的干摩擦阻尼,干摩擦力 F_D 与接触面的摩擦系数 μ 和接触物体之间的正压力 F_N 有关

$$F_D = -\mu F_N \text{sgn}\dot{x} \tag{2-166}$$

负号表示摩擦力的方向跟运动方向相反,式中的 $\text{sgn}\dot{x}$ 定义如下

$$\text{sgn}\dot{x} = \begin{cases} 1 & (\dot{x}>0) \\ 0 & (\dot{x}=0) \\ -1 & (\dot{x}<0) \end{cases} \tag{2-167}$$

运动方向不变时摩擦力为常值,它所做的功等于摩擦力与运动距离的乘积。因此每个周期内损耗的能量为

$$\Delta E = -4\mu F_N A \tag{2-168}$$

令 $\Delta E = W_D$,导出干摩擦阻尼的等效黏性阻尼系数

$$c = \frac{4\mu F_N}{\pi\theta A} \tag{2-169}$$

可见,干摩擦阻力的等效黏性阻尼系数不仅与接触面的正压力成正比,还与系统的振幅和激励力频率成反比。

又如某种在低黏度液体介质中高速运动的物体,所受到的阻力接近于与速度的平方成正比

$$F_D = -c_D\dot{x}^2 \text{sgn}\dot{x} \tag{2-170}$$

式中:F_D——平方阻尼;

c_D——阻力系数。

这种形式的阻尼常称为平方阻尼。在运动方向不变的半个周期内计算损耗能量再乘以2倍得到

$$\Delta E = -2\int_{-T_0/4}^{T_0/4} c_D\dot{x}^2 \mathrm{d}x = -2\int_{-T_0/4}^{T_0/4} c_D\dot{x}^3 \mathrm{d}t = -\frac{8}{3}c_D\theta^2 A^3 \tag{2-171}$$

令 $\Delta E = W_D$,导出平方阻尼的等效黏性阻尼系数

$$c = \frac{8c_D\theta A}{3\pi} \tag{2-172}$$

所以,平方阻尼的等效黏性阻尼系数与系统的振幅和激励力频率成正比。

有了等效黏性阻尼系数,非黏性阻尼系统受迫振动的运动微分方程都可以写为

$$m\ddot{x} + c\dot{x} + kx = F(t) \tag{2-173}$$

2.9.3 复阻尼理论

若系统受简谐激励,则式(2-173)可改写为

$$m\ddot{x} + c\dot{x} + kx = F_0 e^{i\theta t} \tag{2-174}$$

由于在简谐激励下系统作稳态振动时其特解为 $x = Xe^{i\theta t}$,所以 $\dot{x} = i\theta \cdot x$,将其代入式(2-174),得

$$m\ddot{x} + k\left(1 + i\frac{c\theta}{k}\right)x = F_0 e^{i\theta t} \tag{2-175}$$

令$\frac{c\theta}{k}=\eta$，并定义$k_c=k(1+\mathrm{i}\eta)$，称其为复刚度，则式(2-175)化成

$$m\ddot{x}+k_c x=F_0\mathrm{e}^{\mathrm{i}\theta t} \tag{2-176}$$

该理论的实质是，令阻尼力

$$F_D=-\mathrm{i}\eta k\cdot x(t) \tag{2-177}$$

然后由平衡条件得到系统的运动微分方程式(2-176)。式(2-177)是假设阻尼力与质点的位移成正比，与速度同相位，由于其比例系数是复数，所以称复阻尼。

式(2-176)的复数形式解为

$$x=X\mathrm{e}^{\mathrm{i}\theta t} \tag{2-178}$$

代入式(2-176)，得

$$X=\frac{F_0}{k_c-m\theta^2}=\frac{F_0}{k}\cdot\frac{1-s^2-\mathrm{i}\eta}{(1-s^2)^2+\eta^2} \tag{2-179}$$

则稳态响应

$$x(t)=\frac{F_0}{k}\cdot\frac{1-s^2-\mathrm{i}\eta}{(1-s^2)^2+\eta^2}\mathrm{e}^{\mathrm{i}\theta t} \tag{2-180}$$

$x(t)$是一个复函数，可以写成它的模与单位复数积的形式

$$x(t)=A\mathrm{e}^{\mathrm{i}(\theta t-\alpha)} \tag{2-181}$$

可以证明

$$A=\frac{F_0}{k}\cdot\frac{1}{\sqrt{(1-s^2)^2+\eta^2}} \tag{2-182}$$

$$\alpha=\arctan\frac{\eta}{1-s^2} \tag{2-183}$$

不难发现，只要取$\eta=2\zeta s$，则复阻尼理论的解与黏性阻尼理论的解完全相同。可以证明，采用复阻尼时，在每一振动周期内阻尼消耗的能量为

$$\Delta E=\pi\eta kA^2 \tag{2-184}$$

复阻尼理论的能量耗散与实验结果相符，广泛用于频域分析，即简谐反应分析中。

习题

2.1　试建立题2.1图所示各结构系统的动力学微分方程，并求其自由振动时的固有频率。各弹性杆的质量忽略不计。

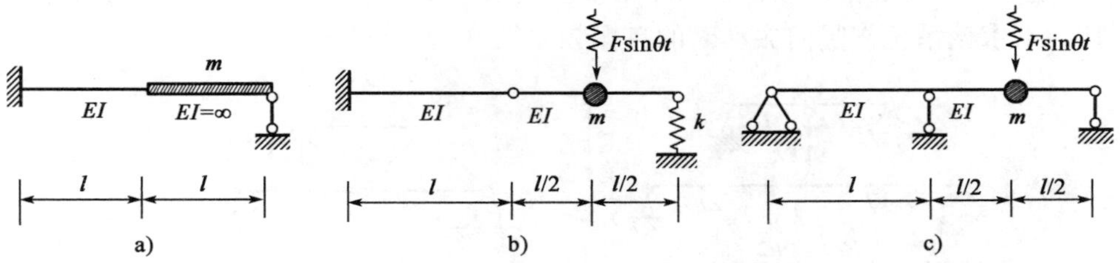

题2.1图

2.2　如题 2.2 图所示结构系统，刚性杆 AB 的质量忽略不计，刚性杆 CD 的质量均匀分布且总质量为 m。试建立该系统承受图示分布式简谐激励力时的振动微分方程。

2.3　质量为 m、长为 l 的均质刚性杆和弹簧 k 及阻尼器 c 构成振动系统，如题 2.3 图所示。试以杆偏角 θ 为广义坐标，建立系统的动力学方程，给出存在自由振动的条件。若在弹簧原长处立即释手，试求系统的振动规律。

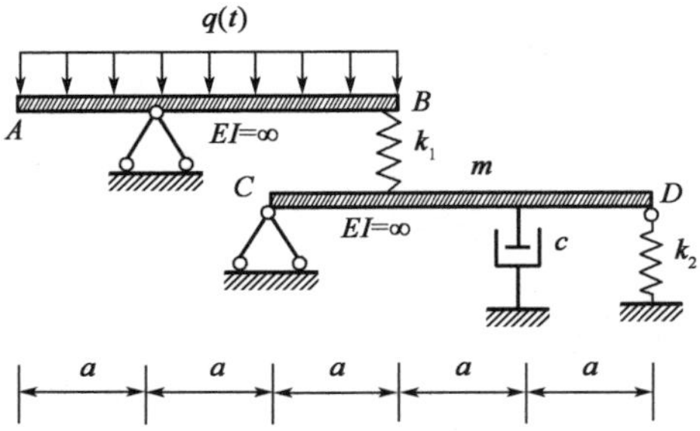

题 2.2 图

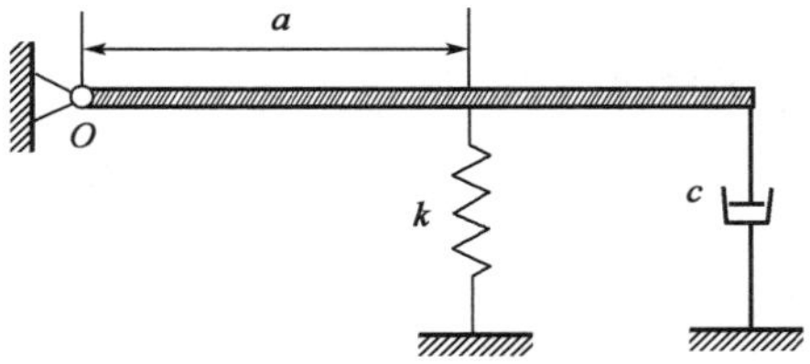

题 2.3 图

2.4　在题 2.4 图所示的系统中，已知 $k_i(i=1,2,3)$、m、a 和 b，刚性横杆 AB 质量不计。求该系统自由振动的固有频率。

2.5　在题 2.5 图所示的系统中，各杆件的弯曲刚度 EI 为常数，不计轴向变形和杆件的质量。试建立其运动微分方程。

2.6　在题 2.6 图所示的结构中，若激励力作用在杆件的中间，试建立其振动微分方程。

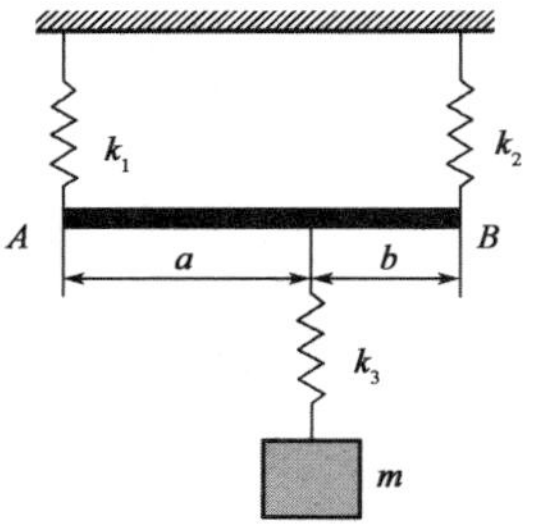

题 2.4 图

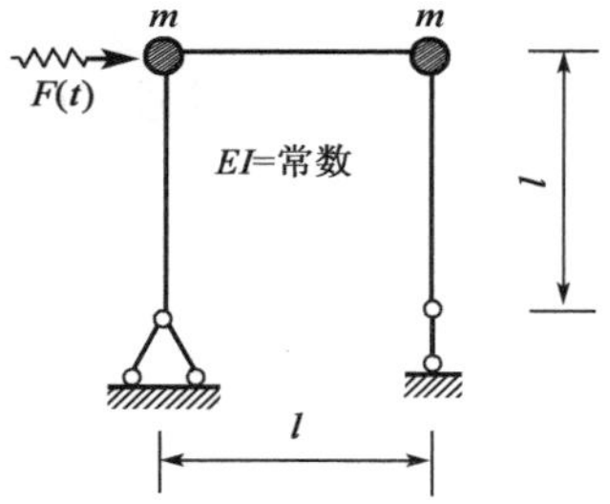

题 2.5 图

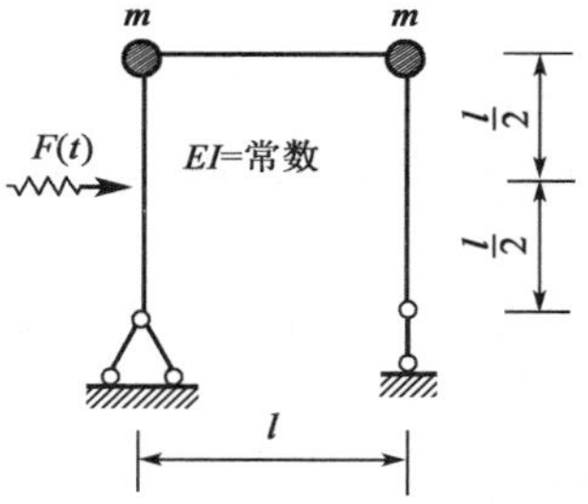

题 2.6 图

2.7　试求题 2.7 图所示结构系统的固有频率。已知 $EA=EI/l^2$。

2.8　题 2.8 图所示桁架结构在跨中节点上有集中质量 m，各杆的拉压刚度均为 EA，质量忽略不计。试求该系统作竖向振动时的自振频率。

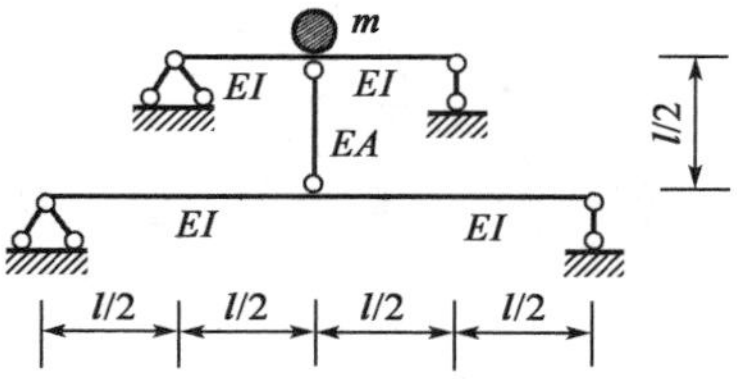

题 2.7 图

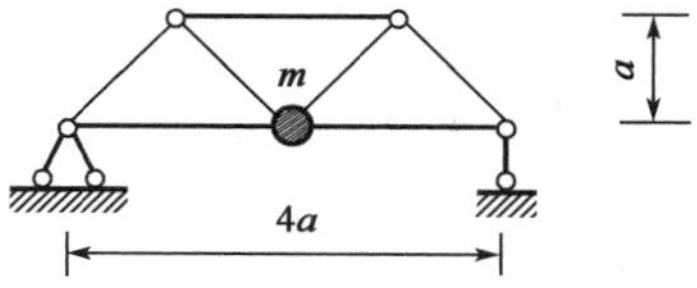

题 2.8 图

2.9 题2.9图所示系统横梁的弯曲刚度为无穷大，质量为 m，试求其自由振动的圆频率。

2.10 题2.10图所示刚架系统中各杆的弯曲刚度均为 EI，长度均为 a，顶端有集中质量 m，试分别求其沿水平方向和竖直方向作自由振动时的固有频率。

2.11 题2.11图所示刚架系统中各杆的弯曲刚度均为 EI，长度在图中标出，横梁两端有两个集中质量 m。若忽略各杆的轴向变形，试求其自由振动时的固有频率。

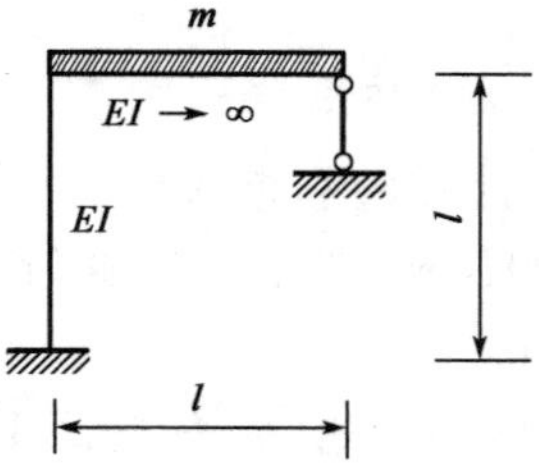

题2.9图

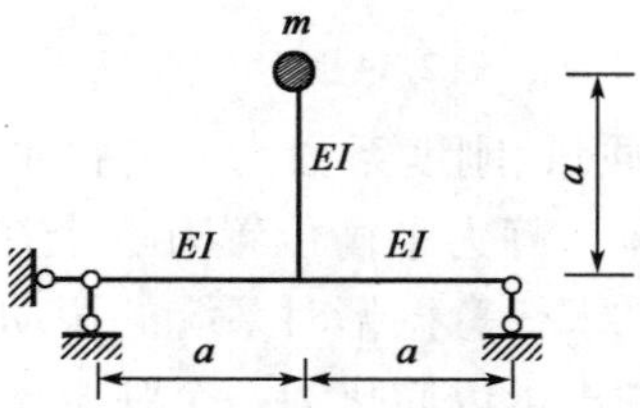

题2.10图

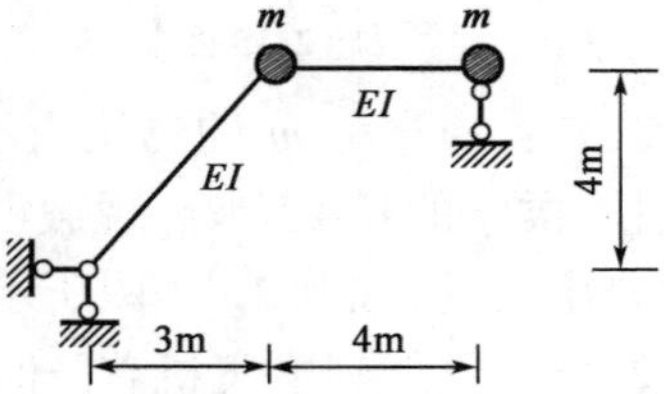

题2.11图

2.12 求题2.12图所示各结构系统的自振频率。

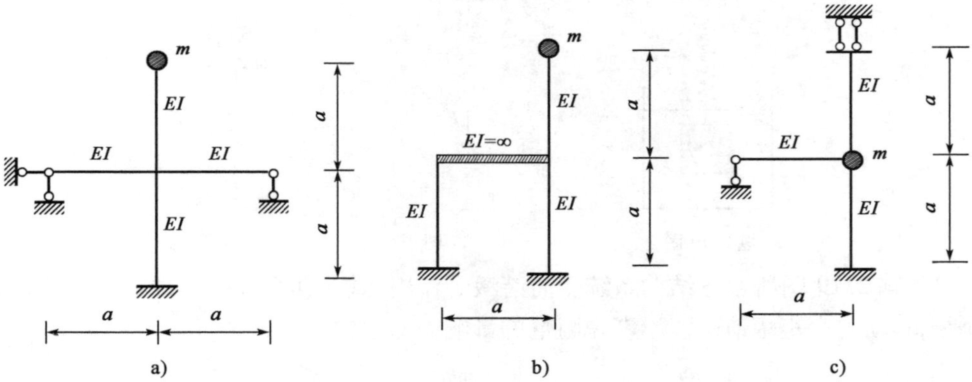

题2.12图

2.13 质量为 m 的物体自高度为 h 的地方自由落体到弯曲刚度为 EI 的简支梁跨中，如题2.13图所示，假设物体和梁接触时作完全非弹性碰撞，即小球不会被弹起离开梁。试求小球落到梁上之后的运动规律。

2.14 如题2.14图所示为某一仪器的包装，可以简化为一个质量弹簧系统置于箱子中，假设仪器的质量为 m，弹簧的刚度系数为 k。若箱子意外地从高为 h 的地方自由落下，假设接触时箱子没有弹跳，试求碰地后箱子内仪器的最大位移和最大加速度，并求箱子传给地基的最大力。

2.15 如题2.15图所示结构，若梁的弯曲刚度 EI 为常数，质量忽略不计，$k_1 = EI/a^3$，$k_2 = 2EI/a^3$，试求系统的固有频率。

2.16 库仑曾用如下的方法测量液体的黏性阻尼系数。在刚度系数为 k 的弹簧下端悬挂一质量为 m 的均质薄板，先测出薄板在空气中振动的周期 T_1，并将其看作无阻尼振动的周期，然后将板放置入液体中测量出其在液体中自由振动的周期 T_2，如题2.16图所示，其中薄板振动时始终没有露出水面。假设液体对薄板的阻尼力 $F_D = 2cAv$，其中 A 为薄板一面的面积，v 为板运动的速度。试由所测量的 T_1 和 T_2 导出黏性阻尼系数 c 的表达式。

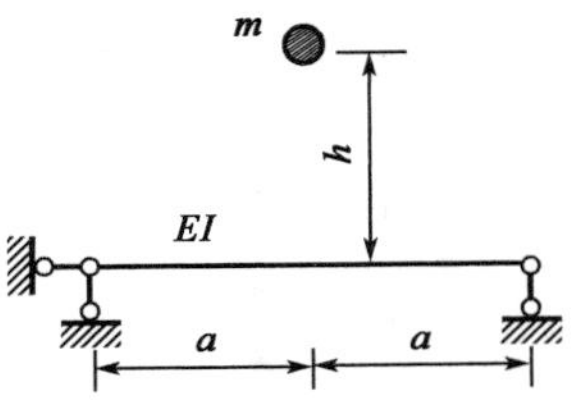

题2.13图

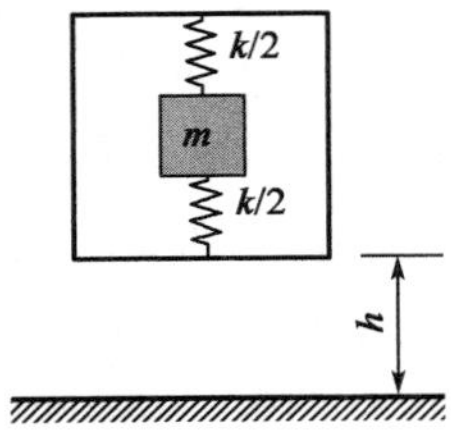

题2.14图

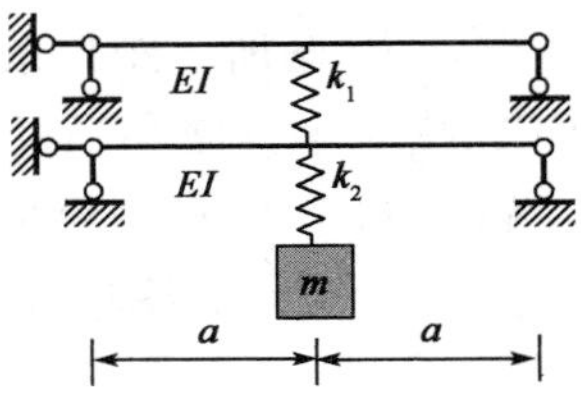

题2.15图

2.17　质量为 m 的物块由不计质量、刚度系数为 k 的弹簧和不计质量不能承受压力的柔索悬挂，柔索的长度为 l。现假设系统从静力平衡位置有一个初始伸长 x_0，然后突然释放从而产生自由振动，如题2.17图所示。试求任意振幅时系统的振动周期。

2.18　一架轻型飞机着陆时的冲击可以简化为一个弹簧支承的集中质量 m，如题2.18图所示。当弹簧下端刚接触地面时，飞机向下有一个速度 v，从刚接触地面时开始计时，试确定弹簧在接触地面的时间内质量 m 的运动规律，并确定弹簧离开地面的时间。

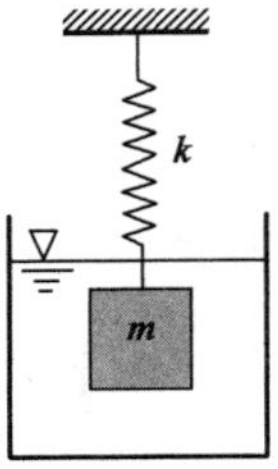

题2.16图

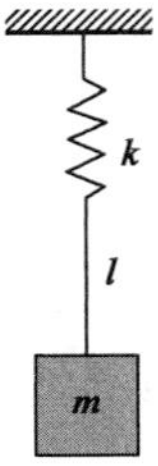

题2.17图

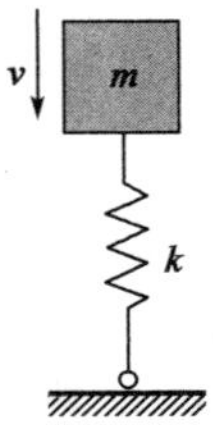

题2.18图

2.19　题2.19图所示各结构系统受简谐激励作用，试求其稳态振动时集中质量处的振幅值，并画出其动力弯矩幅值图。不考虑阻尼的影响。

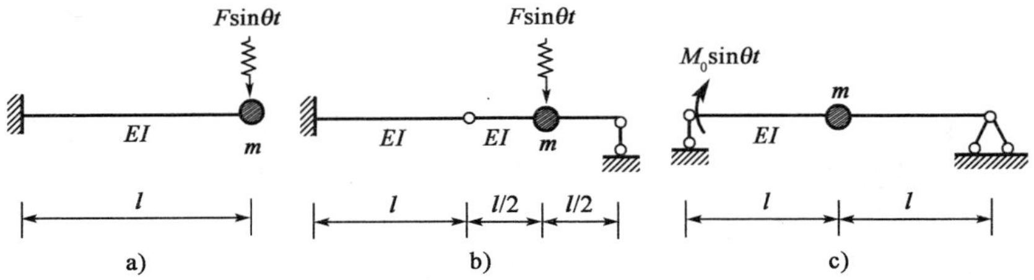

题2.19图

2.20　单自由度系统自由振动实验测得经过5个振动周期后振幅降为原来的10%，试求系统的阻尼比，并求简谐荷载作用下发生共振时的动力系数。

2.21　已知某单自由度系统的质量 $m=1000\text{kg}$，刚度系数 $k=120\text{kN/m}$，阻尼比 $\zeta=0.05$，若初始位移和初速度分别为5cm和3cm/s。试求系统的自振周期和频率，并求 $t=0.5\text{s}$ 时的位移和速度。

2.22　题2.22图所示结构中已知 $\theta=\sqrt{\dfrac{8EI}{ml^3}}$，试求其稳态振动时的最大动力弯矩图。

2.23　题2.23图所示结构中，已知 $k=\dfrac{12EI}{l^3}$，激励频率 $\theta=\sqrt{\dfrac{6EI}{ml^3}}$，试求其稳态响应时集中

质量处的最大总位移，并求结构最大总弯矩图。

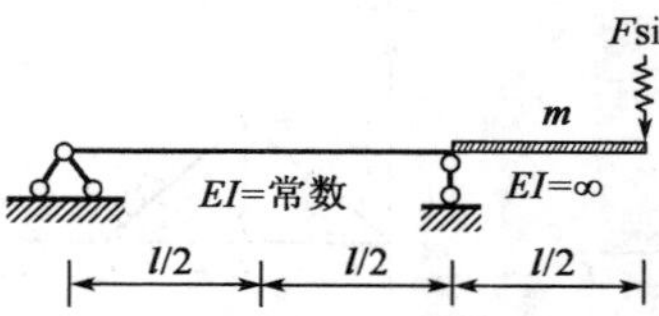

题 2.22 图

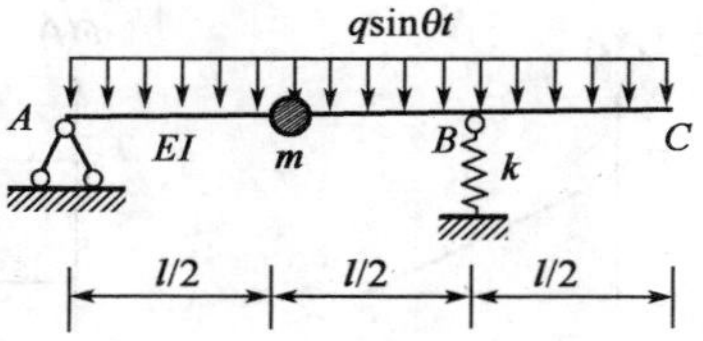

题 2.23 图

2.24　重 545kg 的空调机固定于两平行简支梁的中部，如题 2.24 图所示。梁的跨度为 2.4m，每根梁截面的惯性矩为 $4.16\times10^{-6}\mathrm{m}^4$，空调机转速为 300r/min，产生的不平衡力幅为 0.267kN，假设体系的阻尼比为 $\zeta=0.01$，钢材的弹性模量为 $2.06\times10^8\mathrm{kN/m}^2$，并忽略钢梁的自重，求空调机的竖向位移振幅和加速度振幅。

2.25　题 2.25 图所示结构系统，若弹簧支座处的地基有 $x_\mathrm{f}=a\sin\theta t$ 的位移激励，试写出该系统的振动微分方程，并写出此系统无阻尼固有频率、阻尼比和稳态振动时质点的振幅。

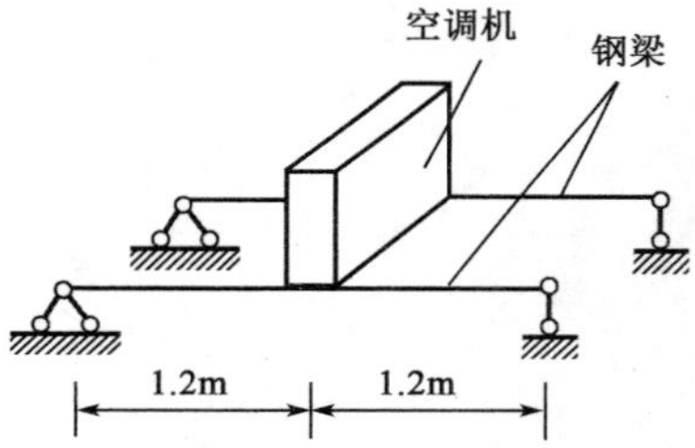

题 2.24 图

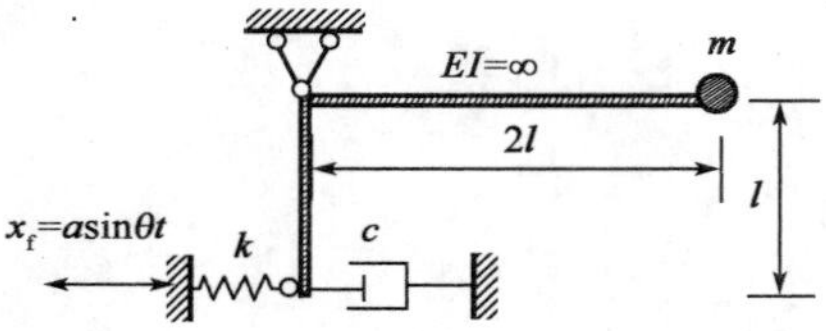

题 2.25 图

2.26　由一系列等跨度梁板组成的混凝土桥面由于蠕变而产生类似正弦曲线的挠度，当汽车在桥面行驶时，这些挠度将对汽车系统构成简谐激励，这个系统的高度理想化模型如题 2.26 图所示。图中汽车的质量为 $m=2000\mathrm{kg}$，弹簧刚度系数为 $k=32\mathrm{kN/m}$，阻尼比 $\zeta=0.3$。用一个波长 $l=12\mathrm{m}$，幅值 $h=4\mathrm{cm}$ 的正弦曲线代表桥的剖面，当汽车以 $v=108\mathrm{km/h}$ 的速度行驶时，试求汽车竖向稳态振动的位移幅值。

2.27　试将题 2.27 图所示激励力 $F(t)$ 展开为 Fourier 级数，画出其频谱图，并写出有阻尼的质量弹簧系统在此激励作用下稳态强迫振动的振幅表达式。

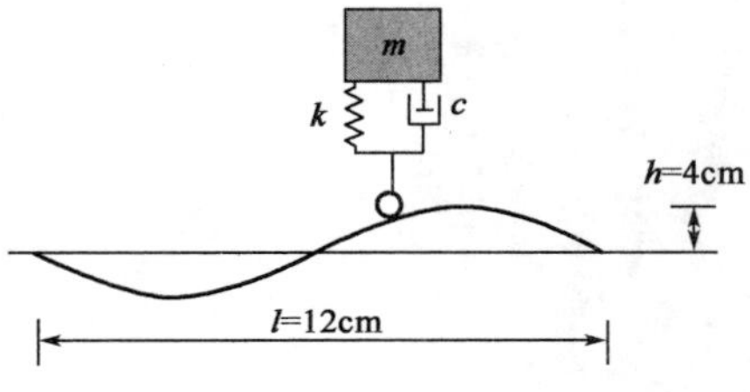

题 2.26 图

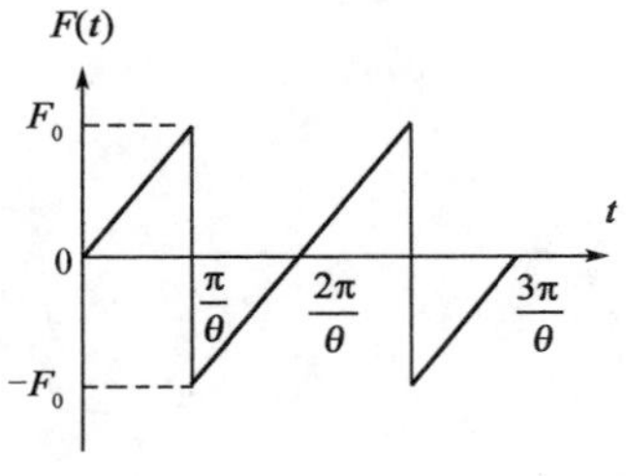

题 2.27 图

2.28　一个无阻尼质量弹簧系统受到题 2.28 图所示几种荷载形式的瞬态荷载激励作用，试用杜哈梅积分计算其动力响应。设系统开始时处于静止状态。$m=1\mathrm{kg}$，$F_0=$

1 N，$\theta = 2\text{rad/s}$。

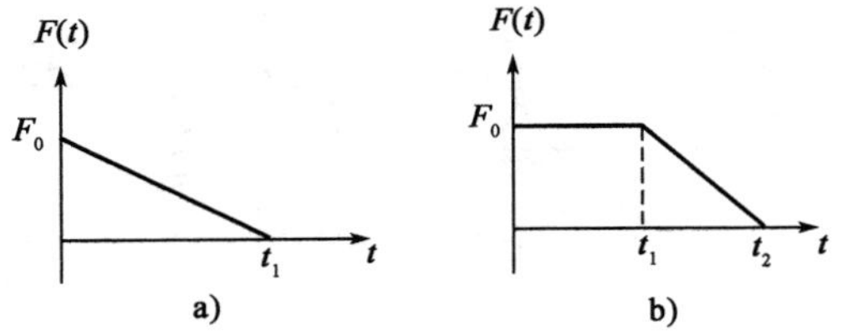

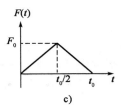

题 2.28 图

第3章 多自由度系统的振动

前几章讨论的单自由度系统只用一个独立坐标描述，是实际振动系统的最简单模型。具有一个以上自由度，需要有限个独立坐标描述的振动系统称作多自由度系统。实际的工程结构中，若将系统分布的质量以及分布的弹簧和阻尼简化为有限个集中质量以及有限个无质量的弹簧和阻尼器，就可近似地作为多自由度系统讨论。

本章主要讨论线性多自由度系统的自由振动、受迫振动和暂态响应。首先详细讨论多自由度系统运动微分方程建立的几种方法，然后讨论多自由度系统的自由振动。线性多自由度系统存在与自由度数相等的多个固有频率，每个固有频率对应于系统的一种特定的振动形式，称作振型。系统按任一固有频率所做的振动称作主振动。利用振型矩阵进行坐标变换后的新坐标称作主坐标。应用主坐标能使多自由度系统的振动转化为若干个独立的主振动的叠加，这种分析方法叫作振型叠加法，是线性多自由度系统的基本分析方法。引入振型阻尼概念后，有阻尼多自由度系统仍可使用振型叠加法进行求解。

3.1 ➤ 多自由度系统的运动微分方程

3.1.1 动静法

1）刚度法

刚度法的基本思想和基本步骤与单自由度系统相同，即取惯性元件为研究对象，将惯性力作为一种虚拟的力，令惯性元件在各自由度方向满足形式上的静力平衡方程。

例 3.1 讨论图 3-1 所示由三个串联的质量弹簧系统，设质点质量和弹簧刚度系数分别为 m_i 和 $k_i(i=1,2,3)$。各质点相对平衡位置的位移分别为 $x_i(i=1,2,3)$。试建立系统的运动微分方程。

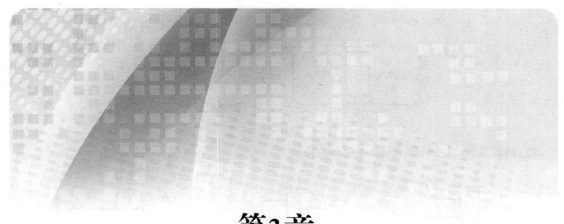

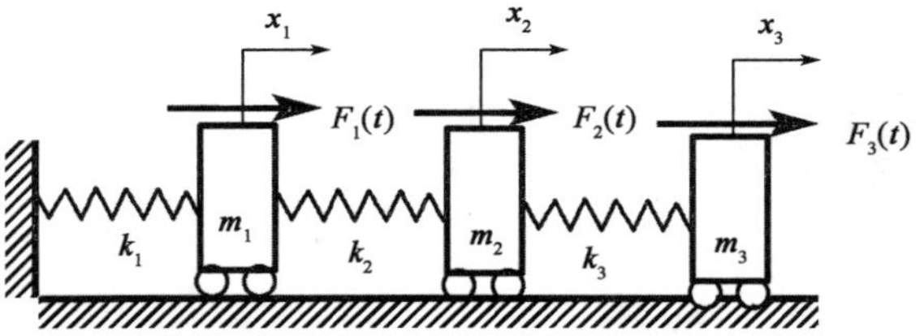

图 3-1 质量弹簧系统

解:假设系统振动到任意位置,现取各质点的动平衡,其动态受力图如图 3-2 所示。

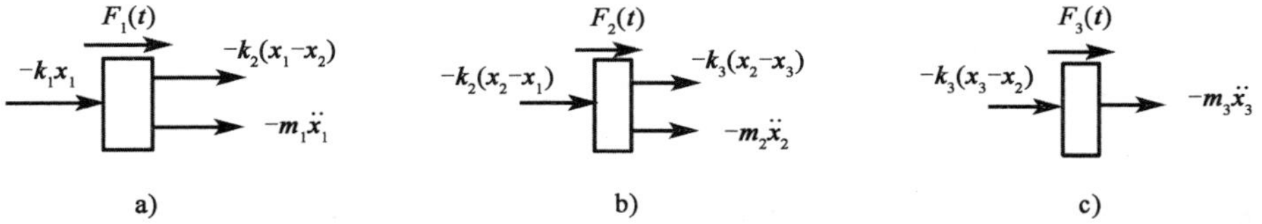

图 3-2 各质点受力图

对每个质点列平衡方程$\sum F_x=0$,得

$$\begin{cases}-m_1\ddot{x}_1-k_1x_1-k_2(x_1-x_2)+F_1(t)=0\\-m_2\ddot{x}_2-k_2(x_2-x_1)-k_3(x_2-x_3)+F_2(t)=0\\-m_3\ddot{x}_3-k_3(x_3-x_2)+F_3(t)=0\end{cases}$$

整理得

$$\begin{cases}m_1\ddot{x}_1+(k_1+k_2)x_1-k_2x_2=F_1(t)\\m_2\ddot{x}_2-k_2x_1+(k_2+k_3)x_2-k_3x_3=F_2(t)\\m_3\ddot{x}_3-k_3x_2+k_3x_3=F_3(t)\end{cases}\tag{3-1}$$

写成矩阵形式,有

$$\begin{bmatrix}m_1&0&0\\0&m_2&0\\0&0&m_3\end{bmatrix}\begin{Bmatrix}\ddot{x}_1\\\ddot{x}_2\\\ddot{x}_3\end{Bmatrix}+\begin{bmatrix}k_1+k_2&-k_2&0\\-k_2&k_2+k_3&-k_3\\0&-k_3&k_3\end{bmatrix}\begin{Bmatrix}x_1\\x_2\\x_3\end{Bmatrix}=\begin{Bmatrix}F_1\\F_2\\F_3\end{Bmatrix}\tag{3-2}$$

简写为

$$\boldsymbol{M}\ddot{\boldsymbol{x}}+\boldsymbol{K}\boldsymbol{x}=\boldsymbol{F}\tag{3-3}$$

式中:$\boldsymbol{M}$、$\boldsymbol{K}$——系统的质量矩阵和刚度矩阵;

$\boldsymbol{x}$、$\ddot{\boldsymbol{x}}$——位移列阵和加速度列阵,它们分别为

$$\boldsymbol{M}=\begin{bmatrix}m_1&0&0\\0&m_2&0\\0&0&m_3\end{bmatrix},\boldsymbol{K}=\begin{bmatrix}k_1+k_2&-k_2&0\\-k_2&k_2+k_3&-k_3\\0&-k_3&k_3\end{bmatrix},\boldsymbol{x}=\begin{Bmatrix}x_1\\x_2\\x_3\end{Bmatrix},\ddot{\boldsymbol{x}}=\begin{Bmatrix}\ddot{x}_1\\\ddot{x}_2\\\ddot{x}_3\end{Bmatrix}$$

例 3.2 如图 3-3a)所示,不计质量的简支梁上有两个集中质量,分别受激励力 $F_1(t)$和$F_2(t)$作用,以静力平衡位置为基准,建立其运动微分方程。

解:若不计梁的轴向变形,两个质点只能在竖直方向运动,其自由度为 2,选 $x_1(t)$和 $x_2(t)$为广义坐标,考虑两个质点的动平衡。

若直接取两个质点为隔离体建立其平衡方程,会涉及梁对质点的弹性恢复力计算,当质点的位置不在梁的特殊位置上时,这是很难直观看出弹性恢复力与质点位移之间的关系的。为此,参考结构力学位移法中的做法,在每个质点的位移方向都添加上一个附加链杆,如图3-3b)所示。由于系统振动过程中是动平衡的,无论振动到任何位置,这些附加链杆上的约束力必然为零。现根据叠加原理,分别求链杆上的约束力,在求解时,所有的约束力都规定沿着广义坐标的正方向为正,即向下为正。

在只有惯性力作用时,如图3-3c)所示,显然有

$$F_{\mathrm{R1I}} = m_1\ddot{x}_1, F_{\mathrm{R2I}} = m_2\ddot{x}_2$$

在只有外荷载作用时,如图3-3d)所示,显然有

$$F_{\mathrm{R1P}} = -F_1, F_{\mathrm{R2P}} = -F_2$$

然后考虑只有位移的情况,分别让两个附加链杆产生位移 $x_1(t)$ 和 $x_2(t)$,如图3-3d)和图3-3e)所示,如果采用线性假设,则应有

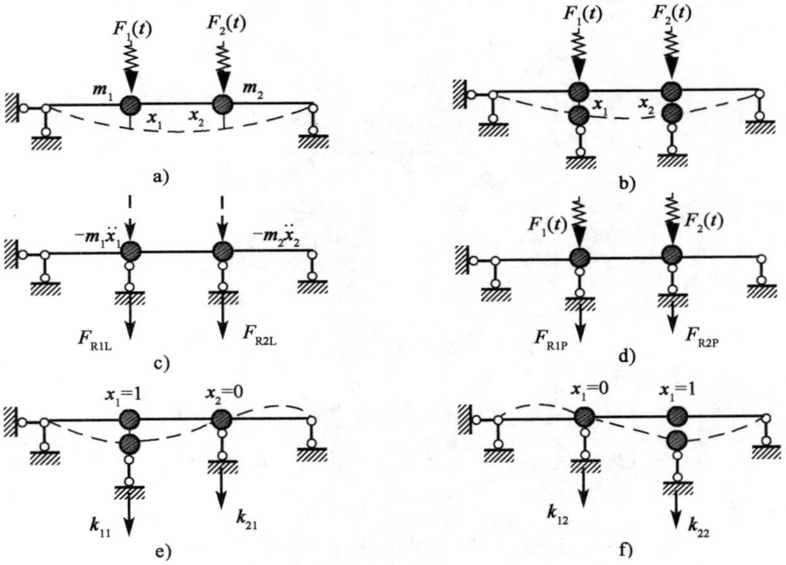

图3-3　简支梁集中质量系统

$$F_{\mathrm{R1E}} = k_{11}x_1 + k_{12}x_2, F_{\mathrm{R2E}} = k_{21}x_1 + k_{22}x_2$$

依据叠加原理,得

$$F_{\mathrm{R1}} = F_{\mathrm{R1I}} + F_{\mathrm{R1E}} + F_{\mathrm{R1P}} = m_1\ddot{x}_1 + k_{11}x_1 + k_{12}x_2 - F_1 = 0$$
$$F_{\mathrm{R2}} = F_{\mathrm{R2I}} + F_{\mathrm{R2E}} + F_{\mathrm{R2P}} = m_2\ddot{x}_2 + k_{21}x_1 + k_{22}x_2 - F_2 = 0$$

整理得

$$m_1\ddot{x}_1 + k_{11}x_1 + k_{12}x_2 = F_1$$
$$m_2\ddot{x}_2 + k_{21}x_1 + k_{22}x_2 = F_2$$

写成矩阵形式,有

$$\begin{bmatrix} m_1 & 0 \\ 0 & m_2 \end{bmatrix}\begin{Bmatrix} \ddot{x}_1 \\ \ddot{x}_2 \end{Bmatrix} + \begin{bmatrix} k_{11} & k_{12} \\ k_{21} & k_{22} \end{bmatrix}\begin{Bmatrix} x_1 \\ x_2 \end{Bmatrix} = \begin{Bmatrix} F_1 \\ F_2 \end{Bmatrix} \tag{3-4}$$

式中:k_{ij}——刚度系数,$i = 1$、2,$j = 1$、2,可用结构力学的方法求出。

2)柔度法

在例3.2中,要真正写出结构运动微分方程的具体形式,必须求出刚度矩阵中的那些元素

的具体数值，这并不是轻而易举就可以求得的，需要用结构力学的方法求解超静定结构。正因如此，才有必要讨论柔度法。

和单自由度系统的做法一样，柔度法仍然是取弹性结构为研究对象，将惯性力和外力看作是使结构产生变形的外因，系统在任何时刻的位移都可以看作是那个时刻的惯性力和外力共同产生的。由此得到振动系统的位移方程。

仍考虑图 3-3a）所示的结构系统。取梁为研究对象，将惯性力和外力同时作用在结构上，如图 3-4a）所示，此时梁的变形可看作是由惯性力和外力共同产生的，根据叠加原理有

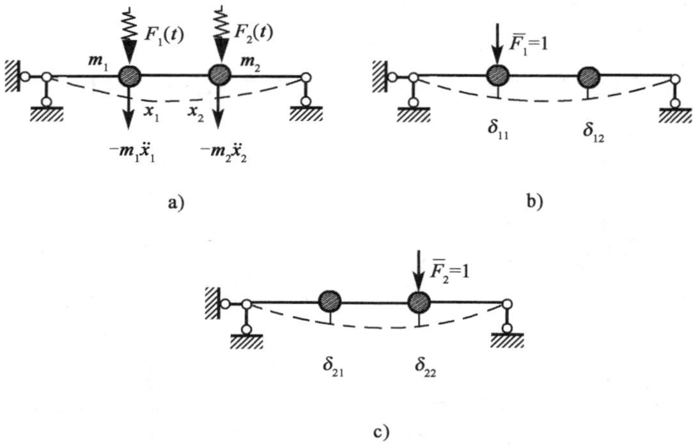

图 3-4　简支梁系统的位移方程

$$\begin{cases} x_1 = \delta_{11}(-m_1\ddot{x}_1 + F_1) + \delta_{12}(-m_2\ddot{x}_2 + F_2) \\ x_2 = \delta_{21}(-m_1\ddot{x}_1 + F_1) + \delta_{22}(-m_2\ddot{x}_2 + F_2) \end{cases} \tag{3-5}$$

写成矩阵形式

$$\begin{bmatrix} \delta_{11} & \delta_{12} \\ \delta_{21} & \delta_{22} \end{bmatrix} \begin{bmatrix} m_1 & 0 \\ 0 & m_2 \end{bmatrix} \begin{Bmatrix} \ddot{x}_1 \\ \ddot{x}_2 \end{Bmatrix} + \begin{Bmatrix} x_1 \\ x_2 \end{Bmatrix} = \begin{Bmatrix} \Delta_{1P} \\ \Delta_{2P} \end{Bmatrix} \tag{3-6}$$

式中：δ_{ij}——柔度系数（$i,j=1,2$），其物理意义见图 3-4b）和图 3-4c），它们可以由结构力学的方法求得；

Δ_{1P}、Δ_{2P}——外荷载（激励力）产生的广义坐标方向的位移，即

$$\begin{Bmatrix} \Delta_{1P} \\ \Delta_{2P} \end{Bmatrix} = \begin{bmatrix} \delta_{11} & \delta_{12} \\ \delta_{21} & \delta_{22} \end{bmatrix} \begin{Bmatrix} F_1 \\ F_2 \end{Bmatrix} \tag{3-7}$$

该结构是一个静定结构，显然求解这些柔度系数比求解式（3-4）中的刚度系数要容易得多，因此，在有些情况下用柔度法建立其位移方程比用刚度法建立动力平衡方程简单。

例 3.3　图 3-5a）所示的简支刚架，假设各杆的弯曲刚度 EI 均为常数且相等，上面有两个集中质量 m_1 和 m_2，$q(t)=q_0\sin\theta t$，在梁上受有均布的激励力。试建立其运动微分方程。

解：取广义坐标 x_1 和 x_2 如图 3-5a）所示。列出其位移方程

$$x_1 = \delta_{11}(-m\ddot{x}_1) + \delta_{12}(-m\ddot{x}_2) + \Delta_{1P}$$
$$x_2 = \delta_{21}(-m\ddot{x}_1) + \delta_{22}(-m\ddot{x}_2) + \Delta_{2P}$$

利用结构力学的图乘法,求出各系数

$$\delta_{11}=\frac{2l^3}{3EI},\delta_{22}=\frac{l^3}{48EI},\delta_{12}=\delta_{21}=\frac{l^3}{16EI}$$

$$\Delta_{1P}=\frac{ql^4}{24EI}=\frac{q_0l^4}{24EI}\sin\theta t,\Delta_{2P}=\frac{5ql^4}{384EI}=\frac{5q_0l^4}{384EI}\sin\theta t$$

代入位移方程,写成矩阵形式,有

$$\begin{Bmatrix}x_1\\x_2\end{Bmatrix}=\frac{l^3}{48EI}\begin{bmatrix}32&3\\3&1\end{bmatrix}\left(-\begin{bmatrix}m&0\\0&m\end{bmatrix}\begin{Bmatrix}\ddot{x}_1\\\ddot{x}_2\end{Bmatrix}\right)+\frac{ql^4}{384EI}\begin{Bmatrix}16\\5\end{Bmatrix}\sin\theta t$$

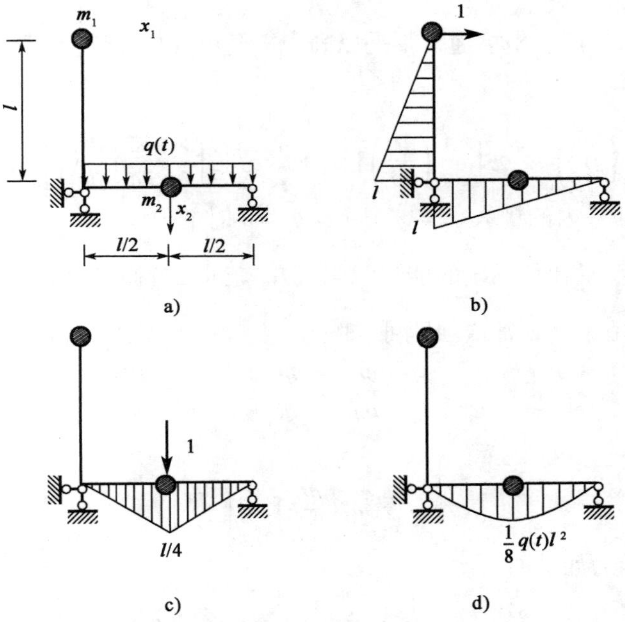

图 3-5　简支刚架质点系统

3.1.2　拉格朗日方程法

利用达朗贝尔原理或者牛顿第二定律建立复杂的多自由度系统的动力平衡方程,有时会遇到较大困难,它需要对各个惯性元件的隔离体进行受力分析,而很多情况下这些惯性体之间的受力是互相牵连的,这意味着我们必须要消掉这些惯性元件之间的相互作用力才能得到最后的运动方程。第 2 章曾经讨论过用虚位移原理建立一些复杂的单自由度体系的动力平衡方程,实际上就是为了避免分析各部分之间力的相互牵连。虽然虚位移原理也可以扩展到用来建立多自由度系统的运动学方程,但是应用拉格朗日方程可以使计算大为简化。这种方法使用功与能这些标量代替力与位移这样的矢量,将较复杂的力学分析的问题转化成类似纯数学推导的问题,从而使问题简化。用拉格朗日方程法建立系统的动力学方程,最关键的是建立系统的能量表达式。

1)系统的势能和动能

设具有 n 个自由度的系统,若体系的约束都是定常的完整约束,则可以用 n 个广义坐标 q_i

$(i=1,2,\cdots,n)$表示系统的位形，即系统中任意点 i 的位置矢量可表示为

$$\boldsymbol{r}_k=\boldsymbol{r}_k(q_1,q_2,\cdots,q_n)\qquad(k=1,2,\cdots,n)\tag{3-8}$$

相应地，系统的动能可表示为

$$\begin{aligned}T&=\frac{1}{2}\sum_{k=1}^{n}m_k\dot{\boldsymbol{r}}_k\cdot\dot{\boldsymbol{r}}_k=\frac{1}{2}\sum_{k=1}^{n}m_k\left(\sum_{i=1}^{n}\frac{\partial\boldsymbol{r}_k}{\partial q_i}\dot{q}_i\right)\cdot\left(\sum_{j=1}^{n}\frac{\partial\boldsymbol{r}_k}{\partial q_j}\dot{q}_j\right)\\&=\frac{1}{2}\sum_{i=1}^{n}\sum_{j=1}^{n}\left(\sum_{k=1}^{n}m_k\frac{\partial\boldsymbol{r}_k}{\partial q_i}\cdot\frac{\partial\boldsymbol{r}_k}{\partial q_j}\right)\dot{q}_i\dot{q}_j\end{aligned}\tag{3-9}$$

式中：$\frac{\partial\boldsymbol{r}_k}{\partial q_i}$——广义坐标 $q_i(i=1,2,\cdots,n)$的函数。

注意到振动分析的广义坐标通常都是以静力平衡位置作为原点，若将$\frac{\partial\boldsymbol{r}_k}{\partial q_i}$在平衡位置附近展开为泰勒级数，有

$$\frac{\partial\boldsymbol{r}_k}{\partial q_i}=\left(\frac{\partial\boldsymbol{r}_k}{\partial q_i}\right)_0+\sum_{s=1}^{n}\left[\frac{\partial}{\partial q_s}\left(\frac{\partial\boldsymbol{r}_k}{\partial q_i}\right)\right]_0q_s+\frac{1}{2}\sum_{s=1}^{n}\sum_{t=1}^{n}\left[\frac{\partial^2}{\partial q_s\partial q_t}\left(\frac{\partial\boldsymbol{r}_k}{\partial q_i}\right)\right]_0q_sq_t+\cdots\tag{3-10}$$

其中，下标“0”表示括号内的量取 $q_1=q_2=\cdots=q_n=0$ 时的值。

在做近似的线性分析时，系统的能量只需要精确到二阶微量，由于$\frac{\partial\boldsymbol{r}_k}{\partial q_i}$本身已经是一阶微量，故上式只需要保留第一项常数项即可，即

$$\frac{\partial\boldsymbol{r}_k}{\partial q_i}=\left(\frac{\partial\boldsymbol{r}_k}{\partial q_i}\right)_0\tag{3-11}$$

记

$$m_{ij}=\sum_{k=1}^{n}m_k\left(\frac{\partial\boldsymbol{r}_k}{\partial q_i}\right)_0\cdot\left(\frac{\partial\boldsymbol{r}_k}{\partial q_j}\right)_0\tag{3-12}$$

则体系的动能可表示为如下的二次型

$$T=\frac{1}{2}\sum_{i=1}^{n}\sum_{j=1}^{n}m_{ij}\dot{q}_i\dot{q}_j=\frac{1}{2}\dot{\boldsymbol{q}}^{\mathrm{T}}\boldsymbol{M}\dot{\boldsymbol{q}}\tag{3-13}$$

其中

$$\dot{\boldsymbol{q}}=\begin{Bmatrix}\dot{q}_1\\\dot{q}_2\\\vdots\\\dot{q}_n\end{Bmatrix},\boldsymbol{M}=\begin{bmatrix}m_{11}&m_{12}&\cdots&m_{1n}\\m_{21}&m_{22}&\cdots&m_{2n}\\\vdots&\vdots&\ddots&\vdots\\m_{n1}&m_{n2}&\cdots&m_{nn}\end{bmatrix}\tag{3-14}$$

式中：$\dot{\boldsymbol{q}}$——广义速度向量；

$\boldsymbol{M}$——体系的质量矩阵，$\boldsymbol{M}$ 具有对称性。

在定常约束的情形下，系统的势能仅是广义坐标的函数，即有

$$V=V(q_1,q_2,\cdots,q_n)$$

将其在平衡位置展开为泰勒级数

$$V=V_0+\sum_{i=1}^{n}\left(\frac{\partial V}{\partial q_i}\right)_0q_i+\frac{1}{2}\sum_{i=1}^{n}\sum_{j=1}^{n}\left(\frac{\partial^2V}{\partial q_i\partial q_j}\right)_0q_iq_j+\cdots\tag{3-15}$$

式中，第一项为势能函数在平衡位置处的值，由于势能是一个相对的函数，可令其在平衡位置处的值为零，即 $V_0=0$。此外，系统在平衡位置时的势能有极小值，故必有

$$\left(\frac{\partial V}{\partial q_i}\right)_0=0 \qquad (i=1,2,\cdots,n) \tag{3-16}$$

于是，在式(3-15)中，略去三阶以上微量后，得到

$$V=\frac{1}{2}\sum_{i=1}^{n}\sum_{j=1}^{n}\left(\frac{\partial^2 V}{\partial q_i \partial q_j}\right)_0 q_i q_j \tag{3-17}$$

记

$$k_{ij}=\left(\frac{\partial^2 V}{\partial q_i \partial q_j}\right)_0 \qquad (i,j=1,2,\cdots,n) \tag{3-18}$$

则势能表达式为

$$V=\frac{1}{2}\sum_{i=1}^{n}\sum_{j=1}^{n}k_{ij}q_i q_j=\frac{1}{2}\boldsymbol{q}^{\mathrm{T}}\boldsymbol{K}\boldsymbol{q} \tag{3-19}$$

其中

$$\boldsymbol{q}=\begin{Bmatrix} q_1 \\ q_2 \\ \vdots \\ q_n \end{Bmatrix},\boldsymbol{K}=\begin{bmatrix} k_{11} & k_{12} & \cdots & k_{1n} \\ k_{21} & k_{22} & \cdots & k_{2n} \\ \vdots & \vdots & \ddots & \vdots \\ k_{n1} & k_{n2} & \cdots & k_{nn} \end{bmatrix} \tag{3-20}$$

式中：$\boldsymbol{q}$——广义位移向量；

$\boldsymbol{K}$——系统的刚度矩阵；显然有 $k_{ij}=k_{ji}$，$\boldsymbol{K}$ 也是对称矩阵。

2）动力学平衡方程

设 Q_i 为与广义坐标 $q_i(i=1,2,\cdots,n)$ 对应的广义力，$L=T-V$ 为拉格朗日函数，则直接由第二类拉格朗日方程

$$\frac{\mathrm{d}}{\mathrm{d}t}\left(\frac{\partial L}{\partial \dot{q}_i}\right)-\frac{\partial L}{\partial q_i}=Q_i \qquad (i=1,2,\cdots,n) \tag{3-21}$$

便可导出多自由度系数的动力方程

$$\sum_{j=1}^{n}(m_{ij}\ddot{q}_j+k_{ij}q_j)=Q_i \qquad (i=1,2,\cdots,n) \tag{3-22}$$

写成矩阵形式，有

$$\boldsymbol{M}\ddot{\boldsymbol{q}}+\boldsymbol{K}\boldsymbol{q}=\boldsymbol{Q} \tag{3-23}$$

其中

$$\boldsymbol{Q}=\{Q_1 \quad Q_2 \quad \cdots \quad Q_n\}^{\mathrm{T}} \tag{3-24}$$

为非广义力构成的列阵。广义力 $Q_i(i=1,2,\cdots,n)$ 可以通过求出所有非保守力（包括阻尼力和外荷载）的虚功 δW_{nc} 而得到

$$\delta W_{\mathrm{nc}}=\sum_{i=1}^{n}Q_i\delta q_i \tag{3-25}$$

顺便指出，若广义坐标就是几何坐标，则式(3-23)与式(3-3)完全相同。

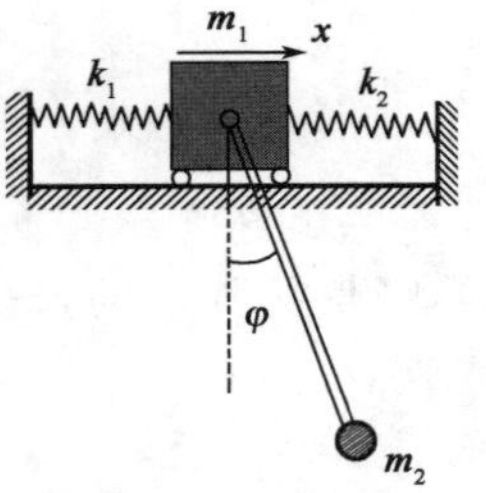

图3-6　例3.4图

例3.4　图3-6所示的动力系统，假设刚性杆的长度为 l，质量忽略不计，试以质点 m_1 的水平位移 $x(t)$ 和刚性杆的逆时针转角 $\varphi(t)$ 为广义坐标，建立其运动微分方程。

解：首先建立系统的动能表达式。该系统只有两个质点，其动能等于两个质点动能之和

$$T=\frac{1}{2}m_1\dot{x}^2+\frac{1}{2}m_2(\dot{x}+l\dot{\varphi})^2$$

系统的势能则由弹簧的弹性势能和质点 m_2 的重力势能构成

$$V=\frac{1}{2}k_1x^2+\frac{1}{2}k_2x^2+m_2gl(1-\cos\varphi)$$

代入拉格朗日方程,注意此时没有非保守力,故等式右边的 $Q_1=Q_2=0$,得

$$(m_1+m_2)\ddot{x}+m_2l\ddot{\varphi}+(k_1+k_2)x=0$$

$$m_2l\ddot{x}+m_2l^2\ddot{\varphi}+m_2gl\sin\varphi=0$$

当微小振动时,$\sin\varphi\approx\varphi$,故上面第二个方程可以线性化,于是得到系统的运动力方程

$$\begin{cases}(m_1+m_2)\ddot{x}+m_2l\ddot{\varphi}+(k_1+k_2)x=0\\ m_2l\ddot{x}+m_2l^2\ddot{\varphi}+m_2gl\varphi=0\end{cases}$$

写成矩阵形式,有

$$\begin{bmatrix}m_1+m_2 & m_2l\\ m_2l & m_2l^2\end{bmatrix}\begin{Bmatrix}\ddot{x}\\ \ddot{\varphi}\end{Bmatrix}+\begin{bmatrix}k_1+k_2 & 0\\ 0 & m_2gl\end{bmatrix}\begin{Bmatrix}x\\ \varphi\end{Bmatrix}=\begin{Bmatrix}0\\ 0\end{Bmatrix}$$

例 3.5 图 3-7 所示的多刚性杆悬挂系统作微幅摆动,假设刚性杆的长度均为 l,质量均为 m,各杆之间用光滑的铰连接。试以两个刚性杆的转角 $\varphi_1(t)$ 和 $\varphi_2(t)$ 为广义坐标,建立其运动微分方程。

解:首先建立系统的动能表达式。当系统运动到一典型位置时,首先求出各杆件质心处的速度和角速度,从而可以计算其平动动能和转动动能,进而得到系统的总动能。注意各杆的质心在杆的正中间,杆件绕该点的转动惯量 $J=ml^2/12$。

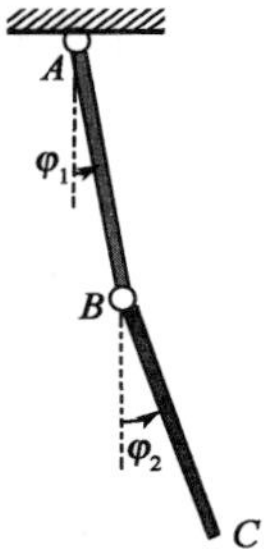

图 3-7 多刚体悬摆系统

$$T=\frac{1}{2}m\left(\frac{1}{2}l\dot{\varphi}_1\right)^2+\frac{1}{2}\left(\frac{ml^2}{12}\right)\dot{\varphi}_1^2+\frac{1}{2}m\left(\frac{1}{2}l\dot{\varphi}_2+l\dot{\varphi}_1\right)^2+\frac{1}{2}\left(\frac{ml^2}{12}\right)\dot{\varphi}_2^2$$

$$=\frac{2ml^2}{3}\dot{\varphi}_1^2+\frac{ml^2}{6}\dot{\varphi}_2^2+\frac{1}{2}ml^2\dot{\varphi}_1\dot{\varphi}_2$$

需要指出的是,各杆件质心在竖向运动的动能被忽略掉了,因为它们是广义坐标的四阶微量。

然后计算各杆件由于质心上升所引起的重力势能

$$V=mg\,\frac{l}{2}(1-\cos\varphi_1)+mg\left[l(1-\cos\varphi_1)+\frac{l}{2}(1-\cos\varphi_2)\right]$$

$$=\frac{3mgl}{2}(1-\cos\varphi_1)+\frac{mgl}{2}(1-\cos\varphi_2)$$

将动能和势能代入拉格朗日方程,得

$$\begin{cases}\dfrac{4ml^2}{3}\ddot{\varphi}_1+\dfrac{ml^2}{2}\ddot{\varphi}_2+\dfrac{3mgl}{2}\sin\varphi_1=0\\[2ex] \dfrac{ml^2}{2}\ddot{\varphi}_1+\dfrac{ml^2}{3}\ddot{\varphi}_2+\dfrac{mgl}{2}\sin\varphi_2=0\end{cases}$$

微幅振动时,$\sin\varphi_1\approx\varphi_1$,$\sin\varphi_2\approx\varphi_2$,将方程简化后为

$$\begin{cases}8\ddot{\varphi}_1+3\ddot{\varphi}_2+\dfrac{9g}{l}\varphi_1=0\\[2ex] 3\ddot{\varphi}_1+2\ddot{\varphi}_2+\dfrac{3g}{l}\varphi_2=0\end{cases}$$

写成矩阵形式

$$\begin{bmatrix}8 & 3\\ 3 & 2\end{bmatrix}\begin{Bmatrix}\ddot{\varphi}_1\\ \ddot{\varphi}_2\end{Bmatrix}+\frac{g}{l}\begin{bmatrix}9 & 0\\ 0 & 3\end{bmatrix}\begin{Bmatrix}\varphi_1\\ \varphi_2\end{Bmatrix}=\begin{Bmatrix}0\\ 0\end{Bmatrix}$$

例 3.6 图 3-8 所示的汽车底盘简化模型，假设表示汽车车身的刚性杆 AB 长度均为 l，质量为 m，绕质心 C 的转动惯量为 J_C。悬挂弹簧和前后轮轮胎的弹性用刚度系数分别为 k_1 和 k_2 的两个弹簧来模拟。在杆件上的 O 点处受有两个激励力 F 和 M。试建立车身微幅振动时的微分方程。

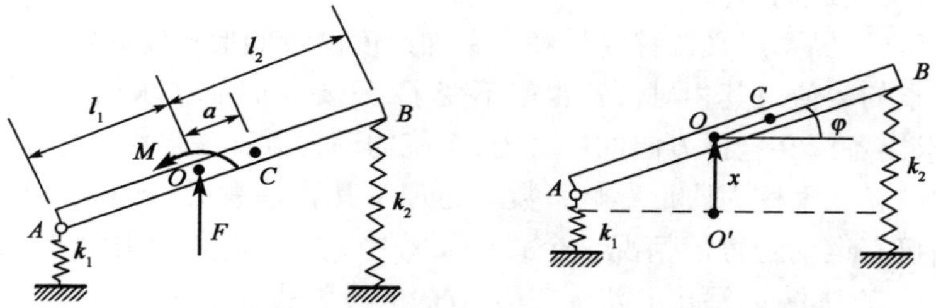

a) 系统模型　　b) 坐标选取

图 3-8　汽车的简化模型

解：以 O 点处的竖直向上位移 x 和杆件的逆时针转角 φ 为广义坐标，系统的动能和势能分别为

$$T=\frac{1}{2}[m(\dot{x}+a\dot{\varphi})^2+J\dot{\varphi}^2]$$

$$V=\frac{1}{2}[k_1(x-l_1\varphi)^2+k_2(x+l_2\varphi)^2]$$

代入拉格朗日方程，导出形如式(3-23)的动力学方程组

$$\boldsymbol{M}\ddot{\boldsymbol{q}}+\boldsymbol{K}\boldsymbol{q}=\boldsymbol{Q}$$

其中质量矩阵、刚度矩阵和广义位移向量分别为

$$\boldsymbol{M}=\begin{bmatrix}J+ma^2 & ma\\ ma & m\end{bmatrix},\boldsymbol{K}=\begin{bmatrix}k_1l_1^2+k_2l_2^2 & k_2l_2-k_1l_1\\ k_2l_2-k_1l_1 & k_1+k_2\end{bmatrix},\boldsymbol{q}=\begin{Bmatrix}\varphi\\ x\end{Bmatrix}$$

振动微分方程为

$$\begin{bmatrix}J+ma^2 & ma\\ ma & m\end{bmatrix}\begin{Bmatrix}\ddot{\varphi}\\ \ddot{x}\end{Bmatrix}+\begin{bmatrix}k_1l_1^2+k_2l_2^2 & k_2l_2-k_1l_1\\ k_2l_2-k_1l_1 & k_1+k_2\end{bmatrix}\begin{Bmatrix}\varphi\\ x\end{Bmatrix}=\begin{Bmatrix}M\\ F\end{Bmatrix}$$

考虑参考点 O 的两种选择方案：

(1) 参考点为杆的质心，令 $a=0$，质量矩阵简化为

$$\boldsymbol{M}=\begin{bmatrix}J & 0\\ 0 & m\end{bmatrix}$$

(2) 设 $k_1l_1=k_2l_2$，此特殊位置称为系统的刚度中心，刚度矩阵简化为

$$\boldsymbol{K}=\begin{bmatrix}k_1l_1^2+k_2l_2^2 & 0\\ 0 & k_1+k_2\end{bmatrix}$$

可见动力方程组的形式与广义坐标的选取有着密切的关系。

3.1.3 影响系数法和结构的特性矩阵

结构动力学方程式(3-23)有明确的物理意义,即弹性恢复力 $-\boldsymbol{Kq}$,惯性力 $-\boldsymbol{M\ddot{q}}$ 与非保守力 $\boldsymbol{Q}$ 满足平衡条件,即

$$-\boldsymbol{M\ddot{q}}-\boldsymbol{Kq}+\boldsymbol{Q}=\boldsymbol{0} \tag{3-26}$$

式中:$\boldsymbol{M}$、$\boldsymbol{K}$——系统的质量矩阵和刚度矩阵;

$\boldsymbol{q}$、$\boldsymbol{\ddot{q}}$——广义位移向量和广义加速度向量;

$\boldsymbol{Q}$——广义荷载向量。

在选定广义坐标之后,广义位移向量和广义加速度向量的形式就固定不变了,质量矩阵和刚度矩阵中各元素的数值及其相对位置也就不变了,只要我们能够求出质量矩阵和刚度矩阵中的各元素,并求出各广义坐标方向的广义力,系统的动力方程就自然建立了。

质量矩阵中的各元素称为质量影响系数。为理解其物理意义并顺利求得这些系数,考虑系统没有位移而仅有运动趋势的情况。令式(3-26)中 $\boldsymbol{q}=\boldsymbol{0}$,则方程中没有了弹性恢复力,只剩下惯性力和非保守力平衡,写出其沿 q_i 坐标方向的投影式

$$\sum_{j=1}^{n}m_{ij}\ddot{q}_j=Q_i \qquad (i=1,2,\cdots,n) \tag{3-27}$$

由此可以看到,质量影响系数 m_{ij} 等于使系统仅产生 q_j 坐标方向的单位加速度 $\ddot{q}_j=1$ 时,沿 q_i 坐标必须施加的外力。

需要特别强调,使系统仅产生 q_j 坐标方向的单位加速度的意思是说,除了令 $\ddot{q}_j=1$ 之外,其他所有广义坐标方向的加速度都必须等于零。

刚度矩阵的各元素称作刚度影响系数。为理解其物理意思,考虑静变形的特殊情况。令式(3-26)中 $\boldsymbol{\ddot{q}}=\boldsymbol{0}$,则方程中仅剩下弹性恢复力与非保守力平衡,其沿 q_i 坐标的投影式为

$$\sum_{j=1}^{n}k_{ij}q_j=Q_i \qquad (i=1,2,\cdots,n) \tag{3-28}$$

因此,刚度影响系数 k_{ij} 等于使系数仅产生 q_j 坐标方向的单位位移 $q_j=1$ 时,沿 q_i 坐标必须施加的外力。

若结构的刚度矩阵非奇异,则动力学方程式(3-26)还可以写成柔度形式。将方程式(3-26)各项左乘 $\boldsymbol{K}^{-1}$,并令 $\boldsymbol{K}^{-1}=\boldsymbol{\delta}$,得

$$\boldsymbol{\delta}(\boldsymbol{Q}-\boldsymbol{M\ddot{q}})=\boldsymbol{q} \tag{3-29}$$

式中:$\boldsymbol{\delta}$——系统的柔度矩阵,$\boldsymbol{\delta}=(\delta_{ij})$,各元素 δ_{ij} 称作柔度影响系数。

在式(3-29)中令 $\boldsymbol{\ddot{q}}=\boldsymbol{0}$,写出其沿 q_i 坐标的投影式,得到

$$\sum_{j=1}^{n}\delta_{ij}Q_j=q_i \qquad (i=1,2,\cdots,n) \tag{3-30}$$

因此柔度影响系数 δ_{ij} 等于对系统仅施加与 q_j 坐标对应的单位广义力 $Q_j=1$ 时,沿 q_i 坐标所产生的位移。

若令

$$\boldsymbol{D}=\boldsymbol{\delta M},\boldsymbol{\Delta}=\boldsymbol{\delta Q} \tag{3-31}$$

则柔度形式的方程式(3-29)可写成简单形式

$$\boldsymbol{D\ddot{q}}+\boldsymbol{q}=\boldsymbol{\Delta} \tag{3-32}$$

式中：$\boldsymbol{D}$——动力矩阵。

需要注意的是 $\boldsymbol{D}$ 通常不是对称矩阵。

在讨论多自由度系统振动问题时，确定质量矩阵、刚度矩阵和柔度矩阵是不可避免的，它们完全取决于结构系统的物理参数和广义坐标的选取，是由结构的物理本质决定的，这些矩阵的形式对结构的振动特点有很大影响，所以通常称为结构的特性矩阵。由结构力学的互等定理或系统动能与势能展开式的推导过程可知，系统的质量矩阵、刚度矩阵和柔度矩阵均为对称矩阵。如果所研究的动力系统有足够的约束，不含有刚体位移，则这些矩阵也都是正定矩阵。下面给以简单说明。

由式(3-13)

$$T=\frac{1}{2}\sum_{i=1}^{n}\sum_{j=1}^{n}m_{ij}\dot{q}_i\dot{q}_j=\frac{1}{2}\dot{\boldsymbol{q}}^{\mathrm{T}}\boldsymbol{M}\dot{\boldsymbol{q}}$$

看到，若向量 $\dot{\boldsymbol{q}}$ 中的所有元素都为零，则系统处于完全静止状态，其动能一定为零，即 $\dot{\boldsymbol{q}}^{\mathrm{T}}\boldsymbol{M}\dot{\boldsymbol{q}}=0$。只要向量 $\dot{\boldsymbol{q}}$ 中有一个元素不为零，则系统一定存在着某种方式的运动，因而系统的动能必为正的，$\dot{\boldsymbol{q}}^{\mathrm{T}}\boldsymbol{M}\dot{\boldsymbol{q}}>0$。由此可知，$\dot{\boldsymbol{q}}^{\mathrm{T}}\boldsymbol{M}\dot{\boldsymbol{q}}\geqslant 0$ 恒成立，且等号仅在 $\dot{\boldsymbol{q}}$ 中的所有元素都为零时才成立，故矩阵 $\boldsymbol{M}$ 正定。

同样，由系统的势能表达式(3-19)

$$V=\frac{1}{2}\sum_{i=1}^{n}\sum_{j=1}^{n}k_{ij}q_iq_j=\frac{1}{2}\boldsymbol{q}^{\mathrm{T}}\boldsymbol{K}\boldsymbol{q}$$

可以看到，若向量 $\boldsymbol{q}$ 中的所有元素都为零，则系统处于静力平衡位置，我们规定此时的势能为零，即 $\boldsymbol{q}^{\mathrm{T}}\boldsymbol{K}\boldsymbol{q}=0$。只要向量 $\boldsymbol{q}$ 中有一个元素不为零，则系统的位置一定偏离了平衡位置，如果研究的系统有足够的约束限制其刚体位移，则系统偏离平衡位置后一定存在着某种方式的变形，因而系统一定会有弹性势能，而弹性势能必为正，此时 $\boldsymbol{q}^{\mathrm{T}}\boldsymbol{K}\boldsymbol{q}>0$。由此可知，$\boldsymbol{q}^{\mathrm{T}}\boldsymbol{K}\boldsymbol{q}\geqslant 0$ 恒成立，且等号仅在向量 $\boldsymbol{q}$ 中的所有元素都为零成立，故矩阵 $\boldsymbol{K}$ 正定。需要注意的是，如果系统没有足够的外界约束限制其刚体位移，则系统对平衡位置的偏离并不意味着系统一定有弹性变形，也就是说，尽管向量 $\boldsymbol{q}$ 中有不为零的元素，系统未必会有弹性势能，也可能有 $\boldsymbol{q}^{\mathrm{T}}\boldsymbol{K}\boldsymbol{q}=0$，此时的刚度矩阵 $\boldsymbol{K}$ 称为半正定。

关于柔度矩阵的正定性，做如下证明：考虑一般的结构系统，在某种静力荷载 Q_i($i=1,2,\cdots,n$)作用下产生了变形，系统的应变能不仅可以用式(3-19)表达，它还等于使系统变形而做的功

$$V=\frac{1}{2}\sum_{i=1}^{n}Q_iq_i=\frac{1}{2}\boldsymbol{Q}^{\mathrm{T}}\boldsymbol{q}\tag{3-33}$$

而对线性体系而言，有

$$\boldsymbol{q}=\boldsymbol{\delta Q}\tag{3-34}$$

代入式(3-33)得

$$V=\frac{1}{2}\sum_{i=1}^{n}Q_iq_i=\frac{1}{2}\boldsymbol{Q}^{\mathrm{T}}\boldsymbol{\delta Q}\tag{3-35}$$

对弹性结构而言，若向量 $\boldsymbol{Q}$ 中元素全为零，结构不受力，自然也没有变形，故一定有 $\boldsymbol{Q}^{\mathrm{T}}\boldsymbol{\delta Q}=0$。若向量 $\boldsymbol{Q}$ 中有不等于零的元素，则系统一定会有变形，其弹性势能也一定是正的，即 $\boldsymbol{Q}^{\mathrm{T}}\boldsymbol{\delta Q}>0$。故 $\boldsymbol{Q}^{\mathrm{T}}\boldsymbol{\delta Q}\geqslant 0$ 恒成立，且等号仅在 $\boldsymbol{Q}$ 中的所有元素都为零时才成立，故矩阵 $\boldsymbol{\delta}$ 正定。

例 3.7 假设一根长为 l、总质量为 m 的等截面刚性杆，由一根弹性无质量的抗弯杆件支承，其弯曲刚度为 EI。刚性杆承受均匀分布的、随时间变化的外荷载作用，如图 3-9 所示。现选取 B、C 两点从静力平衡位置向下的竖向位移作为广义坐标，建立其微幅振动时的动力学方程。

解：利用影响系数法，直接写出其运动方程的形式

$$\boldsymbol{M}\ddot{\boldsymbol{q}}+\boldsymbol{K}\boldsymbol{q}=\boldsymbol{Q}$$

其中

$$\boldsymbol{q}=\begin{Bmatrix}x_1\\x_2\end{Bmatrix}$$

下面分别求其质量矩阵和刚度矩阵里面的元素。

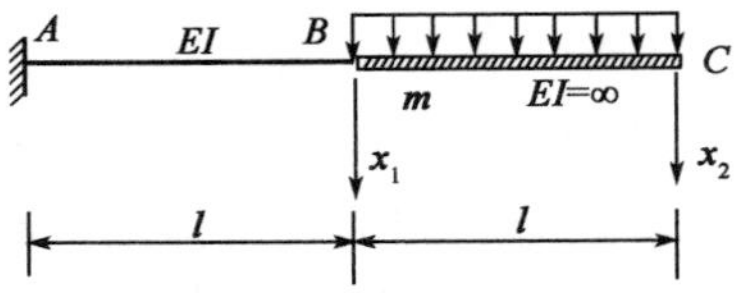

图 3-9 悬臂梁刚体振动系统

首先求质量系数，令 $\ddot{x}_1=1$，$\ddot{x}_2=0$，同时令 $x_1=0$，$x_2=0$，此时系统没有位移产生，弹性杆件也不会产生弹性力，仅在惯性元件上会有惯性力。刚体质心处的惯性力和惯性力矩如图 3-10a) 所示，为了区分实际要施加的外力，惯性力和惯性力矩均以虚线表示。为了平衡惯性力，需要在广义坐标方向施加的外力即为 m_{11} 和 m_{21}。由静力平衡条件得

$$m_{11}=\frac{1}{3}m,m_{21}=\frac{1}{6}m$$

然后令 $\ddot{x}_1=0$，$\ddot{x}_2=1$，同时令 $x_1=0$，$x_2=0$，此时刚体质心处的惯性力和惯性力矩如图 3-10b) 所示。为了平衡惯性力，需要在广义坐标方向施加的外力即为 m_{12} 和 m_{22}。由静力平衡条件得

$$m_{12}=\frac{1}{6}m,m_{22}=\frac{1}{3}m$$

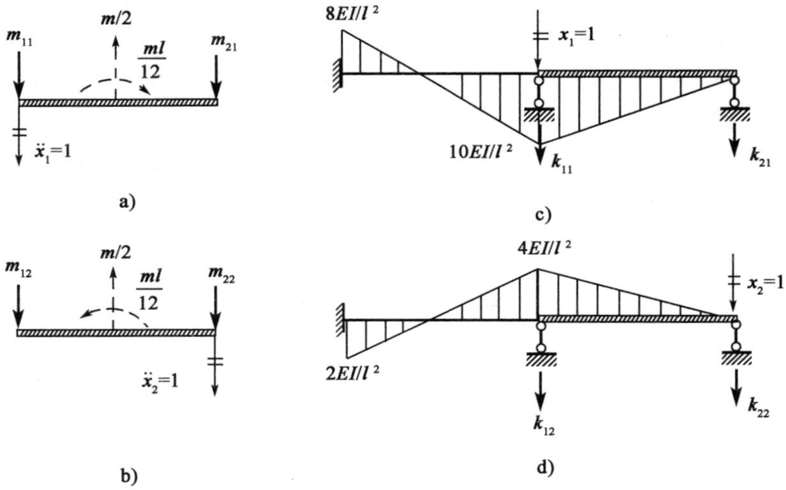

图 3-10 质量系数和刚度系数

再来求刚度系数。先令 $x_1=1$，$x_2=0$，同时令 $\ddot{x}_1=0$，$\ddot{x}_2=0$，如图 3-10c)，即系统完全处于静止状态，惯性元件不会有惯性力，但弹性杆会因变形而产生弹性力。此时，弹性杆相当于两端固定梁在右端有竖直向下的单位位移，同时该端还有逆时针方向的转角 $1/l$，根据结构力学知识和叠加原理做出其弯矩图。根据平衡条件导出

$$k_{11}=\frac{28EI}{l^3},k_{21}=-\frac{10EI}{l^3}$$

再令 $x_1=0, x_2=1$，同时令 $\ddot{x}_1=0, \ddot{x}_2=0$，如图 3-10d)所示，系统仍处于完全静止状态，惯性元件不会有惯性力，但弹性杆会因变形而产生弹性力。此时，弹性杆相当于两端固定梁在右端有顺时针方向的转角 $1/l$，做出其弯矩图。根据平衡条件导出

$$k_{12}=-\frac{10EI}{l^3},k_{22}=\frac{4EI}{l^3}$$

于是得到系统的质量矩阵和刚度矩阵

$$\boldsymbol{M}=\frac{m}{6}\begin{bmatrix}2 & 1\\1 & 2\end{bmatrix},\boldsymbol{K}=\frac{EI}{l^3}\begin{bmatrix}28 & -10\\-10 & 4\end{bmatrix}$$

最后用虚功法求广义力。当系统有虚位移 δx_1 和 δx_2 时，非保守力所做的虚功为

$$\delta W=ql\frac{\delta x_1+\delta x_2}{2}$$

另一方面，虚功也可以用广义力乘以广义位移求得

$$\delta W=Q_1\delta x_1+Q_2\delta x_2$$

于是有

$$\left(Q_1-\frac{ql}{2}\right)\delta x_1+\left(Q_2-\frac{ql}{2}\right)\delta x_2=0$$

因为 δx_1 和 δx_2 为任意，彼此独立，故

$$Q_1=\frac{ql}{2},Q_2=\frac{ql}{2}$$

最后，将运动方程的矩阵形式写出为

$$\frac{m}{6}\begin{bmatrix}2 & 1\\1 & 2\end{bmatrix}\begin{Bmatrix}\ddot{x}_1\\\ddot{x}_2\end{Bmatrix}+\frac{EI}{l^3}\begin{bmatrix}28 & -10\\-10 & 4\end{bmatrix}\begin{Bmatrix}x_1\\x_2\end{Bmatrix}=\begin{Bmatrix}ql/2\\ql/2\end{Bmatrix}$$

例 3.8 设跨度为 $4l$、抗弯刚度为 EI 的简支梁上有集中质量 $m_i(i=1,2,3)$，如图 3-11 所示，其偏离平衡位置的横向位移为 $x_i(i=1,2,3)$，各质点上作用垂直力 $F_i(i=1,2,3)$，建立系统的动力学方程。

解：利用影响系数法，直接写出其柔度形式的运动方程

$$\boldsymbol{\delta}(\boldsymbol{Q}-\boldsymbol{M}\ddot{\boldsymbol{q}})=\boldsymbol{q}$$

其中

$$\boldsymbol{q}=\begin{Bmatrix}x_1\\x_2\\x_3\end{Bmatrix},\boldsymbol{Q}=\begin{Bmatrix}F_1\\F_2\\F_3\end{Bmatrix}$$

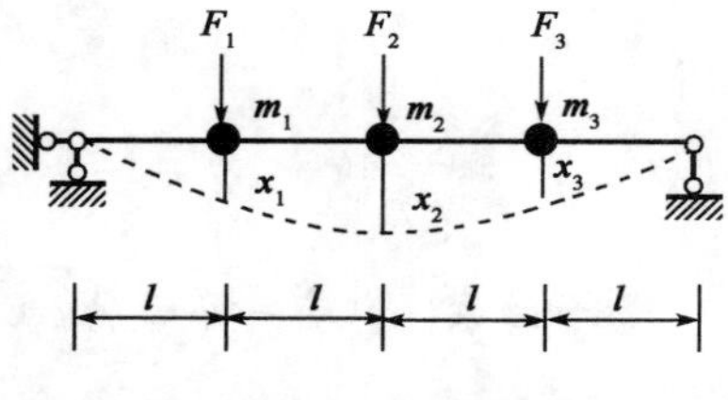

图 3-11 简支梁集中质点系统的位移方程

且容易看出，其质量矩阵为

$$\boldsymbol{M}=\begin{bmatrix}m_1 & 0 & 0\\0 & m_2 & 0\\0 & 0 & m_3\end{bmatrix}$$

利用材料力学公式或者结构力学图乘法，求出梁的柔度影响系数

$$\begin{cases}\delta_{11}=\delta_{33}=\dfrac{9l^3}{12EI},\delta_{13}=\delta_{31}=\dfrac{7l^3}{12EI}\\ \delta_{22}=\dfrac{16l^3}{12EI},\delta_{12}=\delta_{21}=\delta_{23}=\delta_{32}=\dfrac{11l^3}{12EI}\end{cases}$$

则柔度矩阵为

$$\boldsymbol{\delta}=\frac{l^3}{12EI}\begin{bmatrix}9 & 11 & 7\\ 11 & 16 & 11\\ 7 & 16 & 9\end{bmatrix}$$

矩阵形式的动力学方程

$$\frac{l^3}{12EI}\begin{bmatrix}9 & 11 & 7\\ 11 & 16 & 11\\ 7 & 16 & 9\end{bmatrix}\cdot\begin{bmatrix}m_1 & 0 & 0\\ 0 & m_2 & 0\\ 0 & 0 & m_3\end{bmatrix}\cdot\begin{Bmatrix}\ddot{x}_1\\ \ddot{x}_2\\ \ddot{x}_3\end{Bmatrix}+\begin{Bmatrix}x_1\\ x_2\\ x_3\end{Bmatrix}=\frac{l^3}{12EI}\begin{bmatrix}9 & 11 & 7\\ 11 & 16 & 11\\ 7 & 16 & 9\end{bmatrix}\cdot\begin{Bmatrix}F_1\\ F_2\\ F_3\end{Bmatrix}$$

例 3.9 图 3-12a)所示的两自由度系统，以静力平衡位置为基准，建立其自由振动的微分方程。已知 CD 杆的弯曲刚度为无穷大，其余杆的弯曲刚度 EI 为常数，弹簧支座的刚度系数 $k=13EI/(2l^3)$。

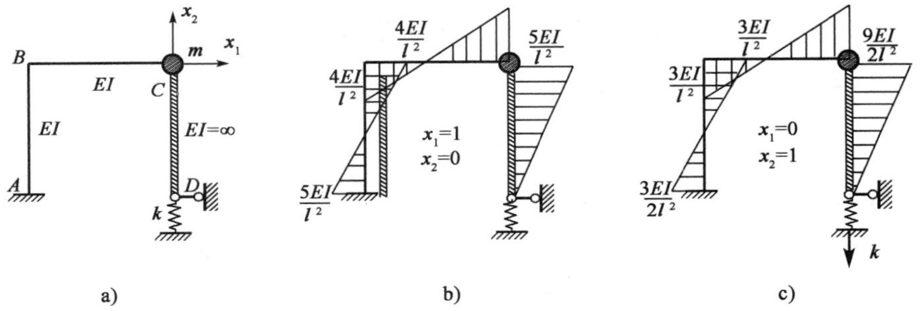

图 3-12 简支刚架集中质点系统

解：利用影响系数法，直接写出其刚度形式的运动方程，因为是自由振动，故其右端项为零

$$\boldsymbol{M}\ddot{\boldsymbol{q}}+\boldsymbol{K}\boldsymbol{q}=\boldsymbol{0}$$

其中

$$\boldsymbol{q}=\begin{Bmatrix}x_1\\ x_2\end{Bmatrix}$$

由于该系统只有一个质点，故其两个方向的惯性力是解耦的，因此，其质量矩阵很容易得到

$$\boldsymbol{M}=\begin{bmatrix}m & 0\\ 0 & m\end{bmatrix}$$

下面主要求其刚度系数。分别令 x_1 和 x_2 等于 1，如图 3-12b)和图 3-12c)所示，并且除此位移之外无其他位移发生，由结构力学位移法或力矩分配法做出其弯矩图，由静力平衡条件得

$$k_{11}=\frac{14EI}{l^3},k_{12}=k_{21}=\frac{9EI}{l^3},k_{22}=\frac{15EI}{2l^3}+k=\frac{14EI}{l^3}$$

于是得其运动微分方程

$$\begin{bmatrix} m & 0 \\ 0 & m \end{bmatrix}\begin{Bmatrix} \ddot{x}_1 \\ \ddot{x}_2 \end{Bmatrix}+\frac{EI}{l^3}\begin{bmatrix} 14 & 9 \\ 9 & 14 \end{bmatrix}\begin{Bmatrix} x_1 \\ x_2 \end{Bmatrix}=\begin{Bmatrix} 0 \\ 0 \end{Bmatrix}$$

3.1.4　运动方程的耦合问题

前面的讨论中发现，振动微分方程组的形式与广义坐标的选取有密切关系，其质量矩阵、刚度矩阵或者柔度矩阵中的元素也与广义坐标的选取密不可分，如果广义坐标选择的合适，可使质量矩阵或刚度矩阵变为对角矩阵，这在动力学上意味着什么呢？先来看例3.6中汽车模型的振动微分方程

$$\begin{bmatrix} J+ma^2 & ma \\ ma & m \end{bmatrix}\begin{Bmatrix} \ddot{\varphi} \\ \ddot{x} \end{Bmatrix}+\begin{bmatrix} k_1l_1^2+k_2l_2^2 & k_2l_2-k_1l_1 \\ k_2l_2-k_1l_1 & k_1+k_2 \end{bmatrix}\begin{Bmatrix} \varphi \\ x \end{Bmatrix}=\begin{Bmatrix} M \\ F \end{Bmatrix} \tag{3-36}$$

将其展开为分量形式

$$\begin{cases} (J+ma^2)\ddot{\varphi}+ma\ddot{x}+(k_1l_1^2+k_2l_2^2)\varphi+(k_2l_2-k_1l_1)x=M \\ ma\ddot{\varphi}+m\ddot{x}+(k_2l_2-k_1l_1)\varphi+(k_1+k_2)x=F \end{cases} \tag{3-37}$$

实际上，第一式为汽车模型在 φ 方向即转动方向的平衡方程，第二式为汽车模型沿 x 方向投影的平衡方程。观察这两个方程不难发现，每个方程中都同时含有 $\ddot{\varphi}$、$\ddot{x}$，也就是说，沿 φ 方向的加速度不仅会产生 φ 方向的惯性力矩，还会产生 x 方向的惯性力；反过来，沿 x 方向的加速度不仅会产生 x 方向的惯性力，也会产生 φ 方向的惯性力矩，我们称这种现象为惯性耦合。同样，这两个方程中也同时含有 φ 和 x，即沿 φ 方向的广义位移不仅会使结构产生 φ 方向的弹性恢复力矩，还会产生 x 方向的弹性恢复力；反之，沿 x 方向的广义位移也一样不仅会在 x 方向产生弹性恢复力，还会在 φ 方向产生弹性恢复力矩，我们称这种现象为弹性耦合。

显然，惯性耦合和弹性耦合并不是系统本身的固有特性，它跟坐标的选择有关。如例3.6中所述的方案1，若将参考点 O 定为杆的质心，即令 $a=0$，质量矩阵简化为

$$\boldsymbol{M}=\begin{bmatrix} J & 0 \\ 0 & m \end{bmatrix}$$

此时，惯性力将不再耦合，但弹性力仍然是耦合的。若合理调整参考点的位置，按照方案2使得 $k_1l_1=k_2l_2$，则刚度矩阵简化为

$$\boldsymbol{K}=\begin{bmatrix} k_1l_1^2+k_2l_2^2 & 0 \\ 0 & k_1+k_2 \end{bmatrix}$$

此时，弹性力将不再耦合，但惯性力依然耦合。

既然耦合情况跟坐标选择有关，那么是否存在着这样一种广义坐标，同时使得惯性力和弹性力均不出现耦合呢？回答是肯定的，这种能使系统运动方程的全部耦合项都不出现的坐标称为主坐标。在主坐标下，振动微分方程组变为

$$\begin{bmatrix} m_{11} & 0 \\ 0 & m_{22} \end{bmatrix}\begin{Bmatrix} \ddot{p}_1 \\ \ddot{p}_2 \end{Bmatrix}+\begin{bmatrix} k_{11} & 0 \\ 0 & k_{22} \end{bmatrix}\begin{Bmatrix} p_1 \\ p_2 \end{Bmatrix}=\begin{Bmatrix} F_1 \\ F_2 \end{Bmatrix} \tag{3-38}$$

式中：p_1、p_2——主坐标；

F_1、F_2——主坐标方向的广义外力。

寻找主坐标使得耦合项消失，在动力学上有着重要的意义，这种工作称为解耦。解耦意味

着方程组中的未知量互不影响，这样就将一个 n 自由度的振动问题转化为 n 个单自由度系统的振动问题了。如何找到这样一种主坐标是动力学的一个重要课题。显然，直接从几何关系上去看，很难找到这样的一种坐标系统。

选择不同的坐标系统，从数学的角度讲，实质就是做了一个线性变换。设有两种不同坐标系下的广义坐标向量 $\boldsymbol{q}=\{q_1 \quad q_2 \quad \cdots \quad q_n\}^{\mathrm{T}}$，$\boldsymbol{p}=\{p_1 \quad p_2 \quad \cdots \quad p_n\}^{\mathrm{T}}$，设它们之间有如下关系

$$\boldsymbol{q}=\boldsymbol{T}\boldsymbol{p} \tag{3-39}$$

其中

$$\boldsymbol{T}=\begin{bmatrix} t_{11} & t_{12} & \cdots & t_{1n} \\ t_{21} & t_{22} & \cdots & t_{2n} \\ \vdots & \vdots & \ddots & \vdots \\ t_{n1} & t_{n2} & \cdots & t_{nn} \end{bmatrix} \tag{3-40}$$

称为坐标变换矩阵，它是一非奇异矩阵。

假定用坐标 $\boldsymbol{q}$ 表示的动力学方程为

$$\boldsymbol{M}\ddot{\boldsymbol{q}}+\boldsymbol{K}\boldsymbol{q}=\boldsymbol{Q} \tag{3-41}$$

现将式(3-39)的关系代入式(3-41)，并在方程两边同时乘以 $\boldsymbol{T}^{\mathrm{T}}$，得

$$\boldsymbol{T}^{\mathrm{T}}\boldsymbol{M}\boldsymbol{T}\ddot{\boldsymbol{p}}+\boldsymbol{T}^{\mathrm{T}}\boldsymbol{K}\boldsymbol{T}\boldsymbol{p}=\boldsymbol{T}^{\mathrm{T}}\boldsymbol{Q} \tag{3-42}$$

如果方法得当，可以寻找到这样一个矩阵 $\boldsymbol{T}$，使得式(3-42)中的 $\boldsymbol{T}^{\mathrm{T}}\boldsymbol{M}\boldsymbol{T}$ 和 $\boldsymbol{T}^{\mathrm{T}}\boldsymbol{K}\boldsymbol{T}$ 同时都变成对角矩阵，从而使得弹性项和惯性项都解除耦合。

从下一节开始，我们将花很大的精力去寻找这样的一个变换矩阵。因为无论是弹性耦合还是惯性耦合，都将给求解微分方程组带来极大的困难，而要求解多自由度系统微分方程组，必须从方程组的解耦开始。

3.2 ➤ 多自由系统的自由振动

3.2.1 无阻尼自由振动的形式

令荷载项为零，则无阻尼多自由度系统的自由振动运动微分方程为

$$\boldsymbol{M}\ddot{\boldsymbol{q}}+\boldsymbol{K}\boldsymbol{q}=\boldsymbol{0} \tag{3-43}$$

式中：$\boldsymbol{0}$——零向量。

生活经验告诉我们，如果初始激励适当，自由振动的系统会存在一种特解，即各质点按照同一频率做同步的运动。从物理上讲，系统的这种同步运动是指各质点除了振幅不同以外，都具有相同的时间历程，整个运动的位形并不改变，因此，各广义坐标方向的位移之比在振动的过程中保持不变。据此，我们假设系统的振动形式为

$$\boldsymbol{q}=\boldsymbol{\phi}\cdot T(t) \tag{3-44}$$

式中：$\boldsymbol{\phi}$——常数列向量；

$T(t)$——表示运动规律的时间函数。

将式(3-44)代入式(3-43)中，并在两边都乘以 $\boldsymbol{\phi}^{\mathrm{T}}$，得到

$$\boldsymbol{\phi}^{\mathrm{T}}\boldsymbol{M}\boldsymbol{\phi}\ddot{T}+\boldsymbol{\phi}^{\mathrm{T}}\boldsymbol{K}\boldsymbol{\phi}T=0 \tag{3-45}$$

前面已知，对一般的振动系统，矩阵 $\boldsymbol{M}$ 是正定的，$\boldsymbol{K}$ 是正定或半正定的。因此，对于任意非零向量 $\boldsymbol{\phi}$，都有

$$\boldsymbol{\phi}^{\mathrm{T}}\boldsymbol{M}\boldsymbol{\phi}>0,\boldsymbol{\phi}^{\mathrm{T}}\boldsymbol{K}\boldsymbol{\phi}T\geqslant 0$$

于是，式(3-45)可写为

$$-\frac{\ddot{T}(t)}{T(t)}=\frac{\boldsymbol{\phi}^{\mathrm{T}}\boldsymbol{K}\boldsymbol{\phi}}{\boldsymbol{\phi}^{\mathrm{T}}\boldsymbol{M}\boldsymbol{\phi}}=\omega^2 \tag{3-46}$$

式中：ω——非负常数。

由式(3-46)可得

$$\ddot{T}(t)+\omega^2T(t)=0 \tag{3-47}$$

该方程的解为

$$T(t)=a\sin(\omega t+\alpha)\quad(\omega>0) \tag{3-48}$$

$$T(t)=at+b\qquad(\omega=0) \tag{3-49}$$

由上所述，刚度矩阵为正定的系统，只能出现形如式(3-48)的同步运动，即系统在各个坐标方向都按相同的频率及相位角作简谐振动；刚度矩阵为半正定时，系统除了能出现形如式(3-48)的同步运动之外，还能出现形如式(3-49)的同步运动。仔细观察发现，式(3-49)是一种随时间线性无限增大的函数，这种模式实际上是一种可以无限远离平衡位置的刚体位移，系统不发生弹性变形。为了便于讨论，以下讨论中如无特别说明，均指形如式(3-48)的同步运动，因为实际工程结构中，大多数系统都是这种正定系统。

3.2.2　固有频率

将式(3-48)代入式(3-44)中，可得

$$\boldsymbol{q}=\boldsymbol{\phi}\cdot T(t)=\boldsymbol{A}\sin(\omega t+\alpha) \tag{3-50}$$

式中：$\boldsymbol{A}$——位移幅值向量，$\boldsymbol{A}=a\cdot\boldsymbol{\phi}$，它不随时间改变，只是各广义坐标方向的振幅不同，记作

$$\boldsymbol{A}=\{A_1\quad A_2\quad\cdots\quad A_n\}^{\mathrm{T}} \tag{3-51}$$

将式(3-50)代入运动方程式(3-43)，得

$$(\boldsymbol{K}-\omega^2\boldsymbol{M})\boldsymbol{A}\sin(\omega t+\alpha)=\boldsymbol{0}$$

因为在任意时刻上式都成立，即 $\sin(\omega t+\alpha)$ 不恒等于零，故上式化简为

$$(\boldsymbol{K}-\omega^2\boldsymbol{M})\boldsymbol{A}=\boldsymbol{0} \tag{3-52}$$

该式可以看作关于各振幅 $A_i(i=1,2,\cdots,n)$ 的线性齐次方程组，但并不能由此解得振幅，因为式中的常数 ω 也是未知的。显然，$A_1=A_2=\cdots=A_n=0$ 是方程组的解，但从动力学的角度来看，所有的振幅均等于零意味着系统处于静止状态，这与我们观察到的情况不符，事实是各广义坐标方向都有位移时线性方程组也是满足的，即方程组式(3-51)有非零解。根据线性代数知识，齐次方程组有非零解的条件是系数行列式等于零，即

$$|\boldsymbol{K}-\omega^2\boldsymbol{M}|=0 \tag{3-53}$$

式(3-53)称作频率方程或特征方程，其具体形式为

$$\begin{vmatrix} k_{11}-\omega^2 m_{11} & k_{12}-\omega^2 m_{12} & \cdots & k_{1n}-\omega^2 m_{1n} \\ k_{21}-\omega^2 m_{21} & k_{22}-\omega^2 m_{22} & \cdots & k_{2n}-\omega^2 m_{2n} \\ \vdots & \vdots & \ddots & \vdots \\ k_{n1}-\omega^2 m_{n1} & k_{n2}-\omega^2 m_{n2} & \cdots & k_{nn}-\omega^2_{m_{nn}} \end{vmatrix}=0 \tag{3-54}$$

展开后得到 ω^2 的 n 次代数方程

$$(\omega^2)^n+a_1(\omega^2)^{n-1}+\cdots+a_{n-1}\omega^2+a_n=0 \tag{3-55}$$

对于平衡状态稳定的系统,各坐标只能在平衡位置附近作微幅简谐振动,此时质量矩阵和刚度矩阵都是正定的,方程式(3-55)一定存在 ω^2 的 n 个正实根。将这 n 个正数开方,得到 n 个正的实根 $\omega_i(i=1,2,\cdots,n)$,称之为系统的 n 个固有圆频率,简称为固有频率。与单自由度系统相同,固有频率只与系统的物理参数(质量和刚度等)有关,这便是"固有"的含义所在。将全部固有频率按照由小到大顺序排列为

$$\omega_1\leqslant\omega_2\leqslant\cdots\leqslant\omega_{n-1}\leqslant\omega_n \tag{3-56}$$

其中的最低固有频率称为系统的基频。

从数学上讲,式(3-52)为一广义特征值问题,ω^2 为特征值,$\boldsymbol{A}$ 即为相应的特征向量。广义特征值问题可以方便地化为标准特征值问题。将式(3-52)改写为

$$\boldsymbol{KA}=\omega^2\boldsymbol{MA} \tag{3-57}$$

由于 M 是正定的,其逆矩阵一定存在,两边同乘以 M^{-1},得

$$(\boldsymbol{M}^{-1}\boldsymbol{K})\boldsymbol{A}=\omega^2\boldsymbol{A} \tag{3-58}$$

将 $\boldsymbol{M}^{-1}\boldsymbol{K}$ 当作一个矩阵,显然式(3-58)就是一标准特征值问题,其最小特征值为 ω_1^2。

对 $\boldsymbol{K}$ 可逆的情况,也可以在式(3-57)两边同乘以 $\boldsymbol{K}^{-1}$,化作

$$(\boldsymbol{K}^{-1}\boldsymbol{M})\boldsymbol{A}=\frac{1}{\omega^2}\boldsymbol{A} \tag{3-59}$$

显然,该问题是标准的特征值问题。注意其最小特征值为$\frac{1}{\omega_n^2}$。

需要说明的是,式(3-58)和式(3-59)虽然很容易得到,但其特征问题的求解却并不容易,因为尽管 $\boldsymbol{M}$ 和 $\boldsymbol{K}$ 都是实对称的矩阵,但 $\boldsymbol{M}^{-1}\boldsymbol{K}$ 和 $\boldsymbol{K}^{-1}\boldsymbol{M}$ 一般都不再是对称矩阵。为使求解特征值问题方便,常采用 Cholesky 分解

$$\boldsymbol{M}=\boldsymbol{U}^{\mathrm{T}}\boldsymbol{U} \tag{3-60}$$

式中:$\boldsymbol{U}$——非奇异上三角矩阵。

对式(3-60)两边求逆,可得

$$\boldsymbol{M}^{-1}=\boldsymbol{U}^{-1}(\boldsymbol{U}^{-1})^{\mathrm{T}}$$

将上式代入式(3-58)中,并在两边左乘 $\boldsymbol{U}$,得

$$(\boldsymbol{U}^{-1})^{\mathrm{T}}\boldsymbol{KA}=\omega^2\boldsymbol{UA} \tag{3-61}$$

令

$$\boldsymbol{A}=\boldsymbol{U}^{-1}\boldsymbol{B}\qquad 或 \qquad \boldsymbol{B}=\boldsymbol{UA} \tag{3-62}$$

代入式(3-61),有

$$[(\boldsymbol{U}^{-1})^{\mathrm{T}}\boldsymbol{KU}^{-1}]\boldsymbol{B}=\omega^2\boldsymbol{B} \tag{3-63}$$

矩阵$(\boldsymbol{U}^{-1})^{\mathrm{T}}\boldsymbol{KU}^{-1}$显然是对称的,故原来的广义特征值问题便化为了形如式(3-63)的标

准对称特征值问题。

同样,将式(3-60)代入式(3-59)中,并在两边左乘 $\boldsymbol{U}$,可得

$$\boldsymbol{U}\boldsymbol{K}^{-1}\boldsymbol{U}^{\mathrm{T}}\boldsymbol{U}\boldsymbol{A}=\frac{1}{\omega^2}\boldsymbol{U}\boldsymbol{A} \tag{3-64}$$

利用式(3-62),上式化为

$$\boldsymbol{U}\boldsymbol{K}^{-1}\boldsymbol{U}^{\mathrm{T}}\boldsymbol{B}=\frac{1}{\omega^2}\boldsymbol{B} \tag{3-65}$$

矩阵 $\boldsymbol{U}\boldsymbol{K}^{-1}\boldsymbol{U}^{\mathrm{T}}$ 也是对称的,故式(3-65)也是一标准的对称特征值问题。

3.2.3 主振型

由频率方程式(3-53)求出特征值 ω_i^2 $(i=1,2,\cdots,n)$ 之后,将其中任意一个代入式(3-52),得

$$(\boldsymbol{K}-\omega_i^2\boldsymbol{M})\boldsymbol{A}_i=\boldsymbol{0} \tag{3-66}$$

若频率方程没有重根,即当 $i\neq j$ 时有 $\omega_i^2\neq\omega_j^2$,那么矩阵 $\boldsymbol{K}-\omega_i^2\boldsymbol{M}$ 的秩为 $n-1$,则式(3-66)的 n 个方程中只有一个是不独立的。不失一般性,将第一个方程去掉,且将与向量 $\boldsymbol{A}_i$ 中的第一个元素 A_{i1} 有关的项移至等号右端,化作

$$\begin{cases}(k_{22}-\omega_i^2m_{22})A_{i2}+(k_{23}-\omega_i^2m_{23})A_{i3}+\cdots+(k_{2n}-\omega_i^2m_{2n})A_{in}=-(k_{21}-\omega_i^2m_{21})A_{i1}\\(k_{32}-\omega_i^2m_{32})A_{i2}+(k_{33}-\omega_i^2m_{33})A_{i3}+\cdots+(k_{3n}-\omega_i^2m_{3n})A_{in}=-(k_{31}-\omega_i^2m_{31})A_{i1}\\\qquad\vdots\\(k_{n2}-\omega_i^2m_{n2})A_{i2}+(k_{n3}-\omega_i^2m_{33})A_{i3}+\cdots+(k_{nn}-\omega_i^2m_{nn})A_{in}=-(k_{n1}-\omega_i^2m_{n1})A_{i1}\end{cases} \tag{3-67}$$

假设第一个广义坐标不是第 i 阶振型的节点,即它不是位移等于零的点,于是可取向量 $\boldsymbol{A}_i$ 中的第一个元素等于1,$A_{i1}=1$,则由式(3-67)可解得向量 $\boldsymbol{A}_i$ 中的剩余 $n-1$ 个元素 $A_{ij}(j=2,3,\cdots,n)$。将 $A_{i1}=1$ 和解出的这 $n-1$ 个元素 $A_{ij}(j=2,3,\cdots,n)$ 放在向量 $\boldsymbol{A}_i$ 中,于是得到了振幅向量 $\boldsymbol{A}_i$。式(3-66)也称为振幅方程。

应当指出,在没有给定质点初始条件的情况下,是无法由式(3-66)解出所有质点振动的实际振幅的,因为该式的行列式等于零,线性方程组有无穷多个解。这里所谓解出振幅向量,实际上是指求得了各质点振幅的相对比值。由式(3-50)知,系统在按照这个频率做自由振动的任何时刻,其各质点位移的相对比值与其振幅的相对比值完全相同,也就是说,系统的变形方式是恒定的。因此,这个跟时间无关的向量决定了结构振动的方式,称作第 i 阶主振型或第 i 阶振型。为了区别结构在给定激励下实际的振幅向量,通常将振型向量记作 $\boldsymbol{\phi}_i$。显然,主振型也是跟激励无关的,它完全由系统的特性决定,只要系统的质量分布和刚度分布情况给定,主振型向量就是确定的,所以通常也称固有振型。

系统按第 i 阶固有频率和固有振型所做的振动称作系统的第 i 阶主振动,写作

$$\boldsymbol{q}_i=a_i\boldsymbol{\phi}_i\sin(\omega_it+\alpha_i)\quad(i=1,2,\cdots,n) \tag{3-68}$$

式中:a_i、α_i——任意常数,取决于初始运动状态。

n 个自由度系统必然存在着 n 个主振动,每一阶主振动都是按照特定振型以特定频率的简谐振动,它们都是无阻尼自由振动方程式(3-43)的特解。因此,n 个自由度系统的自由振动

是 n 个主振动的线性叠加

$$\boldsymbol{q}(t)=\sum_{i=1}^{n}a_i\boldsymbol{\phi}_i\sin(\omega_i t+\alpha_i) \tag{3-69}$$

式中：a_i、α_i——参数，由 n 个质点的初位移和初速度决定。

由于每一阶主振动的固有频率各不相同，多自由度系统的自由振动一般不会是简谐振动，甚至不是周期振动。

若动力方程是用柔度形式表达的如式(3-32)，令其中激励力产生的位移向量 $\boldsymbol{\Delta}=\boldsymbol{0}$，得自由振动的方程

$$\boldsymbol{D}\ddot{\boldsymbol{q}}+\boldsymbol{q}=\boldsymbol{0} \tag{3-70}$$

这里，$\boldsymbol{D}=\boldsymbol{\delta M}$。将特解式(3-50)代入式(3-70)，重复刚度形式的讨论，得到其振幅方程

$$(\boldsymbol{D}-\nu\boldsymbol{E})\boldsymbol{A}=\boldsymbol{0} \tag{3-71}$$

其中

$$\nu=\frac{1}{\omega^2}$$

利用式(3-71)有非零解的条件导出其频率方程

$$|\boldsymbol{D}-\nu\boldsymbol{E}|=0 \tag{3-72}$$

例 3.10 设图 3-8 所示的系统中 $k_1=k,k_2=2k,l_1=l,l_2=2l,J=mL^2$。试计算系统的固有频率和主振型。

解：参考例 3.6，以质心为参考点的动力学方程为

$$\begin{bmatrix} ml^2 & 0 \\ 0 & m \end{bmatrix}\begin{Bmatrix} \ddot{\varphi} \\ \ddot{x} \end{Bmatrix}+3k\begin{bmatrix} 3l^2 & l \\ l & 1 \end{bmatrix}\begin{Bmatrix} \varphi \\ x \end{Bmatrix}=\begin{pmatrix} 0 \\ 0 \end{pmatrix}$$

将质量矩阵和刚度矩阵代入系统的频率方程式(3-53)，得

$$\begin{vmatrix} 9kl^2-ml^2\omega^2 & 3kl \\ 3kl & 3k-m\omega^2 \end{vmatrix}=0$$

引入量纲一的参数 $\lambda=(m/k)\omega^2$，将频率方程展开后化作

$$\lambda^2-12\lambda+18=0$$

解出

$$\lambda_1=1.757,\quad \lambda_2=10.24$$

即

$$\omega_1=1.326\sqrt{\frac{k}{m}},\quad \omega_2=3.200\sqrt{\frac{k}{m}}$$

将 ω_1、ω_2 分别代入振幅方程式(3-52)，得

$$\begin{bmatrix} 9kl^2-\omega_i^2 ml & 3kl \\ 3kl & 3k-\omega_i^2 m \end{bmatrix}\boldsymbol{\phi}_i=\boldsymbol{0}$$

计算出主振型向量

$$\boldsymbol{\phi}_1=\begin{Bmatrix} 1 \\ -2.414l \end{Bmatrix},\boldsymbol{\phi}_2=\begin{Bmatrix} 1 \\ 0.414l \end{Bmatrix}$$

图 3-13a)和图 3-13b)分别为模型自由振动的一阶振型和二阶振型示意图。可以看到，第一阶振型中的 N_1 点处的位移始终为零，因此，可以看作杆件绕 N_1 点转动；第二阶振型中 N_2 点

处的位移始终为零，因此，可以看作杆件绕 N_2 点转动。振型图中位移保持为零的点称为节点。图 3-13a）表示的一阶振型以杆的垂直运动为主，图 3-13b）表示的二阶振型以杆的俯仰运动为主。

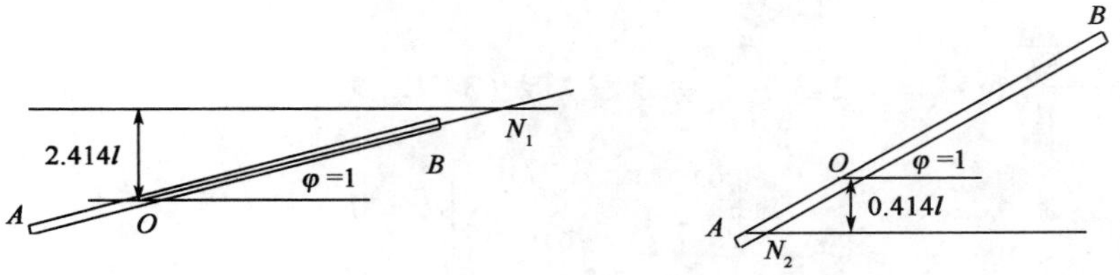

a)　　　　b)

图 3-13　汽车简化模型的主振型

例 3.11　图 3-14a）所示简支梁上等距离分布两个集中质量 $m_1 = m_2 = m$，距离为 l，梁的抗弯度为 EI。计算其固有频率和主振型。

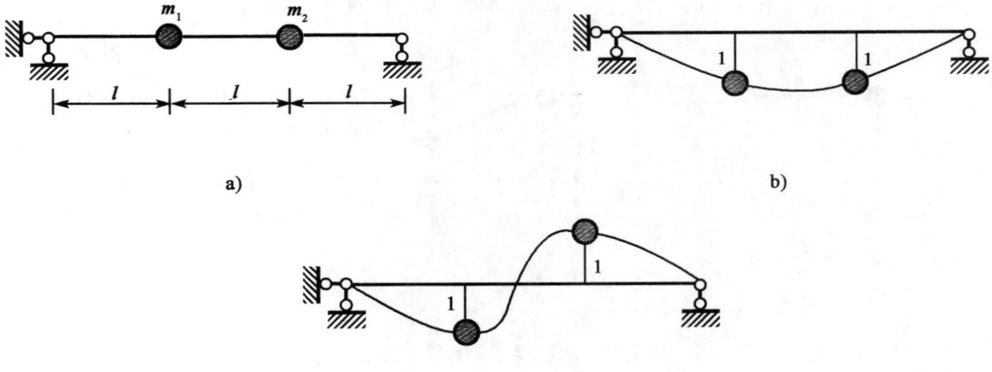

c)

图 3-14　带两个集中质量的简支梁

解：选质点 m_1、m_2 向下的位移 x_1、x_2 为广义坐标，用柔度法首先求出系统的柔度矩阵和质量矩阵

$$\boldsymbol{\delta} = \frac{l^3}{18EI}\begin{bmatrix} 8 & 7 \\ 7 & 8 \end{bmatrix},\quad \boldsymbol{M} = m\begin{bmatrix} 1 \\ 0 \end{bmatrix}$$

动力矩阵为

$$\boldsymbol{D} = \boldsymbol{\delta M} = \frac{ml^3}{18EI}\begin{bmatrix} 8 & 7 \\ 7 & 8 \end{bmatrix}$$

代入柔度形式的频率方程式（3-72），有

$$\begin{vmatrix} 8\eta - \nu & 7\eta \\ 7\eta & 8\eta - \nu \end{vmatrix} = 0$$

其中 $\eta = \dfrac{ml^3}{18EI}$。将频率方程展开化作

$$\nu^2 - 16\eta\nu + 15\eta^2 = 0$$

解出

$$\nu_1 = 15\eta, \quad \nu_2 = \eta$$

即

$$\omega_1 = \sqrt{\frac{1}{\nu_1}} = 1.095\sqrt{\frac{EI}{ml^3}}, \quad \omega_2 = \sqrt{\frac{1}{\nu_2}} = 4.243\sqrt{\frac{EI}{ml^3}}$$

将 $\omega_1 = 1.095\sqrt{\frac{EI}{ml^3}}$ 和 $\omega_2 = 4.243\sqrt{\frac{EI}{ml^3}}$ 分别代入式(3-71),有

$$\begin{bmatrix} 8\eta - \nu_i & 7\eta \\ 7\eta & 8\eta - \nu_i \end{bmatrix} \boldsymbol{\phi}_i = \mathbf{0}$$

计算主振型,得到

$$\boldsymbol{\phi}_1 = \begin{Bmatrix} 1 \\ 1 \end{Bmatrix}, \quad \boldsymbol{\phi}_2 = \begin{Bmatrix} 1 \\ -1 \end{Bmatrix}$$

图 3-14b)、c)为其两阶主振型的示意图。

例 3.12 图 3-15a)所示刚架结构,上面有两个集中质量 $m_1 = 2m, m_2 = m$,假设杆件的弯曲刚度均为 EI,不计杆件的质量,试求其自由振动的固有频率和主振型。

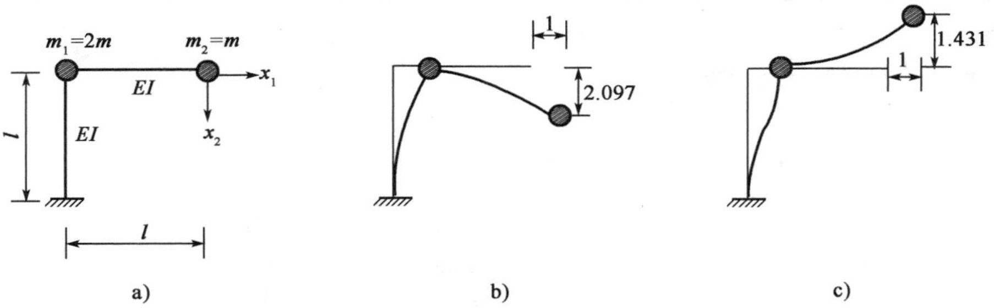

图 3-15 例 3.12 的结构模型与主阵型

解:选质点 m_2 的水平位移和竖直位移 x_1、x_2 为广义坐标,如图 3-15b)、c)所示。其质量矩阵为

$$\boldsymbol{M} = \begin{bmatrix} 3m & 0 \\ 0 & m \end{bmatrix}$$

利用结构力学图乘法,求得柔度矩阵

$$\boldsymbol{\delta} = \frac{l^3}{6EI}\begin{bmatrix} 2 & 3 \\ 3 & 8 \end{bmatrix}$$

于是有动力矩阵

$$\boldsymbol{D} = \boldsymbol{\delta M} = \frac{ml^3}{6EI}\begin{bmatrix} 6 & 3 \\ 9 & 8 \end{bmatrix}$$

代入柔度形式的频率方程式(3-72),有

$$\begin{vmatrix} 6\eta - \nu & 3\eta \\ 9\eta & 8\eta - \nu \end{vmatrix} = 0$$

其中 $\eta = \frac{ml^3}{6EI}$。将频率方程展开化作

$$\nu^2 - 14\eta\nu + 21\eta^2 = 0$$

解出

$$\nu_1=(7+\sqrt{7})\eta,\quad \nu_2=(7-\sqrt{7})\eta$$

即

$$\omega_1=\sqrt{\frac{1}{\nu_1}}=0.6987\sqrt{\frac{EI}{ml^3}},\quad \omega_2=\sqrt{\frac{1}{\nu_2}}=1.874\sqrt{\frac{EI}{ml^3}}$$

将 $\omega_1=0.6987\sqrt{\frac{EI}{ml^3}}$ 和 $\omega_2=1.874\sqrt{\frac{EI}{ml^3}}$ 分别代入式(3-71),有

$$\begin{bmatrix}6\eta-\nu_i & 3\eta\\ 9\eta & 8\eta-\nu_i\end{bmatrix}\boldsymbol{\phi}_i=\mathbf{0}$$

计算主振型,得到

$$\boldsymbol{\phi}_1=\begin{Bmatrix}1\\2.097\end{Bmatrix},\quad \boldsymbol{\phi}_2=\begin{Bmatrix}1\\-1.431\end{Bmatrix}$$

图 3-15b)、c)为其两阶主振型的示意图。

例 3.13 图 3-16a)所示的三层剪切型刚架,楼面的弯曲刚度为无穷大,质量分别为上 $m_1=m=1.8\times10^5\text{kg}$,$m_2=1.5m$,$m_3=1.5m$,各层的侧移刚度为 $k_1=k=0.98\times10^5\text{kN/m}$,$k_2=2k$,$k_3=2.5k$。试求其自由振动的固有频率和主振型。

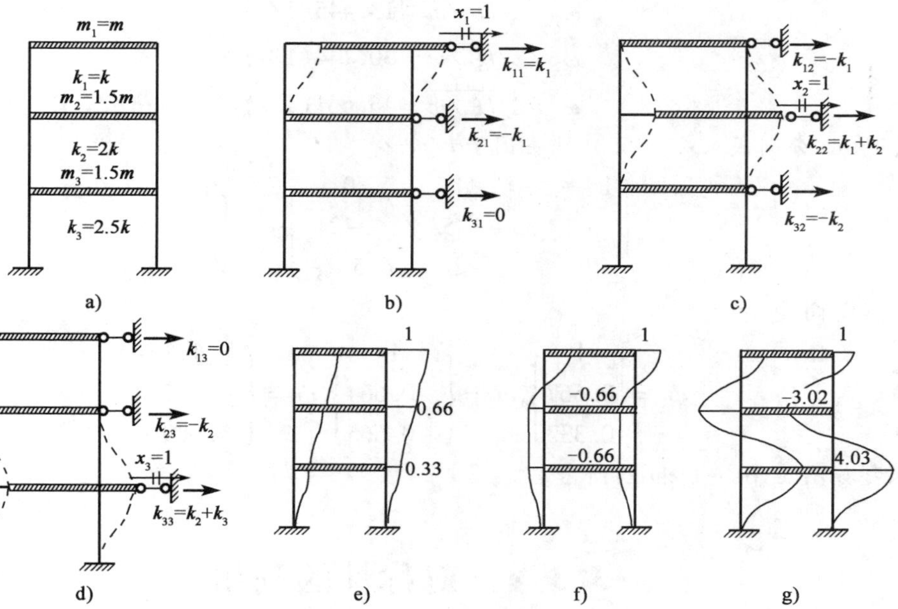

图 3-16 剪切型刚架的刚度系数及主振型

解:选质点各楼层的水平位移 x_1、x_2、x_3 为广义坐标。其质量矩阵为

$$\boldsymbol{M}=\begin{bmatrix}m_1&0&0\\0&m_2&0\\0&0&m_3\end{bmatrix}=m\begin{bmatrix}1&0&0\\0&1.5&0\\0&0&1.5\end{bmatrix}$$

刚度矩阵由结构力学方法求出,参考图 3-16b)、c)和 d),有

$$\boldsymbol{K}=\begin{bmatrix} k_1 & -k_1 & 0 \\ -k_1 & k_1+k_2 & -k_2 \\ 0 & -k_2 & k_2+k_3 \end{bmatrix}=k\begin{bmatrix} 1 & -1 & 0 \\ -1 & 3 & -2 \\ 0 & -2 & 4.5 \end{bmatrix}$$

将 $\boldsymbol{K}$ 和 $\boldsymbol{M}$ 代入频率方程式(3-53),得

$$\left| k\begin{bmatrix} 1 & -1 & 0 \\ -1 & 3 & -2 \\ 0 & -2 & 4.5 \end{bmatrix} - \omega^2 m\begin{bmatrix} 1 & 0 & 0 \\ 0 & 1.5 & 0 \\ 0 & 0 & 1.5 \end{bmatrix} \right| = 0$$

令 $\xi=\omega^2 m/k$,则上式成为

$$\begin{vmatrix} 1-\xi & -1 & 0 \\ -1 & 3-1.5\xi & -2 \\ 0 & -2 & 4.5-1.5\xi \end{vmatrix}=0$$

其展开式为

$$\xi^3-6\xi^2+8.556\xi-2.222=0$$

解得三个根

$$\xi_1=0.332,\xi_2=1.669,\xi_3=3.999$$

故三个固有频率为

$$\omega_1=\sqrt{k\xi_1/m}=13.445(1/\mathrm{s})$$

$$\omega_2=\sqrt{k\xi_2/m}=30.144(1/\mathrm{s})$$

$$\omega_3=\sqrt{k\xi_3/m}=46.661(1/\mathrm{s})$$

将 ω_1、ω_2、ω_3 分别代入式(3-52),消去因子 k/m,得

$$\begin{bmatrix} 1-\xi_i & -1 & 0 \\ -1 & 3-1.5\xi_i & -2 \\ 0 & -2 & 4.5-\xi_i \end{bmatrix}\boldsymbol{\phi}_i=\begin{Bmatrix} 0 \\ 0 \\ 0 \end{Bmatrix}$$

求出主振型向量

$$\boldsymbol{\phi}_1=\begin{Bmatrix} 1 \\ 0.667 \\ 0.333 \end{Bmatrix},\boldsymbol{\phi}_2=\begin{Bmatrix} 1 \\ -0.664 \\ -0.665 \end{Bmatrix},\boldsymbol{\phi}_3=\begin{Bmatrix} 1 \\ -3.027 \\ 4.039 \end{Bmatrix}$$

三个振型如图 3-16e)、f)和 g)所示。

3.3 对称性的利用

多自由度系统的计算规模稍大时,其频率方程的求解以及主振型的计算都会比较麻烦,而且这种计算工作量会随着自由度数的增加而迅速增加。为了提高计算效率和计算精度,应尽可能利用系统的某些特点使计算简化。利用对称性是结构静力分析的一种常用简化手段,在动力分析时同样也可以利用对称性。

所谓对称结构,是指结构的几何形状、刚度特性(EI 和 EA)、支承条件以及质量分布都对称于系统中的某几何轴。可以证明,对于对称的多自由度系统,其主振型能够自动分成正对称

振型和反对称振型两组，如例3.11所示的简支梁两个集中质量系统，其第一主振型是正对称的，第二主振型是反对称的。如此，若分别选取具有正对称和反对称特性的自由度坐标，自由振动的微分方程将自动对正对称和反对称特性的自由度坐标解耦，一部分方程中只含有正对称特性的自由度坐标，另一部分方程则只含有反对称特性的自由度坐标，从而把一个 n 自由度对称系统的自由振动计算分解为两个自由度数目较小的系统的自由振动计算。据此，可取系统的一半作为计算简图进行分析。

例如图3-17所示的系统，若 $m_1=m_4, m_2=m_3$，则系统关于跨中的竖直轴对称。取4个质点的竖向位移 x_1、x_2、x_3、x_4 为自由度广义坐标，则运动微分方程组由4个微分方程构成，如下

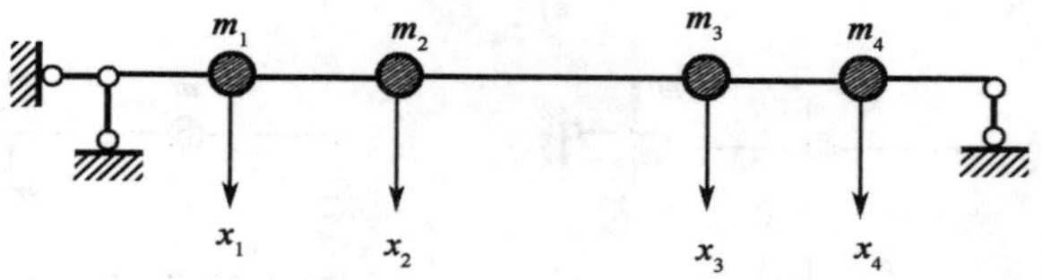

图3-17 带集中质量的简支梁系统

$$x_i=\sum_{j=1}^{4}\delta_{ij}(-m_j\ddot{x}_j)\quad(i=1,2,3,4) \tag{3-73}$$

其中，$\delta_{ij}=\delta_{ji}$（互等定理）。而根据对称性知 $\delta_{11}=\delta_{44}, \delta_{22}=\delta_{33}, \delta_{13}=\delta_{42}, \delta_{21}=\delta_{34}$。将式(3-73)中的第一式与第四式相加，第二式与第三式相加，分别得

$$\begin{cases}x_1'=-m_1\ddot{x}_1'\delta_{11}'-m_2\ddot{x}_2'\delta_{12}'\\ x_2'=-m_1\ddot{x}_1'\delta_{21}'-m_2\ddot{x}_2'\delta_{22}'\end{cases} \tag{3-74}$$

式中

$$x_1'=x_1+x_4, x_2'=x_2+x_3$$

$$\delta_{11}'=\delta_{11}+\delta_{14}, \delta_{22}'=\delta_{22}+\delta_{23}, \delta_{12}'=\delta_{21}'=\delta_{12}+\delta_{13}=\delta_{21}+\delta_{24}$$

再用式(3-73)中的第一式减第四式，第二式减第三式，分别得

$$\begin{cases}x_1''=-m_1\ddot{x}_1''\delta_{11}''-m_2\ddot{x}_2''\delta_{12}''\\ x_2''=-m_1\ddot{x}_1''\delta_{21}''-m_2\ddot{x}_2''\delta_{22}''\end{cases} \tag{3-75}$$

式中

$$x_1''=x_1-x_4, x_2''=x_2-x_3$$

$$\delta_{11}''=\delta_{11}-\delta_{14}, \delta_{22}''=\delta_{22}-\delta_{23}, \delta_{12}''=\delta_{21}''=\delta_{12}-\delta_{13}=\delta_{21}-\delta_{24}$$

至此，把一组四元二阶微分方程组式(3-73)简化成了两组二元二阶微分方程组式(3-74)和式(3-75)，也就把求4个自由度系统的频率和振型的问题分解成了求解两组两个自由度系统的频率和振型的问题。

从物理意义上讲，一个特定自由度数目的振动系统，可用不同形式的坐标来描述其运动状态，若选取 x_1、x_2、x_3、x_4 为自由度广义坐标，则运动微分方程中各坐标是相互耦合的。如果选取位于对称位置上的两个质点的位移和 x_1'、x_2' 与位移差 x_1''、x_2'' 作为广义坐标，由于对称的两个质量的位移和具有正对称性质，而位移差则具有反对称性质，故涉及正对称自由度和反对称自由度交叉的柔度系数必定为零，正因为如此，才使得在含正对称性质的自由度坐标的方程中不出现反对称性质的坐标，在含有反对称性质的自由度坐标方程中不出现正对称性质的坐标。主振型自动分为正对称和反对称两组。

如此，在计算对称的多自由度系统的固有频率时，可利用这个性质，分别取结构进行正对称主振动和反对称主振动时的一半进行分析。

例 3.14 图 3-18a）所示的简支梁对称系统，若梁的弯曲刚度 EI 为常数，试求其自由振动的固有频率和主振型。

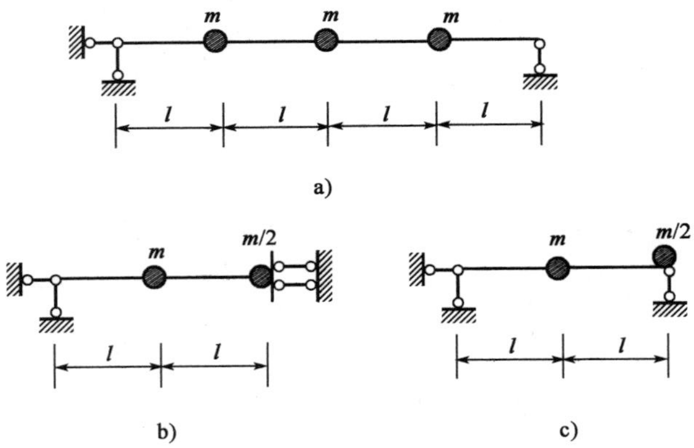

图 3-18 简支梁系统的简化

解：此系统为 3 自由度对称系统，当其按正对称振型振动时，取一半结构如图 3-18b）所示，当其按反对称模式振动时，取半结构如图 3-18c）所示。分别计算这两个系统的固有频率和主振型。

正对称振动时，图 3-18b）所示结构为两自由度系统，其质量矩阵为

$$\boldsymbol{M}=\begin{bmatrix} m & 0 \\ 0 & m/2 \end{bmatrix}$$

利用结构力学图乘法，求得柔度系数，得到柔度矩阵

$$\boldsymbol{\delta}=\frac{l^3}{6EI}\begin{bmatrix} 8 & 11 \\ 11 & 16 \end{bmatrix}$$

求解特征问题 $\left(\boldsymbol{\delta M}-\frac{1}{\omega^2}\boldsymbol{E}\right)\boldsymbol{A}=\boldsymbol{0}$，得固有频率和振型向量

$$\omega_1'=0.61\sqrt{\frac{EI}{ml^3}},\quad \omega_2'=5.22\sqrt{\frac{EI}{ml^3}}$$

$$\boldsymbol{\phi}_1=\begin{Bmatrix} 1 \\ 1.415 \end{Bmatrix},\boldsymbol{\phi}_2=\begin{Bmatrix} 1 \\ -1.415 \end{Bmatrix}$$

反对称振动时，图 3-18c）所示结构为单自由度系统，右边支座处质量不动，跨中点的柔度系数为

$$\delta''=\frac{(2l)^3}{48EI}=\frac{l^3}{6EI}$$

因此，其固有频率为

$$\omega''=2.45\sqrt{\frac{EI}{ml^3}}$$

将正对称振动和反对称振动时的频率按从小到大的顺序重新排列，有

$$\omega_1=\omega_1'=0.61\sqrt{\frac{EI}{ml^3}},\omega_2=\omega''=2.45\sqrt{\frac{EI}{ml^3}}\quad \omega_3=\omega_2'=5.22\sqrt{\frac{EI}{ml^3}}$$

相应地,三个主振型中,正对称振型为第一、三阶振型,反对称振型为第二阶振型,三个振型向量序列为

$$\boldsymbol{\phi}_1=\begin{Bmatrix}1\\1.415\\1\end{Bmatrix},\boldsymbol{\phi}_2=\begin{Bmatrix}1\\0\\-1\end{Bmatrix},\boldsymbol{\phi}_3=\begin{Bmatrix}1\\-1.415\\1\end{Bmatrix}$$

图3-19为其主振型的示意图。

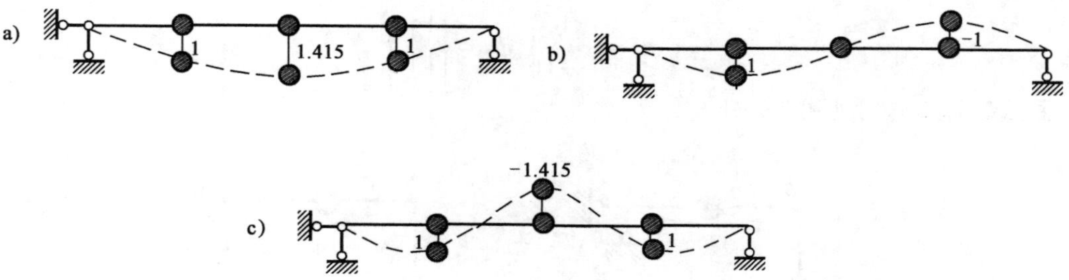

图3-19　简支梁系统的主振型

例3.15　图3-20a)所示超静定刚架系统,若各杆的弯曲刚度 EI 为常数,试求其自由振动的固有频率和主振型。

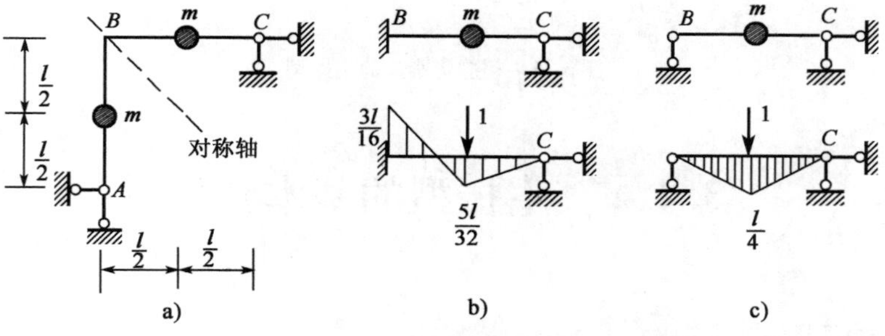

图3-20　简支刚架的简化半结构

解:此系统为两自由度系统,直接求解需求解超静定结构,稍显麻烦。注意到该结构沿 $-45°$ 方向的轴是对称的,可将其分解为正对称振型和反对称振型分别计算。

正对称振动时,可取半结构如图3-20b)所示,此时系统变成了一个单自由度系统,一端固定另一端铰支的梁中间有一集中质量,很容易做出其弯矩图,图乘得柔度系数

$$\delta'=\frac{7l^3}{768EI}$$

得固有频率

$$\omega'=\sqrt{\frac{768EI}{7ml^3}}$$

反对称振动时,可取半结构如图3-20c)所示,此时系统也是一个单自由度系统,就是简支梁中间有一集中质量。做出单位弯矩图,图乘得柔度系数

$$\delta'' = \frac{l^3}{48EI}$$

得固有频率

$$\omega'' = \sqrt{\frac{48EI}{ml^3}}$$

将正对称振动和反对称振动时的频率按从小到大的顺序重新排列，有

$$\omega_1 = \omega'' = \sqrt{\frac{48EI}{ml^3}}, \omega_2 = \omega' = \sqrt{\frac{768EI}{7ml^3}}$$

相应地，两个主振型向量为

$$\boldsymbol{\phi}_1 = \begin{Bmatrix} 1 \\ -1 \end{Bmatrix}, \boldsymbol{\phi}_2 = \begin{Bmatrix} 1 \\ 1 \end{Bmatrix}$$

主振型的示意图见图 3-21。

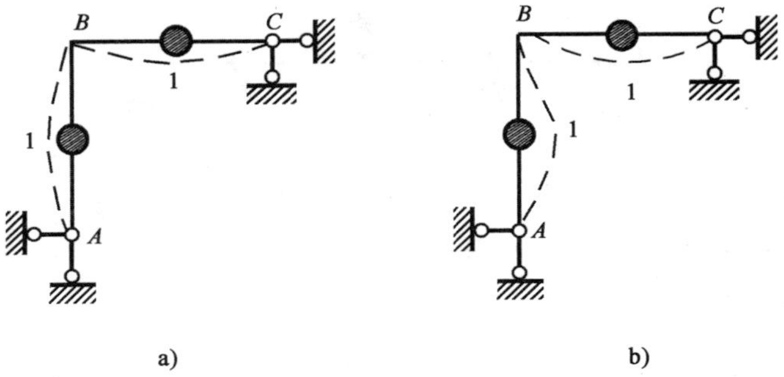

图 3-21　超静定刚架的主振型

3.4 主振型的基本特性

3.4.1 主振型的正交性

对一个具有 n 自由度的无阻尼系统，利用式(3-52)可以求得 n 个固有频率和相应的主振型。设其中两个固有频率 ω_i 和 ω_j 所对应的振型分别为 $\boldsymbol{\phi}_i$ 和 $\boldsymbol{\phi}_j$，它们均满足式(3-52)，即

$$\boldsymbol{K\phi}_i = \omega_i^2 \boldsymbol{M\phi}_i \tag{3-76}$$

$$\boldsymbol{K\phi}_j = \omega_j^2 \boldsymbol{M\phi}_j \tag{3-77}$$

将式(3-76)各项取转置后右乘 $\boldsymbol{\phi}_j$，对称阵 $\boldsymbol{K}$ 和 $\boldsymbol{M}$ 转置前后不变，得到

$$\boldsymbol{\phi}_i^{\mathrm{T}} \boldsymbol{K\phi}_j = \omega_i^2 \boldsymbol{\phi}_i^{\mathrm{T}} \boldsymbol{M\phi}_j \tag{3-78}$$

对式(3-77)各项左乘 $\boldsymbol{\phi}_i^{\mathrm{T}}$，有

$$\boldsymbol{\phi}_i^{\mathrm{T}} \boldsymbol{K\phi}_j = \omega_j^2 \boldsymbol{\phi}_i^{\mathrm{T}} \boldsymbol{M\phi}_j \tag{3-79}$$

将式(3-78)与式(3-79)相减，得到

$$(\omega_i^2 - \omega_j^2) \boldsymbol{\phi}_i^{\mathrm{T}} \boldsymbol{M\phi}_j = 0 \tag{3-80}$$

若 $i \neq j$ 时，有 $\omega_i \neq \omega_j$，从上式导出

$$\boldsymbol{\phi}_i^{\mathrm{T}} \boldsymbol{M} \boldsymbol{\phi}_j = 0 \quad (i \neq j) \tag{3-81}$$

代入式(3-78)，还可导出

$$\boldsymbol{\phi}_i^{\mathrm{T}} \boldsymbol{K} \boldsymbol{\phi}_j = 0 \quad (i \neq j) \tag{3-82}$$

式(3-81)和式(3-82)分别表明：对应于不同固有频率的主振型，关于质量矩阵和刚度矩阵都是正交的。这一性质称为主振型的正交性。

当 $i = j$ 时，有 $\omega_i = \omega_j$，式(3-80)恒成立，引入参数 $M_{\mathrm{P}i}$ 和 $K_{\mathrm{P}i}$ 为以下 $\boldsymbol{\phi}_i$ 的二次型

$$\begin{cases} M_{\mathrm{P}i} = \boldsymbol{\phi}_i^{\mathrm{T}} \boldsymbol{M} \boldsymbol{\phi}_i \\ K_{\mathrm{P}i} = \boldsymbol{\phi}_i^{\mathrm{T}} \boldsymbol{K} \boldsymbol{\phi}_i \end{cases} \tag{3-83}$$

利用克罗内克(Kronecker)符号可将正交性条件式(3-81)和式(3-82)综合表示为

$$\begin{cases} \boldsymbol{\phi}_i^{\mathrm{T}} \boldsymbol{M} \boldsymbol{\phi}_j = \delta_{ij} M_{\mathrm{P}i} \\ \boldsymbol{\phi}_i^{\mathrm{T}} \boldsymbol{K} \boldsymbol{\phi}_j = \delta_{ij} K_{\mathrm{P}i} \end{cases} \tag{3-84}$$

式中：$M_{\mathrm{P}i}$、$K_{\mathrm{P}i}$——第 i 阶主质量和第 i 阶主刚度，或者第 i 阶广义质量和第 i 阶广义刚度。

在式(3-78)中令 $i = j$，导出固有频率与主质量和主刚度的关系

$$\omega_i = \sqrt{\frac{K_{\mathrm{P}i}}{M_{\mathrm{P}i}}} \quad (i = 1, 2, \cdots, n) \tag{3-85}$$

此关系式与单自由度系统的固有频率公式(2-43)类似。

3.4.2　主振型正交性的物理意义

主振型的正交关系式(3-84)不是偶然凑出来的，这是系统的物理性质所决定的必然关系。下面从功和能两个角度对其物理意义进行阐释。

假设系统分别以第 i 阶主振型 $\boldsymbol{\phi}_i$ 和第 j 阶主振型 $\boldsymbol{\phi}_j$ 作主振动，振动的频率分别为 ω_i 和 ω_j。现考虑第 i 阶主振动上的惯性力在第 j 阶主振动的位移上所做的虚功

$$\begin{aligned} W_{ij} &= (-F_{\mathrm{I}i})^T \boldsymbol{q}_j = (-\boldsymbol{M}\ddot{\boldsymbol{q}}_i)^{\mathrm{T}} \boldsymbol{q}_j \\ &= (-\omega_i^2 \boldsymbol{M} \boldsymbol{\phi}_i)^{\mathrm{T}} \boldsymbol{\phi}_j \cdot a_i a_j \sin(\omega_i t + \alpha_i) \cdot \sin(\omega_j t + \alpha_j) \\ &= -\omega_i^2 \boldsymbol{\phi}_i^T \boldsymbol{M} \boldsymbol{\phi}_j \cdot a_i a_j \sin(\omega_i t + \alpha_i) \cdot \sin(\omega_j t + \alpha_j) \end{aligned} \tag{3-86}$$

同样，第 j 阶主振动上的惯性力在第 i 阶主振动的位移上所做的虚功为

$$\begin{aligned} W_{ji} &= \boldsymbol{q}_i^{\mathrm{T}} (-F_{\mathrm{I}j}) = \boldsymbol{q}_i^{\mathrm{T}} (-\boldsymbol{M}\ddot{\boldsymbol{q}}_j) \\ &= \boldsymbol{\phi}_i^{\mathrm{T}} (-\omega_j^2 \boldsymbol{M} \boldsymbol{\phi}_j) \cdot a_i a_j \sin(\omega_i t + \alpha_i) \cdot \sin(\omega_j t + \alpha_j) \\ &= -\omega_j^2 \boldsymbol{\phi}_i^{\mathrm{T}} \boldsymbol{M} \boldsymbol{\phi}_j \cdot a_i a_j \sin(\omega_i t + \alpha_i) \cdot \sin(\omega_j t + \alpha_j) \end{aligned} \tag{3-87}$$

若体系为线弹性体系，则根据功的互等定理，有

$$W_{ij} = W_{ji}$$

令式(3-86)和式(3-87)右端相等，于是得到

$$\omega_i^2 \boldsymbol{\phi}_i^{\mathrm{T}} \boldsymbol{M} \boldsymbol{\phi}_j = \omega_j^2 \boldsymbol{\phi}_i^{\mathrm{T}} \boldsymbol{M} \boldsymbol{\phi}_j \tag{3-88}$$

即

$$(\omega_i^2 - \omega_j^2) \boldsymbol{\phi}_i^{\mathrm{T}} \boldsymbol{M} \boldsymbol{\phi}_j = 0$$

因为 $\omega_i \neq \omega_j$，故导出

$$\boldsymbol{\phi}_i^{\mathrm{T}} \boldsymbol{M} \boldsymbol{\phi}_j = 0 \tag{3-89}$$

再将式(3-89)代回式(3-86)和式(3-87),有

$$W_{ij} = W_{ji} = 0 \tag{3-90}$$

可见,主振型关于质量矩阵的正交性表明,第 i 阶主振动上的惯性力在第 j 阶主振动的位移上所做的虚功等于零。

仿照前面的推导,同样可以证明,主振型关于刚度矩阵正交的实质是,第 i 阶主振动上的弹性力在第 j 阶主振动的位移上所做的虚功等于零。

下面我们看一下多自由度系统在做一般自由振动时的动能和势能。假设系统在一般初始条件下做自由振动,其广义位移向量由式(3-69)知

$$\boldsymbol{q}(t) = \sum_{i=1}^{n} a_i \boldsymbol{\phi}_i \sin(\omega_i t + \alpha_i)$$

考察系统的动能和势能

$$T = \frac{1}{2}\dot{\boldsymbol{q}}^{\mathrm{T}}\boldsymbol{M}\dot{\boldsymbol{q}} = \sum_{i=1}^{n}\sum_{j=1}^{n} a_i a_j \omega_i \omega_j \boldsymbol{\phi}_i^{\mathrm{T}}\boldsymbol{M}\boldsymbol{\phi}_j \cos(\omega_i t + \alpha_i)\cos(\omega_j t + \alpha_j) \tag{3-91}$$

$$V = \frac{1}{2}\boldsymbol{q}^{\mathrm{T}}\boldsymbol{K}\boldsymbol{q} = \sum_{i=1}^{n}\sum_{j=1}^{n} a_i a_j \boldsymbol{\phi}_i^{\mathrm{T}}\boldsymbol{K}\boldsymbol{\phi}_j \sin(\omega_i t + \alpha_i)\sin(\omega_j t + \alpha_j) \tag{3-92}$$

利用式(3-84),得

$$T = \frac{1}{2}\dot{\boldsymbol{q}}^{\mathrm{T}}\boldsymbol{M}\dot{\boldsymbol{q}} = \frac{1}{2}\sum_{i=1}^{n} a_i^2 \omega_i^2 M_{\mathrm{P}i}\cos^2(\omega_i t + \alpha_i) = \sum_{i=1}^{n} T_i \tag{3-93}$$

$$V = \frac{1}{2}\boldsymbol{q}^{\mathrm{T}}\boldsymbol{M}\boldsymbol{q} = \frac{1}{2}\sum_{i=1}^{n} a_i^2 K_{\mathrm{P}i}\sin^2(\omega_i t + \alpha_i) = \sum_{i=1}^{n} V_i \tag{3-94}$$

式中:T_i、V_i——仅存在第 i 阶主振动时的动能和势能。

我们发现,系统做一般自由振动时,其动能和势能分别等于各阶主振动单独存在时的动能和势能之和,并且

$$\begin{aligned} T_i + V_i &= \frac{1}{2}[a_i^2\omega_i^2 M_{\mathrm{P}i}\cos^2(\omega_i t + \alpha_i) + a_i^2 K_{\mathrm{P}i}\sin^2(\omega_i t + \alpha_i)] \\ &= \frac{1}{2}[a_i^2\omega_i^2 M_{\mathrm{P}i}\cos^2(\omega_i t + \alpha_i) + a_i^2\omega_i^2 M_{\mathrm{P}i}\sin^2(\omega_i t + \alpha_i)] \\ &= \frac{1}{2}[a_i^2 K_{\mathrm{P}i}\cos^2(\omega_i t + \alpha_i) + a_i^2\omega_i^2 M_{\mathrm{P}i}\sin^2(\omega_i t + \alpha_i)] \\ &= \frac{1}{2}a_i^2\omega_i^2 M_{\mathrm{P}i} \end{aligned} \tag{3-95}$$

也就是说,对每个主振动来说,它的动能和势能之和是一个常数,在振动的过程当中,每个主振动内部的动能和势能可以相互转化,就像一个独立的单自由度系统振动时的情况一样,各阶主振动之间不发生能量交换。因此从能量的角度看,各阶振型在振动之间是相互独立的。

3.4.3 主振型的正则化及主振型矩阵

前已指出,主振型向量并不表示振动的实际振幅,它仅是各质点振幅的相对比值,既然主振型向量仅各质点振幅的比值才有意义,那么得到这个向量的方法显然不是唯一的。以前,在利用式(3-66)求振型向量时,是令向量中的第一个元素 $A_{i1}=1$ 而得到的,这实际上是一种向量的规范化方法。对一个向量进行规范化,可以有许多种方法,除了令 $A_{i1}=1$ 之外,可以令任何一个不为振型节点的广义坐标等于任意值,从而求得这个向量中的其他元素,比如令最后一

个元素 $A_{in}=1$,或者令这个向量中的最大元素等于1。如果选择一种规范化方法,按这种方法求得的振型向量使得相应的主质量等于1,这种特定的规范化方法称为正则化,由此得到的这个向量称为正则振型,通常记作 $\boldsymbol{\phi}_{\mathrm{N}i}$。正则振型很容易确定。

如果按照某种方法求得了系统的第 i 阶主振型 $\boldsymbol{\phi}_i$,现设

$$\boldsymbol{\phi}_{\mathrm{N}i}=\mu\boldsymbol{\phi}_i \tag{3-96}$$

其中,μ 为待定常数,令

$$\boldsymbol{\phi}_{\mathrm{N}i}^{\mathrm{T}}\boldsymbol{M}\boldsymbol{\phi}_{\mathrm{N}i}=1 \tag{3-97}$$

将式(3-96)代入式(3-97),得

$$\mu^2\boldsymbol{\phi}_i^{\mathrm{T}}\boldsymbol{M}\boldsymbol{\phi}_i=\mu^2M_{\mathrm{P}i}=1$$

解得

$$\mu=\sqrt{\frac{1}{M_{\mathrm{P}i}}}$$

将其代入式(3-96),得

$$\boldsymbol{\phi}_{\mathrm{N}i}=\sqrt{\frac{1}{M_{\mathrm{P}i}}}\boldsymbol{\phi}_i \tag{3-98}$$

利用正则振型计算的主质量等于1,主刚度等于本征值 ω_i^2,因此用正则振型表示的正交性条件可写作

$$\boldsymbol{\phi}_{\mathrm{N}i}^{\mathrm{T}}\boldsymbol{M}\boldsymbol{\phi}_{\mathrm{N}j}=\delta_{ij},\boldsymbol{\phi}_{\mathrm{N}i}^{\mathrm{T}}\boldsymbol{K}\boldsymbol{\phi}_{\mathrm{N}j}=\delta_{ij}\omega_i^2\quad(i,j=1,2,\cdots,n) \tag{3-99}$$

将各阶主振型 $\boldsymbol{\phi}_i(i=1,2,\cdots,n)$ 按顺序排列,组成主振型矩阵 $\boldsymbol{\Phi}$

$$\boldsymbol{\Phi}=[\boldsymbol{\phi}_1\quad\boldsymbol{\phi}_2\quad\cdots\quad\boldsymbol{\phi}_n] \tag{3-100}$$

则根据振型的正交性条件可导出

$$\boldsymbol{\Phi}^{\mathrm{T}}\boldsymbol{M}\boldsymbol{\Phi}=\mathrm{diag}[M_{\mathrm{P1}}\quad M_{\mathrm{P2}}\quad\cdots\quad M_{\mathrm{P}n}]=\boldsymbol{M}_{\mathrm{P}} \tag{3-101}$$

$$\boldsymbol{\Phi}^{\mathrm{T}}\boldsymbol{K}\boldsymbol{\Phi}=\mathrm{diag}[K_{\mathrm{P1}}\quad K_{\mathrm{P2}}\quad\cdots\quad K_{\mathrm{P}n}]=\boldsymbol{K}_{\mathrm{P}} \tag{3-102}$$

式中:$\boldsymbol{M}_{\mathrm{P}}$、$\boldsymbol{K}_{\mathrm{P}}$——主质量和主刚度排成的对角矩阵。

若将各阶正则振型 $\boldsymbol{\phi}_{\mathrm{N}i}(i=1,\cdots,n)$ 按序排列,组成正则振型矩阵 $\boldsymbol{\Phi}_{\mathrm{N}}$

$$\boldsymbol{\Phi}_{\mathrm{N}}=[\boldsymbol{\phi}_{\mathrm{N1}}\quad\boldsymbol{\phi}_{\mathrm{N2}}\quad\cdots\quad\boldsymbol{\phi}_{\mathrm{N}n}] \tag{3-103}$$

根据正则振型的正交性条件导出

$$\boldsymbol{\Phi}_{\mathrm{N}}^{\mathrm{T}}\boldsymbol{M}\boldsymbol{\Phi}_{\mathrm{N}}=\boldsymbol{E},\boldsymbol{\Phi}_{\mathrm{N}}^{\mathrm{T}}\boldsymbol{K}\boldsymbol{\Phi}_{\mathrm{N}}=\boldsymbol{\Lambda} \tag{3-104}$$

式中:$\boldsymbol{E}$——n 阶单位方阵;

$\boldsymbol{\Lambda}$——n 个本征值 $\omega_i^2(i=1,2,\cdots,n)$ 排成的对角阵,称作系统的本征值矩阵或者谱矩阵。

$$\boldsymbol{\Lambda}=\mathrm{diag}[\omega_1^2\quad\omega_2^2\quad\cdots\quad\omega_n^2] \tag{3-105}$$

3.4.4　展开定理及主坐标

系统的 n 个振型向量 $\boldsymbol{\phi}_i(i=1,2,\cdots,n)$ 的正交性表明它们是线性独立的,可用于构成维空间的基。这样,系统自由振动的任意一个 n 维位移向量都可以唯一地表示为各阶主振型向量的线性组合。

$$\boldsymbol{q}=\sum_{i=1}^{n}p_i\boldsymbol{\phi}_i \tag{3-106}$$

式中:p_i——描述系统运动的另一类广义坐标$(i=1,2,\cdots,n)$,称作主坐标。

各阶主坐标组成的列阵 $\boldsymbol{p}$ 为主坐标列阵

$$\boldsymbol{p} = \{p_1 \quad p_2 \quad \cdots \quad p_n\}^{\mathrm{T}} \tag{3-107}$$

根据主振型的正交性,可得到展开式(3-106)中主坐标 p_i

$$p_i = \frac{\boldsymbol{\phi}_i^{\mathrm{T}}\boldsymbol{M}\boldsymbol{q}}{\boldsymbol{\phi}_i^{\mathrm{T}}\boldsymbol{M}\boldsymbol{\phi}_i} = \frac{1}{M_{\mathrm{P}i}}\boldsymbol{\phi}_i^{\mathrm{T}}\boldsymbol{M}\boldsymbol{q} \tag{3-108}$$

式(3-106)称为振型展开定理。

式(3-106)可利用振型矩阵 $\boldsymbol{\Phi}$ 表示为矩阵相乘的形式

$$\boldsymbol{q} = \boldsymbol{\Phi}\boldsymbol{p} \tag{3-109}$$

因为各阶振型向量线性独立,故振型矩阵 $\boldsymbol{\Phi}$ 非奇异,其逆矩阵一定存在。对上式两端左乘 $\boldsymbol{\Phi}^{-1}$ 导出

$$\boldsymbol{p} = \boldsymbol{\Phi}^{-1}\boldsymbol{q} \tag{3-110}$$

式(3-109)可以看作是一种线性变换,振型矩阵 $\boldsymbol{\Phi}$ 为坐标变换矩阵,它就是我们在 3.1 节中谈到的用于方程组变量解耦的坐标变换矩阵。式(3-110)为其逆变换。将式(3-109)代入多自由度系统自由振动的微分方程式(3-43),有

$$\boldsymbol{M}\boldsymbol{\Phi}\ddot{\boldsymbol{p}} + \boldsymbol{K}\boldsymbol{\Phi}\boldsymbol{p} = \boldsymbol{0}$$

然后在上式两边同时乘以 $\boldsymbol{\Phi}^{\mathrm{T}}$,注意矩阵相乘的结合律,得

$$\boldsymbol{M}_{\mathrm{P}}\ddot{\boldsymbol{p}} + \boldsymbol{K}_{\mathrm{P}}\boldsymbol{p} = \boldsymbol{0} \tag{3-111}$$

由于 $\boldsymbol{M}_{\mathrm{P}}$ 和 $\boldsymbol{K}_{\mathrm{P}}$ 都是对角矩阵,所以上式的惯性耦合和弹性耦合都被解除了。该式写成分量形式

$$M_{\mathrm{P}i}\ddot{p}_i + K_{\mathrm{P}i}p_i = 0 \qquad (i = 1,2,\cdots,n) \tag{3-112}$$

式(3-112)与单自由度系统自由振动的微分方程式(2-32)完全相同,亦可写成

$$\ddot{p}_i + \omega_i^2 p_i = 0 \quad (i = 1,2,\cdots,n) \tag{3-113}$$

其解答为

$$p_i(t) = a_i\sin(\omega_i t + \alpha_i) \tag{3-114}$$

$2n$ 个待定常数 a_i 和 $\alpha_i(i = 1,2,\cdots,n)$ 取决于问题的初始条件。通常情况下,问题的初始条件都是以所选择的几何坐标的形式给定的,即

$$t = 0: \quad \boldsymbol{q}(0) = \boldsymbol{q}_0, \quad \dot{\boldsymbol{q}}(0) = \dot{\boldsymbol{q}}_0 \tag{3-115}$$

利用式(3-110),将其化为主坐标的初始条件

$$t = 0: \quad \boldsymbol{p}(0) = \boldsymbol{\Phi}^{-1}\boldsymbol{q}_0, \quad \dot{\boldsymbol{p}}(0) = \boldsymbol{\Phi}^{-1}\dot{\boldsymbol{q}}_0 \tag{3-116}$$

利用式(3-116)便可确定式(3-114)中的待定常数 a_i 和 $\alpha_i(i = 1,2,\cdots,n)$。求得各主坐标的解答式(3-114)之后,再利用坐标变换式(3-109),便可求得其几何坐标的解答。

在前面的分析中,需要计算振型矩阵 $\boldsymbol{\Phi}$ 的逆矩阵,此时可不必直接求其逆矩阵,而用其他方法求得。在式(3-101)的两边同时左乘 $\boldsymbol{M}_{\mathrm{P}}^{-1}$、右乘 $\boldsymbol{\Phi}^{-1}$,得

$$\boldsymbol{\Phi}^{-1} = \boldsymbol{M}_{\mathrm{P}}^{-1}\boldsymbol{\Phi}^{\mathrm{T}}\boldsymbol{M} \tag{3-117}$$

例 3.16 试计算例 3.10 所示系统的主质量和主刚度,导出用主坐标表示的动力学方程。设初始条件为 $t = 0, x(0) = 1, \dot{x}(0) = 0, \varphi(0) = 0, \dot{\varphi}(0) = 1/l$,求系统的自由振动规律。

解:利用例 3.10 导出的主振型写出系统的振型矩阵

$$\boldsymbol{\Phi} = \begin{bmatrix} 1 & 1 \\ -2.414l & 0.414l \end{bmatrix}$$

计算其主质量矩阵和主刚度矩阵

$$\boldsymbol{M}_{\mathrm{P}}=\begin{bmatrix}1 & 1\\ -2.414l & 0.414l\end{bmatrix}^{\mathrm{T}}\begin{bmatrix}ml^2 & 0\\ 0 & m\end{bmatrix}\begin{bmatrix}1 & 1\\ -2.414l & 0.414l\end{bmatrix}=\begin{bmatrix}6.827ml^2 & 0\\ 0 & 1.171ml^2\end{bmatrix}$$

$$\boldsymbol{K}_{\mathrm{P}}=\begin{bmatrix}1 & 1\\ -2.414l & 0.414l\end{bmatrix}^{\mathrm{T}}3k\begin{bmatrix}3l^2 & l\\ l & 1\end{bmatrix}\begin{bmatrix}1 & 1\\ -2.414l & 0.414l\end{bmatrix}=\begin{bmatrix}12kl^2 & 0\\ 0 & 12kl^2\end{bmatrix}$$

利用式(3-117)求振型矩阵的逆阵

$$\boldsymbol{\Phi}^{-1}=\begin{bmatrix}6.827ml^2 & 0\\ 0 & 1.171ml^2\end{bmatrix}^{-1}\begin{bmatrix}1 & 1\\ -2.414l & 0.414l\end{bmatrix}^{\mathrm{T}}\begin{bmatrix}ml^2 & 0\\ 0 & m\end{bmatrix}=\begin{bmatrix}0.146 & -0.354/l\\ 0.854 & 0.354/l\end{bmatrix}$$

利用式(3-110)计算主坐标,得到

$$\boldsymbol{p}=\boldsymbol{\Phi}^{-1}\boldsymbol{q}=\begin{bmatrix}0.146 & -0.354/l\\ 0.854 & 0.354/l\end{bmatrix}\begin{Bmatrix}\varphi\\ x\end{Bmatrix}=\begin{Bmatrix}0.146\varphi-\dfrac{0.354}{l}x\\ 0.854\varphi+\dfrac{0.354}{l}x\end{Bmatrix}$$

则用主坐标表示的动力学方程为

$$\begin{cases}\ddot{p}_1+\left(\dfrac{12kl^2}{6.827ml^2}\right)p_1=0\\ \ddot{p}_2+\left(\dfrac{12kl^2}{1.171ml^2}\right)p_2=0\end{cases}$$

利用式(3-116)将原坐标的初始条件化作主坐标的初始条件

$$\boldsymbol{p}(0)=\boldsymbol{\Phi}^{-1}\boldsymbol{q}_0=\begin{bmatrix}0.146 & -0.354/l\\ 0.854 & 0.354/l\end{bmatrix}\begin{Bmatrix}0\\ 1\end{Bmatrix}=\begin{Bmatrix}-0.354/l\\ 0.354/l\end{Bmatrix}$$

$$\dot{\boldsymbol{p}}(0)=\boldsymbol{\Phi}^{-1}\dot{\boldsymbol{q}}_0=\begin{bmatrix}0.146 & -0.354/l\\ 0.854 & 0.354/l\end{bmatrix}\begin{Bmatrix}1/l\\ 0\end{Bmatrix}=\begin{Bmatrix}0.146/l\\ 0.854/l\end{Bmatrix}$$

主坐标表示的系统自由振动规律为

$$\begin{cases}p_1=-\dfrac{0.354}{l}\cos\omega_1 t+\dfrac{0.146}{l\omega_1}\sin\omega_1 t\\ p_2=\dfrac{0.354}{l}\cos\omega_2 t+\dfrac{0.854}{l\omega_2}\sin\omega_2 t\end{cases}$$

再用式(3-109)得到实际坐标表示的系统自由振动规律为

$$\boldsymbol{q}=\boldsymbol{\Phi}\boldsymbol{p}=\begin{bmatrix}1 & 1\\ -2.414l & 0.414l\end{bmatrix}\begin{Bmatrix}-\dfrac{0.354}{l}\cos\omega_1 t+\dfrac{0.146}{l\omega_1}\sin\omega_1 t\\ \dfrac{0.354}{l}\cos\omega_2 t+\dfrac{0.854}{l\omega_2}\sin\omega_2 t\end{Bmatrix}$$

计算得到

$$\boldsymbol{q}=\begin{Bmatrix}-\dfrac{0.354}{l}\cos\omega_1 t+\dfrac{0.146}{l\omega_1}\sin\omega_1 t+\dfrac{0.354}{l}\cos\omega_2 t+\dfrac{0.854}{l\omega_2}\sin\omega_2 t\\ 0.854\cos\omega_1 t-\dfrac{0.352}{\omega_1}\sin\omega_1 t+0.147\cos\omega_2 t+\dfrac{0.354}{\omega_2}\sin\omega_2 t\end{Bmatrix}$$

也可利用正则振型矩阵 $\boldsymbol{\Phi}_{\mathrm{N}}$ 定义新的坐标,称作正则坐标,记作 $p_{\mathrm{N}i}(i=1,2,\cdots,n)$,所组成列阵 $\boldsymbol{p}_{\mathrm{N}}$ 为正则坐标列阵

$$\boldsymbol{p}_{\mathrm{N}}=\{p_{\mathrm{N}1}\quad p_{\mathrm{N}2}\quad\cdots\quad p_{\mathrm{N}n}\}^{\mathrm{T}}\tag{3-118}$$

坐标变换

$$\boldsymbol{q}=\boldsymbol{\Phi}_{\mathrm{N}}\boldsymbol{p}_{\mathrm{N}}\tag{3-119}$$

将上式代入动力学方程式(3-43),令各项左乘 $\boldsymbol{\Phi}_{\mathrm{N}}^{\mathrm{T}}$,并利用式(3-104)导出

$$\ddot{\boldsymbol{p}}_{\mathrm{N}}+\boldsymbol{\Lambda}\boldsymbol{p}_{\mathrm{N}}=0\tag{3-120}$$

所包含的解耦的动力学方程为

$$\ddot{p}_{\mathrm{N}i}+\omega_i^2p_{\mathrm{N}i}=0\quad(i=1,2,\cdots,n)\tag{3-121}$$

等同于单自由度系统的自由振动方程。

例3.17 试以例3.13中图3-16所示系统为例,验证各主振型之间的正交性,并求正则振型矩阵。

解:对第一阶振型和第二阶振型,有

$$\boldsymbol{\phi}_1^{\mathrm{T}}\boldsymbol{M}\boldsymbol{\phi}_2=\{1\quad 0.667\quad 0.333\}m\begin{bmatrix}1&0&0\\0&1.5&0\\0&0&1.5\end{bmatrix}\begin{Bmatrix}1\\-0.664\\-0.665\end{Bmatrix}=0.0032m\approx0$$

$$\boldsymbol{\phi}_1^{\mathrm{T}}\boldsymbol{K}\boldsymbol{\phi}_2=\{1\quad 0.667\quad 0.333\}k\begin{bmatrix}1&-1&0\\-1&3&-2\\0&-2&4.5\end{bmatrix}\begin{Bmatrix}1\\-0.664\\-0.665\end{Bmatrix}=0.001k\approx0$$

对第一阶振型和第三阶振型,有

$$\boldsymbol{\phi}_1^{\mathrm{T}}\boldsymbol{M}\boldsymbol{\phi}_3=\{1\quad 0.667\quad 0.333\}m\begin{bmatrix}1&0&0\\0&1.5&0\\0&0&1.5\end{bmatrix}\begin{Bmatrix}1\\-3.027\\4.039\end{Bmatrix}=-0.009m\approx0$$

$$\boldsymbol{\phi}_1^{\mathrm{T}}\boldsymbol{K}\boldsymbol{\phi}_3=\{1\quad 0.667\quad 0.333\}k\begin{bmatrix}1&-1&0\\-1&3&-2\\0&-2&4.5\end{bmatrix}\begin{Bmatrix}1\\-3.027\\4.039\end{Bmatrix}=-0.009k\approx0$$

对第二阶振型和第三阶振型,有

$$\boldsymbol{\phi}_2^{\mathrm{T}}\boldsymbol{M}\boldsymbol{\phi}_3=\{1\quad -0.664\quad -0.665\}m\begin{bmatrix}1&0&0\\0&1.5&0\\0&0&1.5\end{bmatrix}\begin{Bmatrix}1\\-3.027\\4.039\end{Bmatrix}=-0.014m\approx0$$

$$\boldsymbol{\phi}_2^{\mathrm{T}}\boldsymbol{K}\boldsymbol{\phi}_3=\{1\quad -0.664\quad -0.665\}k\begin{bmatrix}1&-1&0\\-1&3&-2\\0&-2&4.5\end{bmatrix}\begin{Bmatrix}1\\-3.027\\4.039\end{Bmatrix}=-0.048k\approx0$$

求主质量

$$M_{\mathrm{P}1}=\boldsymbol{\phi}_1^{\mathrm{T}}\boldsymbol{M}\boldsymbol{\phi}_1=\{1\quad 0.667\quad 0.333\}m\begin{bmatrix}1&0&0\\0&1.5&0\\0&0&1.5\end{bmatrix}\begin{Bmatrix}1\\0.667\\0.333\end{Bmatrix}=1.834m$$

$$M_{\mathrm{P}2}=\boldsymbol{\phi}_2^{\mathrm{T}}\boldsymbol{M}\boldsymbol{\phi}_2=\{1\quad -0.664\quad -0.665\}m\begin{bmatrix}1&0&0\\0&1.5&0\\0&0&1.5\end{bmatrix}\begin{Bmatrix}1\\-0.664\\-0.665\end{Bmatrix}=2.324m$$

$$M_{P3}=\boldsymbol{\phi}_3^{T}\boldsymbol{M}\boldsymbol{\phi}_3=\{1\quad -3.027\quad 4.039\}m\begin{bmatrix}1&0&0\\0&1.5&0\\0&0&1.5\end{bmatrix}\begin{Bmatrix}1\\-3.027\\4.039\end{Bmatrix}=39.214m$$

用各阶振型分别除以因子 $M_{Pi}(i=1,2,3)$，得正则振型。

$$\boldsymbol{\phi}_{N1}=\frac{1}{\sqrt{M_{P1}}}\begin{Bmatrix}1\\0.667\\0.333\end{Bmatrix}=\frac{1}{\sqrt{m}}\begin{Bmatrix}0.738\\0.493\\0.246\end{Bmatrix}$$

$$\boldsymbol{\phi}_{N2}=\frac{1}{\sqrt{M_{P2}}}\begin{Bmatrix}1\\-0.664\\-0.665\end{Bmatrix}=\frac{1}{\sqrt{m}}\begin{Bmatrix}0.656\\-0.436\\-0.436\end{Bmatrix}$$

$$\boldsymbol{\phi}_{N3}=\frac{1}{\sqrt{M_{P3}}}=\begin{Bmatrix}1\\-3.027\\4.039\end{Bmatrix}=\frac{1}{\sqrt{m}}\begin{Bmatrix}0.160\\-0.483\\0.646\end{Bmatrix}$$

将这些正则振型放在一起排列，得

$$\boldsymbol{\Phi}_N=[\boldsymbol{\phi}_{N1}\quad\boldsymbol{\phi}_{N2}\quad\boldsymbol{\phi}_{N3}]=\frac{1}{\sqrt{m}}\begin{bmatrix}0.738&0.656&0.160\\0.493&-0.436&-0.483\\0.246&-0.436&0.646\end{bmatrix}$$

3.5 频率方程的零根和重根情形

3.5.1 零固有频率的情形

本征方程(3-53)有零根时，对应的固有频率为零。不妨设 $\omega_1=0$，此零固有频率应满足式(3-53)，导出

$$|\boldsymbol{K}|=0 \tag{3-122}$$

因此，从数学上讲，刚度矩阵为奇异矩阵是零固有频率存在的充分必要条件。满足此条件时系统的刚度矩阵为半正定的，此时系统的平衡位置为随遇的，称为半正定系统。

令主坐标形式的动力学方程(3-113)中的 $\omega_1=0$，化作 $\ddot{p}_1=0$，积分得到

$$p_1=at+b \tag{3-123}$$

表明此主振动转化为随时间 t 匀速增大的刚体位移，即零固有频率对应于刚体位移振型。零固有频率对应的刚体振型与其他非零固有频率对应的主振型之间仍然具有正交性。

在有些计算大型特征值问题的算法中要求刚度矩阵非奇异，因此有必要将刚体振型剔除。为此可利用振型的正交性。设 $\boldsymbol{\phi}_1$ 为零固有频率对应的刚体位移振型，正交性条件式(3-84)要求

$$\boldsymbol{\phi}_1^{T}\boldsymbol{M}\boldsymbol{\phi}_i=0\quad(i=2,3,\cdots,n) \tag{3-124}$$

式中：$\boldsymbol{\phi}_i$——系统除刚体位移之外的其他振型。

将上式各项乘以与 $\boldsymbol{\phi}_i$ 相应的主坐标 p_i，并对 $i=2$ 至 n 求和，令

$$\boldsymbol{q}=\sum_{i=2}^{n}\boldsymbol{\phi}_i p_i \tag{3-125}$$

为系统消除刚体位移后的自由振动，导出以下约束条件

$$\boldsymbol{\phi}_1^{\mathrm{T}}\boldsymbol{M}\boldsymbol{q}=0 \tag{3-126}$$

利用此约束条件可消去系统的一个自由度，得到不含刚体位移的缩减系统。缩减系统的刚度矩阵为非奇异矩阵。

例 3.18 讨论两端自由的轴上三个圆盘的扭转振动，如图 3-22 所示。各盘绕转动轴的转动惯量分别为 J、$2J$ 和 J，轴的抗扭刚度均为 k，圆盘相对惯性参考系的转角为 φ_1、φ_2 和 φ_3。试计算系统的固有频率和主振型。

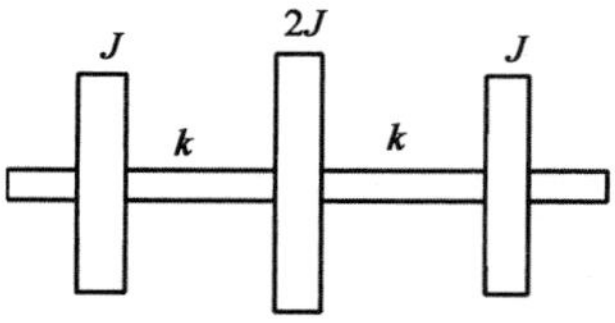

图 3-22 游离轴盘系统

解：以 φ_1、φ_2、φ_3 为广义坐标，系统的动能和势能分别为

$$T=\frac{1}{2}J(\dot{\varphi}_1^2+2\dot{\varphi}_2^2+\dot{\varphi}_3^2)$$

$$V=\frac{1}{2}k[(\varphi_1-\varphi_2)^2+(\varphi_2-\varphi_3)^2]$$

代入拉氏方程，导出动力学方程为

$$\boldsymbol{M}\ddot{\boldsymbol{q}}+\boldsymbol{K}\boldsymbol{q}=\boldsymbol{0}$$

其中

$$\boldsymbol{M}=J\begin{bmatrix}1&0&0\\0&2&0\\0&0&1\end{bmatrix},\quad \boldsymbol{K}=k\begin{bmatrix}1&-1&0\\-1&2&-1\\0&-1&1\end{bmatrix},\quad \boldsymbol{q}=\begin{Bmatrix}\varphi_1\\\varphi_2\\\varphi_3\end{Bmatrix}$$

直接验证可知 $|\boldsymbol{K}|=0$，刚度矩阵为半正定。由系统的频率方程

$$\begin{vmatrix}k-J\omega^2&-k&0\\-k&2(k-J\omega^2)&-k\\0&-k&k-J\omega^2\end{vmatrix}=-2J\omega^2(J\omega^2-k)(J\omega^2-2k)=0$$

解出固有频率

$$\omega_1=0,\quad \omega_2=\sqrt{\frac{k}{J}},\quad \omega_3=\sqrt{\frac{2k}{J}}$$

利用式(3-52)计算主振型，得

$$\boldsymbol{\phi}_1=\begin{Bmatrix}1\\1\\1\end{Bmatrix},\quad \boldsymbol{\phi}_2=\begin{Bmatrix}1\\0\\-1\end{Bmatrix},\quad \boldsymbol{\phi}_3=\begin{Bmatrix}1\\-1\\1\end{Bmatrix}$$

图 3-23 表示各阶振型示意图，其中与零频率对应的一阶振型为刚体转动。

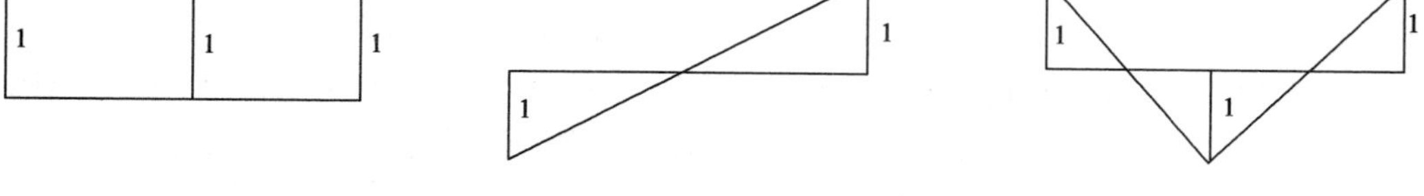

图 3-23 轴盘扭振模态

为消去刚体转动自由度，将刚体转动振型 $\boldsymbol{\phi}_1$ 代入正交性条件式(3-126)，导出不计刚体转动时各扭转角应满足的约束条件

$$J\varphi_1+2J\varphi_2+J\varphi_3=0$$

此条件即系统动量矩守恒的积分形式。由该式解出

$$\varphi_1 = -2\varphi_2 - \varphi_3$$

则消去 φ_1 后，原系统缩减为只含 φ_2、φ_3 的两自由度系统。缩减系统的动能和势能分别为

$$T = \frac{1}{2}J(6\dot{\varphi}_2^2 + 4\dot{\varphi}_2\dot{\varphi}_3 + 2\dot{\varphi}_3^2)$$

$$V = \frac{1}{2}k(10\varphi_1^2 + 4\varphi_2\varphi_3 + \varphi_3^2)$$

代入拉氏方程，导出缩减系统的质量矩阵和刚度矩阵分别为

$$\boldsymbol{M} = 2J\begin{bmatrix} 3 & 1 \\ 1 & 1 \end{bmatrix}, \boldsymbol{K} = 2k\begin{bmatrix} 5 & 1 \\ 1 & 1 \end{bmatrix}$$

缩减后的刚度矩阵为正定矩阵，$|\boldsymbol{K}| \neq 0$。对应的本征方程为

$$\begin{vmatrix} 5k - 3J\omega^2 & k - J\omega^2 \\ k - J\omega^2 & k - J\omega^2 \end{vmatrix} = 2(J\omega^2 - k)(J\omega^2 - 2k) = 0$$

固有频率与未缩减系统第二、三阶固有频率完全相同

$$\omega_2 = \sqrt{\frac{k}{J}}, \quad \omega_3 = \sqrt{\frac{2k}{J}}$$

对应 φ_2、φ_3 的振型为

$$\boldsymbol{\phi}_2 = \begin{Bmatrix} 0 \\ 1 \end{Bmatrix}, \boldsymbol{\phi}_3 = \begin{Bmatrix} 1 \\ -1 \end{Bmatrix}$$

3.5.2 固有频率有重根的情形

工程上有些特殊的结构会出现频率方程有重根的情况。本征方程(3-53)有重根，对应的固有频率相同。设 $\omega_1 = \omega_2$ 为二重根(当然还可能出现多重根的情形)，则计算与 ω_1 频率对应的振型时，方程组(3-52)中有两个不独立方程。不失一般性，可将前两个方程除去，将 A 的最后两个元素 A_1、A_2 的有关项移至等式右端，化作

$$\begin{cases} (k_{33} - \omega_1^2 m_{33})A_3 + \cdots + (k_{3n} - \omega_1^2 m_{3n})A_n = -(k_{31} - \omega_1^2 m_{31})A_1 - (k_{32} - \omega_1^2 m_{32})A_2 \\ (k_{43} - \omega_1^2 m_{43})A_3 + \cdots + (k_{4n} - \omega_1^2 m_{4n})A_n = -(k_{41} - \omega_1^2 m_{41})A_1 - (k_{42} - \omega_1^2 m_{42})A_2 \\ \vdots \\ (k_{n3} - \omega_1^2 m_{n3})A_3 + \cdots + (k_{nn} - \omega_1^2 m_{nn})A_n = -(k_{n1} - \omega_1^2 m_{n1})A_1 - (k_{n2} - \omega_1^2 m_{n2})A_2 \end{cases} \tag{3-127}$$

任意给定 A_1、A_2 两组线性独立的值，例如可令

$$\begin{Bmatrix} A_1 \\ A_2 \end{Bmatrix} = \begin{Bmatrix} 1 \\ 0 \end{Bmatrix} \quad 和 \quad \begin{Bmatrix} A_1 \\ A_2 \end{Bmatrix} = \begin{Bmatrix} 0 \\ 1 \end{Bmatrix} \tag{3-128}$$

对于给定的以上两组值，从方程组(3-127)解出其余 $n-2$ 个 $A_j(j=3,4,\cdots,n)$ 的两组解，分别记作 $A_j^{(i)}(i=1,2)$，与式(3-128)组合为第1、第2阶主振型，分别记作 $\boldsymbol{\phi}_1$ 和 $\boldsymbol{\phi}_2$，即

$$\begin{cases} \boldsymbol{\phi}_1 = \{1 \quad 0 \quad A_3^{(1)} \quad \cdots \quad A_{n-1}^{(1)} \quad A_n^{(1)}\}^{\mathrm{T}} \\ \boldsymbol{\phi}_2 = \{0 \quad 1 \quad A_3^{(2)} \quad \cdots \quad A_{n-1}^{(2)} \quad A_n^{(2)}\}^{\mathrm{T}} \end{cases} \tag{3-129}$$

由于式(3-128)的随意性，此组合的第1、第2阶主振型向量显然不是唯一的，一般说来也未必是正交的。为保证它们之间满足正交性条件，利用 $\boldsymbol{\phi}_1$ 和 $\boldsymbol{\phi}_2$ 的线性组合重新构造一个新

的向量，令

$$\widetilde{\boldsymbol{\phi}}_2 = \boldsymbol{\phi}_2 + c\boldsymbol{\phi}_1 \tag{3-130}$$

显然，$\boldsymbol{\phi}_2 + c\boldsymbol{\phi}_1$ 也是方程(3-52)的解，其中 c 为待定常数，由以下正交性条件确定

$$\boldsymbol{\phi}_1^{\mathrm{T}}\boldsymbol{M}(\boldsymbol{\phi}_2 + c\boldsymbol{\phi}_1) = 0 \tag{3-131}$$

解出

$$c = -\frac{\boldsymbol{\phi}_1^{\mathrm{T}}\boldsymbol{M}\boldsymbol{\phi}_2}{\boldsymbol{\phi}_1^{\mathrm{T}}\boldsymbol{M}\boldsymbol{\phi}_1} = -\frac{1}{M_{\mathrm{P1}}}(\boldsymbol{\phi}_1^{\mathrm{T}}\boldsymbol{M}\boldsymbol{\phi}_2) \tag{3-132}$$

从而得到相互独立且正交的第1、第2阶振型。

不难证明，由此构造的振型向量 $\widetilde{\boldsymbol{\phi}}_2$ 与其余振型向量 $\boldsymbol{\phi}_j(j\neq 2)$ 关于质量矩阵和刚度矩阵都是正交的，而且彼此也都是线性独立的。当然，这种相互独立且正交的主振型向量仍然可以有无穷多组，正如平面几何中一个圆存在着无数多相互垂直的两个半径一样，此处只是选了其中一组而已。

关于系统有 r 个固有频率相同的情况比较复杂，但仍然可以构造出 n 个相互正交且独立的主振型向量，进而求出正则振型，前面有关主振型矩阵、主质量矩阵、主刚度矩阵、正则振型矩阵等一切概念及分析方法均可以应用。

例 3.19 讨论由等刚度弹簧支承的质点的平面运动，如图 3-24 所示。质点的质量为 m，沿 x 和 y 轴的弹簧刚度系数为 k。求固有频率和主振型。

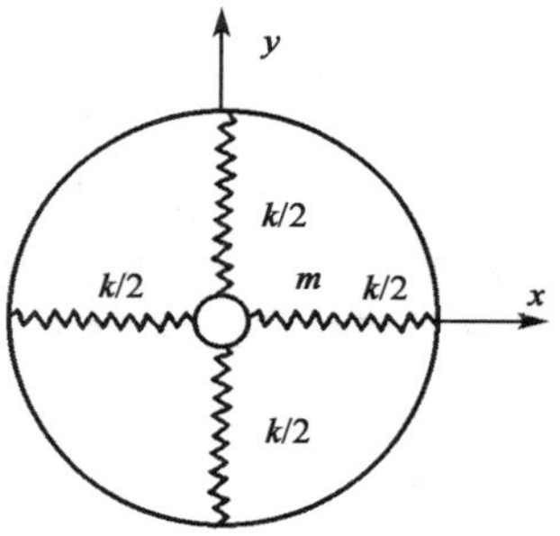

图 3-24 等刚度支承的弹性轴

解：系统的动力学方程为

$$m\ddot{x} + kx = 0$$
$$m\ddot{y} + ky = 0$$

质量矩阵和刚度矩阵为

$$\boldsymbol{M} = \begin{bmatrix} m & 0 \\ 0 & m \end{bmatrix}, \boldsymbol{K} = \begin{bmatrix} k & 0 \\ 0 & k \end{bmatrix}$$

频率方程为

$$(k - m\omega^2)^2 = 0$$

固有频率为

$$\omega_1 = \omega_2 = \sqrt{\frac{k}{m}}$$

取主振型为

$$\boldsymbol{\phi}_1 = \begin{Bmatrix} 1 \\ 0 \end{Bmatrix}, \boldsymbol{\phi}_2 = \begin{Bmatrix} 0 \\ 1 \end{Bmatrix}$$

此两个振型向量满足正交性条件。也可选择另一组满足正交性条件的主振型，如

$$\boldsymbol{\phi}_1 = \begin{Bmatrix} 1 \\ 1 \end{Bmatrix}, \boldsymbol{\phi}_2 = \begin{Bmatrix} 1 \\ -1 \end{Bmatrix}$$

图 3-25a)、b)为两组不同正交振型的示意图。实际上，质点沿任何两个相互垂直方向的振动都是相互独立且正交的主振动。

例 3.20 图 3-26a)所示的有三个集中质量的游离梁，梁的质量忽略不计，求该系统在竖向作弯曲振动时的固有频率和主振型。

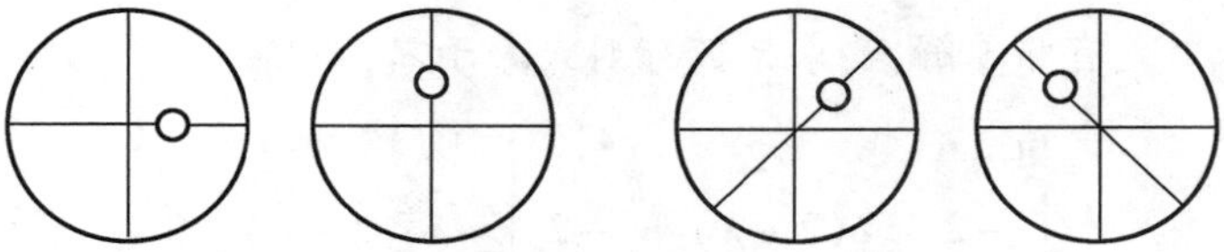

图 3-25　正交模态

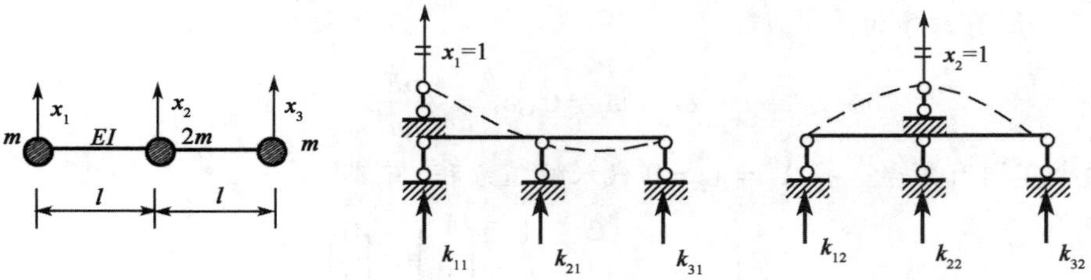

图 3-26　游离梁系统

解:选三个质点竖直向上的位移 x_1、x_2 和 x_3 为广义坐标。由于三个集中质量没有牵连,故相应于三个广义坐标的质量矩阵为

$$\boldsymbol{M}=m\begin{bmatrix}1&0&0\\0&2&0\\0&0&1\end{bmatrix}$$

下面求其刚度矩阵。在三个自由度方向添加三个附加链杆约束,首先让第一个附加约束产生 $x_1=1$ 的位移而其他两个附加约束不动,如图 3-26b)所示,用结构力学方法求得

$$k_{11}=\frac{3EI}{2l^3},k_{21}=-\frac{3EI}{l^3},k_{31}=\frac{3EI}{2l^3}$$

再令第二个附加约束产生 $x_2=1$ 的位移而其他两个附加约束不动,如图 3-26c)所示,同样用结构力学方法求得

$$k_{12}=-\frac{3EI}{l^3},k_{22}=\frac{6EI}{l^3},k_{32}=-\frac{3EI}{l^3}$$

利用对称性可知

$$k_{13}=\frac{3EI}{2l^3},k_{23}=-\frac{3EI}{l^3},k_{33}=\frac{3EI}{2l^3}$$

于是,刚度矩阵为

$$\boldsymbol{K}=\frac{3EI}{2l^3}\begin{bmatrix}1&-2&1\\-2&4&-2\\1&-2&1\end{bmatrix}$$

关于振型的幅值方程为

$$\begin{bmatrix}1-\lambda&-2&1\\-2&2(2-\lambda)&-2\\1&-2&1-\lambda\end{bmatrix}\begin{Bmatrix}A_1\\A_2\\A_3\end{Bmatrix}=\begin{Bmatrix}0\\0\\0\end{Bmatrix}$$

式中，$\lambda=\dfrac{2\omega^2 ml^3}{3EI}$。上式有非零解，要求系数行列式等于零，即

$$\begin{vmatrix}1-\lambda & -2 & 1\\ -2 & 2(2-\lambda) & -2\\ 1 & -2 & 1-\lambda\end{vmatrix}=\lambda^2(\lambda-4)=0$$

三个根为

$$\lambda_1=\lambda_2=0,\lambda_3=4$$

相应地，三个固有频率为

$$\omega_1=\omega_2=0,\omega_3=\sqrt{\frac{6EI}{ml^3}}$$

系统有两个零固有频率。将 $\lambda_1=\lambda_2=0$ 代入幅值方程，有

$$\begin{bmatrix}1 & -2 & 1\\ -2 & 4 & -2\\ 1 & -2 & 1\end{bmatrix}\begin{Bmatrix}A_1\\A_2\\A_3\end{Bmatrix}=\begin{Bmatrix}0\\0\\0\end{Bmatrix}$$

该方程组的系数矩阵为1，因此方程组中只有一个是独立的，取第一个方程为

$$A_1-2A_2+A_3=0$$

由上式可见，对应于二重零固有频率的刚体振型有无穷多个。若取 $A_1=A_2=1$，可解得 $A_3=1$，即

$$\boldsymbol{\phi}_1=\{1\quad 1\quad 1\}^{\mathrm{T}}$$

此振型对应着杆件的平动刚体位移。若取 $A_1=1,A_2=0$，可解得 $A_3=-1$，即

$$\boldsymbol{\phi}_2=\{1\quad 0\quad -1\}^{\mathrm{T}}$$

此振型对应着杆件绕中间点转动的刚体位移。

显然，这两个刚体主振型是彼此独立的，其他形式的刚体位移均可以表示成它们的线性组合，即刚体的平面运动可以分解成刚体质心的平动和绕质心的转动之叠加。

将 $\lambda_3=4$ 代入幅值方程，有

$$\begin{bmatrix}-3 & -2 & 1\\ -2 & -4 & -2\\ 1 & -2 & -3\end{bmatrix}\begin{Bmatrix}A_1\\A_2\\A_3\end{Bmatrix}=\begin{Bmatrix}0\\0\\0\end{Bmatrix}$$

令 $A_1=1$，可用上式中的任意两个方程解得 $A_2=-1,A_3=1$，即

$$\boldsymbol{\phi}_3=\{1\quad -1\quad 1\}^{\mathrm{T}}$$

这三个主振型如图3-27所示。

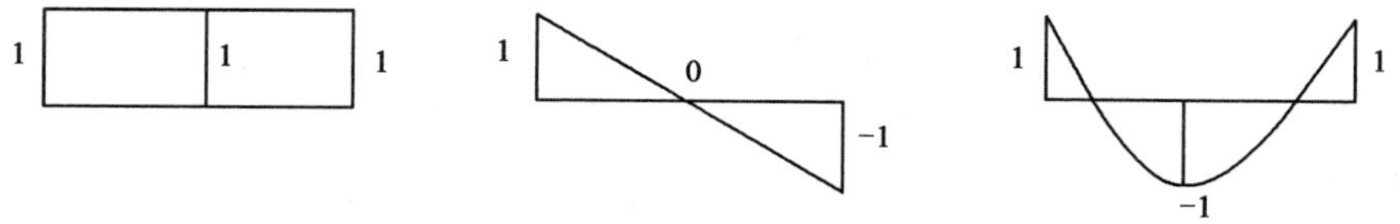

a) 第一阶振型　b) 第二阶振型　c) 第三阶振型

图3-27　游离梁系统主阵型

3.6 ➤ 多自由度系统在简谐激励下的稳态响应

3.6.1 刚度形式分析

多自由度系统受到外力激励所产生的运动为受迫振动。设 n 自由度系统沿各个广义坐标均受到频率和相位都相同的广义简谐力 $F_i\sin\theta t(i=1,2,\cdots,n)$ 的激励，如图 3-28 所示，$F_i(i=1,2,\cdots,n)$ 为各广义坐标方向激励力的幅值，θ 为它们共同的频率。其动力平衡方程由式(3-23)得到，将其中的广义力向量改写为 $F_0\sin\theta t$，有

$$\boldsymbol{M}\ddot{\boldsymbol{q}}+\boldsymbol{K}\boldsymbol{q}=\boldsymbol{F}_0\sin\theta t \tag{3-133}$$

式中：$\boldsymbol{F}_0$——广义激励力的幅值向量，见式(3-134)；

$\boldsymbol{q}$——广义坐标向量，见式(3-135)。

$$\boldsymbol{F}_0=\{F_1\quad F_2\quad\cdots\quad F_n\}^{\mathrm{T}} \tag{3-134}$$

$$\boldsymbol{q}=\{q_1\quad q_2\quad\cdots\quad q_n\}^{\mathrm{T}} \tag{3-135}$$

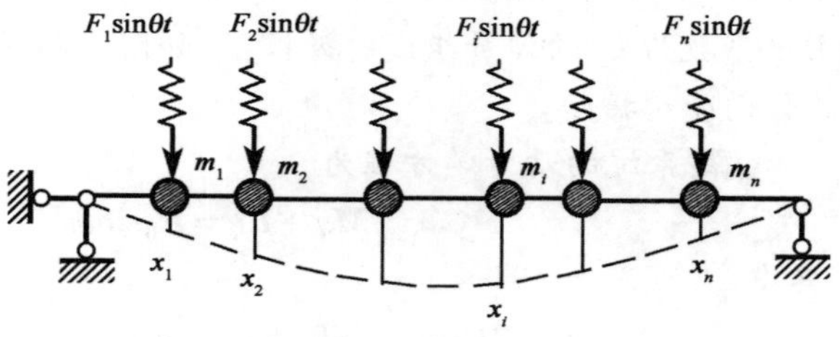

图 3-28 同步简谐激励作用下的 n 自由度体系

与单自由度系统相同，微分方程组(3-133)的解仍由初始自由振动、伴生自由振动和稳态受迫振动三部分叠加构成。在实际问题中，由于阻尼的作用，自由振动部分会很快衰减掉。所以工程上通常不关心结构瞬态振动的过程，只需要求出其纯受迫振动的稳态部分，即方程组(3-133)的特解。显然，在稳态振动阶段，各质点均做与激励力同步的简谐振动，设方程组(3-133)的特解为

$$\boldsymbol{q}=\boldsymbol{A}\sin\theta t \tag{3-136}$$

其中

$$\boldsymbol{A}=\{A_1\quad A_2\quad\cdots\quad A_n\}^{\mathrm{T}} \tag{3-137}$$

为各广义坐标方向受迫振动的振幅组成的向量。

将式(3-136)代入方程(3-133)，消去 $\sin\theta t$ 后导出

$$(\boldsymbol{K}-\theta^2\boldsymbol{M})\boldsymbol{A}=\boldsymbol{F}_0 \tag{3-138}$$

对上式作逆运算，并记

$$\boldsymbol{H}(\theta)=[K-\theta^2\boldsymbol{M}]^{-1} \tag{3-139}$$

导出

$$\boldsymbol{A}=\boldsymbol{H}\boldsymbol{F}_0 \tag{3-140}$$

代入式(3-136)得到

$$q = HF_0\sin\theta t \tag{3-141}$$

一般情况下，在已知刚度矩阵 $\boldsymbol{K}$、质量矩阵 $\boldsymbol{M}$ 和荷载幅值向量 $\boldsymbol{F}_0$ 之后，便可由式(3-140)求出其振幅向量，由式(3-141)可知在任何时刻质点的位移。在求得系统的位移响应之后，可利用结构的弹性性质求得其内力幅值以及任意时刻的内力。受迫振动位移响应的相位取决于列阵 $\boldsymbol{HF}_0$ 各元素的符号，正号表示与激励同相，反号表示与激励反相。

工程中将 $\boldsymbol{K}-\theta^2\boldsymbol{M}$ 称作系统的阻抗矩阵，或动刚度矩阵，其逆矩阵 $\boldsymbol{H}$ 相应地称作导纳矩阵和动柔度矩阵，它们都是激励频率 θ 的函数。为便于理解矩阵 $\boldsymbol{H}$ 的物理意义，写出式(3-140)沿 q_i 坐标的投影式

$$q_i = \sum_{j=1}^{n} H_{ij}F_{0j} \tag{3-142}$$

因此矩阵 $\boldsymbol{H}$ 的各元素 H_{ij} 等于仅沿 q_j 坐标方向作用频率为 θ 的单位幅度简谐力时，沿 q_i 坐标方向所引起的受迫振动的振幅。在工程中常利用实验方法测出 H_{ij}。由于 $\boldsymbol{H}$ 含有因子 $|\boldsymbol{K}-\theta^2\boldsymbol{M}|^{-1}$，而 $|\boldsymbol{K}-\omega^2\boldsymbol{M}|=0$ 为系统的本征方程，因此，激励频率 θ 接近系统的任何一个固有频率 $\omega_i(i=1,2,\cdots,n)$ 都会使受迫振动的振幅无限增大而引起共振。一般说来，当荷载频率变化时，一个 n 自由度体系会有 n 个共振点。

例 3.21 设刚度系数为 k_1 的弹簧支承的物体 m_1 上受到简谐力 $F_1\sin\theta t$ 的激励。此物体上安装由小物体 m_2 和刚度系数为 k_2 的弹簧组成的吸振器，如图 3-29 所示。试证明在一定条件下吸振器能消除 m_1 物体的受迫振动。

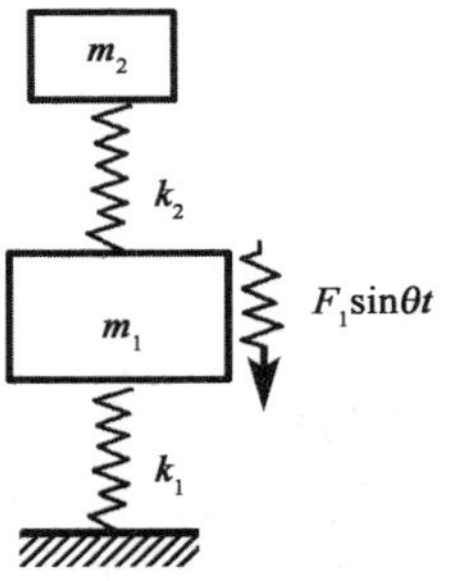

图 3-29 动力吸振装置

解：系统的动力学方程为

$$\boldsymbol{M}\ddot{\boldsymbol{q}} + \boldsymbol{K}\boldsymbol{q} = \boldsymbol{F}_0\sin\theta t$$

其中

$$\boldsymbol{M} = \begin{bmatrix} m_1 & 0 \\ 0 & m_2 \end{bmatrix},\boldsymbol{K} = \begin{bmatrix} k_1+k_2 & -k_2 \\ -k_2 & k_2 \end{bmatrix},\boldsymbol{q} = \begin{Bmatrix} x_1 \\ x_2 \end{Bmatrix},\boldsymbol{F}_0 = \begin{Bmatrix} F_1 \\ 0 \end{Bmatrix}$$

计算动柔度矩阵

$$\boldsymbol{H} = (\boldsymbol{K}-\theta^2\boldsymbol{M})^{-1} = \frac{1}{\Delta(\theta^2)}\begin{bmatrix} k_2-\theta^2 m_2 & k_2 \\ k_2 & k_1+k_2-\theta^2 m_1 \end{bmatrix}$$

其中

$$\Delta(\theta^2) = |\boldsymbol{K}-\theta^2\boldsymbol{M}|$$

由式(3-140)，导出受迫振动的振幅

$$\boldsymbol{A} = \boldsymbol{HF}_0 = \frac{F_1}{\Delta(\theta^2)}\begin{Bmatrix} k_2-m_2\theta^2 \\ k_2 \end{Bmatrix}$$

适当设计吸振器质量 m_2 和弹簧刚度系数 k_2，使满足以下条件

$$k_2 = m_2\theta^2$$

则可得到 $A_1=0$，这表明处于共振状态的吸振器 m_2 的惯性力恰好与激励力平衡，从而吸收了外界激励的全部能量，使 m_1 物体的振动抑制为零。这种现象称为反共振。

例 3.22 如图 3-30a)所示三层剪切型刚架系统，楼面的弯曲刚度为无穷大，质量分别为 $m_1=m_2=m_3=270\text{t}$，各层的侧移刚度为 $k_1=98\text{MN/m}$，$k_2=2k_1=196\text{MN/m}$，$k_3=3k_1=294\text{MN/m}$。现在顶层质量 m_1 处受有简谐激励力 $F_1\sin\theta t$，其中，$F_1=30\text{kN}$，激励力频率为每分钟振动 200

次。试求各楼层的振幅，并作刚架的幅值弯矩图。

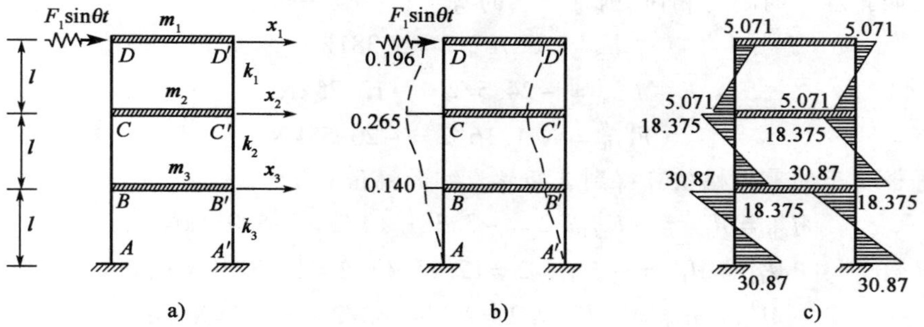

图 3-30　剪切型刚架系统的振幅和幅值弯矩图

解：选质点各楼层的水平位移 x_1、x_2、x_3 为广义坐标。该系统的质量矩阵和刚度矩阵和例 3.13 类似，即

$$\boldsymbol{M}=\begin{bmatrix} m_1 & 0 & 0\\ 0 & m_2 & 0\\ 0 & 0 & m_3\end{bmatrix}=270\begin{bmatrix}1 & 0 & 0\\ 0 & 1 & 0\\ 0 & 0 & 1\end{bmatrix} \qquad (\mathrm{t})$$

$$\boldsymbol{K}=\begin{bmatrix} k_1 & -k_1 & 0\\ -k_1 & k_1+k_2 & -k_2\\ 0 & -k_2 & k_2+k_3\end{bmatrix}=98\begin{bmatrix}1 & -1 & 0\\ -1 & 3 & -2\\ 0 & -2 & 5\end{bmatrix} \qquad (\mathrm{MN/m})$$

激励力频率

$$\theta=\frac{2\pi\times 200}{60}=20.94(1/\mathrm{s})$$

$$\boldsymbol{K}-\theta^2\boldsymbol{M}=\begin{bmatrix} -20.384 & -98 & 0\\ -98 & 175.616 & -196\\ 0 & -196 & 371.616\end{bmatrix}\times 10^3 \qquad (\mathrm{kN/m})$$

计算动柔度矩阵

$$\boldsymbol{H}=(\boldsymbol{K}-\theta^2\boldsymbol{M})^{-1}=\begin{bmatrix} -6.522 & -8.848 & -4.667\\ -8.848 & 1.841 & 0.971\\ -4.667 & 0.971 & 3.20\end{bmatrix}\times 10^{-6} \qquad (\mathrm{m/kN})$$

由式(3-140)，计算受迫振动的振幅

$$\boldsymbol{A}=\boldsymbol{H}\boldsymbol{F}_0=\begin{bmatrix} -6.522 & -8.848 & -4.667\\ -8.848 & 1.841 & 0.971\\ -4.667 & 0.971 & 3.20\end{bmatrix}\times 10^{-6}\times\begin{Bmatrix}30\\ 0\\ 0\end{Bmatrix}=\begin{Bmatrix}-1.96\\ -2.65\\ -1.40\end{Bmatrix}\times 10^{-4} \qquad (\mathrm{m})$$

式中，负号表示位移与激励力方向相反。结构最大位移时的变形图如图 3-30b）所示，图中，位移的单位为 mm。

为了作刚架的幅值弯矩图，首先求各楼层的剪力幅值。基于结构的受力与变形对应，每一层的剪力幅值都等于该层的侧移刚度乘以其相对侧移，即

$$F_{\mathrm{S1}}^0=k_1(A_1-A_2)=98\times 10^3\times(-1.96+2.65)\times 10^{-4}=6.762\mathrm{kN}$$

$$F_{\mathrm{S2}}^0=k_2(A_2-A_3)=196\times 10^3\times(-2.65+1.40)\times 10^{-4}=-24.5\mathrm{kN}$$

$$F_{S3}^{0}=k_3(A_3-0)=294\times10^{3}\times(-1.40)\times10^{-4}=-41.16\text{kN}$$

若左右两排柱子的刚度相同,则每一层的剪力由两柱平均分配,即

$$F_{SCD}^{0}=6.762/2=3.381\text{kN}$$

$$F_{SBC}^{0}=-24.5/2=-12.25\text{kN}$$

$$F_{SAB}^{0}=-41.16/2=-20.58\text{kN}$$

根据每根柱子的剪力幅值可得到其两端弯矩的幅值

$$M_{CD}^{0}=M_{DC}^{0}=-F_{SCD}^{0}l/2=-3.381\times3/2=-5.071\text{kN}\cdot\text{m}$$

$$M_{CD}^{0}=M_{DC}^{0}=-F_{SBC}^{0}l/2=12.25\times3/2=18.375\text{kN}\cdot\text{m}$$

$$M_{CD}^{0}=M_{DC}^{0}=-F_{SAB}^{0}l/2=20.58\times3/2=30.87\text{kN}\cdot\text{m}$$

幅值弯矩图见图 3-30c),图中弯矩的单位为 kN·m。

例 3.23 如图 3-31 所示三层剪切型刚架系统,横梁的弯曲刚度为无穷大,刚架的全部质量都等效集中到横梁上,分别为 $m_1=m_2=m$,$m_3=0.2m$,各层间侧移刚度为 $k_1=k_2=k$,$k_3=0.2k$。在第一层横梁处作用有水平简谐荷载 $F\sin\theta t$,设 $\theta=\sqrt{k/m}$,试求各层梁的振幅。

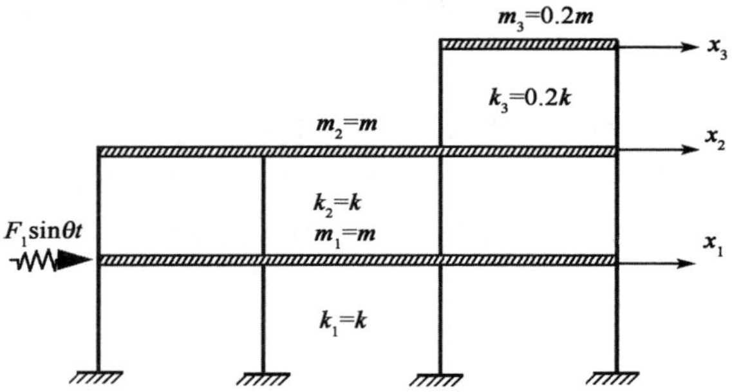

图 3-31 三层剪切刚架振动系统

解:选质点各楼层的水平位移 x_1、x_2、x_3 为广义坐标。该系统的质量矩阵和刚度矩阵为

$$\boldsymbol{M}=\begin{bmatrix}m_1&0&0\\0&m_2&0\\0&0&m_3\end{bmatrix}=m\begin{bmatrix}1&0&0\\0&1&0\\0&0&0.2\end{bmatrix}$$

$$\boldsymbol{K}=\begin{bmatrix}k_1+k_2&-k_2&0\\-k_2&k_2+k_3&-k_3\\0&-k_3&k_3\end{bmatrix}=k\begin{bmatrix}2&-1&0\\-1&1.2&-0.2\\0&-0.2&0.2\end{bmatrix}$$

计算动刚度矩阵

$$\boldsymbol{K}-\theta^2\boldsymbol{M}=k\begin{bmatrix}1&-1&0\\-1&0.2&-0.2\\0&-0.2&0\end{bmatrix}$$

计算动柔度矩阵

$$\boldsymbol{H}=(\boldsymbol{K}-\theta^2\boldsymbol{M})^{-1}=\frac{1}{k}\begin{bmatrix}1&0&-5\\0&0&-5\\-5&-5&20\end{bmatrix}$$

由式(3-140),计算各层梁受迫振动的振幅为

$$A = HF_0 = \frac{1}{k}\begin{bmatrix} 1 & 0 & -5 \\ 0 & 0 & -5 \\ -5 & -5 & 20 \end{bmatrix}\begin{Bmatrix} F \\ 0 \\ 0 \end{Bmatrix} = \frac{F}{k}\begin{Bmatrix} 1 \\ 0 \\ -5 \end{Bmatrix}$$

由此可知，刚架在稳态振动时第二层横梁处于静止状态，而第三层横梁的振幅等于第一层横梁振幅的5倍，显然第三层结构会产生比较大的横向位移，进而也会有较大的内力。在建筑工程中，尤其是高层建筑中，若建筑物沿竖向侧移刚度突变明显时，在动力荷载作用下会引起刚度突变截面上方竖向结构发生很大的内力，因此在建筑物的抗震设计中应尽量避免竖向结构发生过大的刚度突变。此外，当建筑物的顶部刚度很小形成小塔楼时，小塔楼的位移和内力将成倍增大，这在工程中称为鞭梢效应，在建筑物的抗震设计时必须给予高度重视。

3.6.2 柔度形式分析

有时候，建立结构柔度形式的运动方程比刚度形式更容易，尤其是当振动系统为静定结构且激励力并不是直接作用在质点上的时候，刚度形式的方程就难以快速有效地建立，所以有必要讨论柔度形式方程的求解。仍以图3-28为例，根据叠加原理可得到体系中任意一质点的位移方程

$$x_i = \sum_{j=1}^{n}\delta_{ij}(-m_i\ddot{x}_i) + \Delta_{iP}\sin\theta t \quad (i=1,2,\cdots,n) \tag{3-143}$$

式中：δ_{ij}——体系的柔度系数；

Δ_{iP}——所有激励力的幅值产生的沿广义坐标 x_i 方向的静位移。

将所有质点的运动方程都写出，并集中到一起，用矩阵形式表达为

$$\boldsymbol{\delta M\ddot{q}} + \boldsymbol{q} = \boldsymbol{\Delta}_{P}\sin\theta t \tag{3-144}$$

式中：$\boldsymbol{\delta}$、$\boldsymbol{M}$——系统的柔度矩阵和质量矩阵；

$\boldsymbol{q}$、$\boldsymbol{\ddot{q}}$——系统的位移向量和加速度向量；

$\boldsymbol{\Delta}_P$——简谐激励力幅值引起的静位移向量，即

$$\boldsymbol{\Delta}_P = \{\Delta_{1P} \quad \Delta_{2P} \quad \cdots \quad \Delta_{nP}\}^T \tag{3-145}$$

运动微分方程组(3-144)的通解仍是由相应的齐次方程组的通解与非齐次方程组的特解构成，我们仍然只关注其稳态特解。将特解式(3-136)代入式(3-144)，消去 $\sin\theta t$ 后导出

$$\left(\boldsymbol{\delta M} - \frac{1}{\theta^2}\boldsymbol{E}\right)\boldsymbol{A} + \frac{1}{\theta^2}\Delta_P = \boldsymbol{0} \tag{3-146}$$

利用式(3-146)求逆，便可以求得振幅向量 $\boldsymbol{A}$

$$\boldsymbol{A} = -\frac{1}{\theta^2}\left[\boldsymbol{\delta M} - \frac{1}{\theta^2}\boldsymbol{E}\right]^{-1}\Delta_P \tag{3-147}$$

在求得各质点振幅之后，便可以求得各质点惯性力

$$F_{Ii} = -m_i\ddot{x}_i = \theta^2 m_i A_i \sin\theta t = F_{Ii}^0\sin\theta t \quad (i=1,2,\cdots,n) \tag{3-148}$$

其中

$$F_{Ii}^0 = \theta^2 m_i A_i \tag{3-149}$$

为惯性力的幅值。也可以用矩阵的形式求惯性力幅值向量

$$\boldsymbol{F}_I^0 = \theta^2\boldsymbol{MA} \tag{3-150}$$

有时，需要直接求出惯性力的幅值而不求位移振幅，此时，可由式(3-150)移振幅向量 $\boldsymbol{A}$

用惯性力幅值向量表示为

$$\boldsymbol{A}=\frac{1}{\theta^2}\boldsymbol{M}^{-1}\boldsymbol{F}_{\mathrm{I}}^0 \tag{3-151}$$

再将式(3-151)代入式(3-146),得

$$\left[\boldsymbol{\delta}-\frac{1}{\theta^2}\boldsymbol{M}^{-1}\right]\boldsymbol{F}_{\mathrm{I}}^0+\boldsymbol{\Delta}_{\mathrm{P}}=\mathbf{0} \tag{3-152}$$

对一些集中质点系统,若选质点的位移为广义坐标,一般说来系统不会有惯性耦合,所以质量矩阵 $\boldsymbol{M}$ 通常都是对角矩阵,其逆矩阵很容易得到。

与单自由度系统一样,在稳态响应阶段,各质点均作与激励力同频率同相位(或反相,取决于振幅的正负号)的简谐振动,它们的位移同时达到最大值,因此,如果要求结构的最大内力,可将全部激励力的最大值和所有质点惯性力的最大值同时作用于结构,求得的内力便是结构最大的内力幅值。

例 3.24 如图 3-32a)所示简支梁,弯曲刚度 EI 为常数,两个集中质量为 $m_1=m_2=m$,在质点 1 处受有简谐干扰力 $F\sin\theta t$,$\theta=3.415\sqrt{\frac{EI}{ml^3}}$。求体系稳态响应时各质点的振幅,并作其动力幅值弯矩图。

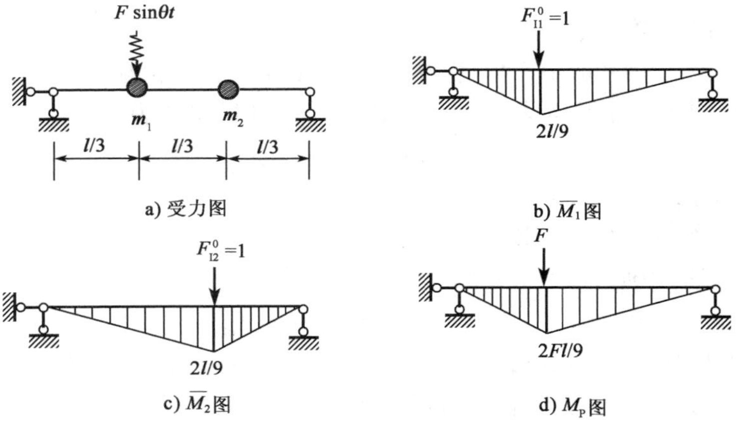

图 3-32 受简谐激励的简支梁振动系统

解:选两质点向下的位移为广义位移,用柔度法求解。先做出 $\overline{M}_1$、$\overline{M}_2$ 和 M_{P} 图如图 3-32b)、c)和 d)所示。利用图乘法求得

$$\delta_{11}=\delta_{22}=\frac{8}{486}\frac{l^3}{EI},\delta_{12}=\delta_{21}=\frac{7}{486}\frac{l^3}{EI}$$

$$\Delta_{1\mathrm{P}}=\frac{8}{486}\frac{Fl^3}{EI},\Delta_{2\mathrm{P}}=\frac{7}{486}\frac{Fl^3}{EI}$$

于是,得柔度矩阵和荷载幅值引起的位移向量

$$\boldsymbol{\delta}=\frac{l^3}{486EI}\begin{bmatrix}8 & 7\\7 & 8\end{bmatrix},\boldsymbol{\Delta}_{\mathrm{P}}=\frac{Fl^3}{486EI}\begin{Bmatrix}8\\7\end{Bmatrix}$$

而质量矩阵及其逆矩阵为

$$\boldsymbol{M}=m\begin{bmatrix}1&0\\0&1\end{bmatrix},\boldsymbol{M}^{-1}=\frac{1}{m}\begin{bmatrix}1&0\\0&1\end{bmatrix}$$

代入式(3-152),有

$$\begin{bmatrix}\frac{8l^3}{486EI}-\frac{1}{m\theta^2}&\frac{7l^3}{486EI}\\\frac{7l^3}{486EI}&\frac{8l^3}{486EI}-\frac{1}{m\theta^2}\end{bmatrix}\begin{Bmatrix}F_{I1}^0\\F_{I2}^0\end{Bmatrix}+\begin{Bmatrix}\frac{8Fl^3}{486EI}\\\frac{7Fl^3}{486EI}\end{Bmatrix}=\begin{Bmatrix}0\\0\end{Bmatrix}$$

将 $\theta=3.415\sqrt{\frac{EI}{ml^3}}$ 代入,解得

$$F_{I1}^0=0.2936F,F_{I2}^0=0.2689F$$

将 F_{I1}^0、F_{I2}^0 及 F 同时作用于结构上,用静力法可作出其动力幅值弯矩图,见图3-33。

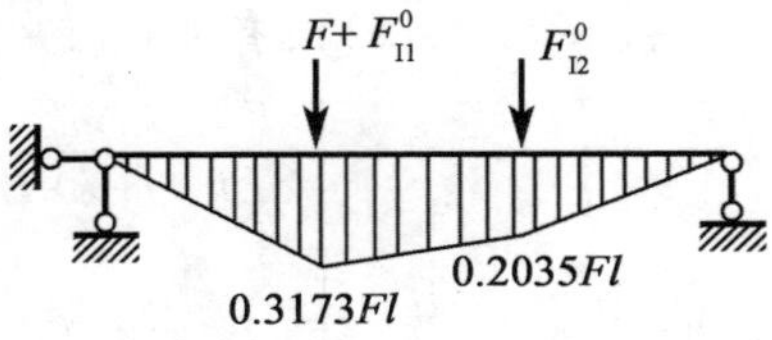

图3-33　简支梁的最大弯矩图

然后,由式(3-149)得到两个质点的振幅

$$A_1=\frac{F_{I1}^0}{m_1\theta^2}=0.02517\frac{Fl^3}{EI}$$

$$A_2=\frac{F_{I2}^0}{m_2\theta^2}=0.02306\frac{Fl^3}{EI}$$

例3.25　如图3-34a)所示的结构,弯曲刚度 EI 为常数,两个集中质量为 $m_1=m,m_2=2m$ 如图布置,在横梁上作用有均布简谐干扰力 $q\sin\theta t,\theta=3\sqrt{\frac{EI}{ml^3}}$。求体系稳态响应时各质点的振幅,并绘制其动力幅值弯矩图。

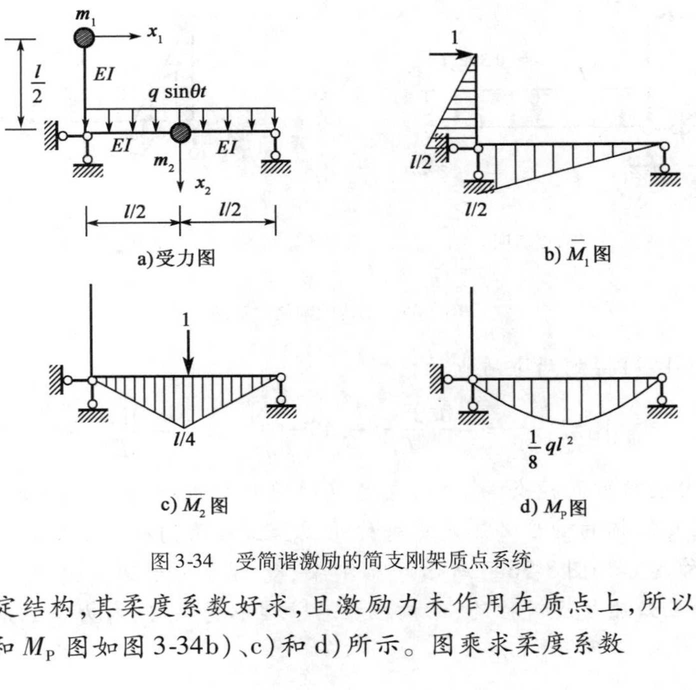

图3-34　受简谐激励的简支刚架质点系统

解:由于是静定结构,其柔度系数好求,且激励力未作用在质点上,所以用柔度法求解方便。做出 $\overline{M}_1$、$\overline{M}_2$ 和 M_P 图如图3-34b)、c)和d)所示。图乘求柔度系数

$$\delta_{11}=\frac{l^3}{8EI},\delta_{22}=\frac{l^3}{48EI},\delta_{12}=\delta_{21}=\frac{l^3}{32EI}$$

$$\Delta_{1P}=\frac{ql^4}{48EI},\Delta_{2P}=\frac{5ql^4}{384EI}$$

于是,得柔度矩阵和荷载幅值引起的位移向量

$$\boldsymbol{\delta}=\frac{l^3}{96EI}\begin{bmatrix}12 & 3\\ 3 & 2\end{bmatrix},\boldsymbol{\Delta}_P=\frac{ql^4}{384EI}\begin{Bmatrix}8\\5\end{Bmatrix}$$

而质量矩阵及其逆矩阵为

$$\boldsymbol{M}=m\begin{bmatrix}1 & 0\\ 0 & 2\end{bmatrix},\boldsymbol{M}^{-1}=\frac{1}{m}\begin{bmatrix}1 & 0\\ 0 & 1/2\end{bmatrix}$$

代入式(3-152),有

$$\begin{bmatrix}\frac{l^3}{8EI}-\frac{ml^3}{m\times 9EI} & \frac{l^3}{32EI}\\ \frac{l^3}{32EI} & \frac{l^3}{48EI}-\frac{ml^3}{2m\times 9EI}\end{bmatrix}\begin{Bmatrix}F_{I1}^0\\ F_{I2}^0\end{Bmatrix}+\begin{Bmatrix}\frac{ql^4}{48EI}\\ \frac{5ql^4}{384EI}\end{Bmatrix}=\begin{Bmatrix}0\\0\end{Bmatrix}$$

解得惯性力幅值

$$F_{I1}^0=-0.775ql,F_{I2}^0=-0.322ql$$

将 F_{I1}^0、F_{I2}^0 及 q 同时作用于结构上,如图 3-35a)所示。用静力法可做出其动力幅值弯矩图,见图 3-35b)。当动力荷载向下作用时,对应的弯矩图为实线图形;向上作用时,对应虚线图形。

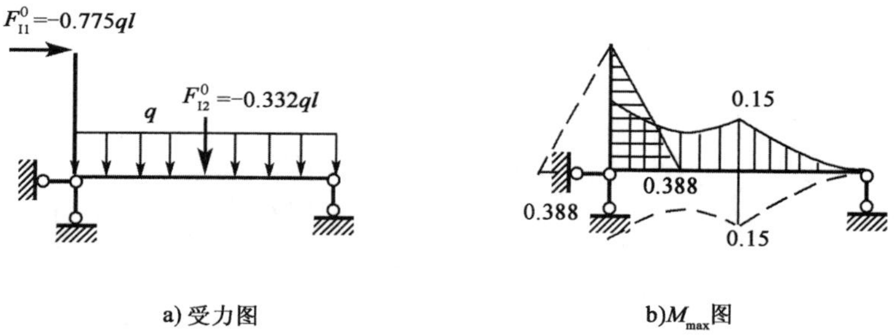

图 3-35 结构的幅值弯矩图

然后,由式(3-149)得到两个质点的振幅

$$A_1=\frac{F_{I1}^0}{m_1\theta^2}=-\frac{0.086ql^4}{EI},A_2=\frac{F_{I2}^0}{m_2\theta^2}=-\frac{0.0179ql^4}{EI}$$

在计算多自由度结构的稳态响应时,也可以利用对称性进行简化。如果对称结构承受了正对称的激励力,其结构的响应必然是正对称的;反之,若结构承受了反对称的激励力,则其响应也必定是反对称的。如图 3-36a)所示对称刚架,受图中所示的简谐激励,由于激励力是反对称的,因而其响应必然是反对称的,结构在振动过程中的位移、内力等都是反对称的,于是便可以取半结构计算,如图 3-36b)所示。

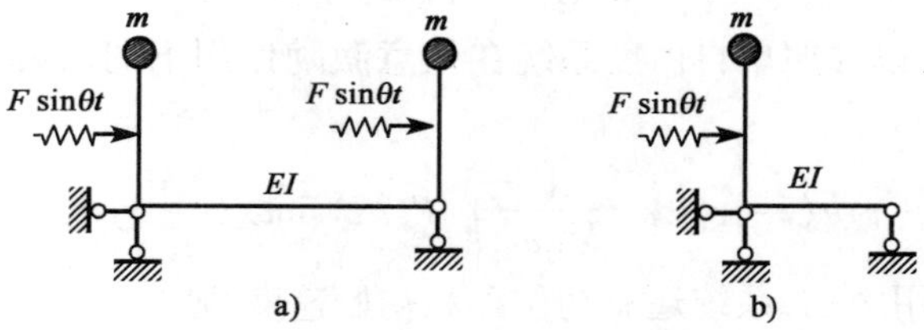

图 3-36　对称性的利用

3.7 ➤ 多自由度系统在任意激励下的响应

3.7.1 无阻尼受迫振动

上一节讨论的方法仅适合于求解多自由度系统在同步简谐激励作用下的稳态动力响应，如果系统承受的不是简谐激励而是其他形式的激励，则直接求解动力微分方程组十分困难，关键是微分方程的非齐次项是任意函数时非齐次方程的特解很难找到，再加上各广义坐标的弹性耦合和惯性耦合，使得方程组的求解难度非常大。此时，若利用本章第 4 节提到的坐标变换将微分方程组解耦之后，问题便迎刃而解。

若不考虑阻尼，多自由度系统的动力学方程为式(3-23)，为方便起见，重写如下

$$\boldsymbol{M}\ddot{\boldsymbol{q}} + \boldsymbol{K}\boldsymbol{q} = \boldsymbol{Q} \tag{3-153}$$

式中：$\boldsymbol{q}$——广义坐标向量；

$\boldsymbol{Q}$——广义激励力向量。

令

$$\boldsymbol{q} = \boldsymbol{\Phi}\boldsymbol{p} \tag{3-154}$$

式中：$\boldsymbol{\Phi}$——振型矩阵；

$\boldsymbol{p}$——主坐标向量。

将式(3-154)代入多系统自由振动的微分方程式(3-153)，有

$$\boldsymbol{M}\boldsymbol{\Phi}\ddot{\boldsymbol{p}} + \boldsymbol{K}\boldsymbol{\Phi}\boldsymbol{p} = \boldsymbol{Q}$$

然后在上式两边同时乘以 $\boldsymbol{\Phi}^{\mathrm{T}}$，注意矩阵相乘的结合律，得

$$\boldsymbol{M}_{\mathrm{P}}\ddot{\boldsymbol{p}} + \boldsymbol{K}_{\mathrm{P}}\boldsymbol{p} = \boldsymbol{P} \tag{3-155}$$

式中：$\boldsymbol{M}_{\mathrm{P}}$、$\boldsymbol{K}_{\mathrm{P}}$——主质量矩阵和主刚度矩阵，它们都是对角矩阵；

$\boldsymbol{P}$——与各主坐标相对应的广义力向量，为

$$\boldsymbol{P} = \boldsymbol{\Phi}^{\mathrm{T}}\boldsymbol{Q} \tag{3-156}$$

由于质量矩阵和刚度矩阵均为对角矩阵，所以方程式(3-155)的惯性耦合和弹性耦合都被解除了。该式可写成分量形式

$$M_{\mathrm{P}i}\ddot{p}_i + K_{\mathrm{P}i}p_i = P_i \qquad (i = 1, 2, \cdots, n) \tag{3-157}$$

其中

$$M_{\mathrm{P}i} = \boldsymbol{\phi}_i^{\mathrm{T}}\boldsymbol{M}\boldsymbol{\phi}_i \qquad (i = 1, 2, \cdots, n) \tag{3-158}$$

$$K_{\mathrm{P}i} = \boldsymbol{\phi}_i^{\mathrm{T}}\boldsymbol{K}\boldsymbol{\phi}_i \qquad (i = 1, 2, \cdots, n) \tag{3-159}$$

$$P_i = \boldsymbol{\phi}_i^{\mathrm{T}} \boldsymbol{Q} \qquad (i=1,2,\cdots,n) \tag{3-160}$$

式(3-157)完全可以参照单自由度系统在任意激励作用下的求解方法进行求解。利用杜哈梅积分,得

$$p_i(t) = \int_0^t P_i(\tau)h(t-\tau)\mathrm{d}\tau = \frac{1}{M_{\mathrm{P}i}\omega_i}\int_0^t P_i(\tau)\sin\omega_i(t-\tau)\mathrm{d}\tau \quad (i=1,2,\cdots,n) \tag{3-161}$$

如果在激励力作用之初,系统还有初位移和初始速度,则

$$p_i(t) = \left(p_i(0)\cos\omega_i t + \frac{\dot{p}_i(0)}{\omega_i}\sin\omega_i t\right) + \frac{1}{M_{\mathrm{P}i}\omega_i}\int_0^t P_i(\tau)\sin\omega_i(t-\tau)\mathrm{d}\tau \qquad (i=1,2,\cdots,n) \tag{3-162}$$

关于主坐标的初始条件,可由式(3-116)求得。

在求得主坐标的响应之后,将其代入式(3-154)便得到原物理坐标的响应,此处不予赘述。

上述求解多自由度系统在任意激励下的响应的方法通常称作是振型叠加法或振型展开法。之所以这样叫,是因为坐标变换式(3-154)的实质是将问题的物理(几何)坐标展开成 n 个主振型向量(振型)的叠加,由于各主振型向量之间具有正交性,使得惯性耦合与弹性耦合全部被解除,多自由度的问题因此也化简成了若干个单自由度的问题。

例3.26 如图3-37所示的两层剪切型刚架系统,横梁的弯曲刚度为无穷大,质量分别为 $m_1 = m_2 = 10200\text{kg}$,各层的侧移刚度为 $k_1 = 3\times10^3\text{kN/m}$,$k_2 = 2\times10^3\text{kN/m}$。现在顶层质量 m_2 处突加一激励力8kN,试求各楼层在零初始条件下的位移响应。

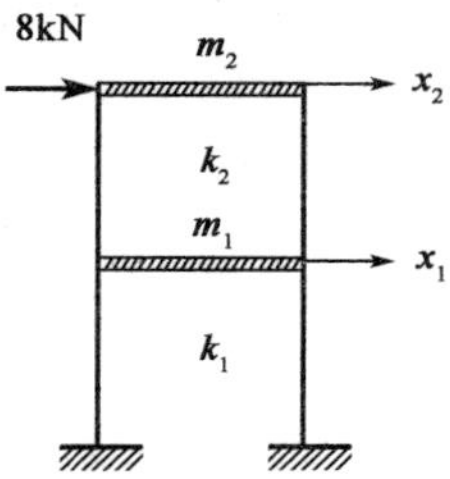

图3-37 受突加荷载的剪切刚架系统

解:选质点各楼层的水平位移 x_1、x_2 为广义坐标。该结构的刚度矩阵和质量矩阵都很容易求得

$$\boldsymbol{M} = \begin{bmatrix} m_1 & 0 \\ 0 & m_2 \end{bmatrix} = \begin{bmatrix} 1.02 & 0 \\ 0 & 1.02 \end{bmatrix} \times 10^4\text{kg}$$

$$\boldsymbol{K} = \begin{bmatrix} k_1 + k_2 & -k_2 \\ -k_2 & k_2 \end{bmatrix} = \begin{bmatrix} 5 & -2 \\ -2 & 2 \end{bmatrix} \times 10^3\text{kN/m}$$

利用式(3-53)和式(3-52)可求得其固有频率和相应的主振型

$$\omega_1 = 9.899(1/\text{s}), \omega_2 = 24.25(1/\text{s})$$

$$\boldsymbol{\phi}_1 = \begin{Bmatrix} 1 \\ 2 \end{Bmatrix}, \boldsymbol{\phi}_2 = \begin{Bmatrix} 1 \\ -1/2 \end{Bmatrix}$$

利用式(3-158)计算其各阶主质量

$$\boldsymbol{M}_{\mathrm{P1}} = \boldsymbol{\phi}_1^{\mathrm{T}}\boldsymbol{M}\boldsymbol{\phi}_1 = \{1 \quad 2\}\begin{bmatrix} 1.02 & 0 \\ 0 & 1.02 \end{bmatrix}\begin{Bmatrix} 1 \\ 2 \end{Bmatrix} \times 10^4\text{kg} = 51000\text{kg}$$

$$\boldsymbol{M}_{\mathrm{P2}} = \boldsymbol{\phi}_2^{\mathrm{T}}\boldsymbol{M}\boldsymbol{\phi}_2 = \{1 \quad -1/2\}\begin{bmatrix} 1.02 & 0 \\ 0 & 1.02 \end{bmatrix}\begin{Bmatrix} 1 \\ -1/2 \end{Bmatrix} \times 10^4\text{kg} = 12750\text{kg}$$

利用式(3-160)计算各主坐标方向对应的广义力

$$P_1 = \boldsymbol{\phi}_1^{\mathrm{T}}\boldsymbol{Q} = \{1 \quad 2\}\begin{Bmatrix} 0 \\ 8 \end{Bmatrix} = 16\text{kN} = 16000\text{N}$$

$$P_2 = \boldsymbol{\phi}_2^{\mathrm{T}}\boldsymbol{Q} = \{1 \quad -1/2\}\begin{Bmatrix} 0 \\ 8 \end{Bmatrix} = -4\text{kN} = -4000\text{N}$$

各主坐标的响应由杜哈梅积分式(3-161)可求得

$$
\begin{aligned}
p_1(t) &= \frac{1}{M_{P1}\omega_1}\int_0^t P_1(\tau)\sin\omega_1(t-\tau)\,d\tau \\
&= \frac{P_1}{M_{P1}\omega_1^2}(1-\cos\omega_1 t) = 0.0032(1-\cos\omega_1 t) \\
p_2(t) &= \frac{1}{M_{P2}\omega_2}\int_0^t P_2(\tau)\sin\omega_2(t-\tau)\,d\tau \\
&= \frac{P_2}{M_{P2}\omega_2^2}(1-\cos\omega_2 t) = -0.000533(1-\cos\omega_2 t)
\end{aligned}
$$

最后，利用式(3-154)将主坐标变换为原来的物理坐标

$$
\begin{Bmatrix} x_1 \\ x_2 \end{Bmatrix} = \begin{bmatrix} 1 & 1 \\ 2 & -\frac{1}{2} \end{bmatrix}\begin{Bmatrix} p_1 \\ p_2 \end{Bmatrix} = \begin{Bmatrix} p_1 + p_2 \\ 2p_1 - \frac{1}{2}p_2 \end{Bmatrix}
$$

$$
x_1 = 0.00267 - 0.0032\cos\omega_1 t + 0.000534\cos\omega_2 t \qquad (\mathrm{m})
$$

$$
x_2 = 0.00667 - 0.0064\cos\omega_1 t - 0.000267\cos\omega_2 t \qquad (\mathrm{m})
$$

3.7.2　有阻尼受迫振动

在结构动力分析中，由于阻尼因素对结构的自由振动特性和冲击荷载作用下结构系统的响应的影响不大，所以在做自由振动计算和进行冲击荷载作用下结构动力响应分析时，常不考虑阻尼的影响。但是在一般荷载作用下，有时候阻尼会对结构的最大响应起控制作用，因此有必要考虑阻尼的影响。

考虑黏性阻尼的情况，即假设各阻尼力的大小与质体的速度成正比，而其方向与速度方向相反。在多自由度体系中，所有的质点都在运动，作用在第 i 个广义坐标方向的阻尼力 F_{Di} 除了跟第 i 个广义速度有关外，还会受其他广义速度的影响，一般假设为

$$
F_{Di} = -c_{11}\dot{q}_1 - c_{12}\dot{q}_2 - \cdots - c_{1n}\dot{q}_n \qquad (i = 1,2,\cdots,n) \tag{3-163}
$$

所以，在考虑阻尼时，多自由度系统的运动微分方程直接在式(3-23)中加上阻尼项得到，通常写成如下形式

$$
\boldsymbol{M}\ddot{\boldsymbol{q}} + \boldsymbol{C}\dot{\boldsymbol{q}} + \boldsymbol{K}\boldsymbol{q} = \boldsymbol{Q} \tag{3-164}
$$

式中

$$
\boldsymbol{C} = \begin{bmatrix} c_{11} & c_{12} & \cdots & c_{1n} \\ c_{21} & c_{22} & \cdots & c_{2n} \\ \vdots & \vdots & \vdots & \vdots \\ c_{n1} & c_{n2} & \cdots & c_{nn} \end{bmatrix}
$$

称为阻尼矩阵。

在用振型叠加法对微分方程式(3-164)求解时，如果仍用式(3-154)的坐标变换，变换时所用的振型矩阵依然采用前面讨论的不计阻尼时得到的振型矩阵，利用主振型的正交性可方便地使得方程组中的弹性项和惯性项均解除耦合。然而很遗憾的是，这样的主振型向量关于阻尼矩阵通常不是正交的，因此，方程变换时阻尼力的耦合是不可避免的，这给微分方程组的求解带来了麻烦。由于阻尼问题的复杂性，再加上在实际问题中阻尼的数值不是很容易准确得

到，在讨论具体问题时通常采用一些假设，使得无阻尼振型向量关于阻尼矩阵正交。最常用的假设就是 Rayleigh 的比例阻尼假设

$$\boldsymbol{C} = \alpha\boldsymbol{M} + \beta\boldsymbol{K} \tag{3-165}$$

式中：α、β——待定系数。

若对阻尼作这样的假设，则当用振型矩阵 $\boldsymbol{\Phi}$ 对原坐标 $\boldsymbol{q}$ 线性变换后，再对原微分方程组施加前述的变换，可得

$$\boldsymbol{M}_{\mathrm{P}}\ddot{\boldsymbol{p}} + \boldsymbol{C}_{\mathrm{P}}\dot{\boldsymbol{p}} + \boldsymbol{K}_{\mathrm{P}}\boldsymbol{p} = \boldsymbol{P} \tag{3-166}$$

其中

$$\begin{aligned}\boldsymbol{C}_{\mathrm{P}} &= \boldsymbol{\Phi}^{\mathrm{T}}\boldsymbol{C}\boldsymbol{\Phi} = \boldsymbol{\Phi}^{\mathrm{T}}(\alpha\boldsymbol{M} + \beta\boldsymbol{K})\boldsymbol{\Phi} \\ &= \alpha\boldsymbol{\Phi}^{\mathrm{T}}\boldsymbol{M}\boldsymbol{\Phi} + \beta\boldsymbol{\Phi}^{\mathrm{T}}\boldsymbol{K}\boldsymbol{\Phi} = \alpha\boldsymbol{M}_{\mathrm{P}} + \beta\boldsymbol{K}_{\mathrm{P}}\end{aligned} \tag{3-167}$$

由于 $\boldsymbol{M}_{\mathrm{P}}$ 和 $\boldsymbol{K}_{\mathrm{P}}$ 都是对角矩阵，所以 $\boldsymbol{C}_{\mathrm{P}}$ 也是对角矩阵，因此，原微分方程组便可以完全解耦，其中的第 i 个方程为

$$M_{\mathrm{P}i}\ddot{p}_i + C_{\mathrm{P}i}\dot{p}_i + K_{\mathrm{P}i}p_i = P_i \qquad (i = 1,2,\cdots,n) \tag{3-168}$$

为方便套用单自由度系统的解，现将式(3-168)两边除以 $M_{\mathrm{P}i}$，注意$\dfrac{\boldsymbol{K}_{\mathrm{P}i}}{\boldsymbol{M}_{\mathrm{P}i}} = \omega_i^2$，并令

$$\frac{C_{\mathrm{P}i}}{M_{\mathrm{P}i}} = 2\zeta_i\omega_i \tag{3-169}$$

有

$$\ddot{p}_i + 2\zeta_i\omega_i\dot{p}_i + \omega_i^2 p_i = P_i \qquad (i = 1,2,\cdots,n) \tag{3-170}$$

显然，该式与单自由度系统的方程完全一样，其解用杜哈梅积分得到

$$p_i(t) = \frac{1}{M_{\mathrm{P}i}\omega_i}\int_0^t P_i(\tau)\mathrm{e}^{-\zeta_i\omega_i(t-\tau)}\sin\omega_i(t-\tau)\mathrm{d}\tau \tag{3-171}$$

若在激励力作用之初，系统还有初位移和初始速度，则

$$\begin{aligned}p_i(t) = {}& \mathrm{e}^{-\zeta_i\omega_i t}\left(p_i(0)\cos\omega_{\mathrm{d}i}t + \frac{\dot{p}_i(0) + \zeta_i\omega_i p_i(0)}{\omega_{\mathrm{d}i}}\sin\omega_{\mathrm{d}i}t\right) + \\ & \frac{1}{M_{\mathrm{P}i}\omega_{\mathrm{d}i}}\int_0^t P_i(\tau)\mathrm{e}^{-\zeta_i\omega_i(t-\tau)}\sin\omega_{\mathrm{d}i}(t-\tau)\mathrm{d}\tau\end{aligned} \tag{3-172}$$

该式右边前两项表示系统对初始条件的主坐标响应，也即主坐标的自由振动响应，后一项表示主坐标对一般激励力的响应，也即主坐标的强迫振动响应。式中

$$\omega_{\mathrm{d}i} = \sqrt{1 - \zeta_i^2}\,\omega_i \tag{3-173}$$

为第 i 阶有阻尼的固有频率。

关于主坐标的初位移和初速度，依然可由式(3-116)求得，兹不赘述。

需要指出，上述解能够顺利求得，是在式(3-165)的假设基础之上实现的，按照这种假设的阻尼通常称作 Rayleigh 比例阻尼。在求解实际问题时，通常直接应用阻尼比 ζ_i，这可以从式(3-169)得到

$$\zeta_i = \frac{C_{\mathrm{P}i}}{2M_{\mathrm{P}i}\omega_i} = \frac{\alpha M_{\mathrm{P}i} + \beta K_{\mathrm{P}i}}{2M_{\mathrm{P}i}\omega_i} = \frac{1}{2}\left(\frac{\alpha}{\omega_i} + \beta\omega_i\right) \tag{3-174}$$

式中的系数 α 和 β 可以由已知的某两个 ω_i 和由实验测定的对应的阻尼比 ζ_i 反推出来，然后再代入式(3-174)求出其他振型的阻尼比。通常先测出前两阶振型的阻尼比 ζ_1 和 ζ_2，然后由

式(3-174)写出两个方程

$$\begin{Bmatrix}\zeta_1\\ \zeta_2\end{Bmatrix}=\frac{1}{2}\begin{bmatrix}1/\omega_1 & \omega_1\\ 1/\omega_2 & \omega_2\end{bmatrix}\begin{Bmatrix}\alpha\\ \beta\end{Bmatrix} \tag{3-175}$$

解得

$$\alpha=\frac{2\omega_1\omega_2(\zeta_1\omega_2-\zeta_2\omega_1)}{\omega_2^2-\omega_1^2},\beta=\frac{2(\zeta_2\omega_2-\zeta_1\omega_1)}{\omega_2^2-\omega_1^2} \tag{3-176}$$

求得系数 α 和 β 之后,便可由式(3-174)求得其他各阶主振型对应的阻尼比。

Rayleigh 比例阻尼并不是唯一能使主振型向量关于阻尼矩阵正交的假设。实验表明,由式(3-174)推算出的高阶振型的阻尼比与实际测量结果并不一致,而且所取的振型阶数越高,误差越大,这是 Rayleigh 比例阻尼的不足之处。为克服这个缺点,可取比例阻尼的更一般形

$$\boldsymbol{C}=\boldsymbol{M}\sum_{r=0}^{n-1}\alpha_r[\boldsymbol{M}^{-1}\boldsymbol{K}]^r \tag{3-177}$$

式中: α_r——待定参数;

$[\boldsymbol{M}^{-1}\boldsymbol{K}]^r$——表示矩阵 $\boldsymbol{M}^{-1}\boldsymbol{K}$ 连乘 r 次。

可以证明,无阻尼振型关于式(3-177)的阻尼矩阵满足正交关系,即当 $i\neq j$ 时有

$$\boldsymbol{\phi}_i^{\mathrm{T}}\boldsymbol{C}\boldsymbol{\phi}_j=\boldsymbol{\phi}_i^{\mathrm{T}}\boldsymbol{M}\sum_{r=0}^{n-1}\alpha_r[\boldsymbol{M}^{-1}\boldsymbol{K}]^r\boldsymbol{\phi}_j=0 \tag{3-178}$$

证明如下:

因为对固有频率 ω_j^2 和相应的主振型 $\boldsymbol{\phi}_j$ 满足 $\boldsymbol{K}\boldsymbol{\phi}_j=\omega_j^2\boldsymbol{M}\boldsymbol{\phi}_j$,两边左乘以 $\boldsymbol{M}^{-1}$,得

$$\boldsymbol{M}^{-1}\boldsymbol{K}\boldsymbol{\phi}_j=\omega_j^2\boldsymbol{\phi}_j$$

由此不难知道

$$(\boldsymbol{M}^{-1}\boldsymbol{K})^r\boldsymbol{\phi}_j=(\omega_j^2)^r\boldsymbol{\phi}_j$$

于是有

$$\sum_{r=0}^{n-1}\alpha_r\boldsymbol{\phi}_i^{\mathrm{T}}\boldsymbol{M}[\boldsymbol{M}^{-1}\boldsymbol{K}]^r\boldsymbol{\phi}_j=\sum_{r=0}^{n-1}\alpha_r(\omega_j^2)^r\boldsymbol{\phi}_i^{\mathrm{T}}\boldsymbol{M}\boldsymbol{\phi}_j=0$$

证毕。

显然,采用式(3-177)的假设后,在进行方程组的变换时,$\boldsymbol{C}_{\mathrm{P}}=\boldsymbol{\Phi}^{\mathrm{T}}\boldsymbol{C}\boldsymbol{\Phi}$ 矩阵就变成了一个对角矩阵,方程组的各阻尼项就解除了耦合。这种假设的阻尼称为 Caughey 阻尼,它实际上是 Rayleigh 阻尼的扩展,不难看出,若在式(3-177)中只留 0 和 1 两项时,就是 Rayleigh 阻尼矩阵。下面简要给出 $\boldsymbol{C}_{\mathrm{P}}$ 矩阵的主对角元计算方法。

$$\begin{aligned}C_{\mathrm{P}i}&=\boldsymbol{\phi}_i^{\mathrm{T}}\boldsymbol{C}\boldsymbol{\phi}_i=\boldsymbol{\phi}_i^{\mathrm{T}}\boldsymbol{M}\sum_{r=0}^{n-1}\alpha_r[\boldsymbol{M}^{-1}\boldsymbol{K}]^r\boldsymbol{\phi}_i\\&=\sum_{r=0}^{n-1}\alpha_r(\omega_i^2)^r\boldsymbol{\phi}_i^{\mathrm{T}}\boldsymbol{M}\boldsymbol{\phi}_i=M_{\mathrm{P}i}\sum_{r=0}^{n-1}\alpha_r\omega_i^{2r}\end{aligned} \tag{3-179}$$

由该式得到

$$\begin{aligned}\zeta_i&=\frac{1}{2\omega_i}\sum_{r=0}^{n-1}\alpha_r\omega_i^{2r}=\frac{C_{\mathrm{P}i}}{2M_{\mathrm{P}i}\omega_i}\\&=\frac{1}{2}\left(\frac{\alpha_0}{\omega_i}+\alpha_1\omega_i+\alpha_2\omega_i^3+\cdots+\alpha_{n-1}\omega_i^{2n-1}\right)\qquad(i=1,2,\cdots,n)\end{aligned} \tag{3-180}$$

具体操作时,事先计算出前 n 阶自振频率 ω_1、ω_2、$\cdots$、ω_n 并测量得前 n 个振型对应的阻尼比

ζ_1、ζ_2、…、ζ_n，然后将它们代入式(3-180)的方程组，联立求得 n 个参数 α_0、α_1、…、α_{n-1}，就使得假设的各阶阻尼和实际测量结果完全吻合。将求得的参数代入式(3-177)，就可得到满足正交条件且各阶均与实验结果一致的阻尼矩阵。

习题

3.1　题3.1图所示结构中，刚性均质正方形板 $ABCD$ 由4根立柱在板的四角处刚性连接支承。设板的边长为 l，质量为 m，柱子的长度也为 l，弯曲刚度为 EI，质量忽略不计。当板在水平面内微幅振动时，柱子的扭转效应忽略不计。激励力 $F(t)$ 在板的平面内沿 y 方向，其作用点为板的质心 O。试建立系统的运动微分方程。广义坐标分别选为：

(1) B 和 C 点 x 方向位移及 D 点 y 方向的位移。

(2) 质心 O 的 x 和 y 方向的位移及板的顺时针转角。

(3) 质心 O 沿 AC 和 BD 方向的位移及板的顺时针转角。

3.2　试用刚度法建立题3.2图所示结构系统的运动微分方程。

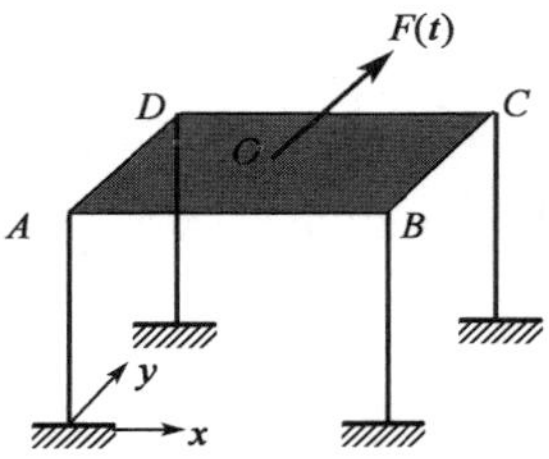

图3.1图

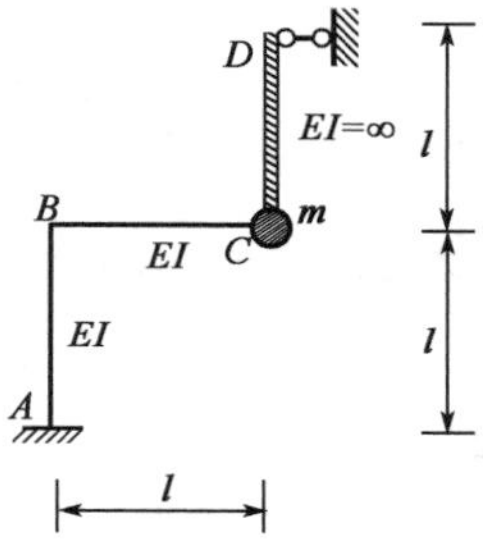

图3.2图

3.3　题3.3图所示结构系统中，各杆的弯曲刚度 EI 均为常数且相同，试用柔度法建立该系统的运动微分方程。

3.4　题3.4图所示结构系统中，受弯杆件的弯曲刚度 EI 均为常数且相同，弹簧支座的刚度系数为 $k=\dfrac{6EI}{l^3}$，试分别用刚度法和柔度法建立其振动的微分方程。

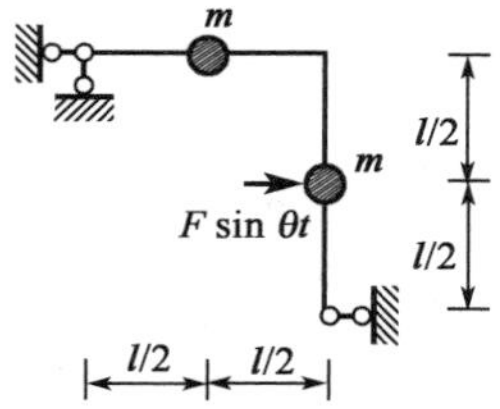

图3.3图

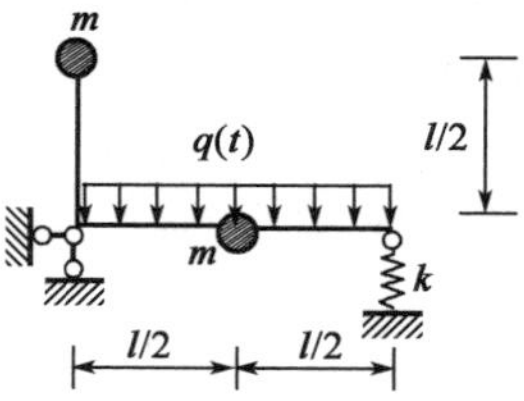

图3.4图

3.5　张紧的弦上有两个集中质量 m_1 和 m_2，如题3.5图所示。假设质量沿竖直方向振动时弦的张力 F 不变，$m_1=m$，$m_2=2m$，弦的质量忽略不计，试求微幅振动时的固有频率和主振型，并画出振型图。

3.6　质量为 m 的矩形物块由长度为 l_1 和 l_2 的两根绳索水平拴紧在两固定墙之间，如题3.6图所示。两绳均通过物块的质心 C，绳子的张力为 F，在微幅振动时忽略绳子张力的变化。物块绕质心的转动惯量设为 J。试求系统在平面内自由振动的振动方程和固有频率。

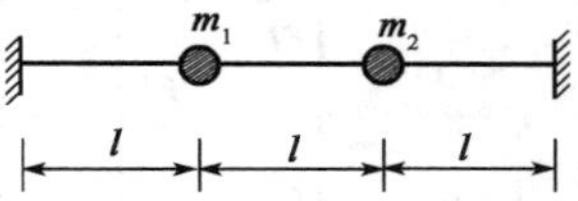

题 3.5 图

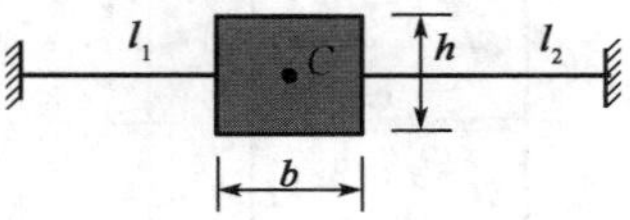

题 3.6 图

3.7　由刚度系数为 k 的两个弹簧连接三个相同的摆，摆杆长均为 l，如题 3.7 图所示，试求系统的固有频率和主振型。

3.8　题 3.8 图所示系统中，各惯性元件的质量和弹簧的刚度系数均已在图中给出，假设静止时弹簧 k_1 处于水平位置，均质刚性杆与铅垂线的夹角为 φ_0。试求系统的运动微分方程，并推导其自由振动时的频率方程。

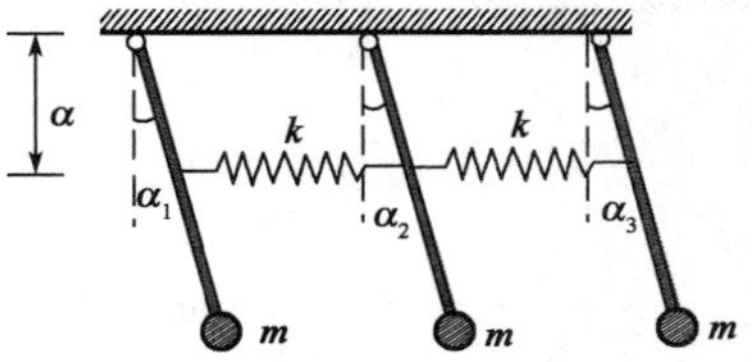

题 3.7 图

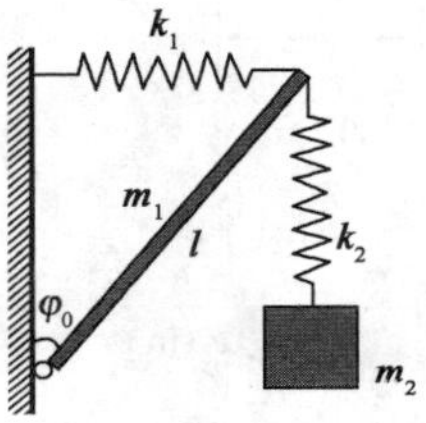

题 3.8 图

3.9　试用柔度法求题 3.9 图所示各系统的自振频率和主振型。

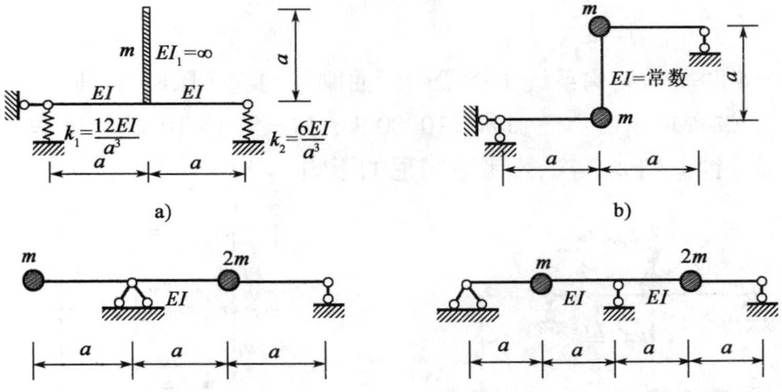

题 3.9 图

3.10　试用刚度法求题 3.10 图所示各系统的自振频率和主振型。

3.11　题 3.11 图所示梁的 $E = 210\text{GPa}$，$I = 1.6 \times 10^{-4}\text{m}^4$，$m = 2000\text{kg}$，激励荷载的幅值 $F = 4.8\text{kN}$，角频率 $\theta = 30\text{s}^{-1}$。试求两集中质量处的最大竖向位移。

3.12　题 3.12 图所示悬臂梁的 $E = 210\text{GPa}$，$I = 2.4 \times 10^{-4}\text{m}^4$，梁上装有两个重量均为 $G = 30\text{kN}$ 的发电机，假设振动干扰力幅值为 $F = 5\text{kN}$，试求左侧发电机停机而右侧发电机分别以转速 300r/min 和 500r/min 转动时梁的动力幅值弯矩图和梁的最大弯矩图。

3.13　题 3.13 图所示结构系统中横梁的弯曲刚度均为 EI，连接两个梁的杆件的拉压刚度 $EA = \dfrac{EI}{l^2}$，$m_1 = m_2 = m$，激励力的频率 $\theta = 2\sqrt{\dfrac{EI}{ml^3}}$。试求两集中质量处的最大竖向位移，并绘制结构的动力幅值弯矩图。

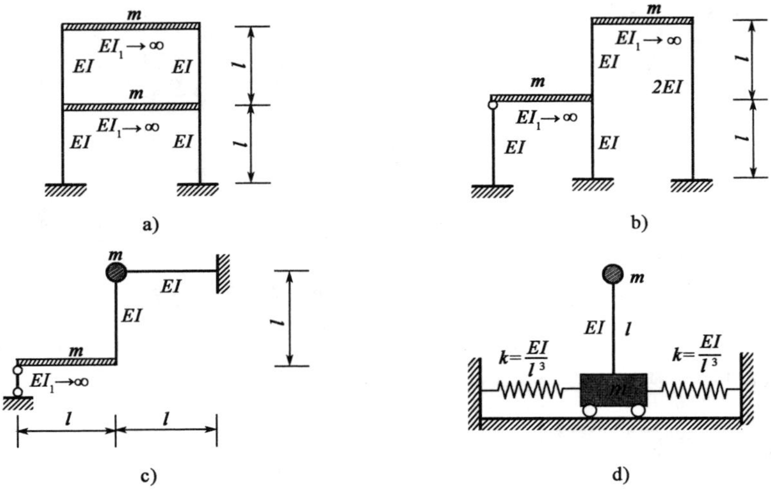

题 3.10 图

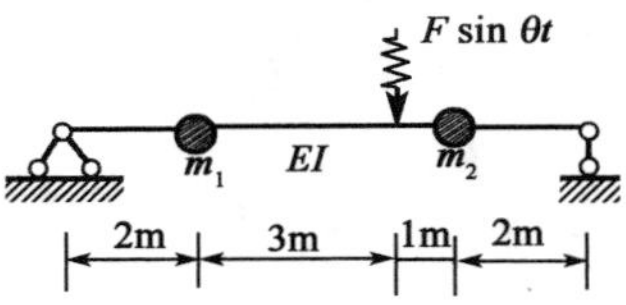

题 3.11 图

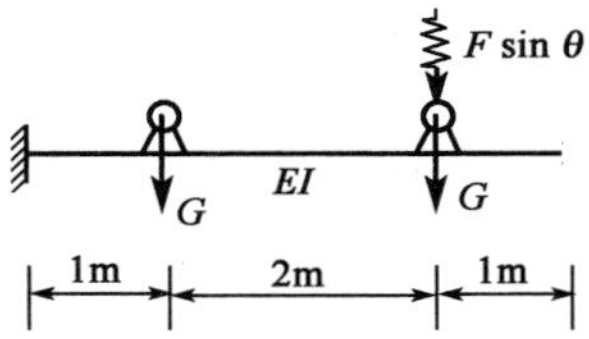

题 3.12 图

3.14 题 3.14 图所示结构系统中横梁的弯曲刚度均为无限刚性，即 $EI_1=\infty$，试求各横梁处的位移幅值和柱端弯矩幅值。已知 $m=100000\text{kg}$，$EI=5.0\times10^5\text{kN}\cdot\text{m}^2$，$l=5\text{m}$，简谐激励力幅值 $F=30\text{kN}$，每分钟振动 240 次，不考虑阻尼的影响。

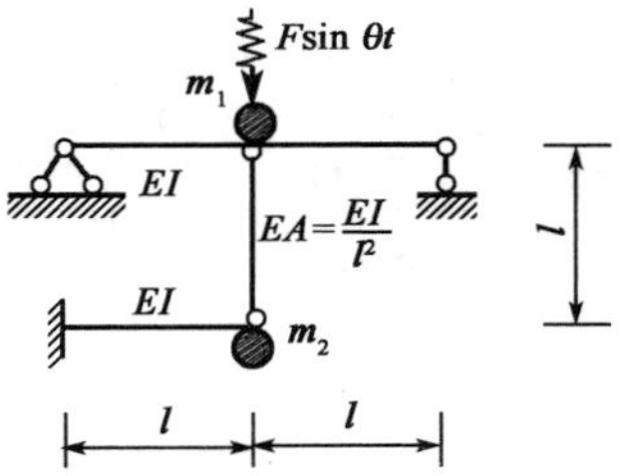

题 3.13 图

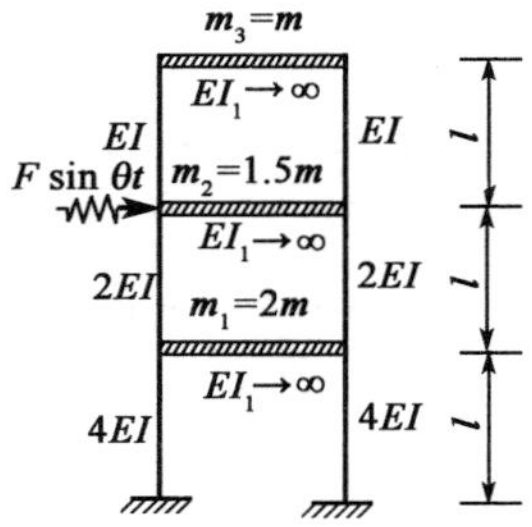

题 3.14 图

3.15 用振型叠加法计算题 3.12。

3.16 将题 3.14 中的简谐激励改为突加荷载 $F=30\text{kN}$，作用位置不变。考虑结构阻尼并已知 $\zeta_1=\zeta_2=0.05$。试用用振型叠加法计算结构的位移响应。

第4章 大型特征问题的实用近似计算方法

在前面几章里,详细讨论了离散系统和连续系统的自由振动和受迫振动问题,阐述了问题的基本原理和求解方法。对于自由度较少的系统,比较容易计算出系统的特征值和特征向量,以获得其固有频率和主振型,再按照振型叠加的方法不难求得结构在外部激励作用下的响应。然而,当自由度数目较大时,求解其固有频率和振型向量将不是那么容易的事情,采用常规的方法来计算其特征值问题是非常耗时的,有时甚至会因为矩阵的病态导致计算出现中断,或者导致计算结果南辕北辙,这会使得在应用振型叠加法求多自由度系统的动力响应时遇到障碍,也就是说,求解较大自由度系统的固有频率和振型向量成了求解其动力响应的瓶颈,我们必须想办法去解决大规模特征值求解的问题。为了减小计算规模,提高计算效率和计算精度,有必要进一步探讨有效实用的计算方法。求解特征值问题,除了将行列式展开为多项式求根的方法以外,还有矩阵分解、矩阵迭代、矩阵变换这三大类方法,其中矩阵分解法属于精确方法,而矩阵迭代法和矩阵变换法都属于近似方法,这些方法在计算数学中有详细的论述,本章只简单介绍一些力学色彩较浓而数学色彩相对较淡的方法。首先介绍一种最简单的估算多自由度系统基频下限的方法——邓克利法,然后介绍以能量原理为基础的瑞利法和里兹法,瑞利法可以估计多自由度系统和无限自由度系统基频的上限,里兹法则可以近似求出它们的前几阶固有频率和振型。将邓克利法和瑞利法相结合,可以估计出基频的范围,这在有时候是非常有用的。矩阵迭代法虽然力学色彩不是那么浓,但由于其概念比较清楚,方法简单实用,所以也作介绍。子空间迭代法是将矩阵迭代法和里兹法相结合的产物,兼具两者的优点,时至目前,仍然是工程中求解大型特征值问题的主流方法之一。在实际工程中,有一类诸如弹性梁上有若干集中质量的链状结构,传递矩阵法是求解大型链状结构系统固有频率和主振型以及简谐强迫振动响应的典型方法,它能计算离散的和连续的链状系统。

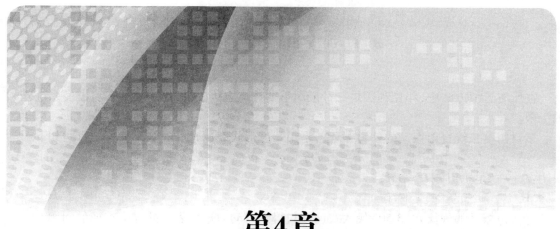

4.1 ➤ 邓克利法

在所有近似方法中,邓克利法是一种最简单的计算方法,它常用来估算多自由度系统基频的下限。

多自由度系统自由振动的动力方程若是用柔度形式表达,则如式(3-70),现重写如下

$$\boldsymbol{D}\ddot{\boldsymbol{q}} + \boldsymbol{q} = \boldsymbol{0} \tag{4-1}$$

式中:$\boldsymbol{D}$——动力矩阵,$\boldsymbol{D}=\boldsymbol{\delta M}$;

$\boldsymbol{\delta}$、$\boldsymbol{M}$——系统的柔度矩阵和质量矩阵。

将自由振动的规律式(3-50)代入式(4-1),得到以动力矩阵表示的标准特征值问题

$$(\boldsymbol{D} - \nu\boldsymbol{E})\boldsymbol{A} = \boldsymbol{0} \tag{4-2}$$

其中,参数 ν 为固有频率平方的倒数,即

$$\nu = \frac{1}{\omega^2} \tag{4-3}$$

利用式(3-71)有非零解的条件导出其频率方程

$$|\boldsymbol{D} - \nu\boldsymbol{E}| = 0 \tag{4-4}$$

设 $\boldsymbol{D}=(d_{ij})$,上式写作

$$\begin{vmatrix} d_{11}-\nu & d_{12} & \cdots & d_{1n} \\ d_{12} & d_{22}-\nu & \cdots & d_{2n} \\ \vdots & \vdots & \ddots & \vdots \\ d_{n1} & d_{n2} & \cdots & d_{nn}-\nu \end{vmatrix} = 0 \tag{4-5}$$

展开后得到 ν 的 n 次本征方程

$$\nu^n + a_1\nu^{n-1} + \cdots + a_{n-1}\nu + a_n = 0 \tag{4-6}$$

式中:a_1——动力矩阵 $\boldsymbol{D}$ 的对角线元素之和,即矩阵 $\boldsymbol{D}$ 的迹的负值

$$a_1 = -(d_{11} + d_{22} + \cdots + d_{nn}) = -\mathrm{tr}(\boldsymbol{D}) \tag{4-7}$$

当质量矩阵为对角阵时,$\boldsymbol{D}$ 的迹为

$$\mathrm{tr}(\boldsymbol{D}) = \mathrm{tr}(\boldsymbol{FM}) = \sum_{i=1}^{n}\delta_{ii}m_i \tag{4-8}$$

假设本征方程式(4-6)有 n 个正根,现将其按由大到小的顺序排列为

$$\nu_1 > \nu_2 > \cdots > \nu_{n-1} > \nu_n \tag{4-9}$$

本征方程式(4-6)必然也可改写为

$$(\nu - \nu_1)(\nu - \nu_2)\cdots(\nu - \nu_n) = 0 \tag{4-10}$$

观察式(4-10)不难发现,则方程(4-6)中的系数 a_1 也可写作

$$a_1 = -\sum_{i=1}^{n}\nu_i \tag{4-11}$$

比较式(4-7)和式(4-11),并考虑式(4-8),导出

$$\sum_{i=1}^{n}\nu_i = \sum_{i=1}^{n}\delta_{ii}m_i \tag{4-12}$$

由第3章知,柔度影响系数 δ_{ii} 的物理意义为仅沿第 i 坐标施加单位力时所产生的第 i 坐标

的位移。设想系统内只保留第 i 质量时，则 δ_{ii} 的倒数必等于此单自由度系统的刚度系数 k_i，从而推论，系统内只保留第 i 质量时，其固有频率的平方 $\tilde{\omega}_i^2$ 必与 $\delta_{ii}m_i$ 互为倒数，即

$$\delta_{ii}m_i = \frac{m_i}{k_i} = \frac{1}{\tilde{\omega}_i^2} \tag{4-13}$$

将上式代入式(4-12)，左边的求和式中除与基频对应的 $\nu_1 = 1/\omega_1^2$ 以外，第二阶以上的固有频率对应的 ν_2、…、ν_n 均远小于 ν_1，可近似地予以忽略，从而导出以下基频近似公式

$$\frac{1}{\omega_1^2} = \sum_{i=1}^{n} \frac{1}{\tilde{\omega}_i^2} \tag{4-14}$$

利用此公式算出的基频必小于实际基频，成为实际基频的下限。

例 4.1　用邓克利法估算图 4-1 所示系统的基频的下限。已知 $m_1 = m_2 = m, m_3 = 2m$，$k_1 = k_2 = k, k_3 = 2k$。

解：系统中只保留第一个质量时，该单自由度系统的质量和刚度系数分别为 $m_1 = m, k_1 = k$，于是有

$$\tilde{\omega}_1^2 = \frac{k}{m}$$

当系统中只保留第二个质量时，弹簧 k_1 与 k_2 串联，此单自由度系统的质量和刚度系数为 $m_2 = m, k_{12} = \dfrac{k_1k_2}{k_1 + k_2} = \dfrac{k}{2}$，该单自由度系统的固有频率平方为

$$\tilde{\omega}_2^2 = \frac{k}{2m}$$

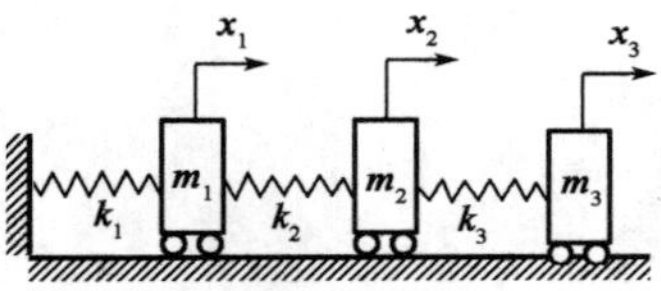

图 4-1　质量强弱弹簧系统

当系统中只保留第三个质量时，弹簧 k_1、k_2 与 k_3 串联，此单自由度系统的质量 $m_3 = 2m$，其等效刚度可按下式求得

$$\frac{1}{k_{123}} = \frac{1}{k_1} + \frac{1}{k_2} + \frac{1}{k_3} = \frac{5}{2k}$$

该单自由度系统的固有频率平方为

$$\tilde{\omega}_3^2 = \frac{k}{5m}$$

代入式(4-14)计算

$$\frac{1}{\omega_1^2} = \frac{1}{\tilde{\omega}_1^2} + \frac{1}{\tilde{\omega}_2^2} + \frac{1}{\tilde{\omega}_3^2} = \frac{8m}{k}$$

得到基频的下限为

$$\omega_1 = \sqrt{\frac{k}{8m}} \approx 0.3535\sqrt{\frac{k}{m}}$$

该问题基频的精确值 $\omega_1 = 0.3730\sqrt{k/m}$。与之相比，显然邓克利法计算出的基频值偏小，其相对误差约为 5.2%。

例 4.2　一等截面均质悬臂梁的长度为 l，弯曲刚度为 EI，单位长度的质量为 $\bar{m}$。已知其自由振动的基频为 $\omega = \left(\dfrac{3.5156}{l}\right)^2\sqrt{\dfrac{EI}{\bar{m}}}$，若在梁的自由端处附加一个集中质量 $2\bar{m}l$，试用邓克利

法估计该系统的基频。

解：当系统中只保留梁的质量而无集中质量时，有

$$\tilde{\omega}_1^2 = \left(\frac{3.5156}{l^2}\right)^2 \frac{EI}{\bar{m}} = \frac{12.36EI}{\bar{m}l^4}$$

若假设梁没有质量而只考虑集中质量，则该系统的刚度系数可用结构力学求得

$$k_{11} = \frac{3EI}{l^3}$$

其固有频率为

$$\tilde{\omega}_2^2 = \frac{3EI}{2\bar{m}l^4}$$

于是，由式(4-14)得

$$\frac{1}{\omega_1^2} = \frac{1}{\tilde{\omega}_1^2} + \frac{1}{\tilde{\omega}_2^2} = \frac{\bar{m}l^4}{12.36EI} + \frac{2\bar{m}l^4}{3EI} \approx \frac{0.7479\bar{m}l^4}{EI}$$

原系统的固有频率近似为

$$\omega_1 = \sqrt{\frac{EI}{0.7479\bar{m}l^4}} = \sqrt{\frac{1.337EI}{\bar{m}l^4}} = 1.1566\sqrt{\frac{EI}{\bar{m}l^4}}$$

4.2 瑞 利 法

4.2.1 瑞利第一商

由第3章可知，在应用振型叠加法时，高阶振型所占的比例并不大，而且频率的阶次越高，相应的主坐标所占的份额就越小，因此在实际工程问题中，常常只取其前几阶的主振型叠加就可以满足精度要求。也就是说，对于具有庞大的自由度的多自由度系统，没有必要求出其所有的固有频率和主振型，而只需要求出其较低阶的频率和振型就可以了。瑞利法是计算振动体系基频最有效、最简便的方法，它是根据能量守恒原理建立起来的，故也称为能量法。

根据能量守恒定律，当一个无阻尼的振动系统按某个固有频率作主振动时，没有能量的输入与损失，机械能保持为常数，即

$$T + V = C \tag{4-15}$$

式中：T——系统某时刻的动能；

V——该时刻系统的势能；

C——常数。

我们知道，一个动力系统作主振动的方式是简谐振动，当系统的振幅最大时，系统的动能为零而势能达到最大值，当体系振动到静力平衡位置时，系统的势能为零而动能达到最大值。显然有

$$T_{\max} = V_{\max} \tag{4-16}$$

假设系统以第 i 个固有频率作主振动，其振动方式为

$$\boldsymbol{q} = a_i\boldsymbol{\phi}_i\sin(\omega_i t + \alpha_i) \tag{4-17}$$

式中：$\boldsymbol{\phi}_i$——振动的主振型向量；

ω_i——相应主振动的频率；

α_i——各自由度方向共同的相位角；

a_i——常数，用来控制主振动的振幅。

于是系统的速度向量为

$$\dot{\boldsymbol{q}} = a_i\omega_i\boldsymbol{\phi}_i\cos(\omega_i t + \alpha_i) \tag{4-18}$$

将式(4-17)和式(4-18)代入系统的势能和动能表达式，有

$$V = \frac{1}{2}\boldsymbol{q}^{\mathrm{T}}\boldsymbol{K}\boldsymbol{q} = \frac{1}{2}a_i^2\boldsymbol{\phi}_i^{\mathrm{T}}\boldsymbol{K}\boldsymbol{\phi}_i\sin^2(\omega_i t + \alpha_i) \tag{4-19}$$

$$T = \frac{1}{2}\dot{\boldsymbol{q}}^{\mathrm{T}}\boldsymbol{M}\dot{\boldsymbol{q}} = \frac{1}{2}a_i^2\omega_i^2\boldsymbol{\phi}_i^{\mathrm{T}}\boldsymbol{M}\boldsymbol{\phi}_i\cos^2(\omega_i t + \alpha_i) \tag{4-20}$$

可知系统的最大势能和最大动能

$$V_{\max} = \frac{1}{2}a_i^2\boldsymbol{\phi}_i^{\mathrm{T}}\boldsymbol{K}\boldsymbol{\phi}_i,\quad T_{\max} = \frac{1}{2}a_i^2\omega_i^2\boldsymbol{\phi}_i^{\mathrm{T}}\boldsymbol{M}\boldsymbol{\phi}_i \tag{4-21}$$

将上式代入式(4-16)，导出

$$\omega_i^2 = \frac{\boldsymbol{\phi}_i^{\mathrm{T}}\boldsymbol{K}\boldsymbol{\phi}_i}{\boldsymbol{\phi}_i^{\mathrm{T}}\boldsymbol{M}\boldsymbol{\phi}_i} \tag{4-22}$$

由此可以看到，系统的某个固有频率 ω_i 与其相应的主振型之间满足关系式(4-22)。也就是说，如果能够知道系统振动的某个主振型，则用式(4-22)便可以求得其相应的振动频率。然而，对一些大型结构的实际问题，其振动的主振型向量往往都是未知的，因此用该式求出系统的固有频率有一定困难。不过，基于我们对结构动力学的认识和前人丰富的经验，我们总可以找到一个近似的振型向量，若用这个假设的振型向量 $\boldsymbol{\psi}$ 代入式(4-22)的右边，也可以求得一个数值，记作

$$R_1(\boldsymbol{\psi}) = \frac{\boldsymbol{\psi}^{\mathrm{T}}\boldsymbol{K}\boldsymbol{\psi}}{\boldsymbol{\psi}^{\mathrm{T}}\boldsymbol{M}\boldsymbol{\psi}} \tag{4-23}$$

这个数值显然会随着向量 $\boldsymbol{\psi}$ 的不同而不同，我们称之为瑞利商，为了区别下一小节用另外方法导出的瑞利商，此处称之为瑞利第一商。

显然，若 $\boldsymbol{\psi}$ 准确地等于第 i 阶主振型向量 $\boldsymbol{\phi}_i$，则根据式(4-23)所算出的瑞利商应准确地等于第 i 阶固有频率的平方值 $\boldsymbol{\omega}_i^2$，但一般说来，很难准确地假设出这样的一个振型向量。若任选一个列阵 $\boldsymbol{\psi}$ 作为假设振型，它虽然不是实际振型，但总能表示为正则振型的线性组合

$$\boldsymbol{\psi} = \sum_{j=1}^{n}a_j\varphi_{\mathrm{N}}^{(j)} = \boldsymbol{\Phi}_{\mathrm{N}}\boldsymbol{a} \tag{4-24}$$

式中：$\boldsymbol{a}$——系数构成的列阵，$\boldsymbol{a} = \{a_1 \quad a_2 \quad \cdots \quad a_n\}^{\mathrm{T}}$。

将式(4-24)代入瑞利商式(4-23)，利用式(3-104)化简，导出

$$R_1(\boldsymbol{\psi}) = \frac{\boldsymbol{a}^{\mathrm{T}}\boldsymbol{\Phi}_{\mathrm{N}}^{\mathrm{T}}\boldsymbol{K}\boldsymbol{\Phi}_{\mathrm{N}}\boldsymbol{a}}{\boldsymbol{a}^{\mathrm{T}}\boldsymbol{\Phi}_{N}^{\mathrm{T}}\boldsymbol{M}\boldsymbol{\Phi}_{\mathrm{N}}\boldsymbol{a}} = \frac{\boldsymbol{a}^{\mathrm{T}}\boldsymbol{\Lambda}\boldsymbol{a}}{\boldsymbol{a}^{\mathrm{T}}\boldsymbol{E}\boldsymbol{a}} = \frac{\sum_{j=1}^{n}a_j^2\omega_j^2}{\sum_{j=1}^{n}a_j^2} \tag{4-25}$$

可以看出，所算出的瑞利商不是系统的任一阶固有频率的平方，但必介于系统的最低和最高固有频率的平方和之间，即

$$\omega_1^2 \leqslant R_1(\psi) \leqslant \omega_n^2 \tag{4-26}$$

若恰当选择系数使假设振型 $\boldsymbol{\psi}$ 接近于第 k 阶真实振型 $\boldsymbol{\phi}_k$，其中除 a_k 以外的其他系数 $a_j(j\neq k)$ 均为小量，令

$$a_j = \varepsilon_j a_k \qquad (j = 1,2,\cdots,k-1,k+1,\cdots,n) \tag{4-27}$$

式中：ε_j——接近于零的小量，即 $\varepsilon_j \ll 1$。

将上式代入式(4-25)，有

$$R_1(\boldsymbol{\psi}) = \frac{\omega_k^2 + \sum_{j=1,j\neq k}^{n} \varepsilon_j^2 \omega_j^2}{1 + \sum_{j=1,j\neq k}^{n} \varepsilon_j^2} \tag{4-28}$$

考虑到 $\varepsilon_j \ll 1$，将分母展开为幂级数并只保留 ε_j 的二阶小量，导出

$$R_1(\boldsymbol{\psi}) = \frac{\omega_k^2 + \sum_{j=1,j\neq k}^{n} \varepsilon_j^2 \omega_j^2}{1 + \sum_{j=1,j\neq k}^{n} \varepsilon_j^2}$$
$$\approx (\omega_k^2 + \sum_{j=1,j\neq k}^{n} \varepsilon_j^2 \omega_j^2)(1 - \sum_{j=1,j\neq k}^{n} \varepsilon_j^2) \approx \omega_k^2 + \sum_{j=1}^{n} (\omega_j^2 - \omega_k^2)\varepsilon_j^2 \tag{4-29}$$

该式表明，若假设振型 $\boldsymbol{\psi}$ 与第 k 阶振型 $\boldsymbol{\phi}_k$ 的差别为一阶小量，则瑞利商与第 k 阶固有频率平方 ω_k^2 的差别为二阶小量。也就是说，瑞利商在系统的各阶真实振型处取驻值。对于基频的特殊情形，令 $k=1$，则由于 $\omega_j^2-\omega_1^2$ 恒大于零，瑞利商在基频处取极小值。因此利用瑞利商估计系统的基频 ω_1 所得的结果必为实际基频的上限。从物理意义上理解，假设振型相当于对实际系统增加了约束，使系统的刚度提高，因此基频随之提高。

根据瑞利商的上述特性，原则上可用瑞利商计算各阶固有频率的近似值，计算中使用的假设振型愈接近系统的真实振型，算出的固有频率愈准确，但由于高阶振型很难准确而合理地假设，因此计算高阶频率时会有较大的误差，通常只用来估计系统的基频。

例 4.3 用瑞利法估算例 4.1 中所述系统的基频。

解：考虑到离固定基座愈远的物体的等效弹簧刚度愈小，位移愈大，近似取

$$\boldsymbol{\psi} = \{1 \quad 1.4 \quad 1.8\}^{\mathrm{T}}$$

该系统的质量矩阵和刚度矩阵分别为

$$\boldsymbol{M} = m\begin{bmatrix}1 & 0 & 0\\0 & 1 & 0\\0 & 0 & 2\end{bmatrix}, K = k\begin{bmatrix}2 & -1 & 0\\-1 & 3 & -2\\0 & -2 & 2\end{bmatrix}$$

计算瑞利商中的分子和分母

$$\boldsymbol{\psi}^{\mathrm{T}}\boldsymbol{M}\boldsymbol{\psi} = \{1 \quad 1.4 \quad 1.8\}m\begin{bmatrix}1 & 0 & 0\\0 & 1 & 0\\0 & 0 & 2\end{bmatrix}\begin{Bmatrix}1\\1.4\\1.8\end{Bmatrix} = 9.44m$$

$$\boldsymbol{\psi}^{\mathrm{T}}\boldsymbol{K}\boldsymbol{\psi} = \{1 \quad 1.4 \quad 1.8\}k\begin{bmatrix}2 & -1 & 0\\-1 & 3 & -2\\0 & -2 & 2\end{bmatrix}\begin{Bmatrix}1\\1.4\\1.8\end{Bmatrix} = 1.48k$$

代入瑞利商公式(4-23)，得到

$$R_1(\boldsymbol{\psi}) = \frac{1.48k}{9.44m} = 0.1568\frac{k}{m}$$

故

$$\omega_1 \approx 0.3959\sqrt{\frac{k}{m}}$$

与基频的精确值 $\omega_1 = 0.3730\sqrt{k/m}$ 相比，相对误差约为6%。若选取的假设振型更接近真实振型，例如令

$$\boldsymbol{\psi} = \{1 \quad 1.8 \quad 2\}^{\mathrm{T}}$$

相应得到

$$R_1(\boldsymbol{\psi}) = \frac{1.720k}{12.24m} = 0.1405\frac{k}{m}, \quad \omega_1 = 0.3749\sqrt{\frac{k}{m}}$$

则基频近似值的相对误差减小为0.5%。故瑞利法的精度与假设振型的选取直接有关。

4.2.2　瑞利第二商

除了用质量矩阵和刚度矩阵表示的瑞利商以外，还可以利用质量矩阵和柔度矩阵来表示。将式(4-1)写作

$$\boldsymbol{q} = -\boldsymbol{D}\ddot{\boldsymbol{q}} \tag{4-30}$$

将式(4-30)代入势能表达式，注意 $\boldsymbol{D}=\boldsymbol{\delta M}$，且 $\boldsymbol{\delta}^{\mathrm{T}}=\boldsymbol{\delta}$，$\boldsymbol{M}^{\mathrm{T}}=\boldsymbol{M}$，有

$$V = \frac{1}{2}\boldsymbol{q}^{\mathrm{T}}\boldsymbol{K}\boldsymbol{q} = \frac{1}{2}\ddot{\boldsymbol{q}}^{\mathrm{T}}\boldsymbol{D}^{\mathrm{T}}\boldsymbol{K}\boldsymbol{D}\ddot{\boldsymbol{q}} = \frac{1}{2}\ddot{\boldsymbol{q}}^{\mathrm{T}}\boldsymbol{M}\boldsymbol{\delta}\boldsymbol{M}\ddot{\boldsymbol{q}} \tag{4-31}$$

若将简谐振动的规律式(4-17)代入上式，可求得其最大势能

$$V_{\max} = \frac{1}{2}\omega_i^4 a_i^2 \boldsymbol{\phi}_i^{\mathrm{T}}\boldsymbol{M}\boldsymbol{\delta}\boldsymbol{M}\boldsymbol{\phi}_i \tag{4-32}$$

根据 $T_{\max}=V_{\max}$，由式(4-20)和式(4-32)得

$$\omega_i^2 = \frac{\boldsymbol{\phi}_i^{\mathrm{T}}\boldsymbol{M}\boldsymbol{\phi}_i}{\boldsymbol{\phi}_i^{\mathrm{T}}\boldsymbol{M}\boldsymbol{\delta}\boldsymbol{M}\boldsymbol{\phi}_i} \tag{4-33}$$

由此得到瑞利第二商

$$R_2(\boldsymbol{\psi}) = \frac{\boldsymbol{\psi}^{\mathrm{T}}\boldsymbol{M}\boldsymbol{\psi}}{\boldsymbol{\psi}^{\mathrm{T}}\boldsymbol{M}\boldsymbol{\delta}\boldsymbol{M}\boldsymbol{\psi}} \tag{4-34}$$

显然，若 $\boldsymbol{\psi}$ 准确地等于第 i 阶主振型向量 $\boldsymbol{\phi}_i$，则根据式(4-34)所算出的瑞利商应准确地等于第 i 阶固有频率的平方值 ω_i^2。

可以证明，当采用同一个假设振型时，用瑞利第二商计算出的固有频率比瑞利第一商更精确。将式(4-24)代入瑞利第二商式(4-34)，有

$$R_2(\boldsymbol{\psi}) = \frac{\boldsymbol{a}^{\mathrm{T}}\boldsymbol{\Phi}_{\mathrm{N}}^{\mathrm{T}}\boldsymbol{M}\boldsymbol{\Phi}_{\mathrm{N}}\boldsymbol{a}}{\boldsymbol{a}^{\mathrm{T}}\boldsymbol{\Phi}_{\mathrm{N}}^{T}\boldsymbol{M}\boldsymbol{\delta}\boldsymbol{M}\boldsymbol{\Phi}_{\mathrm{N}}\boldsymbol{a}} = \frac{\boldsymbol{a}^{\mathrm{T}}\boldsymbol{E}\boldsymbol{a}}{\boldsymbol{a}^{\mathrm{T}}\boldsymbol{\Phi}_{\mathrm{N}}^{\mathrm{T}}\boldsymbol{M}\boldsymbol{\Lambda}^{-1}\boldsymbol{\Phi}_{\mathrm{N}}\boldsymbol{a}} = \frac{\boldsymbol{a}^{\mathrm{T}}\boldsymbol{E}\boldsymbol{a}}{\boldsymbol{a}^{\mathrm{T}}\boldsymbol{E}\boldsymbol{a}} = \frac{\sum\limits_{j=1}^{n}a_j^2}{\sum\limits_{j=1}^{n}\frac{a_j^2}{\omega_j^2}} \tag{4-35}$$

用式(4-25)减去式(4-35)，得

$$R_1(\boldsymbol{\psi}) - R_2(\boldsymbol{\psi}) = \frac{\sum\limits_{j=1}^{n}a_j^2\omega_j^2}{\sum\limits_{j=1}^{n}a_j^2} - \frac{\sum\limits_{j=1}^{n}a_j^2}{\sum\limits_{j=1}^{n}\frac{a_j^2}{\omega_j^2}} = \frac{\left(\sum\limits_{j=1}^{n}a_j^2\omega_j^2\right)\left(\sum\limits_{j=1}^{n}\frac{a_j^2}{\omega_j^2}\right) - \left(\sum\limits_{j=1}^{n}a_j^2\right)^2}{\left(\sum\limits_{j=1}^{n}a_j^2\right)\left(\sum\limits_{j=1}^{n}\frac{a_j^2}{\omega_j^2}\right)} \tag{4-36}$$

构造两个向量

$$\boldsymbol{v}_1=\{a_1\omega_1\quad a_2\omega_2\quad\cdots\quad a_n\omega_n\}^{\mathrm{T}},\boldsymbol{v}_2=\left\{\frac{a_1}{\omega_1}\quad\frac{a_2}{\omega_2}\quad\cdots\quad\frac{a_n}{\omega_n}\right\}^{\mathrm{T}}$$

则式(4-36)的分子可写成

$$(-\boldsymbol{v}_1^{\mathrm{T}}\cdot\boldsymbol{v}_1)(\boldsymbol{v}_2^{\mathrm{T}}\cdot\boldsymbol{v}_2)=(\boldsymbol{v}_1^{\mathrm{T}}\cdot\boldsymbol{v}_2)^2$$

由柯西不等式定理知

$$(\boldsymbol{v}_1^{\mathrm{T}}\cdot\boldsymbol{v}_1)(\boldsymbol{v}_2^{\mathrm{T}}\cdot\boldsymbol{v}_2)-(\boldsymbol{v}_1^{\mathrm{T}}\cdot\boldsymbol{v}_2)^2>\boldsymbol{0}$$

于是可知

$$R_1(\boldsymbol{\psi})>R_2(\boldsymbol{\psi})\tag{4-37}$$

该式表明，瑞利第一商总是大于瑞利第二商，而瑞利商又总是大于系统真实的基频，因此可以说，对同一个假设振型向量，瑞利第二商比瑞利第一商有更好的计算精度。

例 4.4 用瑞利法第二商估算例 4.1 中所述系统的基频。

解：仍取假设振型向量

$$\boldsymbol{\psi}=\{1\quad 1.4\quad 1.8\}^{\mathrm{T}}$$

该系统的质量矩阵和刚度矩阵分别为

$$\boldsymbol{M}=m\begin{bmatrix}1&0&0\\0&1&0\\0&0&2\end{bmatrix},\boldsymbol{K}=k\begin{bmatrix}2&-1&0\\-1&3&-2\\0&-2&2\end{bmatrix}$$

计算刚度矩阵的逆阵，得其柔度矩阵为

$$\boldsymbol{\delta}=\boldsymbol{K}^{-1}=\frac{1}{k}\begin{bmatrix}1&1&1\\1&3&-2\\1&2&2.5\end{bmatrix}$$

代入瑞利第二商，计算得到

$$R_2(\boldsymbol{\psi})=\frac{\boldsymbol{\psi}^{\mathrm{T}}\boldsymbol{M}\boldsymbol{\psi}}{\boldsymbol{\psi}^{\mathrm{T}}\boldsymbol{M}\boldsymbol{\delta}\boldsymbol{M}\boldsymbol{\psi}}=\frac{9.44m}{67.48(m^2/k)}=0.1339\frac{k}{m}$$

解得

$$\omega_1=0.374\sqrt{\frac{k}{m}}$$

与精确值 $\omega_1=0.373\sqrt{k/m}$ 相比，相对误差为 0.3%。若取

$$\boldsymbol{\psi}=\{1\quad 1.8\quad 2\}^{\mathrm{T}}$$

相应得到

$$R_2(\boldsymbol{\psi})=\frac{12.24m}{87.88(m^2/k)}=0.1392\frac{k}{m},\omega_1=0.3732\sqrt{\frac{k}{m}}$$

则基频近似值的相对误差减小为 0.05%。可见，用柔度矩阵表示的瑞利第二商的精度高于瑞利第一商，且计算的黏度也与假设振型的选取有关。

4.3 ➤ 里 兹 法

上节所述的瑞利法可以有效地估计出系统基频的上限，但在复杂的多自由度系统分析时，往往不能满足于只确定它的基频，要想得到具有一定精度的理想结果，必须要知道其一个以上

的频率和振型。里兹法是瑞利法的改进和扩展，它不仅可计算系统的基频，还可算出系统的前几阶频率和振型。里兹法基于与瑞利法相同的原理，但将瑞利法使用的单个假设振型改进为若干个独立的假设振型 $\boldsymbol{\psi}_j(j=1,2,\cdots,r)$ 的线性组合，即令

$$\boldsymbol{\psi} = \sum_{j=1}^{r} a_j \psi_j = \boldsymbol{\Psi a} \tag{4-38}$$

其中 $\boldsymbol{\Psi}$ 为 r 个假设振型构成的 $n\times r$ 矩阵，$\boldsymbol{a}$ 为 r 个待定系统构成的列阵

$$\boldsymbol{\Psi} = [\psi_1 \quad \psi_2 \quad \cdots \quad \psi_r], \boldsymbol{a} = \{a_1 \quad a_2 \quad \cdots \quad a_r\}^{\mathrm{T}} \tag{4-39}$$

假设振型矩阵 $\boldsymbol{\Psi}$ 的各列也称作里兹基向量。将式(4-38)代入瑞利商(4-23)，则瑞利商成为待定系数 $a_i(i=1,2,\cdots,r)$ 的多元函数，得到的固有频率记作 $\tilde{\omega}$，导出

$$R_1(\boldsymbol{\psi}) = \frac{\boldsymbol{a}^T\tilde{\boldsymbol{K}}\boldsymbol{a}}{\boldsymbol{a}^{\mathrm{T}}\tilde{\boldsymbol{M}}\boldsymbol{a}} = \tilde{\omega}^2 \tag{4-40}$$

其中 r 阶方阵 $\tilde{\boldsymbol{K}}$ 和 $\tilde{\boldsymbol{M}}$ 的定义为

$$\tilde{\boldsymbol{K}} = \boldsymbol{\Psi}^{\mathrm{T}}\boldsymbol{K}\boldsymbol{\Psi}, \quad \tilde{\boldsymbol{M}} = \boldsymbol{\Psi}^{\mathrm{T}}\boldsymbol{M}\boldsymbol{\Psi} \tag{4-41}$$

它们均为对称矩阵。上节分析已经证明，瑞利商在系统的各阶真实振型处取驻值。因此可利用 $R_1(\boldsymbol{\psi})$ 的驻值条件来确定待定系数 $a_j(j=1,2,\cdots,r)$。

$$\frac{\partial R_1}{\partial a_j} = 0 \quad (j = 1,2,\cdots,r) \tag{4-42}$$

将式(4-40)代入上式运算后导出

$$\frac{\partial}{\partial a_j}(\boldsymbol{a}^{\mathrm{T}}\tilde{\boldsymbol{K}}\boldsymbol{a}) - \tilde{\omega}^2 \frac{\partial}{\partial a_j}(\boldsymbol{a}^{\mathrm{T}}\tilde{\boldsymbol{M}}\boldsymbol{a}) = 0 \quad (j = 1,2,\cdots,r) \tag{4-43}$$

利用二次齐次函数的特点，有

$$\frac{\partial}{\partial a_j}(\boldsymbol{a}^{\mathrm{T}}\tilde{\boldsymbol{K}}\boldsymbol{a}) = 2\frac{\partial \boldsymbol{a}^{\mathrm{T}}}{\partial a_j}\tilde{\boldsymbol{K}}\boldsymbol{a}, \quad \frac{\partial}{\partial a_j}(\boldsymbol{a}^{\mathrm{T}}\tilde{\boldsymbol{M}}\boldsymbol{a}) = 2\frac{\partial \boldsymbol{a}^{\mathrm{T}}}{\partial a_j}\tilde{\boldsymbol{M}}\boldsymbol{a} \tag{4-44}$$

式中：$\frac{\partial \boldsymbol{a}^T}{\partial a_j}$——$r$ 阶单位阵的第 j 列，$\frac{\partial \boldsymbol{a}^{\mathrm{T}}}{\partial a_j}=\boldsymbol{e}_j^{\mathrm{T}}(j=1,2,\cdots,r)$。

将式(4-44)代入式(4-43)，得到的 r 个方程综合为

$$(\tilde{\boldsymbol{K}} - \tilde{\omega}^2\tilde{\boldsymbol{M}})\boldsymbol{a} = 0 \tag{4-45}$$

于是问题又归结为一个新的广义本征值问题。但与原系统的本征值问题比较，矩阵的阶数 r 小于原系统的阶数 n，因此里兹法实质上起着使坐标缩减的作用。由于缩减后问题的计算规模远远小于原问题的计算规模，所以求解起来方便了许多。缩减后的特征值问题与原系统类似，可导出 r 个固有频率 $\tilde{\omega}_j$ 和 r 个振型 $\boldsymbol{a}_j$，原系统的前 r 阶固有频率就近似等于缩减系统的固有频率，即

$$\omega_j = \tilde{\omega}_j \qquad (j = 1,2,\cdots,r) \tag{4-46}$$

而原系统的前 r 阶振型向量为

$$\boldsymbol{\psi}_j = \boldsymbol{\Psi a}_j \qquad (j = 1,2,\cdots,r) \tag{4-47}$$

容易验证，用里兹法求得的振型向量具有正交性。事实上，因为从式(3-45)计算出的特征向量满足

$$\boldsymbol{a}_i^{\mathrm{T}}\tilde{\boldsymbol{K}}\boldsymbol{a}_j = 0, \boldsymbol{a}_i^{\mathrm{T}}\tilde{\boldsymbol{M}}\boldsymbol{a}_j = 0 \quad (i \neq j) \tag{4-48}$$

于是有

$$\boldsymbol{\psi}_i^{\mathrm{T}}\boldsymbol{K}\boldsymbol{\psi}_j = \boldsymbol{a}_i^{\mathrm{T}}\boldsymbol{\Psi}\boldsymbol{K}\boldsymbol{\Psi}\boldsymbol{a}_j = \boldsymbol{a}_i^{\mathrm{T}}\widetilde{\boldsymbol{K}}\boldsymbol{a}_j = 0 \quad (i \neq j) \tag{4-49}$$

$$\boldsymbol{\psi}_i^{\mathrm{T}}\boldsymbol{M}\boldsymbol{\psi}_j = \boldsymbol{a}_i^{\mathrm{T}}\boldsymbol{\Psi}\boldsymbol{M}\boldsymbol{\Psi}\boldsymbol{a}_j = \boldsymbol{a}_i^{\mathrm{T}}\widetilde{\boldsymbol{M}}\boldsymbol{a}_j = 0 \quad (i \neq j) \tag{4-50}$$

由于满足了瑞利商的驻值条件,用里兹法求出的振型比瑞利法更为合理。但毕竟不是真正的振型,所导出的固有频率仍高于真实值。通常,由里兹法计算出的高阶特征值的精度低于低阶特征值。因此,为了得到 k 个高精度的振型和频率,一般应取 $2k$ 个假设的振型向量。

例 4.5 用里茨法估算例 4.1 中所述系统的前二阶频率。

解:近似取前二阶假设振型为

$$\boldsymbol{\psi}_1 = \{1 \quad 1.8 \quad 2\}^{\mathrm{T}}, \boldsymbol{\psi}_2 = \{-2 \quad -1 \quad 1\}^{\mathrm{T}}$$

构成假设振型矩阵

$$\boldsymbol{\Psi} = \begin{bmatrix} 1 & -2 \\ 1.8 & -1 \\ 2 & 1 \end{bmatrix}$$

代入式(4-41),导出

$$\widetilde{\boldsymbol{K}} = \begin{bmatrix} 1.72 & -0.4 \\ -0.4 & 13 \end{bmatrix} k, \widetilde{\boldsymbol{M}} = \begin{bmatrix} 12.24 & 0.2 \\ 0.2 & 7 \end{bmatrix} m$$

求解本征值问题 $(\widetilde{\boldsymbol{K}} - \widetilde{\omega}^2\widetilde{\boldsymbol{M}})\boldsymbol{a} = 0$,令 $\lambda = (m/k)\omega^2$,有

$$\begin{vmatrix} 1.72 - 12.24\lambda & -0.4 - 0.2\lambda \\ -0.4 - 0.2\lambda & 13 - 7\lambda \end{vmatrix} = 0$$

$$85.64\lambda^2 - 171.3\lambda + 22.20 = 0$$

解出本征值

$$\lambda_1 = 0.1393, \lambda_2 = 1.8611$$

得到前二阶固有频率的近似值

$$\widetilde{\omega}_1 = 0.3732\sqrt{\frac{k}{m}}, \quad \widetilde{\omega}_2 = 1.3642\sqrt{\frac{k}{m}}$$

与该问题前二阶固有频率的精确解 $\omega_1 = 0.3730\sqrt{\frac{k}{m}}$、$\omega_2 = 1.3213\sqrt{\frac{k}{m}}$ 相比,其相对误差分别为 0.054% 和 3.2%。

将 $\widetilde{\omega}_1$ 和 $\widetilde{\omega}_2$ 分别代入式(4-45),得到缩减以后新问题的特征向量为

$$\boldsymbol{a}_1 = \begin{Bmatrix} 1 \\ 0.035 \end{Bmatrix}, \boldsymbol{a}_2 = \begin{Bmatrix} 1 \\ -27.27 \end{Bmatrix}$$

原系统的主振型为

$$\boldsymbol{\psi}_1 = \boldsymbol{\Psi}\boldsymbol{a}_1 = \begin{bmatrix} 1 & -2 \\ 1.8 & -1 \\ 2 & 1 \end{bmatrix}\begin{Bmatrix} 1 \\ 0.035 \end{Bmatrix} = \begin{Bmatrix} 0.93 \\ 1.765 \\ 2.035 \end{Bmatrix}$$

$$\boldsymbol{\psi}_2 = \boldsymbol{\Psi}\boldsymbol{a}_2 = \begin{bmatrix} 1 & -2 \\ 1.8 & -1 \\ 2 & 1 \end{bmatrix}\begin{Bmatrix} 1 \\ -27.27 \end{Bmatrix} = \begin{Bmatrix} 55.54 \\ 29.07 \\ -25.27 \end{Bmatrix}$$

将两个向量规一化,有

$$\boldsymbol{\phi}_1 = \begin{Bmatrix} 1 \\ 1.897 \\ 2.188 \end{Bmatrix}, \boldsymbol{\phi}_2 = \begin{Bmatrix} 1 \\ 0.523 \\ -0.455 \end{Bmatrix}$$

另外，也可以从柔度法出发，根据瑞利第二商将原特征值问题归结为里兹特征值问题，将式(4-38)代入瑞利第二商式(4-34)，有

$$R_2(\boldsymbol{\psi}) = \frac{\boldsymbol{\psi}^{\mathrm{T}}\boldsymbol{M}\boldsymbol{\psi}}{\boldsymbol{\psi}^{\mathrm{T}}\boldsymbol{M}\boldsymbol{\delta}\boldsymbol{M}\boldsymbol{\psi}} = \frac{\boldsymbol{a}^{\mathrm{T}}\boldsymbol{\Psi}^{\mathrm{T}}\boldsymbol{M}\boldsymbol{\Psi}\boldsymbol{a}}{\boldsymbol{a}^{\mathrm{T}}\boldsymbol{\Psi}^{\mathrm{T}}\boldsymbol{M}\boldsymbol{\delta}\boldsymbol{M}\boldsymbol{\Psi}\boldsymbol{a}} = \frac{\boldsymbol{a}^{\mathrm{T}}\widetilde{\boldsymbol{M}}\boldsymbol{a}}{\boldsymbol{a}^{\mathrm{T}}\widetilde{\boldsymbol{\delta}}\boldsymbol{a}} = \widetilde{\omega}^2 \tag{4-51}$$

式中：$\widetilde{\boldsymbol{M}}$、$\widetilde{\boldsymbol{\delta}}$——$r$ 阶方阵，即

$$\widetilde{\boldsymbol{M}} = \boldsymbol{\Psi}^{\mathrm{T}}\boldsymbol{M}\boldsymbol{\Psi}, \widetilde{\boldsymbol{\delta}} = \boldsymbol{\Psi}^{\mathrm{T}}\boldsymbol{M}\boldsymbol{\delta}\boldsymbol{M}\boldsymbol{\Psi} \tag{4-52}$$

显然，$\widetilde{\boldsymbol{\delta}}$ 也是对称矩阵。现利用 $R_2(\psi)$ 的驻值条件来确定待定系数 $a_j(j=1,2,\cdots,r)$，即

$$\frac{\partial R_2}{\partial a_j} = 0 \quad (j = 1,2,\cdots,r) \tag{4-53}$$

将式(4-51)代入上式运算后导出

$$\frac{\partial}{\partial a_j}(\boldsymbol{a}^{\mathrm{T}}\widetilde{\boldsymbol{M}}\boldsymbol{a}) - \widetilde{\omega}^2\frac{\partial}{\partial a_j}(\boldsymbol{a}^{\mathrm{T}}\widetilde{\boldsymbol{\delta}}\boldsymbol{a}) = 0 \quad (j = 1,2,\cdots,r) \tag{4-54}$$

利用二次齐次函数的特点，有

$$\frac{\partial}{\partial a_j}(\boldsymbol{a}^{\mathrm{T}}\widetilde{\boldsymbol{M}}\boldsymbol{a}) = 2\frac{\partial \boldsymbol{a}^{\mathrm{T}}}{\partial a_j}\widetilde{\boldsymbol{M}}\boldsymbol{a} = 2\boldsymbol{e}_j^{\mathrm{T}}\widetilde{\boldsymbol{M}}\boldsymbol{a}, \frac{\partial}{\partial a_j}(\boldsymbol{a}^{\mathrm{T}}\widetilde{\boldsymbol{\delta}}\boldsymbol{a}) = 2\frac{\partial \boldsymbol{a}^{\mathrm{T}}}{\partial a_j}\widetilde{\boldsymbol{\delta}}\boldsymbol{a} = 2\boldsymbol{e}_j^{\mathrm{T}}\widetilde{\boldsymbol{\delta}}\boldsymbol{a} \tag{4-55}$$

式中：$\dfrac{\partial \boldsymbol{a}^T}{\partial a_j}$——$r$ 阶单位阵的第 j 列，$\dfrac{\partial \boldsymbol{a}^{\mathrm{T}}}{\partial a_j} = \boldsymbol{e}_j^{\mathrm{T}}(j=1,2,\cdots,r)$。

将式(4-55)代入式(4-54)，得到 r 个方程，将这 r 个方程组集为

$$(\widetilde{\boldsymbol{M}} - \widetilde{\omega}^2\widetilde{\boldsymbol{\delta}})\boldsymbol{a} = 0 \tag{4-56}$$

于是，也缩减成为 r 阶广义特征值问题，解此特征值问题便可得到缩减系统的前 r 个固有频率 $\widetilde{\omega}_j$ 和 r 个振型 $\boldsymbol{a}_j$，相应的原系统的前 r 个固有频率和振型分别为

$$\omega_j = \widetilde{\omega}_j, \boldsymbol{\psi}_j = \Psi a_j \quad (j = 1,2,\cdots,r) \tag{4-57}$$

这种称作是改进的里兹法。和瑞利法类似，当采用相同的假设振型矩阵时，利用柔度矩阵得到的改进的里兹法比传统的里兹法有更好的精度。

例 4.6　用改进的里茨法估算例 4.1 中所述系统的前二阶频率。

解：在例 4.2 中曾给出该问题的刚度矩阵和质量矩阵

$$\boldsymbol{M} = m\begin{bmatrix} 1 & 0 & 0 \\ 0 & 1 & 0 \\ 0 & 0 & 2 \end{bmatrix}, \boldsymbol{K} = k\begin{bmatrix} 2 & -1 & 0 \\ -1 & 3 & -2 \\ 0 & -2 & 2 \end{bmatrix}$$

首先由其刚度矩阵求逆得到柔度矩阵

$$\boldsymbol{\delta} = \boldsymbol{K}^{-1} = \frac{1}{k}\begin{bmatrix} 1 & 1 & 1 \\ 1 & 2 & 2 \\ 1 & 2 & 2.5 \end{bmatrix}$$

仍取假设振型矩阵

$$\boldsymbol{\Psi} = \begin{bmatrix} 1 & -2 \\ 1.8 & -1 \\ 2 & 1 \end{bmatrix}$$

代入式(4-52),导出

$$\widetilde{\boldsymbol{M}} = \begin{bmatrix} 12.24 & 0.2 \\ 0.2 & 7 \end{bmatrix} m, \tilde{\boldsymbol{\delta}} = \begin{bmatrix} 87.88 & 3 \\ 3 & 4 \end{bmatrix} \frac{m^2}{k}$$

求解本征值问题$(\widetilde{\boldsymbol{M}} - \widetilde{\omega}^2\tilde{\boldsymbol{\delta}})\boldsymbol{a} = 0$,令$\lambda = (m/k)\omega^2$,有

$$\begin{vmatrix} 12.24 - 87.88\lambda & 0.2 - 3\lambda \\ 0.2 - 3\lambda & 7 - 4\lambda \end{vmatrix} = 0$$

展开,有

$$342.52\lambda^2 - 662.92\lambda + 85.64 = 0$$

解出本征值

$$\lambda_1 = 0.1392, \lambda_2 = 1.7962$$

得到前二阶固有频率的近似值

$$\widetilde{\omega}_1 = 0.3731\sqrt{\frac{k}{m}}, \quad \widetilde{\omega}_2 = 1.3402\sqrt{\frac{k}{m}}$$

与该问题前二阶固有频率的精确解$\omega_1 = 0.3730\sqrt{\frac{k}{m}}$、$\omega_2 = 1.3213\sqrt{\frac{k}{m}}$相比,其相对误差分别为0.027%和1.43%。显然精度要好于传统的里兹法。

将$\widetilde{\omega}_1$和$\widetilde{\omega}_2$分别代入式(4-56),得到缩减以后新问题的特征向量为

$$\boldsymbol{a}_1 = \begin{Bmatrix} 1 \\ 0.0337 \end{Bmatrix}, \boldsymbol{a}_2 = \begin{Bmatrix} 1 \\ -28.06 \end{Bmatrix}$$

原系统的主振型为

$$\boldsymbol{\psi}_1 = \boldsymbol{\Psi}\boldsymbol{a}_1 = \begin{bmatrix} 1 & -2 \\ 1.8 & -1 \\ 2 & 1 \end{bmatrix} \begin{Bmatrix} 1 \\ 0.035 \end{Bmatrix} = \begin{Bmatrix} 0.93 \\ 1.765 \\ 2.035 \end{Bmatrix}$$

$$\boldsymbol{\psi}_2 = \boldsymbol{\Psi}\boldsymbol{a}_2 = \begin{bmatrix} 1 & -2 \\ 1.8 & -1 \\ 2 & 1 \end{bmatrix} \begin{Bmatrix} 1 \\ -28.06 \end{Bmatrix} = \begin{Bmatrix} 57.12 \\ 29.86 \\ -26.06 \end{Bmatrix}$$

将两个向量规一化,有

$$\boldsymbol{\phi}_1 = \begin{Bmatrix} 1 \\ 1.897 \\ 2.188 \end{Bmatrix}, \boldsymbol{\phi}_2 = \begin{Bmatrix} 1 \\ 0.5227 \\ -0.4562 \end{Bmatrix}$$

4.4 > 矩阵迭代法

由第3章所知,多自由度系统的自由振动分析最终归结为一个广义特征值问题,见式(3-52),为了方便,现重写如下

$$(\boldsymbol{K} - \omega^2\boldsymbol{M})\boldsymbol{A} = \boldsymbol{0} \tag{4-58}$$

其中的特征值ω^2就是固有频率的平方,对应的特征向量就是多自由度系统自由振动时的固有振型。

矩阵迭代法的基本思想就是首先假设一个初始振型，然后通过某种方法逐步迭代调整振型的形状，使之趋向于系统真实的振型，最终再确定固有频率。迭代法每次只能求解一个频率和振型，但根据振型分解法和振型剔除的思想，可以依次求出各阶固有频率和振型。根据迭代格式的不同，矩阵迭代法主要有幂法和反幂法两种。

4.4.1 幂法

一般情况下，一个多自由度系统的质量矩阵都是可逆的，此时，在式(4-58)两边同时乘以 $\boldsymbol{M}^{-1}$，有

$$\boldsymbol{HA} = \omega^2 \boldsymbol{A} \tag{4-59}$$

其中，$\boldsymbol{H} = \boldsymbol{M}^{-1}\boldsymbol{K}$。显然，下面的等式是恒成立的

$$\boldsymbol{H\phi}_i = \omega_i^2 \boldsymbol{\phi}_i \quad (i = 1,2,\cdots,n) \tag{4-60}$$

式中：$\boldsymbol{\phi}_i$——系统的某一主振型；

ω_i——相应阶次的固有频率。

任意选定系统的一个假定振型 $\boldsymbol{\psi}$，它一般不是真实振型，但总能表示为真实振型的线性组合式

$$\boldsymbol{\psi} = \sum_{i=1}^{n} a_i \boldsymbol{\phi}_i \tag{4-61}$$

将上式两边同时左乘矩阵 $\boldsymbol{H}$，并利用式(4-60)，得到

$$\boldsymbol{H\psi} = \sum_{i=1}^{n} a_i \boldsymbol{H\phi}_i = \sum_{i=1}^{n} \omega_i^2 a_i \boldsymbol{\phi}_i = \omega_n^2 \left[a_n \boldsymbol{\phi}_n + \sum_{i=1}^{n-1} a_i \left(\frac{\omega_i^2}{\omega_n^2} \right) \boldsymbol{\phi}_i \right] \tag{4-62}$$

再左乘一次矩阵 $\boldsymbol{H}$，并记 $\boldsymbol{H}^2 = \boldsymbol{H} \cdot \boldsymbol{H}$，有

$$\boldsymbol{H}^2 \boldsymbol{\psi} = \omega_n^4 \left[a_n \boldsymbol{\phi}_n + \sum_{i=1}^{n-1} a_i \left(\frac{\omega_i^2}{\omega_n^2} \right)^2 \boldsymbol{\phi}_i \right] \tag{4-63}$$

如此迭代 k 次后，得到

$$\boldsymbol{H}^k \boldsymbol{\psi} = \omega_n^{2k} \left[a_n \boldsymbol{\phi}_n + \sum_{i=1}^{n-1} a_i \left(\frac{\omega_i^2}{\omega_n^2} \right)^{2k} \boldsymbol{\phi}_i \right] \tag{4-64}$$

由于 $\omega_i/\omega_n < 1(i = 1,2,\cdots,n-1)$，每迭代一次，上式方括号内第一项的优势地位就加强一次。迭代的次数愈多，上式方括号内第二项包含的低于 n 阶的振型成分所占比例愈小。若将 $\boldsymbol{H}^k\boldsymbol{\psi}$ 作为 n 阶振型的 k 次近似，记作 $\boldsymbol{A}_{(k)}$，则矩阵迭代法的公式为

$$\begin{cases} \boldsymbol{A}_{(0)} = \boldsymbol{\psi} \\ \boldsymbol{A}_{(1)} = \boldsymbol{HA}_{(0)} \\ \quad \vdots \\ \boldsymbol{A}_{(k)} = \boldsymbol{HA}_{(k-1)} \end{cases} \tag{4-65}$$

当迭代次数 k 足够大时，除 n 阶振型 $\boldsymbol{\phi}_n$ 以外的其余低阶振型成分小于容许误差时，就可以将其略去，得到

$$\boldsymbol{A}_{(k)} = \omega_n^{2k} a_n \boldsymbol{\phi}_n \tag{4-66}$$

于是 k 次迭代后得到的振型向量近似地等于第 n 阶真实振型向量。对 $\boldsymbol{A}_{(k)}$ 再作一次迭代，并利用式(4-60)化作

$$\boldsymbol{A}_{(k+1)} = \boldsymbol{HA}_{(k)} = \omega_n^2 \boldsymbol{A}_{(k)} \tag{4-67}$$

在 $\boldsymbol{A}_{(k)}$ 和 $\boldsymbol{A}_{(k+1)}$ 中任选第 j 个元素 $\boldsymbol{A}_{j(k)}$ 和 $\boldsymbol{A}_{j(k+1)}$ 代入上式，可算出系统的固有频率频 ω_n

$$\omega_n = \sqrt{\frac{A_{j(k+1)}}{A_{j(k)}}} \tag{4-68}$$

上述迭代过程中，每一次迭代都可以看作是对假设振型向量的一次修正。由式(4-64)可见，每迭代一次，在修改的振型向量中相应的展开系数就多乘了一个因子 ω_i^2，故该方法通常称为幂法。另外，$\boldsymbol{A}_{(k)}$ 中各分量的数值随着迭代次数的增加会逐步增大，为了防止数字溢出和减少误差，一般每次迭代后都要对振型向量进行规一化，常用的规一化方法是使振型向量中最大的元素保持为单位值 1，这样也使得每次迭代之间的振型具有可比性。

综上所述，实际计算时幂法的迭代格式是，首先选定一个初始向量 $\boldsymbol{A}_{(0)}$ 作为假设振型，然后进行如下迭代计算：

$$\begin{cases} \boldsymbol{B}_{(k)} = \boldsymbol{H}\boldsymbol{A}_{(k-1)} \\ \bar{m}_k = \max[\boldsymbol{B}_{(k)}] \\ \boldsymbol{A}_{(k)} = \dfrac{\boldsymbol{B}_{(k)}}{\bar{m}_k} \end{cases} \quad (k = 1,2,\cdots) \tag{4-69}$$

这里，$\max[\boldsymbol{B}_{(k)}]$ 是指向量 $\boldsymbol{B}_{(k)}$ 中的绝对值最大的元素，显然，$\boldsymbol{A}_{(k)}$ 中的最大元素是 1。由迭代过程式(4-69)可以看出

$$\boldsymbol{A}_{(k)} = \frac{\boldsymbol{H}^k A_{(0)}}{\max[\boldsymbol{H}^k A_{(0)}]} \tag{4-70}$$

将式(4-64)代入上式，分子和分母同除以 ω_n^{2k}，得

$$\boldsymbol{A}_{(k)} = \frac{\left[a_n\boldsymbol{\phi}_n + \sum_{i=1}^{n-1} a_i \left(\dfrac{\omega_i^2}{\omega_n^2}\right)^{2k} \boldsymbol{\phi}_i\right]}{\max\left[a_n\boldsymbol{\phi}_n + \sum_{i=1}^{n-1} a_i \left(\dfrac{\omega_i^2}{\omega_n^2}\right)^{2k} \boldsymbol{\phi}_i\right]} \rightarrow \frac{\boldsymbol{\phi}_n}{\max[\boldsymbol{\phi}_n]} = \bar{\boldsymbol{\phi}}_n \tag{4-71}$$

式中：$\bar{\boldsymbol{\phi}}_n$——规一化之后的第 n 阶振型向量。

由式(4-71)可知，幂法的收敛速度取决于比值 ω_{n-1}/ω_n，一般称此比值为收敛商。又因

$$\boldsymbol{B}_{(k)} = \boldsymbol{H}\boldsymbol{A}_{(k-1)} = \omega_n^2 \frac{\left[a_n\boldsymbol{\phi}_n + \sum_{i=1}^{n-1} a_i \left(\dfrac{\omega_i^2}{\omega_n^2}\right)^{2k} \boldsymbol{\phi}_i\right]}{\max\left[a_n\boldsymbol{\phi}_n + \sum_{i=1}^{n-1} a_i \left(\dfrac{\omega_i^2}{\omega_n^2}\right)^{2k-2} \boldsymbol{\phi}_i\right]} \tag{4-72}$$

可以看出，当 $k\rightarrow\infty$ 时，有 $\bar{m}_k = \max[\boldsymbol{B}_{(k)}]\rightarrow\omega_n^2$。所以，每次迭代得到的修改振型向量中的最大元素收敛于 ω_n^2。

从式(4-71)和式(4-72)可以看到，当 ω_{n-1} 和 ω_n 比较接近时，收敛的速度会非常缓慢，而且没有一种有效的方法能够改进收敛速度，这说明幂法不是一种理想的迭代方法。而且幂法所求得的是系统最高阶的固有频率和振型，而由振型叠加法的理论知道，高阶频率和高阶振型并不是最重要的。所以，从结构动力学的意义上讲，幂法并无太大的实际意义。但是幂法的思想还是很重要的，由它稍作改变，便可以导出求解系统较低阶频率的有效算法。

4.4.2 反幂法

反幂法又被称为逆迭代法，它是假定系统的刚度矩阵是正定的，即 $\boldsymbol{K}^{-1}$ 存在。在这种情况

下，将式(4-73)两边同时乘以 $\boldsymbol{K}^{-1}$，并令

$$\nu = 1/\omega^2, \boldsymbol{D} = \boldsymbol{K}^{-1}\boldsymbol{M} \tag{4-73}$$

则式(4-73)的广义特征值问题可变成如下的标准特征值问题

$$\boldsymbol{DA} = \nu\boldsymbol{A} \tag{4-74}$$

根据第 3 章的分析，系统的任意阶固有频率 ω_i 及相应的振型 $\boldsymbol{\phi}^{(i)}$ 都必须满足方程式(4-74)，即

$$\boldsymbol{D\phi}_i = \nu_i\boldsymbol{\phi}_i \quad (i = 1,2,\cdots,n) \tag{4-75}$$

任意选定系统的一个假定振型 $\boldsymbol{\psi}$，它一般不是真实振型，但总能表示为真实振型的线性叠加

$$\boldsymbol{\psi} = \sum_{i=1}^{n} a_i\boldsymbol{\phi}_i \tag{4-76}$$

将上式左乘矩阵 $\boldsymbol{D}$，并利用式(4-75)，得

$$\boldsymbol{D\psi} = \sum_{i=1}^{n} a_i\boldsymbol{D\phi}_i = \sum_{i=1}^{n} \nu_i a_i\boldsymbol{\phi}_i = \nu_1\left[a_1\boldsymbol{\phi}_1 + \sum_{i=2}^{n} a_i(\nu_i/\nu_1)\boldsymbol{\phi}_i\right] \tag{4-77}$$

反复用矩阵 $\boldsymbol{D}$ 左乘，如此迭代 k 此后，得到

$$\boldsymbol{D}^k\boldsymbol{\psi} = \nu_1^k\left[a_1\boldsymbol{\phi}_1 + \sum_{i=2}^{n} a_i(\nu_i/\nu_1)^k\boldsymbol{\phi}_i\right] \tag{4-78}$$

由于 $\nu_i/\nu_1 < 1(i = 2,3,\cdots,n)$，每迭代一次，上式方括号内第一项的优势地位就加强一次。迭代的次数愈多，上式方括号内第二项包含的高于一阶的振型成分所占比例愈小。也就是说，如此迭代的结果，必收敛于第一阶振型。若选定初始向量 $\boldsymbol{A}_{(0)}$ 作为假设振型，可以建立反幂法的迭代格式为

$$\begin{cases} \boldsymbol{B}_{(k)} = \boldsymbol{DA}_{(k-1)} \\ \overline{m}_k = \max[\boldsymbol{B}_{(k)}] \\ \boldsymbol{A}_{(k)} = \dfrac{\boldsymbol{B}_{(k)}}{\overline{m}_k} \end{cases} \quad (k = 1,2,\cdots) \tag{4-79}$$

由迭代过程式(4-79)可以看出

$$\boldsymbol{A}_{(k)} = \frac{\boldsymbol{D}^k\boldsymbol{A}_0}{\max[\boldsymbol{D}^k\boldsymbol{A}_0]} = \frac{\left[a_1\boldsymbol{\phi}_1 + \sum_{i=2}^{n} a_i\left(\dfrac{\nu_i}{\nu_1}\right)^{2k}\boldsymbol{\phi}_i\right]}{\max\left[a_1\boldsymbol{\phi}_1 + \sum_{i=2}^{n} a_i\left(\dfrac{\nu_i}{\nu_1}\right)^{2k}\boldsymbol{\phi}_i\right]} \rightarrow \frac{\boldsymbol{\phi}_1}{\max[\boldsymbol{\phi}_1]} = \overline{\boldsymbol{\phi}}_1 \tag{4-80}$$

而根据迭代格式式(4-79)，有

$$\boldsymbol{B}_{(k)} = \boldsymbol{DA}_{(k-1)} = \overline{m}_k\boldsymbol{A}_{(k)} \tag{4-81}$$

因为当 $k\rightarrow\infty$ 时，有 $\boldsymbol{A}_{(k)}\rightarrow\overline{\boldsymbol{\phi}}_1$，与式(4-75)比较可知

$$\overline{m}_k = \max[\boldsymbol{B}_{(k)}] \rightarrow \nu_1 = \frac{1}{\omega_1^2} \tag{4-82}$$

显然，反幂法求得的是多自由度系统最主要的第一阶频率和振型。

例 4.7 用矩阵迭代法计算例 4.1 中所述系统的基频和第一阶振型。

解：先计算系统的柔度矩阵和动力矩阵

$$\boldsymbol{K}^{-1} = \frac{1}{k}\begin{bmatrix} 1 & 1 & 1 \\ 1 & 2 & 2 \\ 1 & 2 & 2.5 \end{bmatrix}, \boldsymbol{D} = \boldsymbol{K}^{-1}\boldsymbol{M} = \frac{m}{k}\begin{bmatrix} 1 & 1 & 2 \\ 1 & 2 & 4 \\ 1 & 2 & 5 \end{bmatrix}$$

选取

$$A_{(0)} = \{1 \quad 1 \quad 1\}^{T}$$

第一次迭代后得到

$$B_{(1)} = DA_{(0)} = \frac{m}{k}\{4 \quad 7 \quad 8\}^{T}$$

因为 $\bar{m}_1 = \max[B_{(1)}] = \dfrac{8m}{k}$,将向量归一化后得到

$$A_{(1)} = \frac{B_{(1)}}{\bar{m}_1} = \{0.5000 \quad 0.8750 \quad 1\}^{T}$$

至此完成一次迭代。第二次迭代后得到

$$B_{(2)} = DA_{(1)} = \frac{m}{k}\{3.3750 \quad 6.2500 \quad 7.2500\}^{T}$$

显然,$\bar{m}_2 = \max[B_{(2)}] = \dfrac{7.25m}{k}$,将向量归一化后得到

$$A_{(2)} = \{0.4655 \quad 0.8620 \quad 1\}^{T}$$

如此继续进行至第四次迭代后,得到

$$A_{(4)} = \{0.4626 \quad 0.8608 \quad 1\}^{T}$$

再进行第五次迭代,得到

$$B_{(5)} = DA_{(4)} = \frac{m}{k}\{3.3234 \quad 6.1842 \quad 7.1842\}^{T}$$

显然,$\bar{m}_5 = \max[B_{(5)}] = \dfrac{7.1842m}{k}$,将向量归一化,得

$$A_{(5)} = A_{(4)} = \{0.4626 \quad 0.8608 \quad 1\}^{T}$$

则可终止迭代,系统的第一阶振型即为

$$\boldsymbol{\phi}_1 = A_{(4)} = \{0.4626 \quad 0.8608 \quad 1\}^{T}$$

而

$$\nu_1 = \bar{m}_5 = 7.1582\frac{m}{k}$$

由此得到系统的基频

$$\omega_1 = \sqrt{\frac{1}{7.1582\dfrac{m}{k}}} = 0.3731\sqrt{\frac{k}{m}}$$

4.4.3 高阶振型及固有频率

反幂法只能求出矩阵特征值问题的最低频率及相应振型,但是在用以上方法求出系统的第一阶振型 $\boldsymbol{\phi}_1$ 和基频 ω_1 后,可利用同样的方法计算第二阶振型 $\boldsymbol{\phi}_2$ 和频率 ω_2。根据反幂法的原理,若假设振型中完全不包含第一阶振型的成分,则反幂法迭代的结果必将收敛到第二阶的频率和振型。于是,我们只要在每次迭代时在计算的假设振型 $A_{(k)}$ 中将含 $\boldsymbol{\phi}_1$ 的部分剔除,则迭代就会收敛到第二阶振型 $\boldsymbol{\phi}_2$ 和频率 ω_2。依此类推,在求得前 r 阶固有频率 $\omega_1, \omega_2, \cdots, \omega_r$ 和相应的振型 $\boldsymbol{\phi}_1, \boldsymbol{\phi}_2, \cdots, \boldsymbol{\phi}_r$ 之后,可以在假设振型中剔除掉前面所有 r 个振型向量的成分,然后再迭代求解便可以得到 ω_{r+1} 和 $\boldsymbol{\phi}_{r+1}$。

取假设振型 $\boldsymbol{\psi}$，并将其表示为各阶真实振型的叠加

$$\boldsymbol{\psi} = \sum_{i=1}^{n} a_i \boldsymbol{\phi}_i \tag{4-83}$$

如果前 r 阶固有频率 $\omega_i(i=1,2,\cdots,r)$ 和相应的振型 $\boldsymbol{\phi}_i(i=1,2,\cdots,r)$ 均已求出，可以利用主振型的正交性求出式(4-83)中各阶振型的系数 $a_i(i=1,2,\cdots,r)$。将式(4-83)的各项左乘 $\boldsymbol{\phi}_j^{\mathrm{T}}\boldsymbol{M}$，将 $\boldsymbol{\psi}$ 写作 $\boldsymbol{A}_{(0)}$，导出

$$a_i = \frac{\boldsymbol{\phi}_i^{\mathrm{T}}\boldsymbol{M}\boldsymbol{A}_{(0)}}{\boldsymbol{\phi}_i^{\mathrm{T}}\boldsymbol{M}\boldsymbol{\phi}_i} = \frac{\boldsymbol{\phi}_i^{\mathrm{T}}\boldsymbol{M}\boldsymbol{A}_{(0)}}{M_{\mathrm{P}i}} \quad (i=1,2,\cdots,r) \tag{4-84}$$

式中：$M_{\mathrm{P}i}$——第 i 阶的主刚度。

现从假设的初始振型向量中清除前 r 阶振型的成分，即新的初始迭代向量

$$\boldsymbol{A}_{(0)} - \sum_{i=1}^{r}\boldsymbol{\phi}_i a_i = \left(\boldsymbol{E} - \sum_{i=1}^{r}\frac{\boldsymbol{\phi}_i\boldsymbol{\phi}_i^{\mathrm{T}}\boldsymbol{M}}{M_{\mathrm{P}i}}\right)\boldsymbol{A}_{(0)} = \boldsymbol{S}_r\boldsymbol{A}_{(0)} \tag{4-85}$$

式中：$\boldsymbol{E}$——r 阶单位矩阵；

$\boldsymbol{S}_r$——r 阶清除矩阵或者淘汰矩阵，即

$$\boldsymbol{S}_r = \boldsymbol{E} - \sum_{i=1}^{r}\frac{\boldsymbol{\phi}_i\boldsymbol{\phi}_i^{\mathrm{T}}\boldsymbol{M}}{M_{\mathrm{P}i}} \tag{4-86}$$

现从新的初始向量 $\boldsymbol{S}_r\boldsymbol{A}_{(0)}$ 出发进行第一次迭代

$$\begin{aligned}\boldsymbol{A}_{(1)} &= \boldsymbol{D}\boldsymbol{S}_r\boldsymbol{A}_{(0)} = \boldsymbol{D}\left(\boldsymbol{E} - \sum_{i=1}^{r}\frac{\boldsymbol{\phi}_i\boldsymbol{\phi}_i^{\mathrm{T}}\boldsymbol{M}}{M_{\mathrm{P}i}}\right)\boldsymbol{A}_{(0)}\\ &= \left(\boldsymbol{D} - \boldsymbol{D}\sum_{i=1}^{r}\frac{\boldsymbol{\phi}_i\boldsymbol{\phi}_i^{\mathrm{T}}\boldsymbol{M}}{M_{\mathrm{P}i}}\right)\boldsymbol{A}_{(0)} = \left(\boldsymbol{D} - \sum_{i=1}^{r}\nu_i\frac{\boldsymbol{\phi}_i\boldsymbol{\phi}_i^{\mathrm{T}}\boldsymbol{M}}{M_{\mathrm{P}i}}\right)\boldsymbol{A}_{(0)} = \boldsymbol{D}_r\boldsymbol{A}_{(0)}\end{aligned} \tag{4-87}$$

其中

$$\boldsymbol{D}_r = \boldsymbol{D} - \sum_{i=1}^{r}\nu_i\frac{\boldsymbol{\phi}_i\boldsymbol{\phi}_i^{\mathrm{T}}\boldsymbol{M}}{M_{\mathrm{P}i}} \tag{4-88}$$

称为收缩矩阵。由式(4-87)看出，用修正的初始向量左乘矩阵 $\boldsymbol{D}$ 的迭代结果相当于拿未修正的初始向量左乘收缩矩阵 $\boldsymbol{D}_r$，也就是说，实际计算时直接修改迭代矩阵即可。

需要说明的是，在实际迭代过程中，不可避免地会有舍入误差，即使从清型后的初始向量 $\boldsymbol{S}_r\boldsymbol{A}_{(0)}$ 出发进行迭代，得到的 $r+1$ 阶振型 $\boldsymbol{\phi}_{r+1}$ 中仍会包含着前 r 阶振型向量的成分，故在每次迭代后都要重新清型，也就是说，每次迭代都要用矩阵 $\boldsymbol{D}_r$ 左乘上一次迭代得到的向量。将迭代公式(4-77)中的矩阵 $\boldsymbol{D}$ 改为 $\boldsymbol{D}_r$ 后，则进行次 k 迭代后，得到

$$\boldsymbol{A}_{(k)} = \sum_{i=r+1}^{n}\nu_{r+1}^{k}a_i\boldsymbol{\phi}_i = \nu_{r+1}^{k}\left[a_{r+1}\boldsymbol{\phi}_{r+1} + \sum_{i=r+2}^{n}a_i(\nu_i/\nu_{r+1})^{k}\boldsymbol{\phi}_i\right] \tag{4-89}$$

与公式(4-78)比较，可推知，继续迭代的结果必收敛到第 $r+1$ 阶振型和频率。理论上，这种方法可计算多自由度系统的任意阶频率和振型，但由于前几阶频率本身就是近似的，多次迭代后可能会引起较大的计算误差积累，使得高阶频率和振型的误差非常大，因此，实际上只有前几阶振型和频率有足够的精度。

例 4.8　用矩阵迭代法计算例 4.1 中系统的第二阶振型和固有频率。

解：例 4.6 中已解出

$$\nu_1 = 7.1582\frac{m}{k}, \boldsymbol{\phi}^{(1)} = \{0.4626 \quad 0.8608 \quad 1\}^{\mathrm{T}}$$

利用式(3-83)算出第一阶主质量

$$M_{P1} = \boldsymbol{\phi}_1^{T}\boldsymbol{M}\boldsymbol{\phi}_1 = 2.955m$$

利用式(4-88)计算收缩迭代矩阵

$$\boldsymbol{D}_1 = \boldsymbol{D} - \frac{\nu_1}{M_{P1}}\boldsymbol{\phi}_1\boldsymbol{\phi}_1^{T}\boldsymbol{M} = \frac{m}{k}\begin{bmatrix} 0.4797 & 0.0319 & -0.2493 \\ 0.0319 & 0.1985 & -0.1584 \\ -0.1246 & -0.0927 & 0.1377 \end{bmatrix}$$

选取初始迭代向量

$$\boldsymbol{A}_{(0)} = \{-2 \quad -1 \quad 1\}^{T}$$

第一次迭代后得到

$$\boldsymbol{D}_1\boldsymbol{A}_{(0)} = \frac{m}{k}\{-1.2406 \quad -0.4477 \quad 0.4796\}^{T}$$

归一化后为

$$\boldsymbol{A}_{(1)} = \{1 \quad 0.3609 \quad -0.3865\}^{T}$$

第二次迭代后得到

$$\boldsymbol{D}_1\boldsymbol{A}_{(1)} = \frac{m}{k}\{0.5876 \quad 0.1752 \quad -0.2113\}^{T}$$

归一化后为

$$\boldsymbol{A}_{(2)} = \{1 \quad 0.2982 \quad -0.3596\}^{T}$$

如此继续进行至第 10 次迭代后,得到

$$\boldsymbol{A}_{(10)} = \{1 \quad 0.2540 \quad -0.3406\}^{T}$$

再进行第 11 次迭代,得到

$$\boldsymbol{D}_1\boldsymbol{A}_{(10)} = \frac{m}{k}\{0.5727 \quad 0.1455 \quad -0.1950\}^{T}$$

归一化后得到

$$\boldsymbol{A}_{(11)} = \boldsymbol{A}_{(10)}$$

则终止迭代,$\boldsymbol{A}_{(10)}$即为第二阶振型向量$\boldsymbol{\phi}_2$。显然,第二阶固有频率为

$$\omega_2 = \sqrt{\frac{1}{0.5727\dfrac{m}{k}}} = 1.3214\sqrt{\frac{k}{m}}$$

可见对高阶频率的迭代与基频情形相比,收敛速度要慢得多。

矩阵迭代法的突出优点是最初假设的振型向量只影响收敛的速度而不影响最终收敛的精度,因此,即使在计算过程中出现错误,也不影响最终的结果,只是相当于从新的假设振型开始迭代而已。

4.4.4 特征值平移法

由式(4-78)知,反幂法的收敛速度由比值ν_2/ν_1决定,称为收敛比。在求第一频率和振型时,如果第一阶固有频率和第二阶固有频率比较接近,则收敛速度会非常慢。显然,要加快收敛速度,关键是要减小最低两阶特征值的比值。但是,对一个特定的多自由度系统,只要系统给定,其质量矩阵和刚度矩阵都是确定的,其特征值也是无法改变的,只能通过数学处理来解决这个问题。如果通过其他途径能够知道第一阶固有频率的近似值$\hat{\omega}_1$,则可以将原特征值问

题式(4-58)改写为

$$[(\boldsymbol{K}-\hat{\omega}_1^2\boldsymbol{M})-(\omega^2-\hat{\omega}_1^2)\boldsymbol{M}]\boldsymbol{A}=0 \tag{4-90}$$

或

$$[\boldsymbol{K}-\hat{\omega}_1^2\boldsymbol{M}]^{-1}\boldsymbol{M}\boldsymbol{A}=\frac{1}{\omega^2-\hat{\omega}_1^2}\boldsymbol{A} \tag{4-91}$$

若定义

$$\hat{\boldsymbol{D}}=[\boldsymbol{K}-\hat{\omega}_1^2\boldsymbol{M}]^{-1}\boldsymbol{M},\hat{\nu}=\frac{1}{\omega^2-\hat{\omega}_1^2} \tag{4-92}$$

则式(4-91)可简写为

$$\hat{\boldsymbol{D}}\boldsymbol{A}=\hat{\nu}\boldsymbol{A} \tag{4-93}$$

显然该问题与式(4-58)有相同的特征向量,但特征值却不同。式(4-93)的收敛比为

$$\frac{\hat{\nu}_2}{\hat{\nu}_1}=\frac{\omega_1^2-\hat{\omega}_1^2}{\omega_2^2-\hat{\omega}_1^2} \tag{4-94}$$

很显然,由于 $\hat{\omega}_1^2$ 接近于 ω_1^2,因而 $\hat{\nu}_2/\hat{\nu}_1$ 的值要远远小于 ν_2/ν_1,故用式(4-93)迭代的收敛速度将大大加快。

应该指出,如果 $\hat{\omega}_1^2$ 恰好就等于 ω_1^2,则式(4-92)中的矩阵 $\hat{\boldsymbol{D}}$ 是不存在的,因为 $\boldsymbol{K}-\hat{\omega}_1^2\boldsymbol{M}$ 是一个奇异矩阵,该矩阵不可求逆,当然就不能用此方法求解了。但是,对实际问题,即使是用计算机进行求解,$\hat{\omega}_1^2$ 也只是一个近似值,因此矩阵 $\boldsymbol{K}-\hat{\omega}_1^2\boldsymbol{M}$ 并不是奇异矩阵而是病态矩阵。对病态矩阵来说,虽然求解可以进行下去,但如果仍用一般的方法求解,计算结果可能是完全错误的。

上述方法称为特征值平移法,其实质是通过数学手段改变了原问题的刚度矩阵,使原问题的特征值向右作了一个平移(变大)。利用该方法的思想,可以解决一些半正定系统的特征值问题。对半正定系统,由于缺少足够的约束,系统的刚度矩阵是奇异的,此时,系统的动力矩阵 $\boldsymbol{D}$ 根本不存在,反幂法也不能够直接使用。如果仍想用反幂法求解半正定系统的频率,就必须要设法改变刚度矩阵的奇异性。借助于以上思想,可将特征值向左平移,将式(4-58)改写为

$$[(\boldsymbol{K}+\alpha\boldsymbol{M})-(\omega^2+\alpha)\boldsymbol{M}]\boldsymbol{A}=\boldsymbol{0} \tag{4-95}$$

其中 α 为较小的正数。一般说来,若 $\boldsymbol{K}$ 接近是奇异矩阵,那么矩阵 $\boldsymbol{K}+\alpha\boldsymbol{M}$ 不再是奇异阵,将上式各项左乘 $(\boldsymbol{K}+\alpha\boldsymbol{M})^{-1}$,并令

$$\tilde{\nu}=\frac{1}{\omega^2+\alpha} \tag{4-96}$$

则式(4-83)的广义特征值问题可变成如下的标准特征值问题

$$\tilde{\boldsymbol{D}}\boldsymbol{A}=\tilde{\nu}\boldsymbol{A} \tag{4-97}$$

其中,新的动力矩阵 $\tilde{\boldsymbol{D}}$ 为

$$\tilde{\boldsymbol{D}}=(\boldsymbol{K}+\alpha\boldsymbol{M})^{-1}\boldsymbol{M} \tag{4-98}$$

如此,便可利用矩阵迭代法求式(4-97)所示的标准特征值问题。

不难发现,新问题的特征向量就是原问题的特征向量,但是新问题的特征值 $\tilde{\nu}$ 和原问题的特征值 ν 不同,两者关系为

$$\frac{1}{\tilde{\nu}}=\frac{1}{\nu}+\alpha \tag{4-99}$$

也就是说，新问题将原来问题的特征值减小了，或者说向左平移了一个数值。利用反幂法计算出新问题的第一个特征值 $\tilde{\nu}_1$ 之后，利用式(4-84)计算出系统基频 ω_1

$$\omega_1 = \sqrt{\frac{1}{\tilde{\nu}_1} - \alpha} \tag{4-100}$$

移频方法还可用于已知某一阶固有频率时求相应振型的计算。设已知频率 ω_k，令 α 为负数，且 $|\alpha|$ 略小于 ω_k^2，使对应的 $\tilde{\nu}_k = (\omega_k^2 + \alpha)^{-1}$ 成为最大本征值，迭代过程必收敛于第 k 阶振型 $\boldsymbol{\phi}_k$。

对于频率方程有重根情形，设 $\nu_1 = \nu_2$，则经过 k 次迭代后式(4-78)成为

$$\boldsymbol{D}^k\boldsymbol{\psi} = \nu_1^k\left[a_1\boldsymbol{\phi}_1 + a_2\boldsymbol{\phi}_2 + \sum_{i=3}^{n}a_i(\nu_i/\nu_1)^k\boldsymbol{\phi}_i\right] \tag{4-101}$$

迭代得到的一阶振型为 $\boldsymbol{\phi}_1$ 与 $\boldsymbol{\phi}_2$ 的线性组合，记作 $\boldsymbol{\phi}_1^*$。

$$\boldsymbol{A}_{(k)} = \nu_1^k(a_1\boldsymbol{\phi}_1 + a_2\boldsymbol{\phi}_2) = \nu_1^k\boldsymbol{\phi}_1^* \tag{4-102}$$

将 $\boldsymbol{\phi}_1^*$ 代替式(4-88)中的 $\boldsymbol{\phi}_1$，继续进行迭代，最终得到与 $\boldsymbol{\phi}_1^*$ 正交的振型 $\boldsymbol{\phi}_2^*$。

4.5 ➤ 子空间迭代法

前面介绍的反幂法，采用矩阵逆迭代的格式，对求特征值问题的最低阶频率是非常有效的，但它一次只能求一个频率和振型；瑞利—里兹法虽然一次可以求解多个频率和振型，但由于它的计算结果跟初始假设的基向量有很大关系，计算精度不好控制和把握。两种方法各有优缺点。子空间迭代将这两种方法有机地结合在一起，它的基本思想是，首先选择一组初始试探向量，将原来 n 维的矩阵特征值问题缩减到一个 r 维子空间上，这 r 个试探向量构成了 r 维子空间的基，然后对这 r 个向量同时进行矩阵迭代，每迭代一次都对这 r 个向量用里兹法使它们满足正交关系，从而求得前 r 个固有频率。子空间迭代法是在反幂法和里兹法的基础上发展起来的，用于求解大型结构系统若干个较低阶的频率和振型非常有效。

设系统前 r 阶振型 $\boldsymbol{\phi}_j(j=1,2,\cdots,r)$ 构成全部 n 阶振型所张成的 n 维线性空间的一个子空间。任选 r 个独立的向量 $\boldsymbol{\psi}_j(j=1,2,\cdots,r)$ 作为子空间的假设振型，组成 $n\times r$ 阶矩阵 $\boldsymbol{\Psi}$

$$\boldsymbol{\Psi} = [\psi_1 \quad \psi_2 \quad \cdots \quad \psi_r] \tag{4-103}$$

各个假设振型 $\boldsymbol{\psi}_j(j=1,2,\cdots,r)$ 总能表示为真实振型的线性组合

$$\boldsymbol{\psi}_j = \sum_{i=1}^{n}a_i^{(j)}\boldsymbol{\phi}_i \quad (j = 1,2,\cdots,r) \tag{4-104}$$

将上式左乘以矩阵 $\boldsymbol{D}$，并利用式(4-75)，得到

$$\boldsymbol{D}\boldsymbol{\psi}^{(j)} = \nu_1\left[\sum_{i=1}^{r}a_i^{(j)}\left(\frac{\nu_i}{\nu_1}\right)\boldsymbol{\phi}_i + \sum_{i=r+1}^{n}a_i^{(j)}\left(\frac{\nu_i}{\nu_1}\right)\boldsymbol{\phi}_i\right] \quad (j = 1,2,\cdots,r) \tag{4-105}$$

如此迭代 k 次后得到

$$\boldsymbol{D}^k\boldsymbol{\psi}^{(j)} = \nu_1^k\left[\sum_{i=1}^{r}a_i^{(j)}\left(\frac{\nu_i}{\nu_1}\right)^k\boldsymbol{\phi}_i + \sum_{i=r+1}^{n}a_i^{(j)}\left(\frac{\nu_i}{\nu_1}\right)^k\boldsymbol{\phi}_i\right] \quad (j = 1,2,\cdots,r) \tag{4-106}$$

由于 $\nu_i/\nu_1 < 1(i=2,3,\cdots,n)$，经过多次迭代后，上式方括号内第二个求和式包含的高于 r 阶振型的成分必定比第一个求和式更快趋于零，当式(4-106)中的第二项数值小于容许误差时，迭代的结果就可以认为仅包含前 r 阶振型组成的子空间。若将每次迭代得到的 r 个振型作为

里兹基向量，并利用里兹法化为缩并系统的特征值问题，求出 r 个特征值和相互正交的 r 个特征向量，则最终迭代结果必趋于子空间各阶振型的真实值。

子空间迭代的步骤如下：

先假设一组初始试探基向量 $\boldsymbol{\psi}_j(j=1,2,\cdots,r)$ 构成假设振型矩阵 $\boldsymbol{\Psi}_{n\times r}$ 作为子空间基的零次近似，记作 $\boldsymbol{A}_{(0)}$，即

$$\boldsymbol{A}_{(0)} = \boldsymbol{\Psi} \tag{4-107}$$

将上式左乘矩阵 $\boldsymbol{D}$，得到的矩阵记作 $\boldsymbol{\Psi}_{(1)}$

$$\boldsymbol{\Psi}_{(1)} = \boldsymbol{D}\boldsymbol{A}_{(0)} \tag{4-108}$$

利用 $\boldsymbol{\Psi}_{(1)}$ 各列的线性组合表示子空间基的一次近似 $\boldsymbol{A}_{(1)}$

$$\boldsymbol{A}_{(1)} = \boldsymbol{\Psi}_{(1)}\boldsymbol{a} \tag{4-109}$$

其中 $\boldsymbol{a}$ 为由 r 个列阵 $\boldsymbol{a}_i(i=1,2,\cdots,r)$ 组成的 $r\times r$ 阶待定系数矩阵

$$\boldsymbol{a} = [\boldsymbol{a}_1 \quad \boldsymbol{a}_2 \quad \cdots \quad \boldsymbol{a}_r]^{\mathrm{T}} \tag{4-110}$$

以 $\boldsymbol{A}_{(1)}$ 为假设振型，进行里茨法计算，以确定系数矩阵 $\boldsymbol{a}$。先做出以下 r 阶方阵

$$\widetilde{\boldsymbol{K}} = \boldsymbol{\Psi}_{(1)}^{\mathrm{T}}\boldsymbol{K}\boldsymbol{\Psi}_{(1)},\widetilde{\boldsymbol{M}} = \boldsymbol{\Psi}_{(1)}^{\mathrm{T}}\boldsymbol{M}\boldsymbol{\Psi}_{(1)} \tag{4-111}$$

重复 4.3 节里兹法的计算步骤，化作缩并系统的本征值问题式(4-45)，写作

$$(\widetilde{\boldsymbol{K}} - \widetilde{\omega}^2\widetilde{\boldsymbol{M}})\boldsymbol{a} = \boldsymbol{0} \tag{4-112}$$

解此本征值问题，得到 r 个本征值 $\widetilde{\omega}_i^2$ 和 r 个本征值向量 $\boldsymbol{a}_i(i=1,2,\cdots,r)$，代入式(4-107)，则子空间基的一次近似 $\boldsymbol{A}_{(1)}$ 完全确定，构成 $\boldsymbol{A}_{(1)}$ 的各个振型满足正交性条件。至此完成第一次迭代。

将 $\boldsymbol{A}_{(1)}$ 代替 $\boldsymbol{A}_{(0)}$ 代入式(4-108)，进行矩阵迭代法的第二次迭代，得到的矩阵记作 $\boldsymbol{\Psi}_{(2)}$

$$\boldsymbol{\Psi}_{(2)} = \boldsymbol{D}\boldsymbol{A}_{(1)} \tag{4-113}$$

利用 $\boldsymbol{\Psi}_{(2)}$ 各列的线性组合表示子空间的二次近似 $\boldsymbol{A}_{(2)}$

$$\boldsymbol{A}_{(2)} = \boldsymbol{\Psi}_{(2)}\boldsymbol{a} \tag{4-114}$$

以 $\boldsymbol{A}_{(2)}$ 为假设振型，再次利用里茨法确定本征值和本征向量 $\boldsymbol{a}$，则固有频率和振型的二次近似 $\boldsymbol{A}_{(2)}$ 完全确定。如此反复进行迭代，直至算出的结果满足精度要求时为止。迭代过程中各阶段假设振型均作归一处理，使各次迭代结果之间具有可能性。

综上所述，子空间迭代法可归纳为如下的五个迭代公式

$$\begin{cases}\boldsymbol{\Psi}_{(i)} = \boldsymbol{D}\boldsymbol{A}_{(i-1)} \\ \widetilde{\boldsymbol{K}} = \boldsymbol{\Psi}_{(i)}^{\mathrm{T}}\boldsymbol{K}\boldsymbol{\Psi}_{(i)} \\ \widetilde{\boldsymbol{M}} = \boldsymbol{\Psi}_{(i)}^{\mathrm{T}}\boldsymbol{M}\boldsymbol{\Psi}_{(i)} \\ (\widetilde{\boldsymbol{K}} - \widetilde{\omega}^2\widetilde{\boldsymbol{M}})\boldsymbol{a} = 0 \\ \boldsymbol{A}_{(i)} = \boldsymbol{\Psi}_{(i)}\boldsymbol{a}\end{cases} \tag{4-115}$$

由以上过程可以看出，子空间迭代法是对一组初始向量反复地应用反幂法和里兹法。反幂法使得其高阶振型的成分减少而低阶振型的成分增加。经过反幂法迭代得到的振型向量一般不具有正交性，如果不经过正交化处理，迭代多次之后这些向量都将收敛到第一阶振型。应用里兹法，使 $\boldsymbol{\Psi}$ 转化为 $\boldsymbol{A}$，不仅满足了正交化条件，同时也得到了前 r 个频率和振型的最佳值。经过多次迭代之后，将收敛于前 r 个自振频率和振型。计算经验指出，最低几阶自振频率和振型一般收敛很快，较高的几阶振型收敛较慢，因此，在实际计算时，宜比实际需要的多假设几阶

振型来进行迭代计算。例如，取 $s(s>r)$ 个假设振型，然后迭代至前 r 个频率和振型满足精度要求为止。这附加的 $s-r$ 个假设振型的目的只是为了加快前 r 个频率和振型的收敛速度。当然，这样做的结果也在每次迭代的过程中增加了一些计算工作量，所以必须合理地选择附加振型的个数。按前人的经验，如果需要计算前 r 个频率和振型，可选取 $2r$ 和 $r+8$ 两个数中的较小者作为假设振型的个数。

子空间迭代法具有很多优点，主要是克服了里兹法的精度受初始假设振型向量的影响较大和矩阵迭代法得到的振型向量不正交的问题，而且使得某两个固有频率接近时矩阵迭代法收敛速度缓慢的问题也得到解决。且在对大型结构动力计算问题，其自由度成百上千，而通常我们只需要求出其前若干阶频率和振型，子空间迭代法对解决这样的问题非常有效，所以时至目前，该方法仍然是求解大型结构特征对问题的主流方法之一。

例 4.9 用子空间迭代法计算例 4.1 中所述系统的前二阶固有频率和振型。

解：系统的动力矩阵已在例 4.6 中算出

$$\boldsymbol{D}=\frac{m}{k}\begin{bmatrix}1&1&2\\1&2&4\\1&2&5\end{bmatrix}$$

取例 4.4 选取的前二阶假设振型，归一化后作为子空间基的零次近似

$$\boldsymbol{A}_{(0)}=\begin{bmatrix}0.5&-2\\0.9&-1\\1&1\end{bmatrix}$$

代入式(4-108)进行第一次迭代，导出

$$\boldsymbol{D}\boldsymbol{A}_{(0)}=\frac{m}{k}\begin{bmatrix}1&1&2\\1&2&4\\1&2&5\end{bmatrix}\begin{bmatrix}0.5&-2\\0.9&-1\\1&1\end{bmatrix}=\frac{m}{k}\begin{bmatrix}3.4&-1\\6.3&0\\7.3&1\end{bmatrix}$$

归一化后为

$$\boldsymbol{\varPsi}_{(1)}=\begin{bmatrix}0.4658&-1\\0.8630&0\\1&1\end{bmatrix}$$

代入式(4-111)，导出

$$\widetilde{\boldsymbol{K}}=k\begin{bmatrix}0.4123&0.2054\\0.2054&4\end{bmatrix},\widetilde{\boldsymbol{M}}=m\begin{bmatrix}2.9617&1.5342\\1.5342&3\end{bmatrix}$$

讨论以下本征值问题，令 $\nu=k/(m\omega^2)$，得

$$\begin{vmatrix}0.4123\nu-2.9617&0.2054\nu-1.5342\\0.2054\nu-1.5342&4\nu-3\end{vmatrix}=1.607(\nu^2-7.7495\nu+4.0643)=0$$

解出本征值

$$\nu_1=7.1837,\nu_2=0.5658$$

得到前二阶固有频率的一次近似值

$$\omega_1 = 0.3731\sqrt{\frac{k}{m}}, \omega_2 = 1.3295\sqrt{\frac{k}{m}}$$

及对应的系数矩阵

$$\boldsymbol{a} = \begin{bmatrix} 438.7 & -0.5196 \\ 1 & 1 \end{bmatrix}$$

则前二阶振型的一次近似为

$$\boldsymbol{A}_{(1)} = \boldsymbol{\Psi}_{(1)}\boldsymbol{a} = \begin{bmatrix} 203.36 & -1.2420 \\ 378.58 & -0.4484 \\ 439.7 & 0.4804 \end{bmatrix}$$

归一化后为

$$\boldsymbol{A}_{(1)} = \begin{bmatrix} 0.4625 & -2.5854 \\ 0.8610 & -0.9334 \\ 1 & 1 \end{bmatrix}$$

算出的前二阶固有频率和振型已经接近例4.4中给出的真实值。继续进行第二次迭代，算出

$$\boldsymbol{DA}_{(1)} = \frac{m}{k}\begin{bmatrix} 1 & 1 & 2 \\ 1 & 2 & 4 \\ 1 & 2 & 5 \end{bmatrix}\begin{bmatrix} 0.4625 & -2.5854 \\ 0.8610 & -0.9334 \\ 1 & 1 \end{bmatrix} = \frac{m}{k}\begin{bmatrix} 3.3235 & -1.5188 \\ 6.1845 & -0.4522 \\ 7.1845 & 0.5478 \end{bmatrix}$$

归一化后为

$$\boldsymbol{\Psi}_{(2)} = \begin{bmatrix} 0.4626 & -2.7725 \\ 0.8608 & 0.8255 \\ 1 & 1 \end{bmatrix}$$

代入式(4-111)，导出

$$\widetilde{\boldsymbol{K}} = k\begin{bmatrix} 0.4113 & 0.000956 \\ 0.000956 & 18.142 \end{bmatrix}, \widetilde{\boldsymbol{M}} = m\begin{bmatrix} 2.9550 & 0.00685 \\ 0.00685 & 10.368 \end{bmatrix}$$

$$\begin{vmatrix} 0.4113\nu - 2.9550 & 0.000956\nu - 0.00685 \\ 0.000956\nu - 0.00685 & 18.142\nu - 10.368 \end{vmatrix} = 7.462(\nu^2 - 7.756\nu + 4.106) = 0$$

解出本征值

$$\nu_1 = 7.1845, \quad \nu_2 = 0.5715$$

前二阶固有频率的二次近似值更接近真实值

$$\omega_1 = 0.3730\sqrt{\frac{k}{m}}, \omega_2 = 1.3228\sqrt{\frac{k}{m}}$$

从数值分析的角度看，子空间迭代法的计算过程存在一些缺陷，主要是首先需要由问题的质量矩阵 $\boldsymbol{M}$ 和刚度矩阵 $\boldsymbol{K}$ 求得其动力矩阵，这一般需要由刚度矩阵求逆来实现 $\boldsymbol{D} = \boldsymbol{K}^{-1}\boldsymbol{M}$，而对大规模的矩阵，求其逆矩阵的运算不仅工作量大，而且当刚度矩阵接近病态时会出现计算结果与理论值相左。而且动力矩阵 $\boldsymbol{D}$ 丧失了质量矩阵 $\boldsymbol{M}$ 和刚度矩阵 $\boldsymbol{K}$ 共有的对称性，这对计算非常不利。所以，在实际工程计算中，人们并不去求动力矩阵 $\boldsymbol{D}$，然后再通过 $\boldsymbol{\Psi}_{(i)} = \boldsymbol{DA}_{(i-1)}$ 去迭代，而是通过求解如下的线性方程组来实现

$$\boldsymbol{K\Psi}_{(i)} = \boldsymbol{MA}_{(i-1)} \tag{4-116}$$

这样计算效率会大大提高。

4.6 ➤ 传递矩阵法

传递矩阵法又称迁移矩阵法,用于计算链状结构系统的固有频率和振型的近似解非常方便有效。如轴上带多个转盘的扭振系统,或带多个集中质量的梁,都是链状结构。传递矩阵法的基本思想是将复杂的连续弹性结构离散为一些简单的惯性元件(站)和弹性元件(场),根据不同问题的力学性质和要求,列出惯性元件两侧的状态向量之间的传递关系,并利用振动时弹性元件两端的状态向量之间的传递关系,列出传递矩阵,利用传递矩阵将链状结构一端的状态向量用另一端的状态向量来表示,再利用结构系统的边界条件,最终得到结构系统振动的频率方程。这种方法的特点是,将全系统的计算分解为阶数很低的各单元的计算,每个单元的传递矩阵阶数与系统的自由度无关,最终矩阵的阶数也只与各传递单元的状态向量个数有关,而与结构整体的自由度无关,从而大大减小了计算的规模,工作量大为减少。

4.6.1 轴的扭转振动

首先以轴的扭转振动为例来说明传递矩阵法的基本原理和方法。考虑图 4-2 所示的带多个刚体圆盘的圆截面轴的扭转振动。将集中质量的盘与盘之间的轴段自左至右编号(图 4-2),第 $i-1$ 个盘和第 i 个盘以及连接两个盘的轴段组成第 i 个单元,如图 4-3 所示。

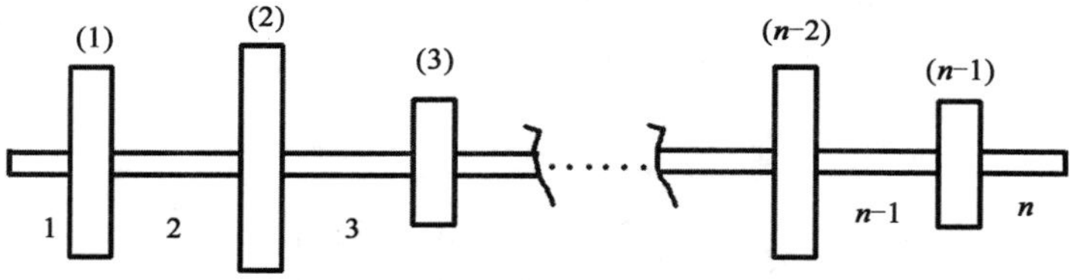

图 4-2 多盘扭转系统

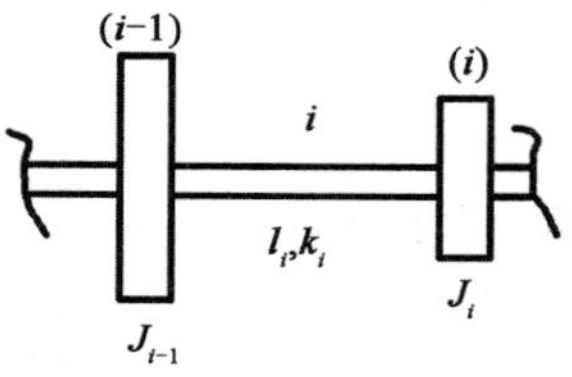

图 4-3 第 i 轴段单元

当轴盘系统自由振动时,其振动的位移为

$$\theta_i = \Theta_i \sin(\omega t + \alpha) \quad (i = 1,2,\cdots,n) \tag{4-117}$$

式中:ω——各盘共同振动的频率;

Θ_i——各盘扭转角的幅值。

将盘的转角 θ 和侧面扭矩 M_T 定义为状态变量,记作

$$X = \begin{Bmatrix} \theta \\ M_T \end{Bmatrix} \tag{4-118}$$

设第 i 个盘绕回转轴的转动惯量为 J_i,轴段的长度为 l_i。以下角标表示盘和轴段的编号,上角标 L 或 R 表示左侧或右侧截面。根据图 4-4 所示的受力状态,列出第 i 盘两侧的状态变量满足以下关系

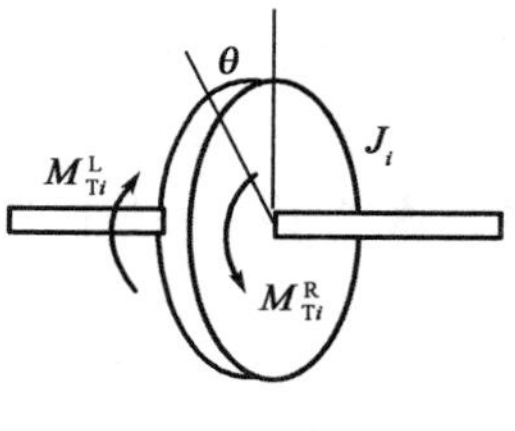

图 4-4 第 i 盘的受力图

$$\theta_i^R = \theta_i^L \tag{4-119}$$

$$M_{Ti}^R = M_{Ti}^L + J_i \ddot{\theta}_i \tag{4-120}$$

将 $\theta = \Theta\sin(\omega t + \alpha)$ 代入式(4-120),得

$$M_{Ti}^R = M_{Ti}^L - \omega^2 J_i \theta_i \tag{4-121}$$

将式(4-119)和式(4-121)合在一起，写成矩阵形式，导出第 i 盘左右两侧状态变量之间的传递关系

$$X_i^{\mathrm{R}} = S_i^{\mathrm{P}} X_i^{\mathrm{L}} \tag{4-122}$$

式中：S_i^{P}——点传递矩阵，定义为

$$S_i^{\mathrm{P}} = \begin{bmatrix} 1 & 0 \\ -\omega^2 J_i & 1 \end{bmatrix} \tag{4-123}$$

图 4-5 所示的第 i 轴段上扭矩的平衡条件要求

$$M_{\mathrm{T}i}^{\mathrm{L}} = M_{\mathrm{T}i-1}^{\mathrm{R}} \tag{4-124}$$

轴段的两端的扭转角有如下关系

$$\theta_i^{\mathrm{L}} = \theta_{i-1}^{\mathrm{R}} + \frac{1}{k_i} M_{\mathrm{T}i-1}^{\mathrm{R}} \tag{4-125}$$

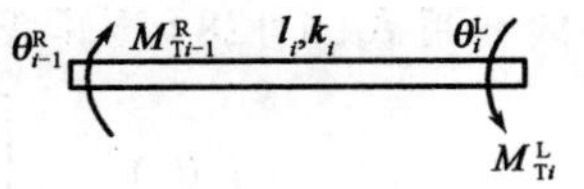

图 4-5　第 i 段的受力图

式中：k_i——$k_i = G_i I_{\mathrm{P}i}/l_i$，$G_i$ 为轴的切变模量，$I_{\mathrm{P}i}$ 为截面的二次极矩。

从式(4-124)和式(4-125)导出第 i 轴段左右两端状态变量的传递关系

$$X_i^{\mathrm{L}} = S_i^{\mathrm{F}} X_{i-1}^{\mathrm{R}} \tag{4-126}$$

式中：S_i^{F}——场传递矩阵，定义为

$$S_i^{\mathrm{F}} = \begin{bmatrix} 1 & 1/k_i \\ 0 & 1 \end{bmatrix} \tag{4-127}$$

将式(4-122)代入式(4-126)导出从第 $i-1$ 盘右侧到第 i 盘右侧的状态变量传递关系

$$X_i^{\mathrm{R}} = S_i^{\mathrm{P}} S_i^{\mathrm{F}} X_{i-1}^{\mathrm{R}} = S_i X_{i-1}^{\mathrm{R}} \tag{4-128}$$

其中矩阵 S_i 为单元传递矩阵，定义为

$$S_i = S_i^{\mathrm{P}} S_i^{\mathrm{F}} = \begin{bmatrix} 1 & \dfrac{1}{k_i} \\ -\omega^2 J_i & 1 - \omega^2 \dfrac{J_i}{k_i} \end{bmatrix} \tag{4-129}$$

对于带 n 个盘的轴，总能利用各单元传递矩阵的连乘积导出最左端和最右端截面状态向量之间的传递关系

$$X_n^{\mathrm{R}} = S X_1^{\mathrm{R}} \tag{4-130}$$

式中：S——自第一至第 n 单元的通路中所有单元传递矩阵的连乘积。

S 的元素为频率 ω 的函数。如轴两端的边界条件已知，式(4-130)中传递矩阵 S 必须满足特定的条件才能与边界条件相容，这类条件通常表现为 S 中的某个元素为零，由此可建立系统的频率方程，从而求得固有频率。将固有频率代入状态变量式(4-118)中的第一个元素即转角 θ 在各个盘位置的值，从而得到各盘以该频率表示的转角并求出它们的比例关系，即是系统的振型。

例 4.10　利用传递矩阵法计算图 4-6 所示无约束三盘扭振系统的固有频率和振型。设 $k_1 = k_2 = k$，$J_1 = J_3 = J$，$J_2 = 2J$。

解：两端无约束的边界条件为

$$M_{\mathrm{T1}}^{\mathrm{L}} = M_{\mathrm{T3}}^{\mathrm{R}} = 0 \tag{a}$$

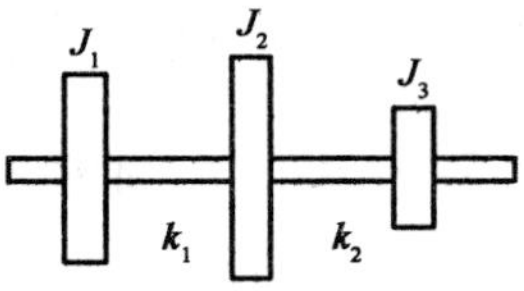

图 4-6 三轴盘扭转系统

令 $\theta_1=1$ 即

$$\begin{Bmatrix}\theta\\M_T\end{Bmatrix}_1^L=\begin{Bmatrix}1\\0\end{Bmatrix} \tag{b}$$

利用式(4-122)计算 X_1^R

$$\begin{Bmatrix}\theta\\M_T\end{Bmatrix}_1^R=\begin{bmatrix}1 & 0\\-\omega^2J & 1\end{bmatrix}\begin{Bmatrix}1\\0\end{Bmatrix}=\begin{Bmatrix}1\\-\omega^2J\end{Bmatrix} \tag{c}$$

继续利用式(4-128)计算 X_2^R 和 X_3^R

$$\begin{Bmatrix}\theta\\M_T\end{Bmatrix}_2^R=\begin{bmatrix}1 & \dfrac{1}{k}\\-2\omega^2J & 1-\omega^2\dfrac{2J}{k}\end{bmatrix}\begin{Bmatrix}1\\-\omega^2J\end{Bmatrix}=\begin{Bmatrix}1-\omega^2\dfrac{J}{k}\\\omega^2J\left(2\omega^2\dfrac{j}{k}-3\right)\end{Bmatrix} \tag{d}$$

$$\begin{Bmatrix}\theta\\M_T\end{Bmatrix}_3^R=\begin{bmatrix}1 & \dfrac{1}{k}\\-\omega^2J & 1-\omega^2\dfrac{J}{k}\end{bmatrix}\begin{Bmatrix}1-\omega^2\dfrac{J}{k}\\\omega^2J\left(2\omega^2\dfrac{J}{k}-3\right)\end{Bmatrix}=\begin{Bmatrix}2\omega^4\left(\dfrac{J}{k}\right)^2-4\omega^2\dfrac{J}{k}+1\\-2\omega^2J\left[\omega^4\left(\dfrac{J}{k}\right)^2-3\omega^2\dfrac{J}{k}+2\right]\end{Bmatrix} \tag{e}$$

利用边界条件式(a)中 $M_{T3}^R=0$,得到频率方程

$$\omega^2J\left[\omega^4\left(\frac{J}{k}\right)^2-3\omega^2\frac{J}{k}+2\right]=0 \tag{f}$$

解出

$$\omega_1=0,\omega_2=\sqrt{\frac{k}{J}},\omega_3=\sqrt{\frac{2k}{J}} \tag{g}$$

将式(c)、式(d)、式(e)中各盘的状态向量中的第一个元素即扭转角组成一个向量

$$\begin{Bmatrix}\theta_1\\\theta_2\\\theta_3\end{Bmatrix}=\begin{Bmatrix}1\\1-\omega^2J/k\\2\omega^4(J/k)^2-4\omega^2J/k+1\end{Bmatrix} \tag{h}$$

将各阶固有频率代入式(h),得到相应的振型向量

$$\boldsymbol{\phi}_1=\begin{Bmatrix}1\\1\\1\end{Bmatrix},\boldsymbol{\phi}_2=\begin{Bmatrix}1\\0\\-1\end{Bmatrix},\boldsymbol{\phi}_3=\begin{Bmatrix}1\\-1\\1\end{Bmatrix} \tag{i}$$

4.6.2 带集中质量的梁的横向振动

对连续梁、输液管道、汽轮机或发电机转子一类结构,常可简化为无质量的梁上带有若干集中质量,如图 4-7 所示。用传递矩阵法分析梁的横向自由振动问题与前面分析轴的扭转振动情况基本上一样,只是梁的状态向量将包括两个位移分量和两个内力分量。若将梁的支座、梁上的集中质量以及连接支座或集中质量的梁段自左至右依次编号(图 4-7),将第 $i-1$ 和第 i 集中质量以及联结两者的第 i 梁段作为第 i 单元(图 4-8),梁段质量忽略不计。将支座或集中质量处梁的位移 w 和截面转角 θ,以及弯矩 M 和剪力 F_S 组成状态向量 $\boldsymbol{X}$,记作

$$X = \{w \quad \theta \quad M \quad F_S\}^{\mathrm{T}} \tag{4-131}$$

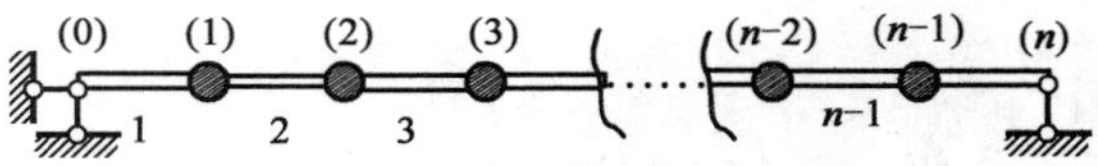

图4-7　带多个集中质量的简支梁

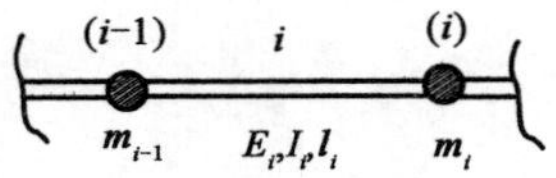

图4-8　第 i 段梁单元

设第 i 单元的集中质量为 m_i、单元的长度和抗弯刚度分别为 l_i 和 E_iI_i，以下角标表示集中质量和梁段的编号，上角标 L 或 R 表示左侧和右侧截面。取第 i 质量的动平衡，如图 4-9 所示，假设该质点处还有刚度系数为 k_i 的竖向弹簧，则该质点两侧的状态变量满足以下关系

$$\begin{cases} w_i^{\mathrm{R}} = w_i^{\mathrm{L}} \\ \theta_i^{\mathrm{R}} = \theta_i^{\mathrm{L}} \\ M_i^{\mathrm{R}} = M_i^{\mathrm{L}} \\ F_{\mathrm{S}i}^{\mathrm{R}} = F_{\mathrm{S}i}^{\mathrm{L}} - m_i\ddot{w}_i^{\mathrm{L}} - k_iw_i^{\mathrm{L}} \end{cases} \tag{4-132}$$

设梁的横向振动固有频率为 ω，将 $w = A\sin(\omega t + \alpha)$ 代入式(4-132)，导出第 i 质量左右两侧状态向量的传递关系

$$X_i^{\mathrm{R}} = S_i^{\mathrm{P}} X_i^{\mathrm{L}} \tag{4-133}$$

其中点传递矩阵 S_i^{P} 定义为

$$S_i^{\mathrm{P}} = \begin{bmatrix} 1 & 0 & 0 & 0 \\ 0 & 1 & 0 & 0 \\ 0 & 0 & 1 & 0 \\ \omega^2 m_i - k_i & 0 & 0 & 1 \end{bmatrix} \tag{4-134}$$

然后取第 i 梁段上力的平衡，观察图 4-10，导出

$$F_{\mathrm{S}i}^{\mathrm{L}} = F_{\mathrm{S}i-1}^{\mathrm{R}} \tag{4-135}$$

$$M_i^{\mathrm{L}} = M_{i-1}^{\mathrm{R}} + F_{\mathrm{S}i-1}^{\mathrm{R}} l_i \tag{4-136}$$

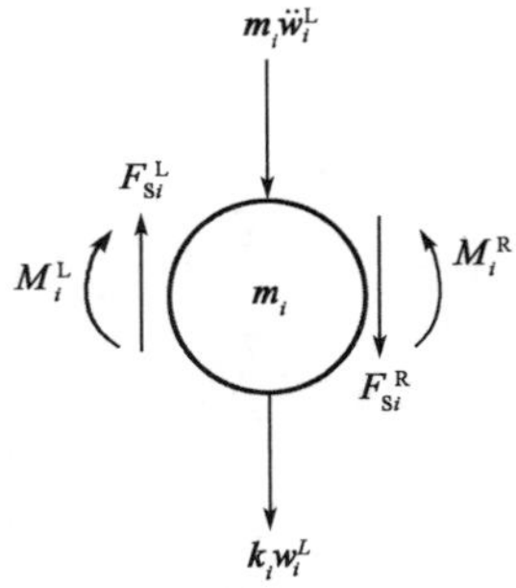

图4-9　第 i 集中质量的受力图

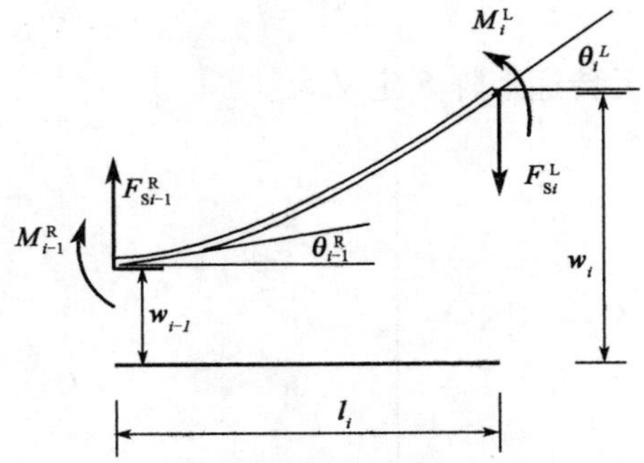

图4-10　第 i 段梁的受力图

为了寻找该段梁两端位移和转角的关系，我们分析梁的变形。对均匀梁来说其弯曲挠度和其所受的弯矩之间有如下关系

$$M = EIw'' = EI\theta' \tag{4-137}$$

两边积分得

$$\theta = \frac{1}{EI}\int M\mathrm{d}x \tag{4-138}$$

故有

$$\begin{aligned}\theta_i^{\mathrm{L}} &= \theta_{i-1}^{\mathrm{R}} + \frac{1}{E_iI_i}\int_0^{l_i}(M_{i-1}^{\mathrm{R}} + F_{\mathrm{S}i-1}^{\mathrm{R}}x)\mathrm{d}x \\ &= \theta_{i-1}^{\mathrm{R}} + \frac{l_i}{E_iI_i}M_{i-1}^{\mathrm{R}} + \frac{l_i^2}{2E_iI_i}F_{\mathrm{S}i-1}^{\mathrm{R}}\end{aligned} \tag{4-139}$$

又因

$$w = \frac{1}{EI}\int \theta\mathrm{d}x \tag{4-140}$$

所以有

$$\begin{aligned}w_i^{\mathrm{L}} &= w_{i-1}^{\mathrm{R}} + \frac{1}{E_iI_i}\int_0^{l_i}\left(\theta_{i-1}^{R} + \frac{M_{i-1}^{\mathrm{R}}}{EI}x + \frac{F_{\mathrm{S}i-1}^{\mathrm{R}}}{2EI}x^2\right)\mathrm{d}x \\ &= w_{i-1}^{\mathrm{R}} + l_i\theta_{i-1}^{\mathrm{R}} + \frac{l_i^2}{2E_iI_i}M_{i-1}^{\mathrm{R}} + \frac{l_i^3}{6E_iI_i}F_{\mathrm{S}i-1}^{\mathrm{R}}\end{aligned} \tag{4-141}$$

将式(4-135)、式(4-136)、式(4-139)和式(4-141)组集在一起,写成矩阵形式,得到第 i 梁段左右两端状态变量之间的传递关系

$$\boldsymbol{X}_i^{\mathrm{L}} = \boldsymbol{S}_i^{\mathrm{F}}\boldsymbol{X}_{i-1}^{\mathrm{R}} \tag{4-142}$$

其中场传递矩阵 $\boldsymbol{S}_i^{\mathrm{F}}$ 定义为

$$\boldsymbol{S}_i^{\mathrm{F}} = \begin{bmatrix} 1 & l_i & \dfrac{l_i^2}{2E_iI_i} & \dfrac{l_i^3}{6E_iI_i} \\ 0 & 1 & \dfrac{l_i}{E_iI_i} & \dfrac{l_i^2}{2E_iI_i} \\ 0 & 0 & 1 & l_i \\ 0 & 0 & 0 & 1 \end{bmatrix} \tag{4-143}$$

将式(4-142)代入式(4-133),导出从第 $i-1$ 质量右侧至第 i 质量右侧的状态变量传递关系

$$\boldsymbol{X}_i^{\mathrm{R}} = \boldsymbol{S}_i^{\mathrm{P}}\boldsymbol{S}_i^{\mathrm{F}}\boldsymbol{X}_{i-1}^{\mathrm{R}} = \boldsymbol{S}_i\boldsymbol{X}_{i-1}^{\mathrm{R}} \tag{4-144}$$

其中单元传递矩阵 $\boldsymbol{S}_i$ 定义为

$$\boldsymbol{S}_i = \boldsymbol{S}_i^{\mathrm{P}}\boldsymbol{S}_i^{\mathrm{F}} = \begin{bmatrix} 1 & l_i & \dfrac{l_i^2}{2E_iI_i} & \dfrac{l_i^3}{6E_iI_i} \\ 0 & 1 & \dfrac{l_i}{E_iI_i} & \dfrac{l_i^2}{2E_iI_i} \\ 0 & 0 & 1 & l_i \\ \omega^2m_i - k_i & (\omega^2m_i - k_i)l_i & \dfrac{(\omega^2m_i - k_i)l_i^2}{2E_iI_i} & 1 + \dfrac{(\omega^2m_i - k_i)l_i^3}{6E_iI_i} \end{bmatrix} \tag{4-145}$$

对于带 n 个集中质量的梁,总能利用各单元传递矩阵的连乘积导出梁的最左端和最右端状态向量之间的传递关系

$$\boldsymbol{X}_n^{\mathrm{R}} = \boldsymbol{S}\boldsymbol{X}_0^{\mathrm{L}} \tag{4-146}$$

与轴的扭转振动类似，利用梁两端边界条件可以确定固有频率和振型。

对于简支梁，其边界条件为 $w(0)=w(l)=M(0)=M(l)=0$，代入式(4-146)得

$$\begin{Bmatrix} 0 \\ \theta_n^{\mathrm{R}} \\ 0 \\ F_{\mathrm{S}n}^{\mathrm{R}} \end{Bmatrix} = \begin{bmatrix} S_{11} & S_{12} & S_{13} & S_{14} \\ S_{21} & S_{22} & S_{23} & S_{24} \\ S_{31} & S_{32} & S_{33} & S_{34} \\ S_{41} & S_{42} & S_{43} & S_{44} \end{bmatrix} \begin{Bmatrix} 0 \\ \theta_0 \\ 0 \\ F_{\mathrm{S}0} \end{Bmatrix}$$

将上式展开，其中第一和第三个方程为

$$S_{12}\theta_0 + S_{14}F_{\mathrm{S}0} = 0$$
$$S_{32}\theta_0 + S_{34}F_{\mathrm{S}0} = 0$$

由于 θ_0 和 $F_{\mathrm{S}0}$ 不可能为零，故得频率方程

$$\Delta = \begin{vmatrix} S_{12} & S_{14} \\ S_{32} & S_{34} \end{vmatrix} = 0 \tag{4-147}$$

对于两端固定梁，其边界条件为 $w(0)=w(l)=\theta(0)=\theta(l)=0$，重复简支梁的步骤，得到其频率方程

$$\Delta = \begin{vmatrix} S_{13} & S_{14} \\ S_{23} & S_{24} \end{vmatrix} = 0 \tag{4-148}$$

同样，对悬臂梁，其边界条件为 $w(0)=\theta(0)=F_{\mathrm{S}}(l)=M(l)=0$，由此得到频率方程

$$\Delta = \begin{vmatrix} S_{33} & S_{34} \\ S_{43} & S_{44} \end{vmatrix} = 0 \tag{4-149}$$

例 4.11　用传递矩阵法计算例 3.11 中带集中质量简支梁的固有频率。

解：引入量纲一的量

$$\bar{w} = \frac{w}{l}, \bar{M} = \frac{Ml}{EI}, \bar{F}_{\mathrm{S}} = \frac{F_{\mathrm{S}}l^2}{EI}, \lambda = \frac{ml^3\omega^2}{EI} \tag{a}$$

定义量纲一的状态变量为

$$\boldsymbol{X} = \{\bar{w} \quad \theta \quad \bar{M} \quad \bar{F}_{\mathrm{S}}\}^{\mathrm{T}} \tag{b}$$

由于梁上的两个集中质量完全相同，且三段杆件的物理性质完全相同，故式(4-134)和(4-143)表示的各质量处的点传递矩阵和各杆段的场传递矩阵完全相同，分别写作

$$\boldsymbol{S}^{\mathrm{P}} = \begin{bmatrix} 1 & 0 & 0 & 0 \\ 0 & 1 & 0 & 0 \\ 0 & 0 & 1 & 0 \\ \lambda & 0 & 0 & 1 \end{bmatrix}, \boldsymbol{S}^{\mathrm{F}} = \begin{bmatrix} 1 & 1 & \frac{1}{2} & \frac{1}{6} \\ 0 & 1 & 1 & \frac{1}{2} \\ 0 & 0 & 1 & 1 \\ 0 & 0 & 0 & 1 \end{bmatrix} \tag{c}$$

计算两端支座之间的传递矩阵

$$\boldsymbol{S} = \boldsymbol{S}^{\mathrm{F}}\boldsymbol{S}^{\mathrm{P}}\boldsymbol{S}^{\mathrm{F}}\boldsymbol{S}^{\mathrm{P}}\boldsymbol{S}^{\mathrm{F}} = \begin{bmatrix} S_{11} & S_{12} & S_{13} & S_{14} \\ S_{21} & S_{22} & S_{23} & S_{24} \\ S_{31} & S_{32} & S_{33} & S_{34} \\ S_{41} & S_{42} & S_{43} & S_{44} \end{bmatrix} \tag{d}$$

代入式(4-147),得到其频率方程

$$\Delta = S_{12}S_{34} - S_{14}S_{32} = 0 \tag{e}$$

其中

$$S_{12} = S_{34} = \frac{\lambda^2}{36} + \frac{5\lambda}{3} + 3, S_{14} = \frac{\lambda^2}{216} + \frac{4\lambda}{9} + \frac{9}{2}, S_{32} = \lambda\left(4 + \frac{\lambda}{6}\right) \tag{f}$$

展开化简后,得到与例3.11相同的本征方程

$$5\lambda^2 - 96\lambda + 108 = 0 \tag{g}$$

求解该方程便可得其固有频率。

不难发现,本方法的计算过程反而比例3.11中直接对本征方程求根更为烦琐。这是因为传递矩阵法在计算从问题的一端到另一端状态向量之间传递矩阵的时候,需要做很多矩阵的相乘,而这些矩阵都是含有符号 ω^2 的,做大量的符号矩阵演算显然非常麻烦,而且最后得到的频率方程会是一高次代数方程,其方程求根也是个不小的问题。因此,实际应用传递矩阵法时并不进行符号推演,而是先假设一系列试算频率代入各传递矩阵进行数值运算做出 $\Delta(\lambda)$ 曲线,能满足 $\Delta(\lambda)=0$ 的试算频率即固有频率。在图4-11中,固有频率由 $\Delta(\lambda)$ 曲线与横坐标轴的交点确定。

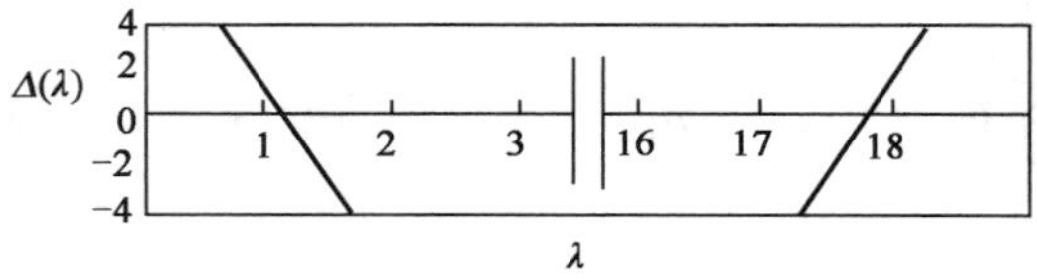

图4-11 Δ(λ)曲线

习题

4.1 一等截面均匀简支梁,单位长度的质量为 $\bar{m}$,已知其固有频率为 $\omega = \left(\frac{i\pi}{l}\right)^2\sqrt{\frac{EI}{\bar{m}}}$,若在梁的跨中附加一个集中质量 $\bar{m}l/2$,如题4.1图所示。试用邓克利法估计该系统的基频。

4.2 不计质量的简支梁上有三个集中质量,如题4.2图所示,试用邓克利法估计该系统的基频。

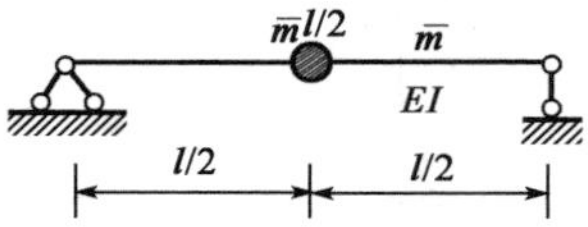

题4.1图

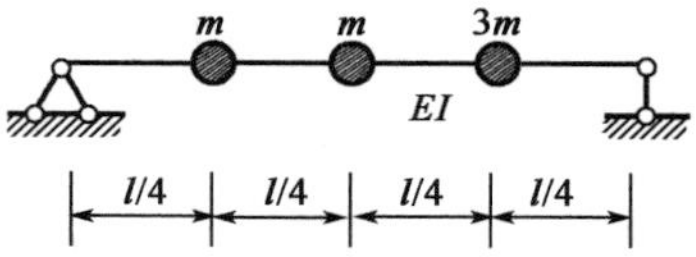

题4.2图

4.3 试用Rayleigh第一商和第二商分别计算题4.2所示结构系统的基频。假设振型向量取结构的静变形。

4.4 试用两种形式的Ritz法求解题4.2所示结构系统的前两阶频率。假设振型向量取 $\boldsymbol{\psi}_1 = \{1 \quad 1.5 \quad 1.2\}^{\mathrm{T}}$,$\boldsymbol{\psi}_2 = \{1 \quad 0 \quad -1.2\}^{\mathrm{T}}$。

4.5 试用传递矩阵法计算题4.2所示结构系统的前两阶固有频率。

4.6　试用矩阵迭代法计算题4.2所示结构的第一阶固有频率。初始迭代向量取 $\boldsymbol{\psi}_1 = \{1 \quad 1.5 \quad 1.2\}^{\mathrm{T}}$。

4.7　试用子空间迭代法计算题4.2所示结构的前两阶固有频率。初始迭代向量取 $\boldsymbol{\psi}_1 = \{1 \quad 1.5 \quad 1.2\}^{\mathrm{T}}$，$\boldsymbol{\psi}_2 = \{1 \quad 0 \quad -1.2\}^{\mathrm{T}}$。

4.8　题4.8图所示四层剪切型刚架，各刚性横梁上集中质量均相同且为 m，各楼层间柱子的层间侧移刚度亦相同且为 k。若取静变形曲线为假设振型，试用 Rayleigh 第一商和 Rayleigh 第二商分别估计系统自由振动的基频。

4.9　对题4.8中的刚架系统，若取前两阶假设振型向量为 $\boldsymbol{\psi}_1 = \{1 \quad 0.75 \quad 0.5 \quad 0.25\}^{\mathrm{T}}$，$\boldsymbol{\psi}_2 = \{1 \quad 0.56 \quad 0.25 \quad 0.06\}^{\mathrm{T}}$。试用两种形式的 Ritz 法计算其前两阶自振频率和主振型向量。

4.10　用传递矩阵法计算题4.10图所示结构系统横向振动的自振频率。梁的质量忽略不计。

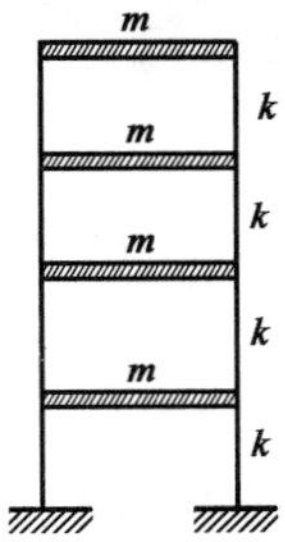

题4.8图

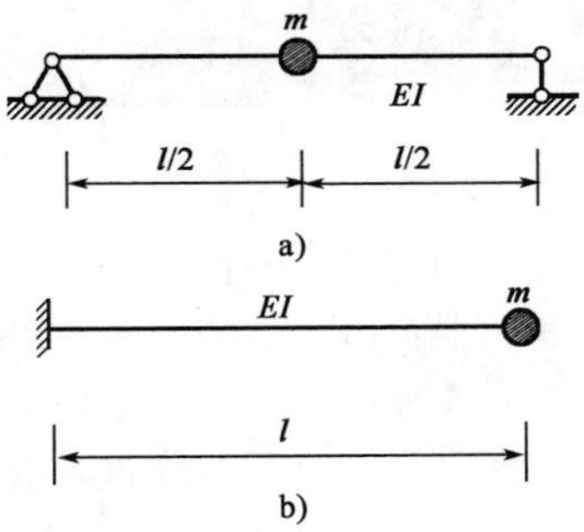

题4.10图

第5章

连续系统的振动

前面几章讨论的都是有限自由度系统或称为离散系统的振动问题，本章开始讨论弹性体或者称连续体的无限自由度系统的振动问题。离散系统在力学模型上具有明显的集中质量和不计质量的弹性元件，因此，描述其运动状态的物理量的数学表达为与自由度数目相等的二阶常微分方程组。而连续系统具有分布质量和分布弹性，是一个动态场问题，描述系统运动状态的物理量同时是时间和空间坐标的函数，因而最终控制系统运动状态的数学表达为偏微分方程。

偏微分方程的求解从数学上来讲其难度要远远大于常微分方程的求解，尤其是对一些维数多、边界形状不规则的问题，要想求出其满足边界条件的解几乎是不可能的，它只对一些简单情形才能求得精确解，对于复杂的连续系统则必须利用各种近似方法简化为离散系统求解。然而，就离散系统和连续系统来讲，其物理本质并无不同，若把连续系统的质量按某种规律缩聚到有限个点上，各点之间用无质量的弹性元件连接起来便成为离散系统；反之，离散系统的质点趋于无穷多的极限情况就是连续系统。它们之间具有相同的动力特性，离散系统就是连续系统的近似描述。因此，多自由度系统的分析所形成的许多力学概念在分析连续体的振动时都有相应的地位和发展，如自由振动的固有频率从有限个变为无限多个，主振型由原来的向量表达演变为由函数来表达，而且这些振型函数仍然存在某种意义上的正交性，在讨论线性振动问题时，叠加原理以及在此基础之上形成的振型叠加法也依然有效。

本章首先讨论以弦的横向振动和杆的纵向振动等为代表的一类简单振动问题，在此基础上讨论梁的横向弯曲振动，以掌握连续系统振动的一般规律；其次还对梁振动的一些特殊问题进行了探讨。这些结构元件是组成结构的最基本单元，研究这些基本单元的振动问题不仅是实际问题的需要，同时也为研究实际工程中复杂结构的振动问题奠定了必要的基础。本章采用最基本的线弹性假设，材料均为理想线弹性体，即材料为均匀的和各向同性的，结构变形相对其结构本身的尺寸都很小，且在弹性范围内服从胡克定律。

5.1 ➤ 张紧弦的振动

所谓弦，是指极易弯曲而轴向却可以承受很大轴力的特别细的杆。讨论一段两端固定，以张力 F 拉紧的细弦的横向振动。设弦单位长度的质量为 ρ_l，以变形前弦的方向为 x 轴，设横向挠度 $y(x,t)$ 为小量，振动过程中弦的张力不变，F 视作常量。弦上受分布激励力 $q(x,t)$。

任取其中一段微元体如图 5-1 所示，利用动静法列出其在 y 方向的平衡方程，注意当弦作微幅振动时，θ 角很小，应有 $\sin\theta \approx \theta$，于是有

$$F\left(\theta + \frac{\partial\theta}{\partial x}\mathrm{d}x\right) - F\theta + q\mathrm{d}x - \rho_l\mathrm{d}x\,\frac{\partial^2 y}{\partial t^2} = 0$$

化简得

$$F\,\frac{\partial\theta}{\partial x} = \rho_l\,\frac{\partial^2 y}{\partial t^2} - q \tag{5-1}$$

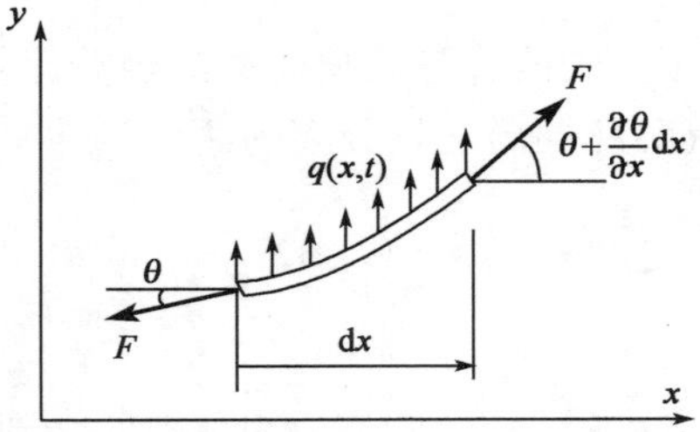

图 5-1 弦的横向振动

由于弦线总是处于光滑状态，不会发生转折尖角，所以有 $\theta \approx \tan\theta = \dfrac{\partial y}{\partial x}$，将其代入式(5-1)，得

$$F\,\frac{\partial^2 y}{\partial x^2} = \rho_l\,\frac{\partial^2 y}{\partial t^2} - q \tag{5-2}$$

式(5-2)就是在横向激励作用下弦的振动方程。当 $q=0$ 时，弦作自由振动，其自由振动的生分方程可表示为

$$\ddot{y} = a^2 y'' \tag{5-3}$$

其中，参数 a 定义为

$$a = \sqrt{\frac{F}{\rho_l}} \tag{5-4}$$

式(5-3)在数理方程中称为泊松(Poisson)方程，也称作一维波动方程，它的解可用两种形式表示，一种为行波解，一种是驻波解。行波解法将解表示为

$$y = f_1(x - at) + f_1(x + at) \tag{5-5}$$

即把弦的振动看作是向两个相反方向行进的波的叠加，具体波形由初始条件确定，两列波的传播速度均为 a，所以常数 a 称为波速。行波解比较形象直观，能给出任何时刻的清晰波形，但求解比较复杂，且解的形式在振动的意义上不很明确。驻波解则是将解看作一个位置不动的波形按照某种规律随时间变化，所以更能提示弦的运动规律。因此，本章主要讨论驻波解。

在生活中仔细观察一根弦的自由振动，发现有可能存在着一种波形不变、弦上所有质点按照同一频率作同步简谐运动的情况，它们同时到达平衡位置又同时达到位移最大值。同时，受多自由度系统自由振动的启发，系统的这种所有质点同步简谐振动就是一种主振动，这个形状不变的波形就是主振型。用数学语言来描述，就是将弦的振动的特解 $y(x,t)$ 分解为空间坐标函数与时间函数的乘积，即

$$y(x,t) = \phi(x) \cdot q(t) \tag{5-6}$$

式中：$\phi(x)$——弦的振型函数，仅与 x 有关而与时间 t 无关；

$q(t)$——时间的函数，表示弦上所有各点运动时随时间的变化规律。

由于式(5-6)将一个二元函数分解成了两个完全无关的单变量函数的乘积，所以该方法通常称为分离变量法。

将式(5-6)代入自由振动的运动微分方程式(5-3)，得

$$\frac{\ddot{q}(t)}{q(t)} = a^2 \frac{\phi''(x)}{\phi(x)} \tag{5-7}$$

由于上式两边是互相无关的函数，因此只能等于常数 c。设 c 为负数，记作 $c = -\omega^2$，则从方程式(5-7)导出变量分离的两个线性常微分方程

$$\ddot{q} + \omega^2 q = 0 \tag{5-8}$$

$$\phi'' + \left(\frac{\omega}{a}\right)^2 \phi = 0 \tag{5-9}$$

由方程式(5-8)知道 c 为负数的合理性，否则 q 将随时间的延迟而趋于无穷。

方程式(5-8)与单自由度系统线性振动方程式(2-33)形式完全相同，其通解写为

$$q(t) = A\sin(\omega t + \alpha) \tag{5-10}$$

即以 ω 为频率的简谐振动。方程式(5-9)的解为

$$\phi(x) = C_1 \sin\frac{\omega x}{a} + C_2 \cos\frac{\omega x}{a} \tag{5-11}$$

它描述了弦按照频率 ω 振动时的变形形态，即主振型或模函数态。式(5-11)中的积分常数 C_1、C_2 及参数 ω 应满足的频率方程由弦的边界条件确定。

一般情况下，弦的两端是固定的，其边界条件为

$$y(0,t) = y(l,t) = 0 \tag{5-12}$$

代入式(5-6)，得到

$$\phi(0) = 0, \phi(l) = 0 \tag{5-13}$$

代入式(5-11)，得到

$$C_2 = 0, C_1 \sin\frac{\omega l}{a} = 0$$

显然，$C_1 = 0$ 时边界条件满足，但此时弦也处于静止状态。故必有

$$\sin\frac{\omega l}{a} = 0 \tag{5-14}$$

上式即为弦振动的特征方程，也称为频率方程。由此解得

$$\omega_i = \frac{i\pi a}{l} \quad (i = 0,1,2,\cdots) \tag{5-15}$$

将式(5-15)代入式(5-11)，令任意常数 $C_1 = 1$，导出与固有频率 ω_i 相对应的第 i 阶主振型函数为

$$\phi_i(x) = \sin\frac{i\pi x}{l} \quad (i = 0,1,2,\cdots) \tag{5-16}$$

由于固有频率 $\omega_0=0$ 对应的主振型函数为零,因此将零固有频率除去。

显然,与有限自由度系统不同,连续系统的固有频率有无穷多个,记作 $\omega_i(i=1,2,\cdots)$。将第 i 个频率对应的主振型函数记作 $\phi_i(x)(i=1,2,\cdots)$,并将式(5-15)和式(5-16)代入式(5-6),即得到以 ω_i 为固有频率、$\phi_i(x)$ 为主振型函数的第 i 阶主振动方程

$$y^{(i)}(x,t)=a_i\phi_i(x)\sin(\omega_i t+\alpha_i)\quad(i=1,2,\cdots)\tag{5-17}$$

系统的自由振动是无穷多个主振动的叠加

$$y(x,t)=\sum_{i=1}^{\infty}y^{(i)}(x,t)=\sum_{i=1}^{\infty}a_i\phi_i(x)\sin(\omega_i t+\alpha_i)\tag{5-18}$$

其中积分常数 a_i 和 $\alpha_i(i=1,2,\cdots)$ 由系统的初始条件确定。有时为了求解方便,也可将式(5-18)写作

$$y(x,t)=\sum_{i=1}^{\infty}\sin\frac{i\pi x}{l}(A_i\sin\omega_i t+B_i\cos\omega_i t)\tag{5-19}$$

若弦的初始条件为

$$y(x,0)=f(x),\dot{y}(x,0)=g(x)\tag{5-20}$$

将式(5-20)代入式(5-19),得

$$f(x)=\sum_{i=1}^{\infty}B_i\sin\frac{i\pi x}{l},g(x)=\sum_{i=1}^{\infty}A_i\omega_i\sin\frac{i\pi x}{l}\tag{5-21}$$

两边同乘以 $\sin\frac{j\pi x}{l}$ 并对 x 沿弦长积分,利用三角函数的正交关系,得到

$$B_i=\frac{2}{l}\int_0^l f(x)\sin\frac{i\pi x}{l}\mathrm{d}x,A_i=\frac{2}{l\omega_i}\int_0^l g(x)\sin\frac{i\pi x}{l}\mathrm{d}x\tag{5-22}$$

例 5.1 设张紧的弦在初始时刻被拨到图5-2所示的位置,然后无初速度释放,求弦的自由振动规律。假设弦单位长度的质量为 ρ_l,弦的张力假设为 F。

解:此弦的初始条件为

$$y(x,0)=f(x)=\begin{cases}\dfrac{6h}{l}x & \left(0\leqslant x\leqslant\dfrac{l}{6}\right)\\[2ex] \dfrac{6h}{5l}(l-x) & \left(\dfrac{l}{6}\leqslant x\leqslant l\right)\end{cases}$$

$$\dot{y}(x,0)=g(x)=0$$

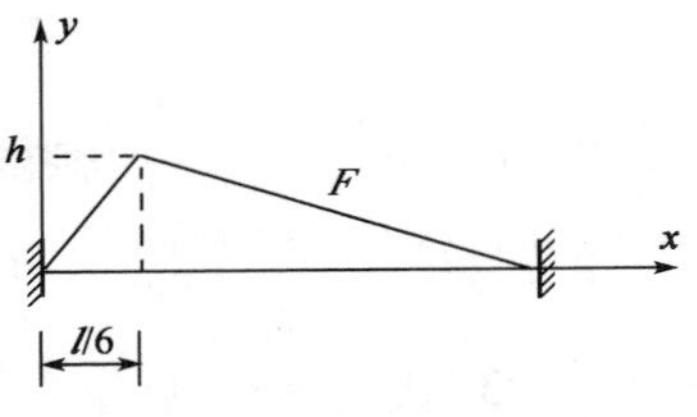

图5-2 张紧弦的初始自由振动

由式(5-22)解得

$$A_i=0$$

$$B_i=\frac{12h}{l^2}\int_0^{l/6}x\sin\frac{i\pi x}{l}\mathrm{d}x+\frac{12h}{5l^2}\int_{l/6}^{l}(l-x)\sin\frac{i\pi x}{l}\mathrm{d}x=\frac{72h}{5i^2\pi^2}\sin\frac{i\pi}{6}$$

因而,弦的自由振动可表示为

$$y(x,t)=\frac{72h}{5\pi^2}\left[\frac{1}{2}\sin\frac{\pi x}{l}\cos\frac{\pi at}{l}+\frac{0.866}{4}\sin\frac{2\pi x}{l}\cos\frac{2\pi at}{l}+\frac{1}{9}\sin\frac{3\pi x}{l}\cos\frac{3\pi at}{l}+\cdots\right]$$

式中:a——波速,$a=\sqrt{F/\rho_l}$。

可见,两端固定弦的横向自由振动除了基频振动外,还包含频率为基频整数倍的振动,这

种倍频振动也称作是谐波振动。在音乐上,正是利用了这种频率之间的整数倍关系,使各阶谐波与基波组成各种悦耳的谐音。弦在振动中,基波起主导作用,各高次谐波的出现取决于初始条件。在上例中,弦的拨动点在弦的1/6长位置,这个位置恰好是三次谐波的波腹,即零位移的位置,因此其响应的三阶谐波振幅仅有基波振幅的1/4.5。一个出色的演奏家能够激发出合适的谐波从而产生美妙动听的音乐。另外,由式(5-15)可知,调整弦的长度或张力的大小,可以校正弦的基本音调。

5.2 ➤ 直杆的自由振动

考虑图5-3a)所示的等截面细直杆,设杆长为l,横截面积为A,材料的密度和弹性模量分别为ρ和E,现讨论其轴向自由振动。假定振动过程中各截面保持平面,并忽略因纵向振动引起的横向变形。以杆的纵轴为x轴,设杆的坐标为x的任意截面处的位移$u(x,t)$为x和t的函数。

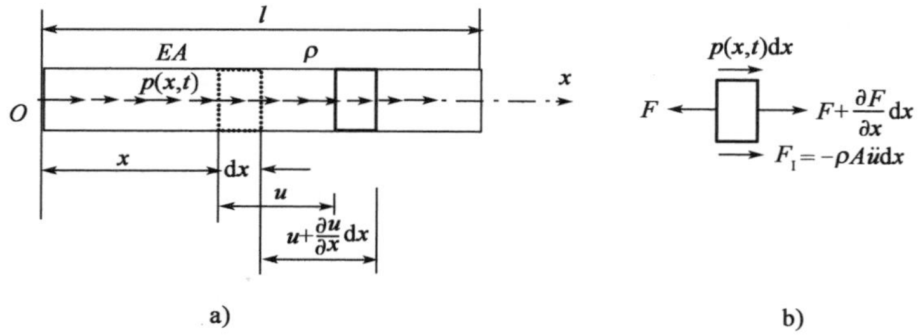

图5-3 直杆的纵向振动

由胡克定律知,杆的纵向弹性力为

$$F = EA\frac{\partial u}{\partial x} \tag{5-23}$$

取厚度为$\mathrm{d}x$的微元体,如图5-3b)所示,列出其在x轴方向的动力学方程

$$\left(F + \frac{\partial F}{\partial x}\mathrm{d}x\right) - F - \rho A\ddot{u}\mathrm{d}x + p\mathrm{d}x = 0 \tag{5-24}$$

将式(5-23)代入上式,化作

$$\ddot{u} = a^2 u'' + \frac{p}{\rho A} \tag{5-25}$$

式中

$$a = \sqrt{\frac{E}{\rho}} \tag{5-26}$$

式(5-25)即是杆轴向振动时的运动微分方程,自由振动时,$p=0$,方程化为

$$\ddot{u} = a^2 u'' \tag{5-27}$$

得到与式(5-3)形式完全相同的一维波动方程,其中的常数a即为弹性波沿杆轴向传播的波速。因为波的传播方向与质点的振动方向一致,所以细长杆轴向振动传播的是纵波(压缩波),而上节弦的横向振动中,波的传播方向与质点振动方向相互垂直,因此传播的是横波(剪

切波）。

由于振动微分方程形式完全相同，所以上节讨论所得到的全部结论都是适用的。直接用 u 替换掉 y，仍然用分离变量法可将特解表示为

$$u(x,t) = \phi(x) \cdot q(t) \tag{5-28}$$

进一步可求得

$$q(t) = A\sin(\omega t + \alpha) \tag{5-29}$$

$$\phi(x) = C_1 \sin\frac{\omega x}{a} + C_2 \cos\frac{\omega x}{a} \tag{5-30}$$

利用边界条件可以确定式(5-30)中的部分系数并导出频率方程，求出系统的固有振动频率和主振型，结合式(5-28)，得到系统的主振动

$$u^{(i)}(x,t) = a_i \phi_i(x)\sin(\omega_i t + \alpha_i) \qquad (i = 1,2,\cdots) \tag{5-31}$$

并由此得到系统在一般初始条件下的解

$$u(x,t) = \sum_{i=1}^{\infty} a_i \phi_i(x)\sin(\omega_i t + \alpha_i) \tag{5-32}$$

或

$$u(x,t) = \sum_{i=1}^{\infty} \phi_i(x)(A_i \sin\omega_i t + B_i \cos\omega_i t) \tag{5-33}$$

式中的常数由初始条件确定，兹不赘述。

除了杆的轴向振动以外，还有两类物理模型的自由振动方程也是一维波动方程，一类是圆杆的扭转振动，一类是粗短杆的纯剪切振动。在这里，仅给出这两种物理模型的简单说明和其振动微分方程的简单推导过程，它们的求解可参考弦的振动和杆的轴向振动。

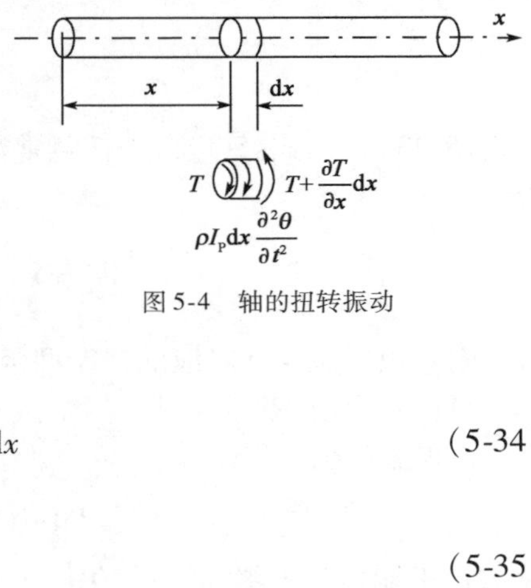

图 5-4 轴的扭转振动

讨论图 5-4 所示的均匀细长圆截面的杆，设截面的二次极矩为 I_P，材料的密度和剪切模量为 ρ 和 G。以杆的纵轴为 x 轴，$\theta(x,t)$ 为扭转角，该截面处的扭矩为 $T = GI_P(\partial\theta/\partial x)$，对于厚度为 dx 的微元体，列出

$$\rho I_P dx \frac{\partial^2\theta}{\partial t^2} = GI_P \frac{\partial^2\theta}{\partial x^2}dx \tag{5-34}$$

化作一维波动方程

$$\ddot{\theta} = a^2\theta'' \tag{5-35}$$

其中，波速 a 为

$$a = \sqrt{\frac{G}{\rho}} \tag{5-36}$$

对于粗短形直杆，当杆的截面尺寸与长度接近时，杆的横向振动主要由剪切变形引起。在振动过程中杆的横截面始终保持平行，称作杆的剪切振动。考虑图 5-5 所示的粗短杆作横向自由振动，以杆的纵轴为 x 轴，坐标为 x 处截面的剪切变形为 $\gamma = \partial w/\partial x$，剪力为 $F_S = (kGA)(\partial w/\partial x)$，其中 G 和 A 为切变模量和截面积，k 为截面形状系数，对于图 5-5 所示的微元体，列出

$$\rho A dx \frac{\partial^2 w}{\partial t^2} = kGA\frac{\partial^2 w}{\partial x^2}dx \tag{5-37}$$

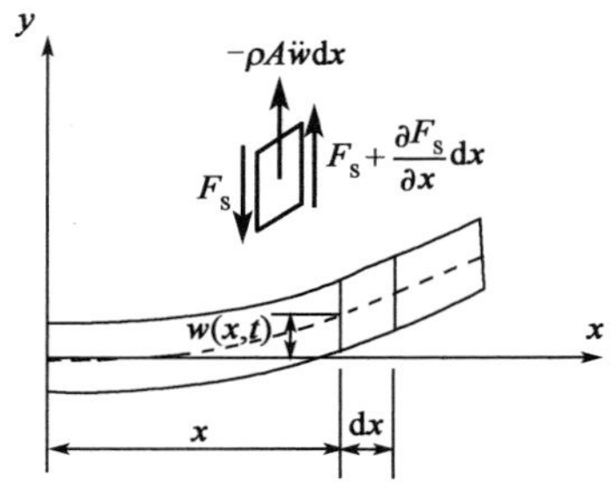

图 5-5　杆的剪切振动

亦可化作一维波动方程

$$\ddot{w} = a^2 w'' \tag{5-38}$$

其中波速 a 的定义为

$$a = \sqrt{\frac{kG}{\rho}} \tag{5-39}$$

以下讨论几种常见边界条件下杆的纵向振动固有频率和主振型函数。

1）两端固定

边界条件为

$$u(0,t) = \phi(0)q(t) = 0, u(l,t) = \phi(l)q(t) = 0 \tag{5-40}$$

因 $q(t)$ 不能恒等于零，此条件化作

$$\phi(0) = 0, \phi(l) = 0 \tag{5-41}$$

将式(5-30)代入此条件，并且由 $\phi(x)$ 不恒为零，导出 $C_2=0$ 以及

$$\sin\frac{\omega l}{a} = 0 \tag{5-42}$$

此即杆纵向振动的频率方程，它类似于多自由度系统的频率方程式(5-28)，但所确定的固有频率有无穷多个

$$\omega_i = \frac{i\pi a}{l} \quad (i = 0,1,2,\cdots) \tag{5-43}$$

将式(5-43)代入式(5-30)，令任意常数 $C_1=1$，导出与固有频率 ω_i 相对应的第 i 阶主振型函数为

$$\phi_i(x) = \sin\frac{i\pi x}{l} \quad (i = 0,1,2,\cdots) \tag{5-44}$$

由于固有频率 $\omega_0=0$ 对应的主振型函数为零，因此可将零固有频率除去。

2）两端自由

边界条件为

$$EAu'(0,t) = 0, EAu'(l,t) = 0 \tag{5-45}$$

因 $q(t)$ 不能恒等于零，此条件化作

$$\phi'(0) = 0, \phi'(l) = 0 \tag{5-46}$$

将式(5-30)代入此条件，导出 $C_1=0$，频率方程和固有频率分别与式(5-42)和式(5-43)相同。令 $C_2=1$，导出与固有频率 ω_i 相对应的第 i 阶主振型函数为

$$\phi_i(x) = \cos\frac{i\pi x}{l} \quad (i = 0,1,2,\cdots) \tag{5-47}$$

其中固有频率 $\omega_0=0$ 对应的主振型函数为常值主振型，对应于杆的纵向刚体位移。

3）一端固定另一端自由

边界条件可以化作

$$\phi(0)=0,\phi'(l)=0 \tag{5-48}$$

将式(5-30)代入此条件,导出 $C_2=0$ 以及频率方程

$$\cos\frac{\omega l}{a}=0 \tag{5-49}$$

令 $C_1=1$,解得固有频率 ω_i 和与之相应的第 i 阶主振型函数为

$$\omega_i=\left(\frac{2i-1}{2}\right)\frac{\pi a}{l}\quad(i=1,2,\cdots) \tag{5-50}$$

$$\phi_i(x)=\sin\left(\frac{2i-1}{2}\cdot\frac{\pi x}{l}\right)\quad(i=1,2,\cdots) \tag{5-51}$$

例 5.2 设杆的一端固定,另一端自由且有附加质量 m_0,如图 5-6 所示。试求杆纵向振动的固有频率和主振型函数。

解:杆的自由端附有质量 m_0 时,轴向力应等于质量块纵向振动的惯性力。边界条件写作

$$u(0,t)=0,EA\left.\frac{\partial u}{\partial x}\right|_{x=l}=-m_0\left.\frac{\partial^2 u}{\partial t^2}\right|_{x=l}$$

其中第一式为几何边界条件,第二式为力的边界条件。当系统按某一频率作简谐振动时,边界条件可化作

$$\phi(0)=0,EA\phi'(l)=m_0\omega^2\phi(l)$$

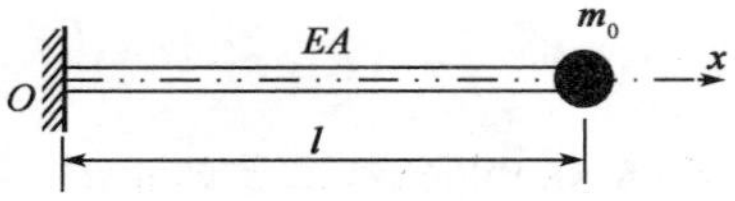

图 5-6　带附加质量的杆

导出 $C_2=0$ 及频率方程

$$\frac{EA}{a}\cos\frac{\omega l}{a}=m_0\omega\sin\frac{\omega l}{a}$$

可利用式(5-26),将 E 换成 ρa^2,化作

$$\frac{\omega l}{a}\tan\frac{\omega l}{a}=\frac{1}{\alpha}$$

式中:α——质量块与杆的质量比,$\alpha=m_0/m,m=\rho Al$。

利用数值方法或作图法可解出此方程,得到频率 ω_i,相应的主振型函数为

$$\phi_i(x)=\sin\frac{\omega_i x}{a}\quad(i=1,2,\cdots)$$

例 5.3 试推导图 5-7所示的阶梯状变截面杆纵向振动时的频率方程。

解:该杆为突变截面杆件,需要注意的是,在突变点处振动微分方程式(5-27)是不能满足的,因此,必须分两段讨论其振动规律,在突变点处满足连续条件。为此,建立两个坐标系 x_1 和 x_2,如图 5-7 所示,假设这两段杆的轴向位移在两个坐标系中分别为 u_1 和 u_2,它们分别满足振动微分方程

图 5-7　阶梯状变截面杆

$$\begin{cases}\ddot{u}_1=a^2u''_1\\ \ddot{u}_2=a^2u''_2\end{cases} \tag{5-52}$$

注意两段杆的弹性模量和密度均相同,因而它们有相同的波速 $a=\sqrt{E/\rho}$。该杆件以某个频率

ω 作主振动时，式(5-52)的特解形式为

$$u_1(x,t) = \left[C_1 \sin\frac{\omega x_1}{a} + C_2 \cos\frac{\omega x_1}{a} \right] \sin(\omega t + \alpha) \tag{5-53}$$

$$u_2(x,t) = \left[D_1 \sin\frac{\omega x_2}{a} + D_2 \cos\frac{\omega x_2}{a} \right] \sin(\omega t + \alpha) \tag{5-54}$$

上面两式中的4个积分常数由杆的边界条件以及两段杆的连接条件确定，该杆件的边界条件为：

$$u_1(0,t) = 0, EA_2 u'_2(l_2,t) = 0 \tag{5-55}$$

在中间截面突变处有位移连续和内力连续条件

$$u_1(l,t) = u_2(0,t), EA_1 u'_1(l,t) = EA_2 u'_2(0,t) \tag{5-56}$$

由边界条件式(5-55)可导得

$$C_2 = 0, D_1 = D_2 \tan\frac{\omega l_2}{a} \tag{5-57}$$

由连续性条件式(5-56)并利用 $C_2 = 0$ 的结果，导得

$$D_2 = C_1 \sin\frac{\omega l_1}{a}, A_1 C_1 \cos\frac{\omega l_1}{a} = A_2 D_1 \tag{5-58}$$

由式(5-58)中的第二式解出 C_1 并代入第一式，得

$$D_2 = \frac{A_2}{A_1} D_1 \tan\frac{\omega l_1}{a} \tag{5-59}$$

再将式(5-57)中的第二式代入上式，得

$$D_2 = \frac{A_2}{A_1} D_2 \tan\frac{\omega l_2}{a} \tan\frac{\omega l_1}{a} \tag{5-60}$$

由于 $D_2 \neq 0$，故导出频率方程

$$\frac{A_2}{A_1} \tan\frac{\omega l_2}{a} \tan\frac{\omega l_1}{a} = 1 \tag{5-61}$$

例 5.4 图5-8所示的等截面悬臂直杆，在自由端作用一轴向集中力 F，在 $t = 0$ 时刻将此力突然释放，杆开始沿轴向作自由振动。试求杆自由振动的位移反应。

解： 前面已经求得该杆在这种边界条件下的固有频率和主振型为

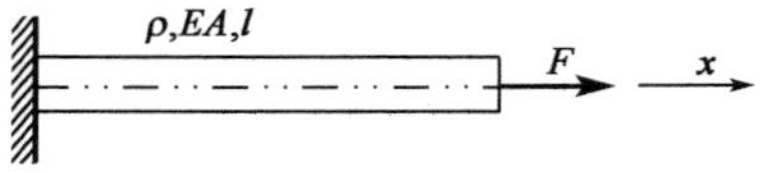

图 5-8 等截面杆受初始激励

$$\omega_i = \left(\frac{2i-1}{2}\right)\frac{\pi a}{l} \quad (i = 1,2,\cdots)$$

$$\phi_i(x) = \sin\left(\frac{2i-1}{2} \cdot \frac{\pi x}{l}\right) \quad (i = 1,2,\cdots)$$

仿照弦的自由振动，杆件在一般初始条件下自由振动的解为

$$u(x,t) = \sum_{i=1}^{\infty} \sin\frac{(2i-1)\pi x}{2l} (A_i \sin\omega_i t + B_i \cos\omega_i t) \tag{5-62}$$

现利用初始条件确定其中的系数 A_i 和 B_i。

$t = 0$ 时，杆各点有均匀应变 $\varepsilon = \dfrac{F}{EA}$，因此，杆的初始条件为

$$u(x,0)=\frac{F}{EA}x,\dot{u}(x,0)=0 \tag{5-63}$$

将式(5-62)代入此条件,得

$$\sum_{i=1}^{\infty}B_i\sin\frac{(2i-1)\pi x}{2l}=\frac{F}{EA}x \tag{5-64}$$

$$\sum_{i=1}^{\infty}\omega_i A_i\sin\frac{(2i-1)\pi x}{2l}=0 \tag{5-65}$$

利用三角函数的正交性

$$\int_0^l\sin\frac{(2i-1)\pi x}{2l}\sin\frac{(2j-1)\pi x}{2l}\mathrm{d}x=\begin{cases}0 & i\neq j\\ l/2 & i=j\end{cases}$$

在式(5-64)和式(5-65)两边同乘以 $\sin\frac{(2j-1)\pi x}{2l}$,并沿杆长积分,得

$$B_i=\frac{2}{l}\cdot\frac{F}{EA}\int_0^l x\sin\frac{(2i-1)\pi x}{2l}\mathrm{d}x=\frac{(-1)^{i-1}8Fl}{(2i-1)^2\pi^2EA}$$

$$A_i=\frac{2}{l}\int_0^l 0\cdot\sin\frac{(2i-1)\pi x}{2l}\mathrm{d}x=0$$

代回式(5-62),得

$$u(x,t)=\frac{8Fl}{\pi^2EA}\sum_{i=1}^{\infty}\frac{(-1)^{i-1}}{(2i-1)^2}\sin\frac{(2i-1)\pi x}{2l}\cos\omega_i t$$

5.3 ➤ 欧拉—伯努利梁的横向弯曲振动

5.3.1 动力学方程

讨论细长直梁的横向弯曲振动,如图5-9a)所示。设梁具有对称平面,梁在对称平面内作弯曲振动,梁的轴线只有横向位移 $w(x,t)$。忽略梁的剪切变形和截面绕中性轴转动惯性对弯曲的影响,梁的这种模型称为Euler-Bernoulli梁。设梁的长度为 l,密度和弹性模量分别为 ρ 和 E,截面积和截面二次矩为 $A(x)$ 和 $I(x)$。作用在梁上的分布荷载为 $f(x,t)$。厚度为 $\mathrm{d}x$ 的微元体的受力状况如图5-9b)所示,利用达朗伯原理列出微元体沿 y 方向的动力学平衡方程

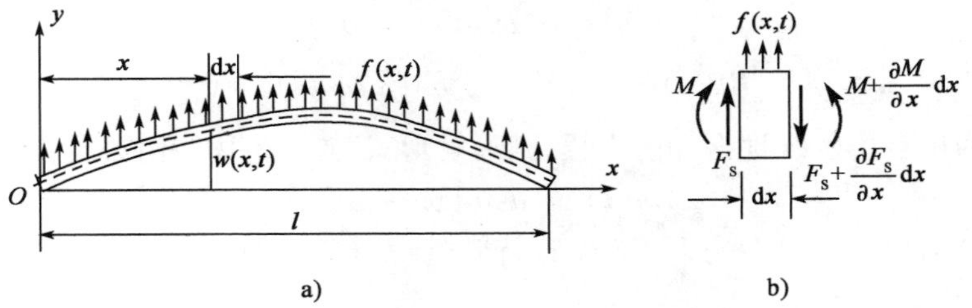

图5-9　欧拉梁的弯曲振动

$$\rho A\mathrm{d}x\frac{\partial^2 w}{\partial t^2}=F_{\mathrm{S}}-\left(F_{\mathrm{S}}+\frac{\partial F_{\mathrm{S}}}{\partial x}\mathrm{d}x\right)+f(x,t)\mathrm{d}x \tag{5-66}$$

对该微元体列出力矩平衡方程

$$\left(M+\frac{\partial M}{\partial x}\mathrm{d}x\right)-M-F_{\mathrm{S}}\mathrm{d}x-f(x,t)\mathrm{d}x\frac{\mathrm{d}x}{2}=0 \tag{5-67}$$

略去高阶微量，导出

$$F_{\mathrm{S}}=\frac{\partial M}{\partial x} \tag{5-68}$$

根据材料力学知识，弯矩与挠度的关系为

$$M(x,t)=EI(x)w''(x,t) \tag{5-69}$$

将式(5-68)和式(5-69)代入式(5-66)，得到梁的弯曲振动方程

$$\frac{\partial^2}{\partial x^2}\left[EI(x)\frac{\partial^2 w(x,t)}{\partial x^2}\right]+\rho A(x)\frac{\partial^2 w(x,t)}{\partial t^2}=f(x,t) \tag{5-70}$$

若梁为等截面，则可化为

$$EI\frac{\partial^4 w(x,t)}{\partial x^4}+\rho A\frac{\partial^2 w(x,t)}{\partial t^2}=f(x,t) \tag{5-71}$$

此方程含对空间变量 x 的四阶偏导数和对时间变量 t 的二阶偏导数，求解时必须列出四个边界条件和两个初始条件。

5.3.2 梁弯曲自由振动的解

讨论梁的自由振动。令方程式(5-70)中的 $f(x,t)=0$，有

$$\frac{\partial^2}{\partial x^2}\left[EI(x)\frac{\partial^2 w(x,t)}{\partial x^2}\right]+\rho A(x)\frac{\partial^2 w(x,t)}{\partial t^2}=0 \tag{5-72}$$

将方程的解分离变量，写作

$$w(x,t)=\phi(x)q(t) \tag{5-73}$$

代入方程式(5-72)得到

$$\frac{\ddot{q}}{q}=-\frac{[EI(x)\phi''(x)]''}{\rho A(x)\phi(x)} \tag{5-74}$$

上式两边分别为坐标 x 和时间 t 的孤立函数，两者互相无关，因而只能等于常数，记作 $-\omega^2$（这个常数非正性可参考弦的振动），导出

$$\ddot{q}(t)+\omega^2 q(t)=0 \tag{5-75}$$

$$[EI(x)\phi''(x)]''-\omega^2\rho A(x)\phi(x)=0 \tag{5-76}$$

方程式(5-75)为单自由度线性振动的方程，其通解形式与式(5-10)相同，即

$$q(t)=a\sin(\omega t+\alpha) \tag{5-77}$$

而方程式(5-76)为变系数微分方程，除少数特殊情况外得不到解析解。现讨论等截面梁，则式(5-76)简化为

$$\phi''''(x)-\beta^4\phi(x)=0 \tag{5-78}$$

其中参数 β^4 定义为

$$\beta^4 = \frac{\rho A}{EI}\omega^2 \tag{5-79}$$

方程式(5-78)的解确定梁弯曲振动的主振型函数,设其一般形式为

$$\phi(x) = e^{\lambda x} \tag{5-80}$$

代入方程式(5-78),导出本征方程

$$\lambda^4 - \beta^4 = 0 \tag{5-81}$$

4 个本征值为 $\pm\beta$、$\pm i\beta$,对应于 4 个线性独立的特解 $e^{\pm\beta x}$ 和 $e^{\pm i\beta x}$,由于

$$e^{\pm\beta x} = \cosh\beta x \pm \sinh\beta x, e^{\pm i\beta x} = \cos\beta x \pm i\sin\beta x \tag{5-82}$$

也可以将 $\cos\beta x$、$\sin\beta x$、$\cosh\beta x$、$\sinh\beta x$ 作为基本解系,方程式(5-78)的通解写作

$$\phi(x) = C_1\cos\beta x + C_2\sin\beta x + C_3\cosh\beta x + C_4\sinh\beta x \tag{5-83}$$

积分常数 $C_j(j=1,2,3,4)$ 及参数 ω 应满足的频率方程由梁的边界条件确定,可解出无穷多个固有频率 $\omega_i(i=1,2,\cdots)$ 及对应的主振型函数 $\phi_i(x)$,构成系统的第 i 个主振动

$$w^{(i)}(x,t) = a_i\phi_i(x)\sin(\omega_i t + \alpha_i) \quad (i = 1,2,\cdots) \tag{5-84}$$

系统的自由振动是无限多个主振动的叠加

$$w(x,t) = \sum_{i=1}^{\infty} a_i\phi_i(x)\sin(\omega_i t + \alpha_i) \tag{5-85}$$

其中积分常数 a_i 和 α_i 由系统的初始条件来确定。

常见的约束状况与边界条件有以下几种:

1)固定端

$$w(x_0,t) = 0, w'(x_0,t) = 0 \quad (x_0 = 0,l) \tag{5-86}$$

将时间因子去掉,可化为

$$\phi(x_0) = 0, \phi'(x_0) = 0 \quad (x_0 = 0,l) \tag{5-87}$$

2)简支端

$$w(x_0,t) = 0, EIw''(x_0,t) = 0 \quad (x_0 = 0,l) \tag{5-88}$$

化成

$$\phi(x_0) = 0, \phi''(x_0) = 0 \quad (x_0 = 0,l) \tag{5-89}$$

3)自由端

$$EIw''(x_0,t) = 0, EIw'''(x_0,t) = 0 \quad (x_0 = 0,l) \tag{5-90}$$

可化成

$$\phi''(x_0) = 0, \phi'''(x_0) = 0 \quad (x_0 = 0,l) \tag{5-91}$$

在以下讨论中,除非特别指明,均假定梁为等截面。

例 5.5　求两端简支等截面梁的固有频率和主振型。

解:根据式(5-89)写出梁的边界条件

$$\begin{cases}\phi(0) = 0, \phi''(0) = 0 \\ \phi(l) = 0, \phi''(l) = 0\end{cases} \tag{a}$$

将式(5-83)代入后,得到

$$C_1 = 0, C_3 = 0 \tag{b}$$

以及

$$\begin{cases} C_2\sin\beta l + C_4\sinh\beta l = 0 \\ -C_2\sin\beta l + C_4\sinh\beta l = 0 \end{cases} \tag{c}$$

因为 $\sinh\beta l \neq 0$，由以上两式可以解得 $C_4=0$，频率方程简化为

$$\sin\beta l = 0 \tag{d}$$

解出

$$\beta_i = \frac{i\pi}{l} \quad (i=1,2,\cdots) \tag{e}$$

对应的固有频率为

$$\omega_i = \left(\frac{i\pi}{l}\right)^2\sqrt{\frac{EI}{\rho A}} \quad (i=1,2,\cdots) \tag{f}$$

代回式(5-83)计算主振型函数，将任意常数 C_2 取作 1，得到

$$\phi_i(x) = \sin\frac{i\pi}{l}x \quad (i=1,2,\cdots) \tag{g}$$

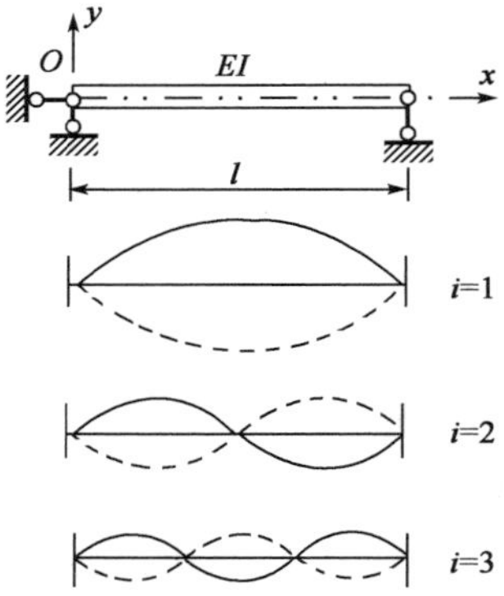

图 5-10 简支梁的主振型

图 5-10 给出了前三阶的主振型形状。

例 5.6 求等截面悬臂梁的固有频率和主振型。

解：根据式(5-87)和式(5-91)写出梁的边界条件

$$\begin{cases} \phi(0)=0, \phi'(0)=0 \\ \phi''(l)=0, \phi''(l)=0 \end{cases} \tag{a}$$

将边界条件代入式(5-83)后，得到

$$C_1=-C_3, C_2=-C_4 \tag{b}$$

以及

$$\begin{cases} C_1(\cos\beta l + \cosh\beta l) + C_2(\sin\beta l + \sinh\beta l) = 0 \\ -C_1(\sin\beta l - \sinh\beta l) + C_2(\cos\beta l + \cosh\beta l) = 0 \end{cases} \tag{c}$$

因为 C_1 和 C_2 不全为零，故有

$$\begin{vmatrix} \cos\beta l + \cosh\beta l & \sin\beta l + \sinh\beta l \\ -\sin\beta l + \sinh\beta l & \cos\beta l + \cosh\beta l \end{vmatrix} = 0 \tag{d}$$

展开化简后，得到频率方程

$$\cos\beta l\cosh\beta l + 1 = 0 \tag{e}$$

该方程不能求出精确解，可利用数值方法或者作图法求近似解，此处略去。对应的各阶固有频率为

$$\omega_i = (\beta_i l)^2\sqrt{\frac{EI}{\rho A l^4}} \quad (i=1,2,\cdots) \tag{f}$$

各阶主振型函数为

$$\phi_i(x) = \cos\beta_i x - \cosh\beta_i x + \xi_i(\sin\beta_i x - \sinh\beta_i x) \quad (i=1,2,\cdots) \tag{g}$$

其中参数 ξ_i 定义为

$$\xi_i = -\frac{\cos\beta_i l + \cosh\beta_i l}{\sin\beta_i l + \sinh\beta_i l} \tag{h}$$

图 5-11 给出了前三阶的主振型形状。

用同样的方法可以导出其他边界条件下梁的固有频率的主振型函数，书中表 5-1 给出了几种常见边界条件下梁的固有频率的振型函数，表中的参数 ξ_i 定义与例 5.6 中式(h)相同，η_i 和 ζ_i 定义如下

$$\eta_i = \frac{\cosh\beta_i l - \cos\beta_i l}{\sin\beta_i l - \sinh\beta_i l}, \zeta_i = \frac{\sinh\beta_i l}{\sin\beta_i l} \tag{5-92}$$

下面看一些复杂边界条件下的自由振动问题。

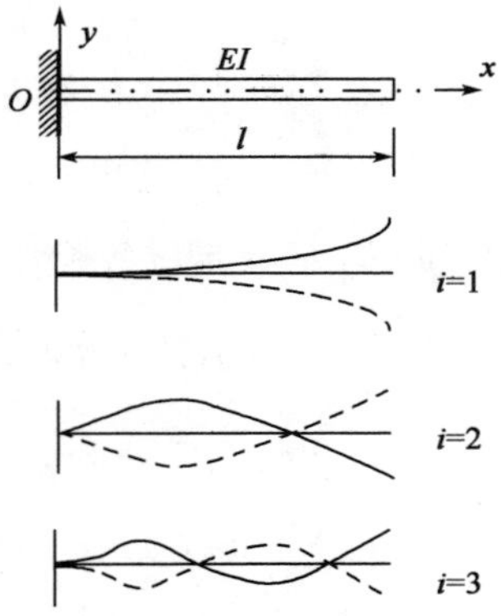

图 5-11　悬臂梁的主振型

等截面梁的固有频率和振型函数　　表 5-1

边界条件	频率方程	β_i 的本征值	主振型函数 $\phi_i(x)$
简支—简支	$\sin\beta l = 0$	$\beta_i = \frac{i\pi}{l}$	$\sin\beta_i x$
固定—自由	$\cos\beta l\cosh\beta l + 1 = 0$	$\beta_i \approx \frac{(2i-1)\pi}{2l}$　$(i\geqslant 3)$	$\cos\beta_i x - \cosh\beta_i x + \xi_i(\sin\beta_i x - \sinh\beta_i x)$
自由—自由	$\cos\beta l\cosh\beta l - 1 = 0$	$\beta_i \approx \frac{(2i+1)\pi}{2l}$　$(i\geqslant 2)$	$\cos\beta_i x + \cosh\beta_i x + \eta_i(\sin\beta_i x + \sinh\beta_i x)$
固定—固定	$\cos\beta l\cosh\beta l - 1 = 0$	$\beta_i \approx \frac{(2i+1)\pi}{2l}$　$(i\geqslant 2)$	$\cos\beta_i x - \cosh\beta_i x + \eta_i(\sin\beta_i x - \sinh\beta_i x)$
简支—自由	$\tan\beta l - \tanh\beta l = 0$	$\beta_i \approx \frac{(4i+1)\pi}{4l}$　$(i\geqslant 1)$	$\sinh\beta_i x + \zeta_i \sin\beta_i x$
固定—简支	$\tan\beta l - \tanh\beta l = 0$	$\beta_i \approx \frac{(4i+1)\pi}{4l}$　$(i\geqslant 1)$	$\sinh\beta_i x - \zeta_i \sin\beta_i x$

例 5.7　在悬臂梁的自由端增加弹性支承，如图 5-12 所示，k_1 和 k_2 分别为旋转弹簧和线性弹簧的刚度系数。试列出该杆件自由振动的频率方程。

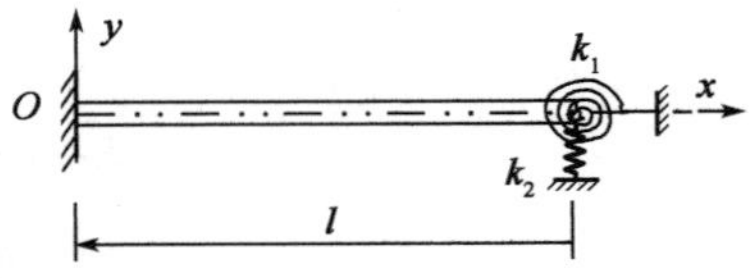

图 5-12　带弹性支承的悬臂梁

解：梁左端的边界条件为

$$\phi(0) = 0, \phi'(0) = 0 \tag{a}$$

将此条件代入式(5-83)，解得

$$C_1 = -C_3, C_2 = -C_4 \tag{b}$$

在梁的右端截面上，其弯曲和剪力等于此处弹簧的约束力矩和约束力，边界条件为

$$EI\phi''(l) = -k_1\phi'(l), EI\phi'''(l) = k_2\phi(l)$$

将式(5-83)代入此条件，并将式(b)的结果代入，列出

$$C_1[EI\beta(\cos\beta l + \cosh\beta l) + k_1(\sin\beta l + \sinh\beta l)] +$$

$$C_2[EI\beta(\sin\beta l+\sinh\beta l)-k_1(\cos\beta l+\cosh\beta l)]=0 \tag{c}$$

$$C_1[EI\beta^3(\sin\beta l-\sinh\beta l)-k_2(\cos\beta l-\cosh\beta l)]-$$
$$C_2[EI\beta^3(\cos\beta l+\cosh\beta l)+k_2(\sin\beta l-\sinh\beta l)]=0 \tag{d}$$

从 C_1 和 C_2 有非零解的条件可导出频率方程

$$\cos\beta l\cosh\beta l+1=-\frac{k_1}{EI\beta}(\cos\beta l\sinh\beta l+\sin\beta l\cosh\beta l)\quad(k_2=0) \tag{e}$$

或

$$\cos\beta l\cosh\beta l+1=\frac{k_2}{EI\beta^3}(\cos\beta l\sinh\beta l-\sin\beta l\cosh\beta l)\quad(k_1=0) \tag{f}$$

若 k_1 和 k_2 均为零,则与例 5.6 的悬臂梁情形一致。

例 5.8 在悬臂梁的自由端附加集中质量 m_0(图 5-13),试列出频率方程。

解:固定端条件与上例完全相同。在自由端处弯矩为零,剪力与集中质量的惯性力平衡,简谐振动时,边界条件为

$$EI\phi''(l)=0,EI\phi'''(l)=-m_0\omega^2\phi(l) \tag{a}$$

与上例的第二个条件相对照,只需令上例中的 k_1 为零,k_2 换作 $-m_0\omega^2$,即成本例情形。利用式(5-79)作以下参数变换

$$\frac{m_0\omega^2}{EI\beta^3}=\frac{m_0\beta}{\rho_1}=\alpha\beta l \tag{b}$$

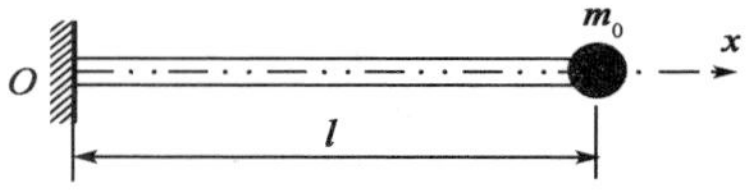

图 5-13 带附加质量的悬臂梁

其中 $\alpha=m_0/m$ 为附加质量与梁的质量之比,$m=\rho Al$,则频率方程写作

$$\cos\beta l\cosh\beta l+1=\alpha\beta l(\sin\beta l\cosh\beta l-\cos\beta l\sinh\beta l) \tag{c}$$

5.3.3 主振型的正交性

第 3 章曾经讨论过多自由度系统主振型的正交性,这种正交性是振型叠加法的基础。本章讨论的无限自由度系统具有类似的性质,各阶不同的主振型函数之间仍然存在某种意义上的正交性。在此,仅以梁的弯曲振动为例进行讨论,关于其他模型如弦的横向振动、杆的轴向振动等的主振型正交性可做类似的讨论,读者自己可仿照此自行推导。

讨论细长梁,不限于等截面情形。设两个不同的固有频率 ω_i 和 ω_j 对应的主振型函数分别为 $\phi_i(x)$ 和 $\phi_j(x)$。由方程式(5-76)有

$$[EI(x)\phi''_i(x)]''=\omega_i^2\rho A(x)\phi_i(x) \tag{5-93}$$

上式两边同时乘以 $\phi_j(x)$ 并沿杆长积分,有

$$\int_0^l\phi_j(x)[EI(x)\phi''_i(x)]''\mathrm{d}x=\omega_i^2\int_0^l\rho A(x)\phi_i(x)\phi_j(x)\mathrm{d}x \tag{5-94}$$

上式左边利用两次分部积分公式导出

$$\int_0^l\phi_j(x)[EI(x)\phi''_i(x)]''\mathrm{d}x_0$$
$$=\phi_j(x)[EI(x)\phi''_i(x)]'\Big|_0^l-\phi'_j(x)[EI(x)\phi''_i(x)]\Big|+\int_0^l EI(x)\phi''_j(x)\phi''_i(x)\mathrm{d}x \tag{5-95}$$

当梁的端部为简支、固定或自由三种常见约束条件之一时,根据式(5-87)、式(5-98)和式(5-91)所列的边界条件可知,上式右边的边界值均等于零。于是式(5-94)变为

$$\int_0^l EI(x)\phi_j''(x)\phi_i''(x)\mathrm{d}x = \omega_i^2\int_0^l \rho A(x)\phi_i(x)\phi_j(x)\mathrm{d}x \tag{5-96}$$

将下标 i 和 j 互换有

$$\int_0^l EI(x)\phi_i''(x)\phi_j''(x)\mathrm{d}x = \omega_j^2\int_0^l \rho A(x)\phi_j(x)\phi_i(x)\mathrm{d}x \tag{5-97}$$

以上两式相减得到

$$(\omega_i^2 - \omega_j^2)\int_0^l \rho A(x)\phi_i(x)\phi_j(x)\mathrm{d}x = 0 \tag{5-98}$$

若 $i\neq j$ 时 $\omega_i\neq\omega_j$,则由上式导出

$$\int_0^l \rho A(x)\phi_i(x)\phi_j(x)\mathrm{d}x = 0 \quad (i\neq j) \tag{5-99}$$

该式表明了不同阶的主振型函数关于质量的正交性,$\rho A(x)$为权函数。若梁为等截面梁,则上式简化为通常意义下的正交性

$$\int_0^l \phi_i(x)\phi_j(x)\mathrm{d}x = 0 \quad (i\neq j) \tag{5-100}$$

将式(5-99)代入式(5-96)或式(5-97)得到

$$\int_0^l EI(x)\phi_i''(x)\phi_j''(x)\mathrm{d}x = 0 \quad (i\neq j) \tag{5-101}$$

该式表明了主振型函数关于刚度的正交性,$EI(x)$为权函数。若 EI 为常数,则也可以化为通常意义下的正交性。

$$\int_0^l \phi_i''(x)\phi_j''(x)\mathrm{d}x = 0 \tag{5-102}$$

当 $i=j$ 时,式(5-98)自动满足。这时定义参数

$$\begin{cases} M_{\mathrm{P}i} = \int_0^l \rho A(x)[\phi_i(x)]^2\mathrm{d}x \\ K_{\mathrm{P}i} = \int_0^l EI(x)[\phi_i''(x)]^2\mathrm{d}x \end{cases} \tag{5-103}$$

分别称为第 i 阶的主质量和主刚度。利用式(5-96)导出与多自由度系统式(3-85)相同形式的结果

$$\omega_i = \sqrt{\frac{K_{\mathrm{P}i}}{M_{\mathrm{P}i}}} \tag{5-104}$$

与多自由度系统类似,也可以实现主振型函数的正则化。将 $\phi_i(x)$乘以常数$(M_{\mathrm{P}i})^{-1/2}$,记作$\phi_{\mathrm{P}i}(x)$,称作系统的正则振型函数,则正交性条件写作

$$\int_0^l \rho A(x)\phi_{\mathrm{P}i}(x)\phi_{\mathrm{P}j}(x)\mathrm{d}x = \delta_{ij} \quad (i,j=1,2,\cdots) \tag{5-105}$$

$$\int_0^l EI(x)\phi_{\mathrm{P}i}''(x)\phi_{\mathrm{P}j}''(x)\mathrm{d}x = \omega_i^2\delta_{ij} \quad (i,j=1,2,\cdots) \tag{5-106}$$

式中:δ_{ij}——克罗内克 δ 符号。

当梁的端部为简支、固定或自由以外的其他复杂情形时，则以上对正交性条件的推导和结论应做相应的改变。

5.3.4 振型叠加法

根据主振型函数的正交性，可将多自由度系统的主振型叠加法思想应用于连续系统。即将弹性体的振动表示为各阶主振型的线性组合，用于计算系统在激励作用下的响应问题。

以承受分布荷载的细直梁的弯曲振动方程式(5-71)为例，设给定初始运动状态 $w(x,0)$ 和 $\dot{w}(x,0)$。将方程的解写作主振型函数的线性组合

$$w(x,t) = \sum_{j=1}^{\infty} \phi_{Pj}(x) q_j(t) \tag{5-107}$$

其中主振型函数均已正则化。将上式代入方程式(5-71)，得到

$$\sum_{j=1}^{\infty} \rho A(x) \phi_{Pj}(x) \ddot{q}_j(t) + \sum_{j=1}^{\infty} [EI(x) \phi''_{Pj}(x)]'' q_j(t) = f(x,t) \tag{5-108}$$

将上式两边同乘以 $\phi_{Pi}(x)$ 并沿着梁的全长积分，利用正交性条件式(5-105)和式(5-106)及分部积分公式(5-95)导出完全解耦的方程式组

$$\ddot{q}_i(t) + \omega_i^2 q_i(t) = Q_i(t) \quad (i = 1,2,\cdots) \tag{5-109}$$

其中 $Q_i(t)$ 是与广义坐标 $q_i(t)$ 对应的广义力

$$Q_i(t) = \int_0^l f(x,t) \phi_{Pi}(x) \mathrm{d}x \quad (i = 1,2,\cdots) \tag{5-110}$$

方程式(5-109)的解可利用杜哈梅积分写出

$$q_i(t) = \frac{1}{\omega_i} \int_0^t Q_i(\tau) \sin\omega_i(t-\tau) \mathrm{d}\tau + q_i(0) \cos\omega_i t + \frac{\dot{q}_i(0)}{\omega_i} \sin\omega_i t \tag{5-111}$$

式中：$q_i(0)$、$\dot{q}_i(0)$——广义坐标和广义速度的初始值，由初始条件确定。

令式(5-107)中 $t=0$，得到

$$w(x,0) = \sum_{j=1}^{\infty} \phi_{Pj}(x) q_j(0), \dot{w}(x,0) = \sum_{j=1}^{\infty} \phi_{Pj}(x) \dot{q}_j(0) \tag{5-112}$$

将上式各项与 $\rho A(x) \phi_{Pi}(x)$ 相乘后沿梁的全长积分，利用正交性条件式(5-105)，导出

$$\begin{cases} q_i(0) = \int_0^l \rho A(x) w(x,0) \phi_{Pi}(x) \mathrm{d}x \\ \dot{q}_i(0) = \int_0^l \rho A(x) \dot{w}(x,0) \phi_{Pi}(x) \mathrm{d}x \end{cases} \quad (i = 1,2,\cdots) \tag{5-113}$$

将满足此初始条件的解式(5-111)代入式(5-107)，即得到梁在初始条件和载荷激励下的弯曲振动响应。

例 5.9 设等截面简支梁受到初始位移

$$w(x,0) = B\left(\frac{x}{l} - 2\frac{x^3}{l^3} + \frac{x^4}{l^4}\right)$$

的激励，求其位移响应。

解：在例 5.5 中已经求得简支梁的固有频率和主振型函数。

$$\omega_i = \left(\frac{i\pi}{l}\right)^2 \sqrt{\frac{EI}{\rho A}} \tag{a}$$

$$\phi_i(x) = \sin\frac{i\pi}{l}x \quad (i = 1,2,\cdots) \tag{b}$$

按式(5-103)计算主质量

$$M_{\mathrm{P}i} = \int_0^l \rho A(x)[\phi_i(x)]^2 \mathrm{d}x = \rho A\int_0^l \sin^2\frac{i\pi x}{l}\mathrm{d}x = \frac{m}{2} \tag{c}$$

式中:m——梁的总质量,$m=\rho Al$。

则正则化的主振型函数为

$$\phi_{\mathrm{P}i}(x) = \sqrt{\frac{2}{m}}\sin\frac{i\pi x}{l} \tag{d}$$

将式(d)代入式(5-113),得到

$$\begin{aligned} q_i(0) &= \int_0^l \rho AB\left(\frac{x}{l} - 2\frac{x^3}{l^3} + \frac{x^4}{l^4}\right)\sqrt{\frac{2}{m}}\sin\frac{i\pi x}{l}\mathrm{d}x \\ &= \begin{cases} 0 & (i = 2,4,6,\cdots) \\ \dfrac{48B}{(i\pi)^5}\sqrt{2m} & (i = 1,3,5,\cdots) \end{cases} \end{aligned} \tag{e}$$

$$\dot{q}_i(0) = 0 \tag{f}$$

将式(e)和式(f)代入式(5-111),得到

$$q_i(t) = \frac{48B}{(i\pi)^5}\sqrt{2m}\cos\omega_i t \quad (i = 1,3,5,\cdots) \tag{g}$$

再将式(d)和式(f)代入(5-42),即得到初始位移激起的响应

$$w(x,t) = \frac{96B}{\pi^5}\sum_{i=1,3,5,\cdots}^{\infty}\frac{1}{i^5}\sin\frac{i\pi x}{l}\cos\omega_i t \tag{h}$$

可以看出,响应中第三阶谐波只有第一阶的1/243,更高阶的谐波所占的成分就更少。这是由于初始位移接近于第一阶主振型的缘故。

例5.10 图5-14所示的均质简支梁在$x=c$处作用有一正弦激励力$F\sin\theta t$,假设初始条件为零,求梁的响应。

解:在例5.9中已经给出了简支梁的固有频率和主振型函数以及其各阶主质量和正则振型函数,现利用式(5-110)求与广义坐标$q_i(t)$相对应的广义力。

当梁上的激励力为集中力时,有两种处理方法:一是将集中力视作长度为2ε的均布力$\frac{F}{2\varepsilon}\sin\theta t$,代入公式积分求得响应,然后令$\varepsilon\to 0$,求响应表达式的极限;二是用狄拉克—$\delta$函数将集中力表示为分布力$f(x,t) = -F\sin\theta t\cdot\delta(x-c)$,直接代入公式求解即可。现采用$\delta$函数方法,求广义力,代入式(5-110),有

$$\begin{aligned} Q_i(t) &= \int_0^l f(x,t)\phi_{\mathrm{P}i}(x)\mathrm{d}x \\ &= -\sqrt{\frac{2}{m}}\int_0^l F\sin\theta t\cdot\delta(x-c)\cdot\sin\frac{i\pi x}{l}\mathrm{d}x \\ &= -\sqrt{\frac{2}{m}}F\sin\frac{i\pi c}{l}\sin\theta t \end{aligned}$$

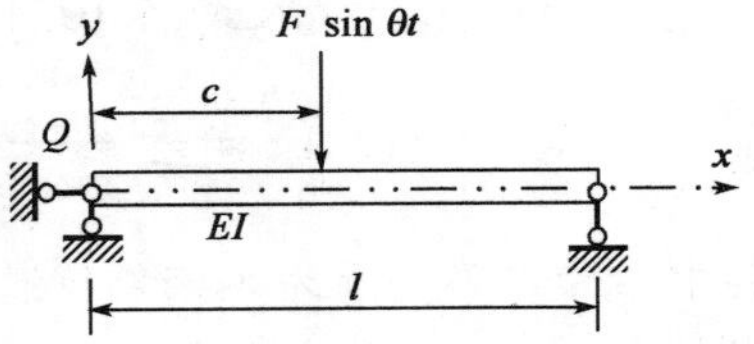

图5-14　受集中简谐激励的简支梁

再用杜哈梅积分式(5-111)求广义坐标的响应,注意初始条件为零,有

$$
\begin{aligned}
q_i(t) &= \frac{1}{\omega_i}\int_0^t Q_i(\tau)\sin\omega_i(t-\tau)\mathrm{d}\tau \\
&= -\frac{F}{\omega_i}\sqrt{\frac{2}{m}}\sin\frac{i\pi c}{l}\int_0^t \sin\theta\tau\sin\omega_i(t-\tau)\mathrm{d}\tau \\
&= -\frac{F}{\omega_i}\sqrt{\frac{2}{m}}\frac{1}{\omega_i^2-\theta^2}\sin\frac{i\pi c}{l}[\omega_i\sin\theta t-\theta\sin\omega_i t]
\end{aligned}
$$

故梁的响应为

$$
\begin{aligned}
w(x,t) &= \sum_{i=1}^{\infty}\phi_{\mathrm{P}i}(x)q_i(t) \\
&= -\sum_{i=1}^{\infty}\sqrt{\frac{2}{m}}\sin\frac{i\pi x}{l}\frac{F}{\omega_i}\sqrt{\frac{2}{m}}\frac{1}{\omega_i^2-\theta^2}\sin\frac{i\pi c}{l}(\omega_i\sin\theta t-\theta\sin\omega_i t) \\
&= -\frac{2F}{m}\sum_{i=1}^{\infty}\frac{1}{\omega_i^2-\theta^2}\sin\frac{i\pi c}{l}\sin\frac{i\pi x}{l}\left(\sin\theta t-\frac{\theta}{\omega_i}\sin\omega_i t\right)
\end{aligned}
$$

例 5.11 设等截面简支梁上通过一辆以速度 v 匀速驶过的车,若忽略车辆的惯性,可以看作集中力 F 匀速沿桥梁移动,如图 5-15 所示。在车辆上桥 $t=0$ 时刻,梁的初始位移和初始速度均为零。试求梁的响应。

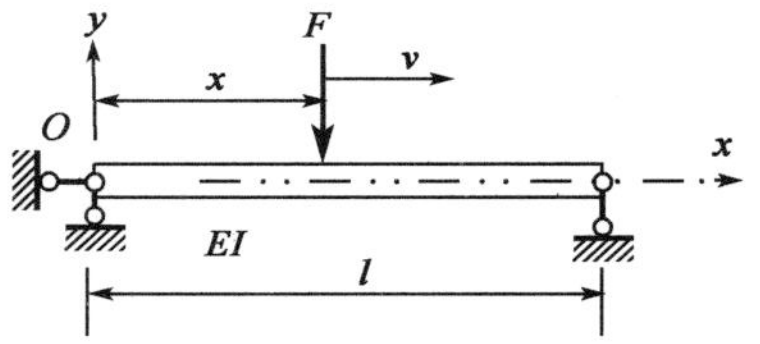

图 5-15 车辆过桥的简化模型

解:集中力荷载可利用脉冲函数表示为

$$
f(x,t) = \begin{cases} -F\delta(x-vt) & (0\leqslant t\leqslant l/v) \\ 0 & (t\geqslant l/v) \end{cases} \tag{a}
$$

利用例 5.10 中使用的简支梁的固有频率和正则主振型函数

$$
\omega_i = \left(\frac{i\pi}{l}\right)^2\sqrt{\frac{EI}{\rho A}},\ \phi_i(x) = \sqrt{\frac{2}{m}}\sin\frac{i\pi x}{l} \tag{b}
$$

利用式(a)和式(b)代入式(5-110),导出

$$
Q_i(t) = \int_0^l -F\delta(x-vt)\sqrt{\frac{2}{m}}\sin\frac{i\pi x}{l}\mathrm{d}x = -F\sqrt{\frac{2}{m}}\sin\frac{i\pi v}{l}t \quad (0\leqslant t\leqslant l/v) \tag{c}
$$

将上式代入式(5-111),令初始条件为零得到

$$
\begin{aligned}
q_i(t) &= -\frac{F}{\omega_i}\sqrt{\frac{2}{m}}\int_0^t \sin\frac{i\pi v}{l}\tau\sin\omega_i(t-\tau)\mathrm{d}\tau \\
&= \frac{F}{\omega_i}\sqrt{\frac{2}{m}}\frac{1}{m(i\pi v/l)^2-\omega_i^2}\left(\omega_i\sin\frac{i\pi v}{l}t-\frac{i\pi v}{l}\sin\omega_i t\right) \quad (0\leqslant t\leqslant l/v)
\end{aligned} \tag{d}
$$

将式(b)和式(d)代入式(5-107),得到梁的响应

$$
y(x,t) = \sum_{i=1}^{\infty}\frac{2F}{m\omega_i[(i\pi v/l)^2-\omega_i^2]}\left(\omega_i\sin\frac{i\pi v}{l}t-\frac{i\pi v}{l}\sin\omega_i t\right)\sin\frac{i\pi x}{l} \tag{e}
$$

其中括号内第一项为车辆载荷激起的受迫振动,第二项为伴生自由振动。当固有频率 ω_i 与激励频率 $i\pi v/l$ 相等的时候将产生第 i 阶共振,对应的车速为 $v=\omega_i l/i\pi$。这时梁的振幅将随时间增长,直到车辆离开桥梁。

当 $t > l/v$ 后梁作自由振动,以 $q_i(l/v)$ 和 $\dot{q}_i(l/v)$ 为新的初始条件,振动规律可参考例 5.9 求出。

5.4 ➤ 特殊因素对梁横向振动的影响

上一节讨论了梁振动问题的最简单最基本情况,这在绝大多数工程结构中都能满足精度的要求。但在实际工程中也会出现一些情况与 Euler-Bernoulli 梁的假设条件相差很大。当梁的长细比小于 5 时,忽略掉剪切变形以及截面转动惯性对振动的影响将会带来较大的误差,这时梁的剪切变形和截面转动惯性的影响都必须考虑,这种与日俱增的精确模型称为铁摩辛柯(S. P. Timoshenko)梁。此外,有时候振动的梁还会承受轴向力,这种轴向力会影响梁的刚度,对振动问题的结果也会有很大影响。工程上还有些结构,如条形基础、铁轨下的枕木等是搁置在具有一定弹性性质的地基上的梁,通常简化为弹性地基上的梁,连续的弹性地基会增大梁的刚度,使其动力性能发生改变。

5.4.1 轴向力的影响

设图 5-16a)所示的等截面简支梁在振动时除受横向激励力之外,还在轴向受到不随时间变化的轴向压力 F。不计剪切变形和转动惯性的影响。在图 5-9b)中的微元体上添加上轴向力后,其隔离体如图 5-16b)。列出其竖向的动力平衡方程和力矩平衡方程

$$\rho A\mathrm{d}x\,\frac{\partial^2 w}{\partial t^2} = F_{\mathrm{S}} - \left(F_{\mathrm{S}} + \frac{\partial F_{\mathrm{S}}}{\partial x}\mathrm{d}x\right) + F\,\frac{\partial w}{\partial x} - F\left(\frac{\partial w}{\partial x} + \frac{\partial^2 w}{\partial x^2}\mathrm{d}x\right) + f(x,t)\,\mathrm{d}x \tag{5-114}$$

$$\left(M + \frac{\partial M}{\partial x}\mathrm{d}x\right) - M - F_{\mathrm{S}}\mathrm{d}x - f(x,t)\,\mathrm{d}x\,\frac{\mathrm{d}x}{2} = 0 \tag{5-115}$$

略去高阶微量,得

$$\rho A\,\frac{\partial^2 w}{\partial t^2} = -\frac{\partial F_{\mathrm{S}}}{\partial x} - F\,\frac{\partial^2 w}{\partial x^2} + f(x,t) \tag{5-116}$$

$$F_{\mathrm{S}} = \frac{\partial M}{\partial x} \tag{5-117}$$

将式(5-117)代入式(5-116),并注意 $M(x,t) = EIw''(x,t)$,得

$$EI\,\frac{\partial^4 w(x,t)}{\partial x^4} + \rho A\,\frac{\partial^2 w(x,t)}{\partial t^2} + F\,\frac{\partial^2 w}{\partial x^2} = f(x,t) \tag{5-118}$$

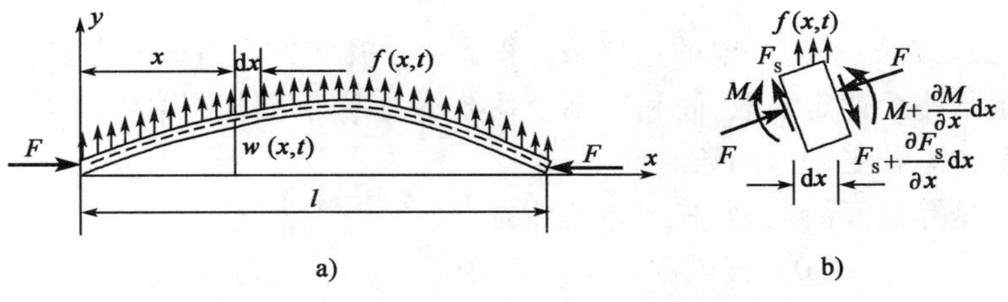

图 5-16　受轴向力梁的弯曲振动

上式左边第三项表示了轴向力的影响。讨论自由振动时,取$f(x,t)=0$,方程式(5-118)简化为

$$EI\frac{\partial^4 w(x,t)}{\partial x^4}+\rho A\frac{\partial^2 w(x,t)}{\partial t^2}+F\frac{\partial^2 w}{\partial x^2}=0 \tag{5-119}$$

该式的求解仍可用分离变量法,将分离变量形式的解式(5-73)代入式(5-119),经过与式(5-74)类似的分析,得到

$$\frac{\ddot{q}}{q}=-\frac{EI\phi''''(x)+F\phi''(x)}{\rho A\phi(x)}=-\omega^2 \tag{5-120}$$

这个常数的非正性这里不再赘述。由式(5-120)可导出两个常微分方程

$$\ddot{q}(t)+\omega^2 q(t)=0 \tag{5-121}$$

$$EI\phi''''(x)+F\phi''(x)-\omega^2\rho A\phi(x)=0 \tag{5-122}$$

方程式(5-121)与式(5-75)完全一样,其解仍为

$$q(t)=a\sin(\omega t+\alpha) \tag{5-123}$$

与式(5-77)完全相同。但式(5-122)与式(5-76)不尽相同,现讨论式(5-122)的解。将式(5-122)两边同时除以EI,并令

$$\beta^4=\frac{\rho A}{EI}\omega^2,\delta^2=\frac{F}{EI} \tag{5-124}$$

得到

$$\phi''''(x)+\delta^2\phi''(x)-\beta^4\phi(x)=0 \tag{5-125}$$

该式的特解仍可设为

$$\phi(x)=\mathrm{e}^{\lambda x} \tag{5-126}$$

代入式(5-125)后,导出本征方程

$$\lambda^4+\delta^2\lambda^2-\beta^4=0 \tag{5-127}$$

解出4个本征值

$$\lambda_{1,2}=\pm \mathrm{i}b,\lambda_{3,4}=\pm c$$

其中,

$$b=\sqrt{\sqrt{\beta^4+\frac{\delta^4}{4}}+\frac{\delta^2}{2}},c=\pm\sqrt{\sqrt{\beta^4+\frac{\delta^4}{4}}-\frac{\delta^2}{2}}$$

对应的方程式(5-125)的4个线性独立的特解$\cos bx$、$\sin bx$和$\cosh cx$、$\sinh cx$,将其线性叠加,得到方程式(5-125)的通解

$$\phi(x)=C_1\cos bx+C_2\sin bx+C_3\cosh cx+C_4\sinh cx \tag{5-128}$$

与式(5-83)的处理方法一样,由梁的边界条件得到4个齐次方程组成的方程组,利用其中的某些方程可以确定某些个待定系数,而利用剩余系数不为零的条件导出问题的频率方程,从而可以求得梁的固有频率和主振型函数。

现在讨论的是等截面简支梁,其边界条件为

$$\phi(0)=0,\phi''(0)=0,\phi(l)=0,\phi''(l)=0 \tag{5-129}$$

将解式(5-128)代入上式,得到

$$\begin{cases} C_1 + C_3 = 0 \\ -b^2C_1 + c^2C_3 = 0 \\ C_1\cos bl + C_2\sin bl + C_3\cosh cl + C_4\sinh cl = 0 \\ -b^2C_1\cos bl - b^2C_2\sin bl + c^2C_3\cosh cl + c^2C_4\sinh cl = 0 \end{cases}$$

由前两式解得 $C_1 = C_3 = 0$，于是后两式成为

$$\begin{cases} +C_2\sin bl + C_4\sinh cl = 0 \\ -b^2C_2\sin bl + c^2C_4\sinh cl = 0 \end{cases} \tag{5-130}$$

因为 C_2 和 C_4 不能全为零，故式(5-130)的系数行列式应等于零，简化得

$$(c^2 + b^2)\sin bl\sinh cl = 0$$

而$(c^2 + b^2)\sinh cl \neq 0$，由此导出频率方程

$$\sin bl = 0 \tag{5-131}$$

解出

$$b_i = i\pi/l \qquad (i = 1,2,\cdots) \tag{5-132}$$

由此得到固有频率

$$\omega_i = \left(\frac{i\pi}{l}\right)^2\sqrt{1 - \frac{Fl^2}{EI(i\pi)^2}}\sqrt{\frac{EI}{\rho A}} \qquad (i = 1,2,\cdots) \tag{5-133}$$

显然，梁的固有频率将有所降低，这是因为轴向压力减小了梁的弯曲刚度所致。注意到简支梁在轴向受压时其临界荷载就等于 $F_{cr} = \frac{(i\pi)^2EI}{l^2}$，因此梁承受的轴向压力必须小于其临界荷载，否则，梁会发生失稳破坏而不可能产生自由振动。如果梁承受的是拉力，则会使梁的弯曲刚度变大，从而使固有频率也增大，即

$$\omega_i = \left(\frac{i\pi}{l}\right)^2\sqrt{1 + \frac{Fl^2}{EI(i\pi)^2}}\sqrt{\frac{EI}{\rho A}} \qquad (i = 1,2,\cdots)$$

注意，上式中的 F 只是绝对值。如果杆件比较细长且弯曲刚度较小时，比如一根细钢丝，当振型阶数不大时，上式根号里面的第二项将远大于1，于是

$$\omega_i \approx \left(\frac{i\pi}{l}\right)\sqrt{\frac{F}{\rho A}} \qquad (i = 1,2,\cdots)$$

这与弦的振动频率结果式(5-15)一致，表明在这种特殊情况下，梁的横向振动就蜕化为弦的振动。

将 $\sin b_il = 0$ 代回方程组式(5-130)，得 $C_4 = 0$，于是得到在轴向力作用下等截面简支梁的振型函数仍然为

$$\phi_i(x) = \sin\frac{i\pi}{l}x \qquad (i = 1,2,\cdots) \tag{5-134}$$

这是因为轴向力不影响简支梁的边界条件，振型函数并不改变。

5.4.2　剪切变形和转动惯性的影响

一般来讲，考虑剪切变形会使梁的刚度降低，考虑转动惯量会使梁的惯性增大，这两个因素都会使梁的固有频率降低，对高阶频率影响更大。

考虑图 5-17 的等截面梁，由于剪切变形的影响，变形之后梁截面的法线不再与梁轴线的切线重合，它减少了梁轴线的倾角，梁截面的转角也不再等于梁轴线的切线斜率，这种现象称为剪力滞后。梁截面的实际转角为

$$\psi = \gamma + \theta = \gamma + \frac{\partial w}{\partial x} \tag{5-135}$$

式中：γ——纯剪切引起的中性轴处的剪切角；

θ——梁轴线的倾角。

根据材料力学可知，剪切角与剪力之间的关系为

$$\gamma = \frac{F_S}{kGA} \tag{5-136}$$

式中：F_S——梁截面上的剪力；

G——剪切模量；

A——横截面面积；

k——剪切修正因子，它与截面的形状有关，对于矩形截面 $k=5/6$，对于圆形截面 $k=9/10$。

实际上，kA 表示截面的有效剪切面积。

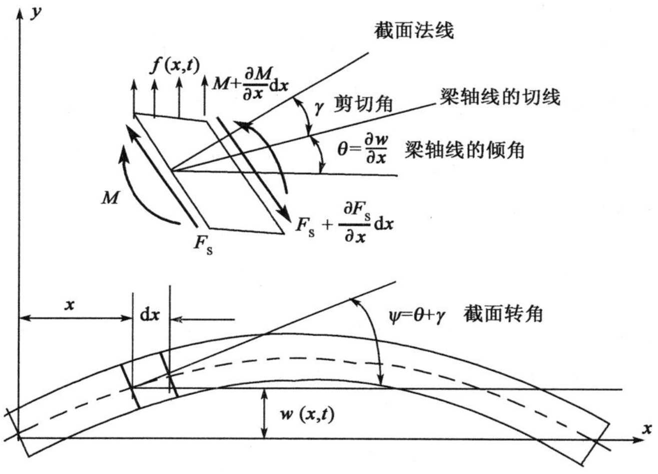

图 5-17 剪切变形与转动惯性的影响

取任一微段，首先建立其竖直方向的动平衡方程，由达朗贝尔原理，有

$$\rho A \mathrm{d}x \frac{\partial^2 w}{\partial t^2} = F_S - \left(F_S + \frac{\partial F_S}{\partial x}\mathrm{d}x\right) + f(x,t)\mathrm{d}x \tag{5-137}$$

整理得

$$\rho A \frac{\partial^2 w}{\partial t^2} + \frac{\partial F_S}{\partial x} = f(x,t) \tag{5-138}$$

将剪力 $F_S = kGA\left(\psi - \frac{\partial w}{\partial x}\right)$ 代入上式，有

$$\rho A \ddot{w} + kGA(\psi' - w'') = f(x,t) \tag{5-139}$$

然后取微段在转动方向的动平衡，注意考虑惯性力矩，有

$$\left(M+\frac{\partial M}{\partial x}\mathrm{d}x\right)-M-F_{\mathrm{S}}\mathrm{d}x-f(x,t)\,\mathrm{d}x\,\frac{\mathrm{d}x}{2}-\rho I\mathrm{d}x\,\frac{\partial^2\psi}{\partial t^2}=0 \tag{5-140}$$

略去高阶项，并整理后得

$$\frac{\partial M}{\partial x}-F_{\mathrm{S}}-\rho I\frac{\partial^2\psi}{\partial t^2}=0 \tag{5-141}$$

将剪力 $F_{\mathrm{S}}=kGA\left(\psi-\dfrac{\partial w}{\partial x}\right)$和弯曲 $M=EI\dfrac{\partial\psi}{\partial x}$代入上式，得出

$$EI\psi''-kGA(\psi-w')-\rho I\ddot{\psi}=0 \tag{5-142}$$

式(5-139)和式(5-142)构成了 Timoshenko 梁的振动控制微分方程，它是一组耦合的微分方程组，求解起来有一定难度。有时为了求解方便，也可从以上两方程中消去一个变量，如将变量 ψ 消去，则有

$$EIw''''+\rho A\ddot{w}-f-\rho I\left(1+\frac{E}{kG}\right)\ddot{w}''+\frac{\rho^2 I}{kG}\ddddot{w}+\frac{EI}{kGA}f''-\frac{\rho I}{kGA}\ddot{f}=0 \tag{5-143}$$

自由振动时，取 $f=0$，上式简化为

$$EIw''''+\rho A\ddot{w}-\rho I\left(1+\frac{E}{kG}\right)\ddot{w}''+\frac{\rho^2 I}{kG}\ddddot{w}=0 \tag{5-144}$$

亦可写成

$$EIw''''+\rho A\ddot{w}-\rho I\ddot{w}''+\frac{\rho IE}{kG}\ddot{w}''+\frac{\rho^2 I}{kG}\ddddot{w}=0 \tag{5-145}$$

式中，前两项即为经典的欧拉梁的基础项，第三项中表示转动惯性的影响，第四项表示剪切变形的影响，第五项则是转动惯量和剪切变形的耦合影响。若不考虑转动惯量的影响，则将第三项和第五项去掉，若不考虑剪切变形的影响，则将第四项和第五项去掉即可。

在用方程式(5-144)寻求其固有频率和主振型时，可假设该梁以某个固有频率作主振动，其振动的频率为 ω，振型函数为 $\phi(x)$，即假设系统的特解为

$$w(x,t)=\phi(x)\sin\omega t \tag{5-146}$$

将上式代入式(5-144)，有

$$EI\phi''''(x)-\omega^2\rho A\phi(x)+\omega^2\rho I\left(1+\frac{E}{kG}\right)\phi''(x)+\frac{\rho^2 I}{kG}\omega^4\phi(x)=0 \tag{5-147}$$

令

$$\beta^4=\frac{\rho A}{EI}\omega^2,\ r^2=\frac{I}{A} \tag{5-148}$$

则式(5-147)可写为

$$\phi''''(x)-\beta^4\phi(x)+\beta^4 r^2\left(1+\frac{E}{kG}\right)\phi''(x)+\frac{\beta^4 r^2\omega^2\rho}{kG}\phi(x)=0 \tag{5-149}$$

式中：r——回转半径。

对于任意边界条件，方程式(5-149)很难求解，但对简支梁的情形，则比较容易，因为剪切变形和转动惯性对等截面简支梁的主振动形式没有影响，于是可取其振型函数为

$$\phi_i(x)=\sin\frac{i\pi}{l}x\qquad(i=1,2,\cdots) \tag{5-150}$$

代入式(5-149)，整理得

$$\left(\frac{i\pi}{l}\right)^4-\beta^4-\beta^4 r^2\left(1+\frac{E}{kG}\right)\left(\frac{i\pi}{l}\right)^2+\frac{\beta^4 r^2\omega^2}{kG}=0 \tag{5-151}$$

上式中,最后一项相比其他各项来说为小量,若将其略去,可解得

$$\beta^4=\left(\frac{i\pi}{l}\right)^4\left[1+\left(1+\frac{E}{kG}\right)\left(\frac{i\pi r}{l}\right)^2\right]^{-1} \tag{5-152}$$

当 $i\pi r/l$ 很小时,上式可近似写成

$$\beta^4\approx\left(\frac{i\pi}{l}\right)^4\left[1-\left(1+\frac{E}{kG}\right)\left(\frac{i\pi r}{l}\right)^2\right] \tag{5-153}$$

或

$$\omega_i\approx\left(\frac{i\pi}{l}\right)^2\left[1-\frac{1}{2}\left(1+\frac{E}{kG}\right)\left(\frac{i\pi r}{l}\right)^2\right]\sqrt{\frac{EI}{\rho A}} \tag{5-154}$$

该式可以看作是对欧拉梁的频率添加了一个修正因子。与例 5.5 中的式(f)比较,不难发现,剪切变形和转动惯量都会使得梁的固有频率降低,而且随着固有频率阶数的增高,这种影响会越来越大。而且随着细长 r/l 的增大,这种影响也将增长。

如果只考虑转动惯量的影响而不计剪切变形,则只需取 $G\to\infty$,式(5-154)成为

$$\omega_i\approx\left(\frac{i\pi}{l}\right)^2\left[1-\frac{1}{2}\left(\frac{i\pi r}{l}\right)^2\right]\sqrt{\frac{EI}{\rho A}} \tag{5-155}$$

如果只考虑剪切变形的影响而不计转动惯量的影响,则

$$\omega_i\approx\left(\frac{i\pi}{l}\right)^2\left[1-\frac{1}{2}\frac{E}{kG}\left(\frac{i\pi r}{l}\right)^2\right]\sqrt{\frac{EI}{\rho A}} \tag{5-156}$$

对于各向同性材料,有 $E=2G(1+\nu)$,其中 ν 为泊松比。对矩形截面,$k=5/6$,若取泊松比 $\nu=0.3$,易知$\frac{E}{kG}\approx3$。可见,剪切变形的影响相比转动惯量的影响要大。

在实际问题中,当 $i\pi r/l$ 很小时,式(5-151)最后一个非零项是次要的。为了比较这一项和剪切变形及转动惯量主要修正项的相对大小,现求该项与第三项的比值

$$\frac{\dfrac{\rho\beta^4 r^2\omega^2}{kG}}{\beta^4 r^2\left(1+\dfrac{E}{kG}\right)\left(\dfrac{i\pi}{l}\right)^2}=\frac{\rho\omega^2}{(kG+E)\left(\dfrac{i\pi}{l}\right)^2}\approx\frac{E}{(kG+E)}\left(\frac{ir\pi}{l}\right)^2\ll1$$

可见,略去该项是合理的。

5.4.3 弹性基础上梁的振动

假定等截面简支梁由连续的弹性基础所支承,设弹性地基的刚度系数为 k,其物理意义是梁的某处产生单位位移时地基所产生的反力的集度,即单位长度上的反力。假设梁与基础完全是分开的,梁振动时基础完全处于静止状态,则弹性地基对梁的作用可用刚度系数为 k 的分布弹簧来模拟,如图 5-18所示。

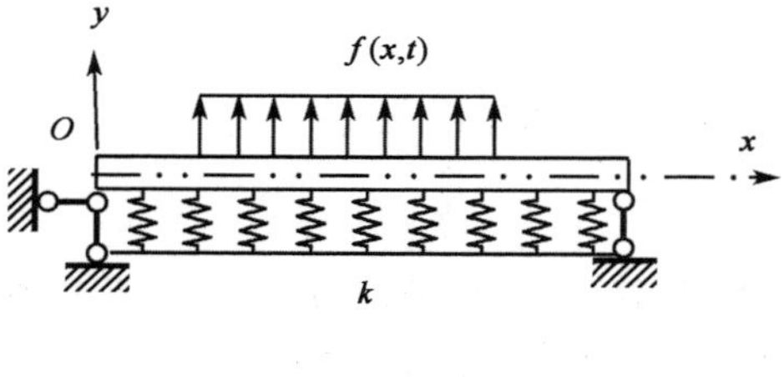

图 5-18 弹性地基梁的振动

与前面讨论欧拉梁的过程一样,取一段隔离体为研究对象,考虑该微元体的动平衡,注意加上地基弹簧的弹性力,有

$$EI\frac{\partial^4 w}{\partial x^4}+kw+\rho A\frac{\partial^2 w}{\partial t^2}=f(x,t) \tag{5-157}$$

对于自由振动,则

$$EI\frac{\partial^4 w}{\partial x^4}+kw+\rho A\frac{\partial^2 w}{\partial t^2}=0 \tag{5-158}$$

仍用分离变量法求解,同样可以得到两个常微分方程,与时间有关的微分方程与式(5-75)相同,而与坐标有关的方程为

$$\phi''''(x)-\mu^4\phi(x)=0 \tag{5-159}$$

式中,

$$\mu^4=\frac{\rho A\omega^2-k}{EI} \tag{5-160}$$

式(5-159)与式(5-78)形式上完全相同,其解的形式也与式(5-83)完全相同,而且弹性地基上的力不会影响梁的边界条件,因此其频率方程与简单的简支梁无异,它们分别为

$$\sin\mu l=0$$

解出

$$\mu_i=\frac{i\pi}{l}\qquad(i=1,2,\cdots)$$

由式(5-160)求出其对应的固有频率为

$$\omega_i=\sqrt{\frac{\mu_i^4EI+k}{\rho A}}=\left(\frac{i\pi}{l}\right)^2\sqrt{\frac{EI}{\rho A}}\sqrt{1+\frac{kl^4}{i^4\pi^4EI}}\qquad(i=1,2,\cdots) \tag{5-161}$$

很显然,由于弹性地基的存在,使得梁的固有频率有所增大,弹性地基的刚度系数 k 越大,这种影响越明显,但是影响的程度会随着频率阶次的升高而降低。

弹性地基梁的主振型函数仍为

$$\phi_i(x)=\sin\frac{i\pi}{l}x\qquad(i=1,2,\cdots)$$

5.4.4 有阻尼欧拉梁的受迫振动

实际问题中,梁在横向振动时都会受到阻尼力的影响,阻尼主要有两种形式,即外部介质阻尼和结构内部阻尼。外部阻尼的阻尼力跟介质的阻尼系数和梁的振动速度成正比,现以分布力的形式给出为

$$f_D(x,t)=-c(x)\cdot\dot{w}(x,t) \tag{5-162}$$

式中:$c(x)$——单位长度上的阻尼系数。

这种外部阻尼力可以像弹性地基上的弹性力一样归并到分布的外荷载中去,如图5-19a)所示。另一种结构阻尼是梁在弯曲振动时,截面上各纤维以一定的速度反复变形,沿截面高度产生的分布内阻尼应力 σ_D,如图5-19b)所示,它与各点的应变速度成正比,即

$$\sigma_D=c_S\cdot\dot{\varepsilon}=c_S\cdot y\dot{w}'' \tag{5-163}$$

式中:c_S——应变阻尼系数;

ε——梁的应变;

y——该点到形心轴的垂直距离。

梁在弯曲时产生的弯曲应力由材料力学知

$$\sigma_{B} = E \cdot \varepsilon = Eyw'' \tag{5-164}$$

将梁截面上的阻尼应力、弯曲应力一起合成为梁的总内力，并与单元隔离体上的其他力组成平衡力系，见图 5-19c)，其中的 $\widetilde{M}$ 为阻尼应力和弯曲应力共同形成的合成弯矩

$$\widetilde{M} = \int (Eyw'' + c_{S} \cdot y\dot{w}'')y\mathrm{d}A = EI(x)w'' + c_{S}I(x)\dot{w}'' \tag{5-165}$$

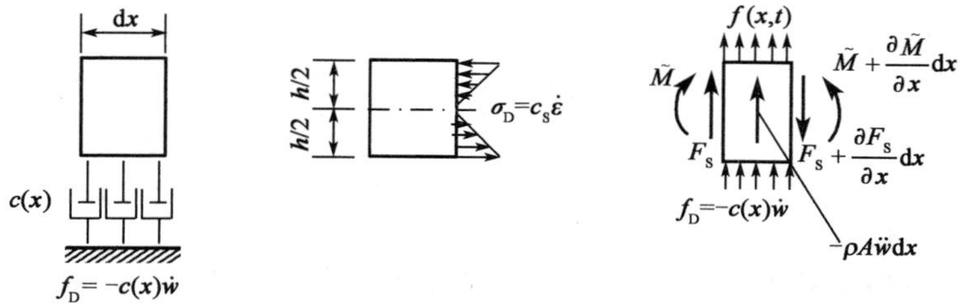

图 5-19　具有黏性阻尼欧拉梁的振动分析

根据该微段在竖直方向和转动方向的平衡条件，列出

$$\rho A(x)\ddot{w}\mathrm{d}x = -\frac{\partial F_{S}}{\partial x}\mathrm{d}x + f(x,t)\mathrm{d}x - c\dot{w}\mathrm{d}x \tag{5-166}$$

$$\frac{\partial \widetilde{M}}{\partial x} = F_{S} \tag{5-167}$$

将式(5-167)代入式(5-166)，整理后得

$$\rho A(x)\ddot{w} + c(x)\dot{w} + \frac{\partial^2}{\partial x^2}[EI(x)w'' + c_{S}I(x)\dot{w}''] = f(x,t) \tag{5-168}$$

此即有阻尼欧拉梁的振动控制微分方程。如果是等截面梁，则有

$$\rho A\ddot{w} + c\dot{w} + EIw'''' + c_{S}I\dot{w}'''' = f(x,t) \tag{5-169}$$

上述微分方程要根据梁的边界条件和初始条件求解。一般情况下，直接求解比较困难，通常采取和有限自由度系统的动力计算相同的方法，先求梁的自由振动频率的振型，然后用振型叠加法求梁的动力响应。由于考虑阻尼时自由振动的频率和主振型会出现复数，分析起来非常麻烦，通常采用不计阻尼时的频率和振型函数进行近似计算。

将梁的位移响应写作主振型叠加的方式

$$w(x,t) = \sum_{j=1}^{\infty}\phi_{Pj}(x)q_j(t) \tag{5-170}$$

式中：$\phi_{Pj}(x)$——不考虑阻尼时梁的主振型函数，且均已正则化。

将上式代入方程式(5-168)，得到

$$\sum_{j=1}^{\infty}\rho A(x)\phi_{Pj}(x)\ddot{q}_j(t) + \sum_{j=1}^{\infty}c(x)\phi_{Pj}(x)\dot{q}_j(t) + \sum_{j=1}^{\infty}[EI(x)\phi''_{Pj}(x)]''q_j(t) + \sum_{j=1}^{\infty}[c_{S}I\phi''_{Pj}(x)]''\dot{q}_j(t) = f(x,t) \tag{5-171}$$

将上式两边同乘以 $\phi_{Pi}(x)$ 并沿着梁的全长积分，利用正交性条件式(5-105)和式(5-106)及分部积分公式(5-95)导出

$$\ddot{q}_i(t)+\omega_i^2 q_i(t)+\sum_{j=1}^{\infty}\dot{q}_j(t)\int_0^l\{[c_S I(x)\phi''_j(x)]''+c(x)\phi_{Pj}(x)\}\mathrm{d}x=Q_i(t)\qquad(5\text{-}172)$$

其中 $Q_i(t)$ 是与广义坐标 $q_i(t)$ 对应的广义力

$$Q_i(t)=\int_0^l f(x,t)\phi_{Pi}(x)\mathrm{d}x\qquad(i=1,2,\cdots)\qquad(5\text{-}173)$$

一般说来,式(5-172)中有关阻尼的积分项不会等于零。现采用与多自由度系统振动类似的方法,假定

$$c=\bar{\alpha}\rho A(x),c_S=\bar{\beta}E\qquad(5\text{-}174)$$

式中:$\bar{\alpha}$、$\bar{\beta}$——比例常数。

将此假设代入式(5-172),并利用振型函数关于质量和刚度的正交条件得

$$\ddot{q}_i(t)+(\bar{\alpha}+\omega_i^2\bar{\beta})\dot{q}_i(t)+\omega_i^2 q_i(t)=Q_i(t)\qquad(5\text{-}175)$$

定义

$$\zeta_i=\frac{1}{2}\left(\frac{\bar{\alpha}}{\omega_i}+\bar{\beta}\omega_i\right)\qquad(5\text{-}176)$$

为第 i 阶振型的阻尼比,则式(5-175)写为

$$\ddot{q}_i+2\zeta_i\omega_i\dot{q}_i+\omega_i^2 q_i=Q_i\qquad(i=1,2,\cdots,n)\qquad(5\text{-}177)$$

方程式(5-177)的解仍可利用杜哈梅积分给出

$$q_i(t)=\mathrm{e}^{-\zeta_i\omega_i t}\left(q_i(0)\cos\omega_{di}t+\frac{\dot{q}_i(0)+\zeta_i\omega_i q_i(0)}{\omega_{di}}\sin\omega_{di}t\right)+$$

$$\frac{1}{\omega_{di}}\int_0^t Q_i(\tau)\mathrm{e}^{-\zeta_i\omega_i(t-\tau)}\sin\omega_{di}(t-\tau)\mathrm{d}\tau\qquad(5\text{-}178)$$

其中,主坐标的初始条件可参考多自由度的情况而求得,兹不赘述。因此,只要阻尼是与质量和刚度成正比的瑞利形式,就能使运动方程式(5-168)解耦。由式(5-176)可以看到,对于与质量成正比的阻尼,阻尼比与频率成反比;对于与刚度成正比的阻尼,阻尼比与频率成正比。

例5.12 图5-20所示的均质等截面简支梁在 $x=l/4$ 处作用有一正弦激励力 $F\sin\theta t$,假设阻尼比 $\zeta_1=\zeta_2=0.05$,$\theta=0.75\omega_1$,ω_1 为系统的第一阶固有频率,试求该梁在零初始条件下的稳态响应。

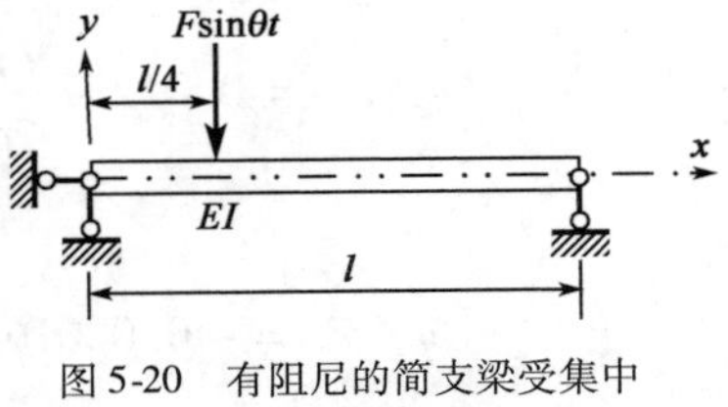

图5-20　有阻尼的简支梁受集中简谐激励时的受迫振动

解:在例5.9中已经给出了等截面简支梁的固有频率、各阶主质量和正则振型函数

$$\omega_i=\left(\frac{i\pi}{l}\right)^2\sqrt{\frac{EI}{\rho A}}$$

$$M_{Pi}=\frac{m}{2}$$

$$\phi_{Pi}(x)=\sqrt{\frac{2}{m}}\sin\frac{i\pi x}{l}\qquad(i=1,2,\cdots)$$

式中:m——梁的总质量,$m=\rho Al$。

现利用式(5-176)求与广义坐标 $q_i(t)$ 相对应的广义力

$$Q_i(t)=-F\sin\theta t\sqrt{\frac{2}{m}}\int_0^l\delta\left(x-\frac{l}{4}\right)\sin\frac{i\pi x}{l}\mathrm{d}x=-F\sqrt{\frac{2}{m}}\sin\frac{i\pi}{4}\sin\theta t=F_i^0\sin\theta t$$

将 $\zeta_1=\zeta_2=0.05$ 以及固有频率 $\omega_1=\frac{\pi^2}{l^2}\sqrt{\frac{EI}{\rho A}}$ 和 $\omega_2=\frac{4\pi^2}{l^2}\sqrt{\frac{EI}{\rho A}}$ 代入式(5-176)，解得

$$\bar{\alpha}=\frac{2\omega_1\omega_2(\zeta_1\omega_2-\zeta_2\omega_1)}{\omega_2^2-\omega_1^2}=0.08\frac{\pi^2}{l^2}\sqrt{\frac{EI}{\rho A}}$$

$$\bar{\beta}=\frac{2(\zeta_2\omega_2-\zeta_1\omega_1)}{\omega_2^2-\omega_1^2}=0.02\frac{l^2}{\pi^2}\sqrt{\frac{\rho A}{EI}}$$

再由式(5-176)求得各阶阻尼比

$$\zeta_i=\frac{1}{2}\left(\frac{\bar{\alpha}}{\omega_i}+\bar{\beta}\omega_i\right)=\frac{1}{2}\left(\frac{0.08}{i^2}+0.02i^2\right)=\frac{0.04}{i^2}+0.01i^2\qquad(i=1,2,\cdots)$$

然后可由式(5-178)求各阶主坐标的响应。由于现在激励力是简谐荷载，我们也可以直接对照单自由度有阻尼的情况求系统主坐标的稳态响应，参见式(2-80)～式(2-84)。

$$q_i(t)=\beta_i\frac{F_i^0}{\omega_i^2M_{\mathrm{P}i}}\sin(\theta t-\alpha_i)$$

其中

$$\beta_i=\frac{1}{\sqrt{(1-s_i^2)^2+4\zeta_i^2s_i^2}},\alpha_i=\arctan\frac{2\zeta_is_i}{1-s_i^2}$$

而

$$s_i=\theta/\omega_i$$

注意，当采用正则振型时，主质量等于 1。于是可求得

$$q_1(t)=2.2528\frac{Fl^3\sqrt{m}}{\pi^4EI}\sin(\theta t-\alpha_1),\alpha_1=\arctan0.1714=9^\circ43'$$

$$q_2(t)=0.09157\frac{Fl^3\sqrt{m}}{\pi^4EI}\sin(\theta t-\alpha_2),\alpha_2=\arctan0.0194=1^\circ6'47''$$

$$q_3(t)=0.01237\frac{Fl^3\sqrt{m}}{\pi^4EI}\sin(\theta t-\alpha_3),\alpha_3=\arctan0.01584=0^\circ54'26''$$

$$q_4(t)=0$$

$$q_5(t)=-0.000163\frac{Fl^3\sqrt{m}}{\pi^4EI}\sin(\theta t-\alpha_5),\alpha_5=\arctan0.0151=0^\circ52'$$

由主坐标的幅值可以看到，取 $i=5$ 时已足够精确，可不再往下计算。

将这些主坐标及梁的主振型函数代入式(5-170)，得梁的动位移表达式

$$w(x,t)=\frac{Fl^3}{\pi^4EI}\Big[3.186\sin(\theta t-9^\circ43')\sin\frac{\pi x}{l}+0.1295\sin(\theta t-1^\circ6'47'')\sin\frac{2\pi x}{l}+$$
$$0.0175\sin(\theta t-0^\circ54'26'')\sin\frac{3\pi x}{l}-0.0023\sin(\theta t-0^\circ52')\sin\frac{5\pi x}{l}\Big]$$

5.5 ➤ 薄膜和薄板的振动

前面研究的振动系统均是由一维构件组成的，由一个坐标便可描述其在空间的运动位置。

工程问题还有很多问题不能简单地用一个坐标描述其运动和变形情况，比如楼板，它在板面内两个方向的尺寸相当，但在厚度方向的尺寸却很小，这时便可以忽略掉其厚度方向的尺寸，用两个坐标来描述其运动的空间位置及变形情况。类似的结构有薄膜、薄板和薄壳等，常见于体育场馆、桥梁和各种类型的建筑工程中，如北京著名的水立方游泳馆外表就是一典型的薄膜结构，众多的楼房屋面都是平板结构，清华大学大礼堂的屋顶是一个圆球形薄壳结构。本节仅讨论薄膜和薄板的振动。

5.5.1 薄膜的振动

张拉着的薄膜是张紧的弦在二维空间拓展，它仅能在薄膜的面内承受拉力并由此产生拉伸变形。假设薄膜由均质材料制成，密度为 ρ，弹性模量为 E，为一完全等厚度薄片，其厚度为 h，将薄膜上下表面之间的对称面称为中性面，变形前的中性面为平面，中性面上各处的分布张力相等，假设为 F。现以中性面内建立坐标面 $O\text{-}xy$ 并用右手规则建立轴，如图 5-21 所示，假设薄膜在垂直于薄膜的方向受有分布的激励力 $f(x,y,t)$。在薄膜上取出一个微元体，其受力图如图 5-22 所示。在小偏用情况下，列出微元体在竖直方向的动力平衡方程

$$F\mathrm{d}x\left[\left(\theta_y+\frac{\partial\theta_y}{\partial y}\mathrm{d}y\right)-\theta_y\right]+F\mathrm{d}y\left[\left(\theta_x+\frac{\partial\theta_x}{\partial x}\mathrm{d}x\right)-\theta_x\right]+f\mathrm{d}x\mathrm{d}y-\rho h\mathrm{d}x\mathrm{d}y\frac{\partial^2 w}{\partial t^2}=0 \quad (5\text{-}179)$$

式中：θ_x——与 x 轴正交的薄膜横截面外法线变形后相对变形前的偏转角；

θ_y——与 y 轴正交的薄膜横截面外法线偏转角；

w——薄膜的横向挠度。

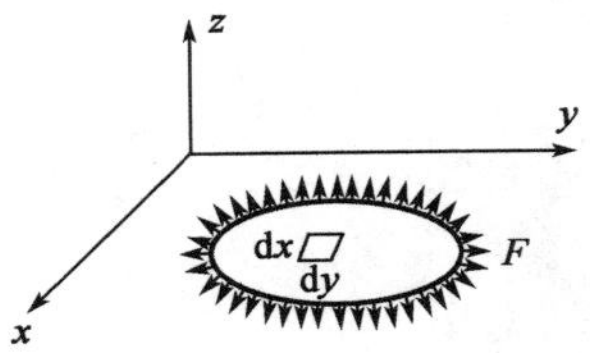

图 5-21 受张力作用的薄膜

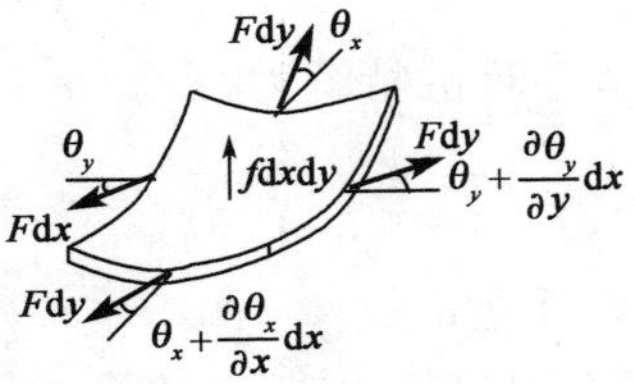

图 5-22 薄膜微元体受力图

由于薄膜变形时不会出现褶皱，故有

$$\theta_x=\frac{\partial w}{\partial x},\theta_y=\frac{\partial w}{\partial y} \quad (5\text{-}180)$$

将式(5-180)代入式(5-179)，整理得

$$\rho h\frac{\partial^2 w}{\partial t^2}-F\left(\frac{\partial^2 w}{\partial x^2}+\frac{\partial^2 w}{\partial y^2}\right)-f=0 \quad (5\text{-}181)$$

讨论自由振动时，令 $f=0$，简化后有

$$\ddot{w}-c^2\nabla^2 w=0 \quad (5\text{-}182)$$

式中：c——常数；

∇^2——Laplace 算子。

它们为

$$c=\sqrt{\frac{F}{\rho h}} \quad (5\text{-}183)$$

$$\nabla^2 = \frac{\partial^2}{\partial x^2} + \frac{\partial^2}{\partial y^2} \tag{5-184}$$

解该方程时可参考弦和梁的振动求解方法,仍采用分享变量法。令

$$w(x,y,t) = W(x,y)q(t) \tag{5-185}$$

代入方程式(5-182),令不同自变量的部分相等并等于常数 $-\omega^2$,得到

$$\frac{\ddot{q}(t)}{q(t)} = c^2 \frac{\nabla^2 W(x,y)}{W(x,y)} = -\omega^2 \tag{5-186}$$

导出变量分离后的两个微分方程

$$\ddot{q} + \omega^2 q = 0 \tag{5-187}$$

$$\nabla^2 W + \left(\frac{\omega}{c}\right)^2 W = 0 \tag{5-188}$$

方程式(5-187)的解与单自由度线性振动的解式(2-40)或式(5-10)一样,即

$$q(t) = A\sin(\omega t + \alpha) \tag{5-189}$$

而方程式(5-188)的解取决于薄膜的形状和边界条件。

若薄膜为一长为 a、宽为 b 的矩形,且四边固定,则其边界条件为

$$\begin{cases} w(0,y,t) = W(0,y)q(t) = 0, w(a,y,t) = W(a,y)q(t) = 0 \\ w(x,0,t) = W(x,0)q(t) = 0, w(x,b,t) = W(x,b)q(t) = 0 \end{cases} \tag{5-190}$$

化为

$$\begin{cases} W(0,y) = 0, W(a,y) = 0 \\ W(x,0) = 0, W(x,b) = 0 \end{cases} \tag{5-191}$$

满足此边界条件的特解为

$$W(x,y) = A\sin\frac{i\pi x}{a}\sin\frac{j\pi y}{b} \quad (i,j = 1,2,\cdots) \tag{5-192}$$

式中:A——任意常数。

将式(5-192)代入式(5-188),得

$$\left(\frac{\omega}{c}\right)^2 - \left[\left(\frac{i\pi}{a}\right)^2 + \left(\frac{j\pi}{b}\right)^2\right] = 0 \quad (i,j = 1,2,\cdots) \tag{5-193}$$

解得

$$\omega_{ij} = c\pi\sqrt{\left(\frac{i}{a}\right)^2 + \left(\frac{j}{b}\right)^2} \quad (i,j = 1,2,\cdots) \tag{5-194}$$

此即薄膜自由振动的固有频率,显然固有频率有无穷多个,与之对应的振型函数为

$$W_{ij}(x,y) = \sin\frac{i\pi x}{a}\sin\frac{j\pi y}{b} \quad (i,j = 1,2,\cdots) \tag{5-195}$$

将式(5-189)和式(5-195)代入式(5-185),得到其主振动。如果给定的初始条件为任意,则膜的自由振动为各阶主振动的线性叠加

$$w(x,y,t) = \sum_{i=1}^{\infty}\sum_{j=1}^{\infty} a_{ij}\sin\frac{i\pi x}{a}\sin\frac{j\pi y}{b}\sin(\omega_{ij}t + \alpha_{ij}) \tag{5-196}$$

式中:a_{ij}、α_{ij}——常数,由初始条件确定,兹不赘述。

现讨论一下其主振型的形状。当 $i=j=1$ 时,振型函数 $W_{11}(x,y) = \sin\frac{\pi x}{a}\sin\frac{\pi y}{b}$ 为薄膜沿

x 方向和 y 方向的两个正弦半波，此时对应于结构振动的基频；当 $i=1, j=2$ 时，振型函数 $W_{12}(x,y)=\sin\frac{\pi x}{a}\sin\frac{2\pi y}{b}$ 为沿 x 方向一个正弦半波和沿 y 方向的两个正弦半波（一个完整的正弦波），此时，在 $y=\frac{1}{2}b$ 处薄膜的位移均为零，我们称 $y=\frac{1}{2}b$ 这条直线为波线，如图 5-23a）所示；当 $i=1, j=2$ 时，振型函数 $W_{21}(x,y)=\sin\frac{2\pi x}{a}\sin\frac{\pi y}{b}$ 为沿 x 方向的两个正弦半波和沿 y 方向的一个正弦半波，此时 $x=\frac{1}{2}a$ 为波线，见图 5-23b）；如果板为方板，即有 $a=b$，则 $\omega_{12}=\omega_{21}$，此时，虽然固有频率相同，但对应的振型是不同的，因为

$$W_{12}(x,y)=\sin\frac{\pi x}{a}\sin\frac{2\pi y}{a}, W_{21}(x,y)=\sin\frac{2\pi x}{a}\sin\frac{\pi y}{a} \tag{5-197}$$

这与我们在讨论多自由度系统时固有频率有重根的情况相同，此时的振型函数不是唯一的，式(5-197)只是其中一组正交的振型函数，这两个函数的任意组合也都可以当作是主振型，如令

$$\begin{cases} Y_{12}(x,y)=W_{12}(x,y)+W_{21}(x,y)=\sin\frac{\pi x}{a}\sin\frac{2\pi y}{a}+\sin\frac{2\pi x}{a}\sin\frac{\pi y}{a} \\ Y_{21}(x,y)=W_{12}(x,y)-W_{21}(x,y)=\sin\frac{\pi x}{a}\sin\frac{2\pi y}{a}-\sin\frac{2\pi x}{a}\sin\frac{\pi y}{a} \end{cases} \tag{5-198}$$

它们也是一组正交的振型，这一组正交振型的波线沿薄膜的对角线，如图 5-23c）和图 5-23d）所示。

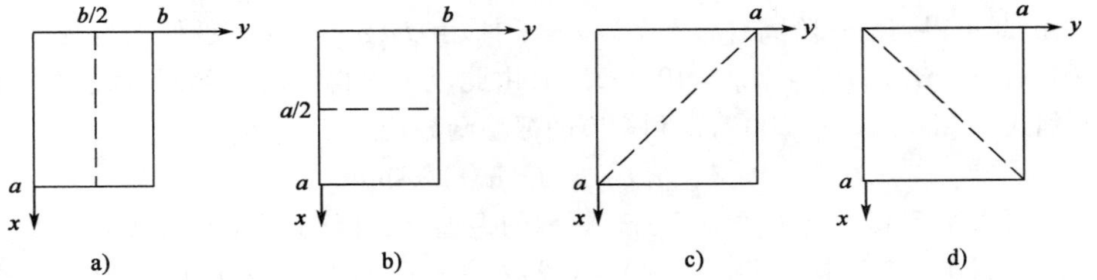

图 5-23 矩形薄膜的振型波线

若薄膜为一半径为 a 的圆形，为讨论方便，将问题域改用极坐标来表示，相应地，振动微分方程式(5-182)也变为

$$\frac{\partial^2 w}{\partial t^2}-c^2\left(\frac{\partial^2}{\partial r^2}+\frac{1}{r}\frac{\partial}{\partial r}+\frac{1}{r^2}\frac{\partial^2}{\partial\theta^2}\right)w=0 \tag{5-199}$$

由于圆形薄膜的自由振动是一个轴对称问题，因此其分离变量形式的解可写为

$$w(r,\theta,t)=W(r)q(t)\cos n\theta \tag{5-200}$$

将上式代入式(5-199)，令不同自变量的部分相等并等于常数 $-\omega^2$，得到

$$\frac{\ddot{q}(t)}{q(t)}=c^2\frac{1}{W(r)}\cdot\left[\frac{\mathrm{d}^2W}{\mathrm{d}r^2}+\frac{1}{r}\frac{\mathrm{d}W}{\mathrm{d}r}-\frac{n^2}{r^2}W\right]=-\omega^2 \tag{5-201}$$

得到两个微分方程

$$\ddot{q}+\omega^2 q=0 \tag{5-202}$$

$$\frac{\mathrm{d}^2W}{\mathrm{d}r^2}+\frac{1}{r}\cdot\frac{\mathrm{d}W}{\mathrm{d}r}+\left(\frac{\omega^2}{c^2}-\frac{n^2}{r^2}\right)W=0 \tag{5-203}$$

引入常数

$$\mu = \frac{\omega}{c} \tag{5-204}$$

式(5-203)可化为

$$\frac{\mathrm{d}^2 W}{\mathrm{d}r^2} + \frac{1}{r} \cdot \frac{\mathrm{d}W}{\mathrm{d}r} + \frac{1}{r^2}(\beta^2 r^2 - n^2)W = 0 \tag{5-205}$$

此即著名的 n 阶 Bessel 方程,其解为

$$W_n(r) = C_n J_n(\mu r) + D_n Y_n(\mu r) \tag{5-206}$$

式中:$J_n(\mu r)$、$Y_n(\mu r)$——第一类和第二类 n 阶 Bessel 函数;

C_n、D_n——待定系数,由边界条件确定。

函数 $W_n(r)$ 和 $\cos n\theta$ 确定圆膜的主振型函数。

由于在薄膜的中心点上挠度为有限值,故式(5-206)中的常数 D_n 必等于零。若在薄膜的边界 $r=a$ 处均固定,则由

$$W_n(a) = C_n J_n(\mu a) = 0 \tag{5-207}$$

得到频率方程

$$J_n(\mu a) = 0 \qquad (n = 0,1,2,\cdots) \tag{5-208}$$

由频率方程可解得无穷多个 $\mu_{ni}(n,i=0,1,2,\cdots)$,相应地便可求出固有频率

$$\omega_{ni} = \mu_{ni} c = \mu_{ni}\sqrt{\frac{F}{\rho h}} \tag{5-209}$$

当 $n=0$ 时,由 $J_0(\mu a)=0$ 可近似求得其前三个根为 $\mu_{01}=2.4048/a$,$\mu_{02}=5.5201/a$,$\mu_{03}=8.6537/a$,由此可得到前三阶固有频率。当 $n=1$ 时,由 $J_1(\mu a)=0$ 可近似求得其前三个根为 $\mu_{11}=3.8317/a$,$\mu_{12}=7.0156/a$,$\mu_{13}=10.1735/a$,由此也可以得到前三阶固有频率。将求得的频率代回到式(5-206)、式(5-200),得到相应的振型函数

$$\phi_{ni}(x,\theta) = J_n(\mu_{ni} r)\cos n\theta \tag{5-210}$$

类似地可以得到其他高阶振型的固有频率的振型函数,其前几阶的振型如图 5-24 所示,固有频率因子列在表 5-2 中。其中,n 表示节线数,i 表示节圆数。图中虚线为振型的节线和节圆,即挠度恒等于零的位置。

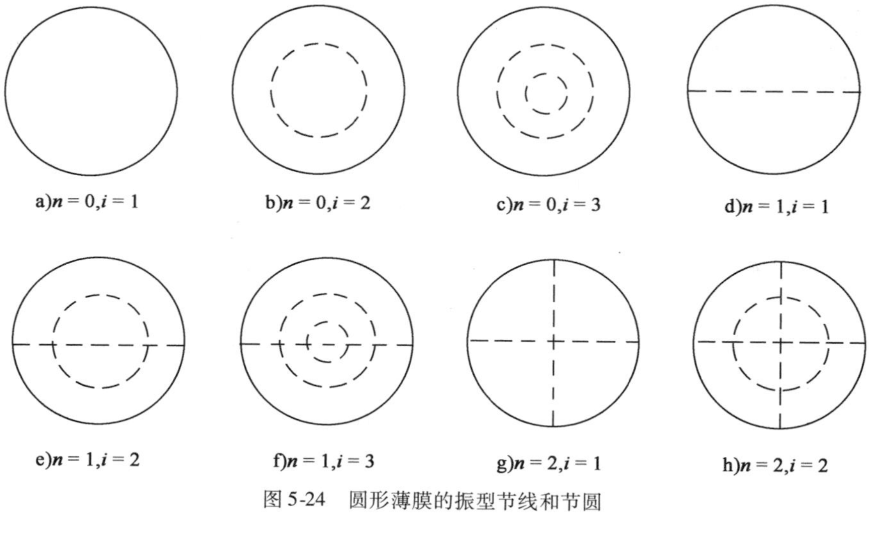

图 5-24　圆形薄膜的振型节线和节圆

$J_n(\mu a)$的零点　　表5-2

i	n=0	n=1	n=2	n=3	n=4	n=5
1	2.405	3.832	5.136	6.380	7.586	8.780
2	5.520	7.016	8.417	9.761	11.064	12.339
3	8.654	10.173	11.620	13.017	14.373	15.700
4	11.792	13.323	14.796	16.224	17.616	18.982
5	14.931	16.470	17.960	19.410	20.827	22.220
6	18.071	19.616	21.117	22.583	24.018	25.431
7	21.212	22.760	24.270	25.749	27.200	28.628
8	24.353	25.903	27.421	28.909	30.371	31.813

5.5.2　薄板的振动

考虑图5-25所示的平板,假设板由各向同性弹性材料制成,振动时其挠度根远小于板的厚度h,以致中面的面内位移、转动惯性和剪切变形的影响均可以忽略掉。取板的中面为$O\text{-}xy$平面,采用直法线假定。如果用$w(x,y,t)$表示中面上某点的挠度,则板内任意一点的位移可表示为

$$\begin{cases} u(x,y,z,t) = -z\dfrac{\partial w}{\partial x} \\ v(x,y,z,t) = -z\dfrac{\partial w}{\partial y} \end{cases} \tag{5-211}$$

由此可求出板内任意一点的应变分量

$$\begin{cases} \varepsilon_x = \dfrac{\partial u}{\partial x} = -z\dfrac{\partial^2 w}{\partial x^2} \\ \varepsilon_y = \dfrac{\partial v}{\partial y} = -z\dfrac{\partial^2 w}{\partial y^2} \\ \gamma_{xy} = \dfrac{\partial u}{\partial y} + \dfrac{\partial v}{\partial x} = -2z\dfrac{\partial^2 w}{\partial x \partial y} \end{cases} \tag{5-212}$$

代入广义胡克定律,计算正应力和剪应力

$$\begin{cases} \sigma_x = \dfrac{E}{1-\nu^2}(\varepsilon_x + \nu\varepsilon_y) = -\dfrac{Ez}{1-\nu^2}\left(\dfrac{\partial^2 w}{\partial x^2} + \nu\dfrac{\partial^2 w}{\partial y^2}\right) \\ \sigma_y = \dfrac{E}{1-\nu^2}(\varepsilon_y + \nu\varepsilon_x) = -\dfrac{Ez}{1-\nu^2}\left(\dfrac{\partial^2 w}{\partial y^2} + \nu\dfrac{\partial^2 w}{\partial x^2}\right) \\ \tau_{xy} = G\gamma_{xy} = -\dfrac{Ez}{1+\nu}\dfrac{\partial^2 w}{\partial x \partial y} \end{cases} \tag{5-213}$$

在建立板的动力方程时,可取出一个微元体如图5-26所示。为符合常人的习惯,现将板的应力在板边的平面内合成为某些内力。注意σ_x、σ_y和τ_{xy}在板边上的积分等于零,以M_x、M_y、M_{xy}分别表示x=常数边上的弯矩、y=常数边上的弯矩和扭矩,F_{Sx}和F_{Sy}分别表示x=常数和y=常数边上的剪力。根据弯矩和扭矩的定义,有

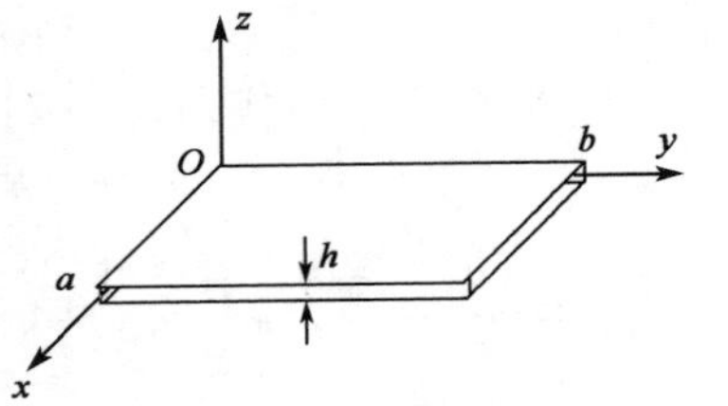

图5-25　矩形薄板及坐标系

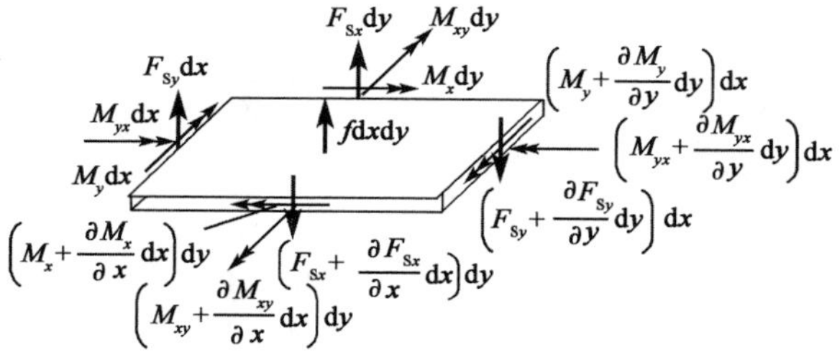

图 5-26 薄板微元体力的平衡

$$\begin{cases} M_x = -\int_{-h/2}^{h/2} \sigma_x z \mathrm{d}z = D\left(\frac{\partial^2 w}{\partial x^2} + \nu \frac{\partial^2 w}{\partial y^2}\right) \\ M_y = -\int_{-h/2}^{h/2} \sigma_y z \mathrm{d}z = D\left(\frac{\partial^2 w}{\partial y^2} + \nu \frac{\partial^2 w}{\partial x^2}\right) \\ M_{xy} = -\int_{-h/2}^{h/2} \tau_{xy} z \mathrm{d}z = D(1-\nu) \frac{\partial^2 w}{\partial x \partial y} \end{cases} \tag{5-214}$$

式中:D——板的抗弯刚度。

$$D = \frac{Eh^3}{12(1-\nu^2)} \tag{5-215}$$

列出微元体绕 x 轴的力矩平衡方程,当板很薄时可忽略掉截面的惯性力矩,有

$$\left(M_y + \frac{\partial M_y}{\partial y}\mathrm{d}y - M_y\right)\mathrm{d}x + \left(M_{xy} + \frac{\partial M_{xy}}{\partial x}\mathrm{d}x - M_{xy}\right)\mathrm{d}y - \left(F_{Sy} + \frac{\partial F_{Sy}}{\partial y}\mathrm{d}y\right)\mathrm{d}x\mathrm{d}y + \frac{1}{2}f\mathrm{d}x(\mathrm{d}y)^2 = 0$$

忽略掉二阶以上的高阶项,得到

$$F_{Sy} = \frac{\partial M_y}{\partial y} + \frac{\partial M_{xy}}{\partial x} \tag{5-216}$$

同样,由微元体绕 y 轴的力矩平衡方程得

$$F_{Sx} = \frac{\partial M_x}{\partial x} + \frac{\partial M_{yx}}{\partial y} \tag{5-217}$$

在竖直方向建立微元体力的投影平衡方程,注意添加上惯性力,有

$$F_{Sy}\mathrm{d}x - \left(F_{Sy} + \frac{\partial F_{Sy}}{\partial y}\mathrm{d}y\right)\mathrm{d}x + F_{Sx}\mathrm{d}y - \left(F_{Sx} + \frac{\partial F_{Sx}}{\partial x}\mathrm{d}x\right)\mathrm{d}y - \rho h \frac{\partial^2 w}{\partial t^2}\mathrm{d}x\mathrm{d}y + f\mathrm{d}x\mathrm{d}y$$

整理得

$$\frac{\partial F_{Sx}}{\partial x} + \frac{\partial F_{Sy}}{\partial y} + \rho h \frac{\partial^2 w}{\partial t^2} = f \tag{5-218}$$

将式(5-216)和式(5-217)代入上式,得

$$\frac{\partial^2 M_x}{\partial x^2} + 2\frac{\partial^2 M_{xy}}{\partial x \partial y} + \frac{\partial^2 M_y}{\partial y^2} + \rho h \frac{\partial^2 w}{\partial t^2} = f \tag{5-219}$$

再将式(5-214)代入式(5-219),有

$$D\left(\frac{\partial^4 w}{\partial x^4} + 2\frac{\partial^4 w}{\partial x^2 \partial y^2} + \frac{\partial^4 w}{\partial y^4}\right) + \rho h \frac{\partial^2 w}{\partial t^2} = f \tag{5-220}$$

简记为

$$D\nabla^4 w + \rho h \ddot{w} = f \tag{5-221}$$

其中

$$\nabla^4 = \frac{\partial^4}{\partial x^4} + 2\frac{\partial^4}{\partial x^2 \partial y^2} + \frac{\partial^4}{\partial y^4} \tag{5-222}$$

为二重 Laplace 算子。式(5-221) 即为薄板振动的控制微分方程。

讨论板的自由振动,令 $f=0$,仍采用分享变量法。令

$$w(x,y,t) = W(x,y)q(t) \tag{5-223}$$

代入方程式(5-221),令不同自变量的部分相等并等于常数 $-\omega^2$,得到

$$\frac{\ddot{q}(t)}{q(t)} = -\frac{D}{\rho h}\frac{\nabla^4 W(x,y)}{W(x,y)} = -\omega^2 \tag{5-224}$$

导出变量分离后的两个微分方程

$$\ddot{q} + \omega^2 q = 0 \tag{5-225}$$

$$\nabla^4 W - \lambda^4 W = 0 \tag{5-226}$$

其中

$$\lambda^4 = \frac{\rho h}{D}\omega^2 \tag{5-227}$$

方程式(5-225)的仍可容易得到

$$q(t) = A\sin(\omega t + \alpha) \tag{5-228}$$

而方程式(5-226)的解取决于薄板的形状和边界条件。

当板的四边为简支时,其边界条件为

$$\begin{cases} w(0,y,t) = w''_x(0,y,t) = 0, w(a,y,t) = w''_x(a,y,t) = 0 \\ w(x,0,t) = w''_y(x,0,t) = 0, w(x,b,t) = w''_y(x,b,t) = 0 \end{cases} \tag{5-229}$$

化为

$$\begin{cases} W(0,y) = W''_x(0,y) = 0, W(a,y) = W''_x(a,y) = 0 \\ W(x,0) = W''_y(x,0) = 0, W(x,b) = W''_y(x,b) = 0 \end{cases} \tag{5-230}$$

满足此边界条件的特解为

$$W(x,y) = A\sin\frac{i\pi x}{a}\sin\frac{j\pi y}{b} \quad (i,j = 1,2,\cdots) \tag{5-231}$$

式中:A——任意常数。

将式(5-231)代入式(5-226),得

$$\lambda^4 - \left[\left(\frac{i\pi}{a}\right)^2 + \left(\frac{j\pi}{b}\right)^2\right]^2 = 0 \quad (i,j = 1,2,\cdots) \tag{5-232}$$

解得

$$\lambda_{ij} = \pi\sqrt{\left(\frac{i}{a}\right)^2 + \left(\frac{j}{b}\right)^2} \quad (i,j = 1,2,\cdots) \tag{5-233}$$

由此得固有频率

$$\omega_{ij} = \pi^2\left[\left(\frac{i}{a}\right)^2 + \left(\frac{j}{b}\right)^2\right]\sqrt{\frac{D}{\rho h}} \quad (i,j = 1,2,\cdots) \tag{5-234}$$

显然固有频率有无穷多个,与之对应的振型函数为

$$W_{ij}(x,y) = \sin\frac{i\pi x}{a}\sin\frac{j\pi y}{b} \quad (i,j = 1,2,\cdots) \tag{5-235}$$

将式(5-228)和式(5-235)代入式(5-223),得到其主振动。如果给定的初始条件为任意,则膜的自由振动为各阶主振动的线性叠加

$$w(x,y,t) = \sum_{i=1}^{\infty}\sum_{j=1}^{\infty} a_{ij}\sin\frac{i\pi x}{a}\sin\frac{j\pi y}{b}\sin(\omega_{ij}t + \alpha_{ij}) \tag{5-236}$$

式中:a_{ij}、α_{ij}——由初始条件确定,兹不赘述。

如果板的边界形状为圆形,同样将参考坐标系改在极坐标下,振动微分方程式(5-221)式变为

$$D\nabla^2\nabla^2 w + \rho h\ddot{w} = f \tag{5-237}$$

式中:∇^2——极坐标系下的 Laplace 算子,即

$$\nabla^2 = \frac{\partial^2}{\partial r^2} + \frac{1}{r}\frac{\partial}{\partial r} + \frac{1}{r^2}\frac{\partial^2}{\partial\theta^2} \tag{5-238}$$

讨论自由振动时,令 $f=0$,假设

$$w(r,\theta,t) = W(r,\theta)q(t) \tag{5-239}$$

将上式代入式(5-237),令不同自变量的部分相等并等于常数 $-\omega^2$,得到

$$\frac{\ddot{q}(t)}{q(t)} = -\frac{D}{\rho h}\frac{\nabla^2\nabla^2 W}{W} = -\omega^2 \tag{5-240}$$

得到两个微分方程

$$\ddot{q} + \omega^2 q = 0 \tag{5-241}$$

$$\nabla^4 W - \lambda^4 W = 0 \tag{5-242}$$

式(5-242)还可以写作

$$(\nabla^2 + \lambda^2)(\nabla^2 - \lambda^2)W = 0 \tag{5-243}$$

或

$$(\nabla^2 \mp \lambda^2)W = 0 \tag{5-244}$$

取

$$W(r,\theta) = \Phi(r)\cos n\theta \tag{5-245}$$

其中,$n=0,1,2,\cdots$,对应于 $n=0$,振型是轴对称的,相应于 $n=1$ 和 $n=2$,薄板的环向围线将分别具有一个及两个半波,也就是薄板的中面将分别具有一根或两根径向节线,其余类推。将式(5-245)代入式(5-244),得常微分方程

$$\frac{d^2\Phi}{dr^2} + \frac{1}{r}\frac{d\Phi}{dr} + \frac{1}{r^2}(\mp\lambda^2 r^2 - n^2)\Phi = 0 \tag{5-246}$$

当 λ^2 前取正号时,式(5-246)称为实宗量的 n 阶 Bessel 方程,其解为

$$\Phi_n(r) = A_n J_n(\lambda r) + B_n Y_n(\lambda r) \tag{5-247}$$

式中:$J_n(\lambda r)$、$Y_n(\lambda r)$——第一类和第二类 n 阶 Bessel 函数。

当 λ^2 前取负号时,式(5-246)称为虚宗量的 n 阶 Bessel 方程,其解为

$$\Phi_n(r) = C_n I_n(\lambda r) + D_n K_n(\lambda r) \tag{5-248}$$

式中:$I_n(\lambda r)$、$K_n(\lambda r)$——修正的第一类和第二类 Bessel 函数。

于是,式(5-246)的一般解为

$$\Phi_n(r) = A_n J_n(\lambda r) + B_n Y_n(\lambda r) + C_n I_n(\lambda r) + D_n K_n(\lambda r) \tag{5-249}$$

待定系数 A_n、B_n、C_n 和 D_n 由边界条件确定。

由于在薄膜的中心点上挠度为有限值，故式(5-249)中的常数 B_n 和 D_n 必等于零。若在薄膜的边界 $r=a$ 处均固定，则由边界条件

$$W_n(a,\theta) = \left.\frac{\partial W_n}{\partial r}\right|_{r=a} = 0 \tag{5-250}$$

得到频率方程如下

$$\begin{vmatrix} J_n(\lambda a) & I_n(\lambda a) \\ J'_n(\lambda r)|_{r=a} & I'_n(\lambda r)|_{r=a} \end{vmatrix} = 0 \quad (n=0,1,2,\cdots) \tag{5-251}$$

由频率方程可解得无穷多个 $\lambda_{ni}(n,i=0,1,2,\cdots)$，相应地由式(5-227)便可求出固有频率

$$\omega_{ni} = \lambda_{ni}^2\sqrt{\frac{D}{\rho h}} \tag{5-252}$$

习题

5.1　一长为 l 的弦线，设其单位长度的质量为 ρ_l，弦的左端固定，右端连接于另一弹簧质量系统上，如题5.1图所示。若在振动过程中弦的张力 F 保持不变，求此系统横向自由振动时的频率方程。

5.2　题5.2图所示一上端固定、下端自由悬挂的柔索，设索的长度为 l、横截面积为 A、质量密度为 ρ。试推导其作横向微幅摆动时的振动微分方程，并推导其振型函数所满足的微分方程。

5.3　两端张紧长为 l 的弦线，若在弦的中间拨动它，即给定其初始条件为

$$y(x,0) = \begin{cases} \dfrac{2h}{l}x & \left(0 \leqslant x \leqslant \dfrac{l}{2}\right) \\ \dfrac{2h}{l}(l-x) & \left(\dfrac{l}{2} \leqslant x \leqslant l\right) \end{cases}$$

$$\dot{y}(x,0) = g(x) = 0$$

试确定弦的振动规律。

5.4　试推导题5.4图所示带集中质量变截面杆纵向自由振动的频率方程，并讨论 $EA_2/l_2 \to \infty$ 和 $EA_1/l_1 \to 0$ 等极限情况下频率方程的形式。

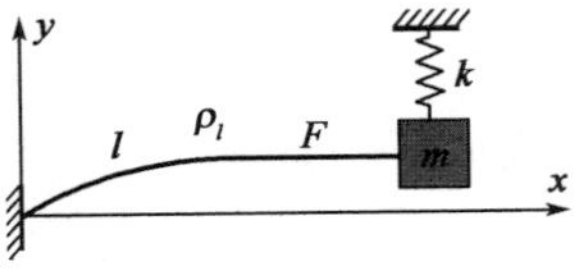

题5.1图

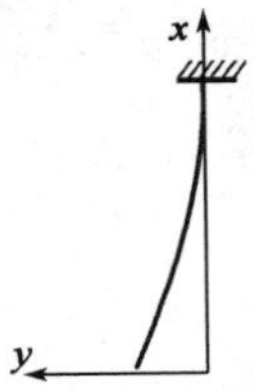

题5.2图

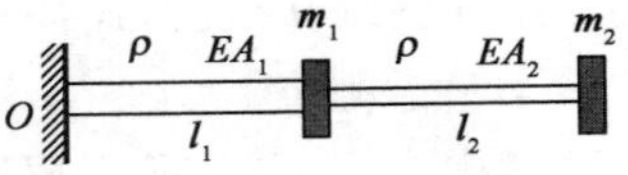

题5.4图

5.5　一等截面直杆长为 l，弹性模量为 E，横截面积为 A，密度为 ρ。现用一刚度系数为 k 的弹簧自由悬挂，下端自由。求系统轴向振动的频率方程。

5.6　有一根两端固定长度为 l 的等截面直杆，在杆的中央处作用一轴向集中力 F_0，假设杆的弹性模量为 E，横截面面积为 A，密度为 ρ。现将力 F_0 突然撤去，试求杆自由振动的规律。

5.7　有一根以速度 v 沿杆轴方向匀速运动的等截面直杆，杆的长度为 l，弹性模量为 E，横截面积为 A，密度为 ρ。若在运动过程中杆的下列截面处突然被卡住：

(1)$x = l/2$ 处。

(2)$x = l$ 处。

试求由此产生的自由振动表达式。

5.8 试推导等截面直杆振型函数的正交关系。

5.9 两端固定等截面直杆,若集中力 F_0 突然施加在以下位置:

(1)$x = l/2$ 处。

(2)$x = l/4$ 处,同时在 $x = 3l/4$ 处作用一个方向相反的力 $-F_0$。

试确定两种情况下杆从静止位置起开始计算的轴向动力响应。

5.10 题 5.10 图所示均质等截面梁的总质量为 m,长度为 l,弯曲刚度为 EI 长度为 l,梁的左端固定,右端有一集中质量 m_0 且有一刚度系数为 k 的弹簧支承。试列出该系统的频率方程。

5.11 两端简支的等截面梁,因下列荷载作用而产生挠曲:

(1)跨中作用的集中力 F_0。

(2)集度为 q_0 的满跨均布荷载。

试求荷载突然移去后梁的自由振动规律。

5.12 两端简支的均匀等截面梁,当各截面处的质点发生如题 5.12 图所示的初速度时,试求梁自由振动的反应。

5.13 均质等截面简支梁在跨中受到突加载荷 F_0 作用,如题 5.13 图所示,若初始条件为零且不考虑阻尼的影响,试用振型叠加法求梁的动力位移和动力弯矩的表达式。

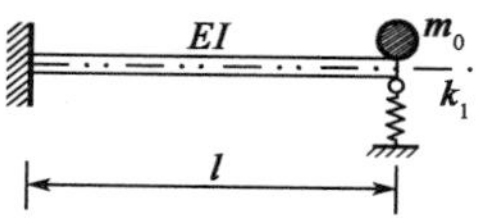

题 5.10 图

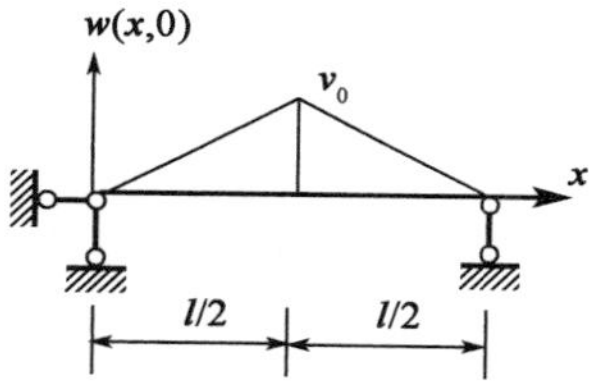

题 5.12 图

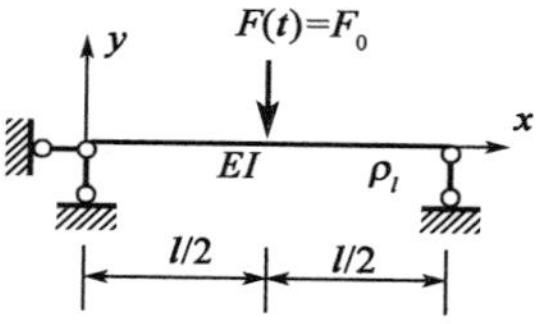

题 5.13 图

5.14 均质等截面简支梁受到满跨的突加均布荷载 q_0 作用,如题 5.14 图所示,若初始条件为零且不考虑阻尼的影响,试用振型叠加法求梁的动力位移和动力弯矩的表达式。

5.15 均质等截面简支梁受简谐激励如题 5.15 图所示。已知 $\theta = 5\omega_1/4$,考虑以下两种情况求梁的位移响应表达式:

(1)不考虑阻尼。

(2)考虑阻尼,且各阶阻尼比均为 0.1。

要求用前三阶振型叠加。

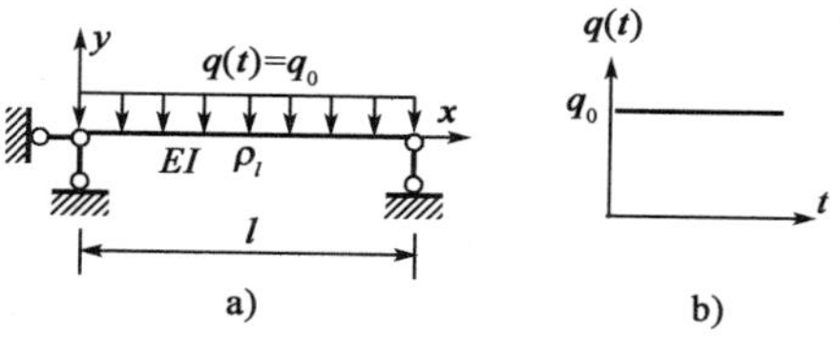

题 5.14 图

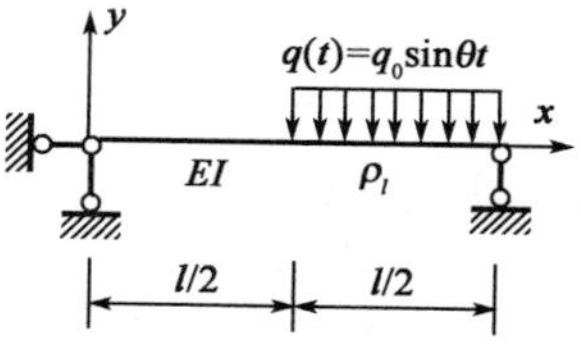

题 5.15 图

5.16 题5.16图所示悬臂梁，由于某种环境因素的影响而产生支座运动，若 $w(0,t)=a_1\sin\theta t$，$w'(0,t)=a_2\sin\theta t$。试求梁由于支座激励产生的受迫振动。不考虑阻尼。

5.17 假定两端固定梁的支座发生如下激励 $w(0,t)=a_1\sin\theta_1 t$，$w'(0,t)=a_2\sin\theta_1 t$，$w(l,t)=b_1\sin\theta_2 t$，$w'(l,t)=b_2\sin\theta_2 t$。如题5.17图所示。试求系统受迫振动的响应。不计阻尼影响。

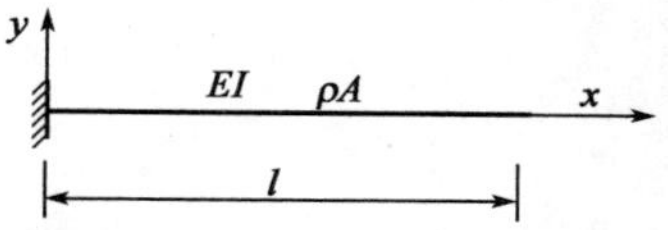

题5.16图

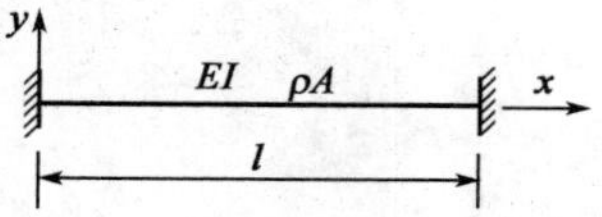

题5.17图

第6章

连续系统的离散化方法及近似解

在前面几章里，详细讨论了离散系统和连续系统的自由振动和受迫振动问题，阐述了问题的基本原理和求解方法。对于有限自由度系统，利用第 3 章和第 5 章的知识不难计算出系统的特征值和特征向量，以获得其固有频率和主振型，再按照振型叠加的方法便可以求得结构在外部激励作用下的响应。对于形状规则、边界条件简单的连续系统，我们也可以采用一些假设由第 4 章的理论求出其解析解。然而，对于一些大型复杂的实际结构系统，由于结构形式和边界条件的复杂性，基本上都无法求出其精确的解析解，寻求其具有一定精度的近似解就成为解决工程实际问题的唯一途径。求一个问题的近似解，通常都是采用适当的方法先将结构离散为有限自由度系统，然后再去用求解多自由度的方法求解，因此，研究如何将结构离散为有限自由度的系统就成为必然。

第 1 章曾经叙述过，将连续系统离散为有限自由度系统的方法有两大类，即物理离散法和数学离散法。物理离散法是按照规则将连续系统的质量集中到有限个点或面上，如直观易行但精度不高的集中质量法，以及程式化程度较高且精度可控的传递矩阵法。数学离散法则是从数学的角度出发，用有限个已知的函数线性叠加来构造系统的近似解，根据力学原理和计算过程的不同，分为 Ritz 法、假设振型法和加权残数法。Ritz 法基于系统的能量守恒，通过求瑞利商的驻值求解连续系统的固有频率和振型函数。假设振型法将系统的能量和外力功用有限个广义坐标和假设振型函数来表示，然后用拉格朗日方程建立广义坐标表示的动力平衡方程，进而可求其固有振动问题和受迫振动的响应。加权残数法则是利用假设振型函数直接代入微分方程，并令其在某种平均意义上等于零，从而得到一组求解待定参数的代数方程组，将求解微分方程问题转化为求解代数方程问题。有限单元法则将复杂结构分隔成有限个弹性单元，在每个单元内假设位移场，用结点的位移参数作为广义坐标，利用虚功原理建立其广义坐标的动力学运动方程，它兼有数学离散和物理离散两类方法的特点。

6.1 ➤ 集中质量法

集中质量法是最简单的离散化方法，它通过把分布质量向有限点集中的直观手段，将连续体转化为多自由度系统。最初，集中质量法主要用于那些物理参数分布很不均匀或相对集中的实际结构分析中，主要原则是把那些惯性和刚性较大的部分当作集中质量的质点和刚体，而那些惯性小而弹性强的部件则抽象为无质量的弹簧，它们的质量不计或者折合到集中质量上去。后来，这种方法被推广到均匀的连续体领域，近似地将连续体的质量分解为有限个集中质量。集中质量的数目取决于所要求的计算精度。离散化后的集中质量系统可直接利用第3章讨论的多自由度系统的所有方法和结论。

以等截面简支梁为例，如图6-1所示，设梁的长度为 l，单位长度质量和抗弯刚度为 ρ_l 和 EI，梁的质量为 $m=\rho_l l$。将梁平分为四段，再将每小段的质量平均分到该段的两端。由于支点处的质量不影响梁的弯曲振动，则梁离散化为具有三个集中质量的三自由度系统，如图6-1a)所示，各质点的质量均为 $m/4$。系统的质量矩阵为

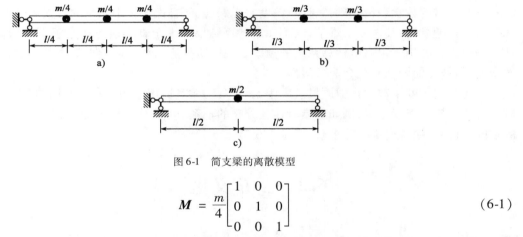

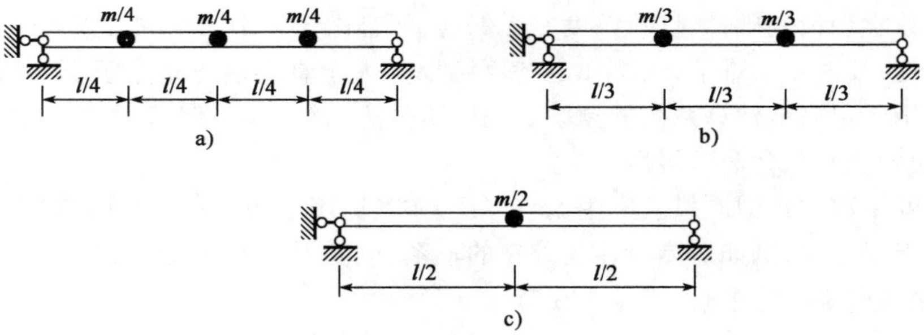

图6-1 简支梁的离散模型

$$M=\frac{m}{4}\begin{bmatrix}1&0&0\\0&1&0\\0&0&1\end{bmatrix} \tag{6-1}$$

各质点间有相同的弹性性质，可利用材料力学知识计算各点的柔度影响系数并由此得到柔度矩阵

$$\boldsymbol{\delta}=\frac{l^3}{768EI}\begin{bmatrix}9&11&7\\11&16&11\\7&11&9\end{bmatrix} \tag{6-2}$$

由频率方程 $\left|\boldsymbol{\delta M}-\frac{1}{\omega^2}\boldsymbol{E}\right|=0$ 可求得固有频率

$$\omega_1=\frac{9.867}{l^2}\sqrt{\frac{EI}{\rho A}},\omega_2=\frac{39.19}{l^2}\sqrt{\frac{EI}{\rho A}},\omega_3=\frac{83.21}{l^2}\sqrt{\frac{EI}{\rho A}}$$

也可以将梁分为三段，如图6-1b)所示，或者分成两段如图6-1c)所示，将连续系统简化为两自由度或者单自由度系统。同样可利用第3章叙述的方法计算出各离散模型的固有频率。现将这些计算结果列于表6-1，并与连续系统固有频率的精确值比较。可以看出：简支梁分割

的段数越多，近似解越接近精确解，但不论分成几段，所计算出的基频都是比较准确的。频率的阶次越高计算误差越大。计算精度也与支承情况有关，如将同一模型用于悬臂梁，计算精度就明显下降。可以证明，若将 n 记为分段数目，则用集中质量法计算边界条件为简支、固定和滑动支座约束的等截面梁，得到的固有频率误差与 $1/n^4$ 成正比，而计算具有自由端的梁，相应的误差与 $1/n^2$ 成正比。

用集中质量法计算的等截面简支梁固有频率 表 6-1

固有频率	连续系统	三自由度系统		二自由度系统		单自由度系统	
	精确解	近似解	误差	近似解	误差	近似解	误差
ω_1	$\frac{9.870}{l^2}\sqrt{\frac{EI}{\rho A}}$	$\frac{9.867}{l^2}\sqrt{\frac{EI}{\rho A}}$	0.03%	$\frac{9.859}{l^2}\sqrt{\frac{EI}{\rho A}}$	0.1%	$\frac{9.798}{l^2}\sqrt{\frac{EI}{\rho A}}$	0.7%
ω_2	$\frac{39.48}{l^2}\sqrt{\frac{EI}{\rho A}}$	$\frac{39.19}{l^2}\sqrt{\frac{EI}{\rho A}}$	0.73%	$\frac{38.18}{l^2}\sqrt{\frac{EI}{\rho A}}$	3.3%		
ω_3	$\frac{88.83}{l^2}\sqrt{\frac{EI}{\rho A}}$	$\frac{83.21}{l^2}\sqrt{\frac{EI}{\rho A}}$	6.3%				

集中质量法物理概念较清晰，使用起来简便易行，是一种容易理解的方法，然而，集中质量法并没有严格的数学理论基础，其计算精度并无保证，而且由于集中质量的方式和刚度的等效代换都存在随意性，其误差很难估计，不知道计算结果是大于真实值还是小于真实值。因此，该方法通常只能用于粗略地估算系统的频率。集中质量法的精度可随着集中质量数目的增多而增加，但精度的增加有时会非常缓慢。

上述利用柔度系数的集中质量法应用比较广泛，尤其适用于物理参数非均匀分布的情形。对于链状结构的连续系统，例如对质量连续分布的轴系，也可划分为有限个集中质量和无质量的轴段，直接利用传递矩阵法求解，详见 4.6 节。

6.2 ➤ 广义坐标法

6.2.1 广义坐标法概述

由 5.3 节关于振型叠加法的讨论可知，连续系统的解可以写作全部振型函数的线性组合，若取前 n 个有限项作为近似解，则有

$$w(x,t) = \sum_{i=1}^{n}\phi_i(x)q_i(t) \tag{6-3}$$

式中：$q_i(t)$——广义坐标（$i=1,2,\cdots,n$）；

$\phi_i(x)$——系统的实际振型（$i=1,2,\cdots,n$）。

它们应同时满足动力学方程和边界条件。但对一些非均匀结构或者边界条件较复杂的情况，其振型函数通常难以确定，因此，在实际计算中，常取一些满足边界条件但未必满足动力学方程的试探函数族作为假设的振型函数，借助于振型展开式(6-3)，可将系统的动能和势能用广义速度和广义坐标表示，然后利用拉格朗日方程或者变分原理建立有限个广义坐标表示的动力方程，从而把连续系统的动力计算问题转化为关于有限个广义坐标的动力学

问题，这种方法称为广义坐标法。它不仅是一种近似方法，也是一种动力学建模方法。

6.2.2　广义坐标的动力学方程

现以图6-2所示的欧拉—伯努利梁的弯曲振动为例，来说明广义坐标法的原理，梁上在某些点处还有集中质量和弹簧支承。假设式(6-3)的解中满足几何边界条件的假设振型 $\phi_i(x)(i=1,2,\cdots,n)$ 已经确定，将式(6-3)代入简支梁系统的动能有

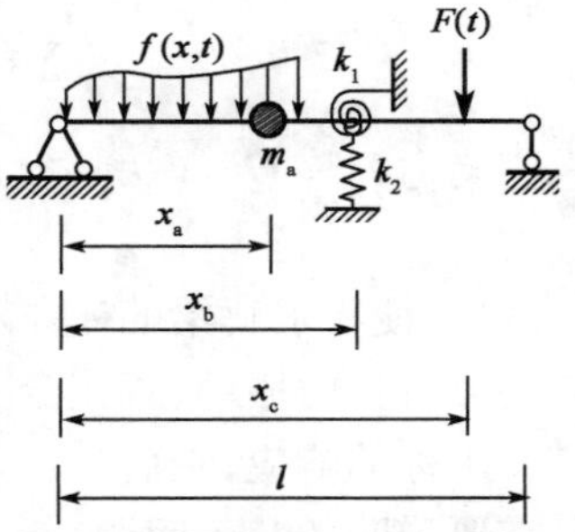

图6-2　带集中质量和弹性支承的简支梁

$$T=\frac{1}{2}\int_0^l \rho A(x)\dot{w}^2\mathrm{d}x+\frac{1}{2}m_a\dot{w}^2(x_a,t)$$
$$=\frac{1}{2}\int_0^l \rho A(x)\Big[\sum_{i=1}^n \phi_i(x)\dot{q}_i(t)\Big]^2\mathrm{d}x$$
$$+\frac{1}{2}m_a\Big[\sum_{i=1}^n \phi_i(x_a)\dot{q}_i(t)\Big]^2=\frac{1}{2}\sum_{i=1}^n\sum_{j=1}^n m_{ij}\dot{q}_i(t)\dot{q}_j(t) \tag{6-4}$$

其中

$$m_{ij}=m_{ji}=\int_0^l \rho A(x)\phi_i(x)\phi_j(x)\mathrm{d}x+m_a\phi_i(x_a)\phi_j(x_a) \tag{6-5}$$

称作是广义质量系数。再来计算简支梁系统的势能

$$V=\frac{1}{2}\int_0^l EI(x)(w'')^2\mathrm{d}x+\frac{1}{2}k_1[w'(x_b,t)]^2+\frac{1}{2}k_2[w(x_b,t)]^2$$
$$=\frac{1}{2}\int_0^l EI(x)\Big[\sum_{i=1}^n \phi''_i(x)q_i(t)\Big]^2\mathrm{d}x+\frac{1}{2}k_1\Big[\sum_{i=1}^n \phi'_i(x_b)q_i(t)\Big]^2+$$
$$\frac{1}{2}k_2\Big[\sum_{i=1}^n \phi_i(x_b)q_i(t)\Big]^2=\frac{1}{2}\sum_{i=1}^n\sum_{j=1}^n k_{ij}q_i(t)q_j(t) \tag{6-6}$$

其中

$$k_{ij}=k_{ji}=\int_0^l EI(x)\phi''_i(x)\phi''_j(x)\mathrm{d}x+k_1\phi'_i(x_b)\phi'_j(x_b)+k_2\phi_i(x_b)\phi_j(x_b) \tag{6-7}$$

称为广义刚度系数。引入广义质量矩阵 $\boldsymbol{M}=(m_{ij})$、广义刚度矩阵 $\boldsymbol{K}=(k_{ij})$ 和广义坐标列阵 $\boldsymbol{q}=(q_i)$，则动能和势能亦可以表示为

$$T=\frac{1}{2}\dot{\boldsymbol{q}}^{\mathrm{T}}\boldsymbol{M}\dot{\boldsymbol{q}},\ V=\frac{1}{2}\boldsymbol{q}^{\mathrm{T}}\boldsymbol{K}\boldsymbol{q} \tag{6-8}$$

与式(3-13)和式(3-19)对照可以看出，形式上与多自由度系统完全相同。

设梁上分别受到分布力 $f(x,t)$ 和 $x=x_c$ 处的集中力 $F(t)$ 作用，计算非保守力的虚功 δW

$$\delta W=\int_0^l[-f(x,t)-F(t)\delta(x-x_c)]\delta w(x,t)\mathrm{d}x$$
$$=\sum_{i=1}^n\Big[\int_0^l -f(x,t)\phi_i(x)\mathrm{d}x-F(t)\phi_i(x_c)\Big]\delta q_i=\sum_{i=1}^n Q_i\delta q_i \tag{6-9}$$

式中

$$Q_i=-\int_0^l f(x,t)\phi_i(x)\mathrm{d}x-F(t)\phi_i(x_c)\quad(i=1,2,\cdots,n) \tag{6-10}$$

令 $L=T-V$ 为 Lagrange 函数，将式(6-4)、式(6-6)和式(6-9)代入 Lagrange 方程，即

$$\frac{\mathrm{d}}{\mathrm{d}t}\left(\frac{\partial L}{\partial \dot{q}_i}\right)-\frac{\partial L}{\partial q_i}=Q_i \quad (i=1,2,\cdots,n) \tag{6-11}$$

得到有限个广义坐标描述有动力学方程

$$\sum_{j=1}^{n}(m_{ij}\ddot{q}_j+k_{ij}q_j)=Q_i \quad (i=1,2,\cdots,n) \tag{6-12}$$

引入广义力列阵 $\boldsymbol{Q}=(Q_i)$，上述动力学方程可写成矩阵形式

$$\boldsymbol{M}\ddot{\boldsymbol{q}}+\boldsymbol{K}\boldsymbol{q}=\boldsymbol{Q} \tag{6-13}$$

这样，便将求解梁的横向弯曲振动的问题转化为求解式(6-13)的多自由度系统振动问题。如果要分析自由振动，直接令 $\boldsymbol{Q}=\boldsymbol{0}$ 即可，若需要求动力反应，则首先利用第 3 章的方法求出各广义坐标的响应，然后再代入式(6-3)，求出其动力响应的近似函数。

需要说明的几个问题：

(1)关于假设振型的选取问题。n 个假设振型函数 $\phi_i(x)$ 的选取对近似计算的结果是否收敛于精确解以及对计算过程的收敛速度都有较大影响。原则上这 n 个假设的振型函数 $\phi_i(x)$ 应线性无关，并构成一个正交的完备序列，当 $n\to\infty$ 时，可在任何情况下获得收敛于精确解的计算结果。此外，这 n 个假设振型函数 $\phi_i(x)$ 必须要满足几何边界条件。

(2)关于假设振型法的局限性问题。假设振型法仅是推导空间离散化运动方程的工具，它只能直接导出广义坐标的运动微分方程，而不能导出广义坐标的初始条件，因此，一般多用于求解特征值问题，或求解受简谐激励下的稳态响应，或在初始条件为零等简单情况下的动力反应问题。

虽然以上讨论是针对梁的弯曲振动，但该方法同样也适用于如轴的扭转振动等其他形式的振动。以例 6.1 说明。

例 6.1 如图 6-3 所示的变截面轴一端固定，另一端自由，其剪切模量、质量密度分别为 G 和 ρ。求其扭转振动的第一、二阶频率。该轴的截面二次矩为 $I_{\mathrm{P}}(x)=I_0\left(1-\dfrac{x}{2l}\right)$，$I_0$ 为 $x=0$ 处截面的二次矩。

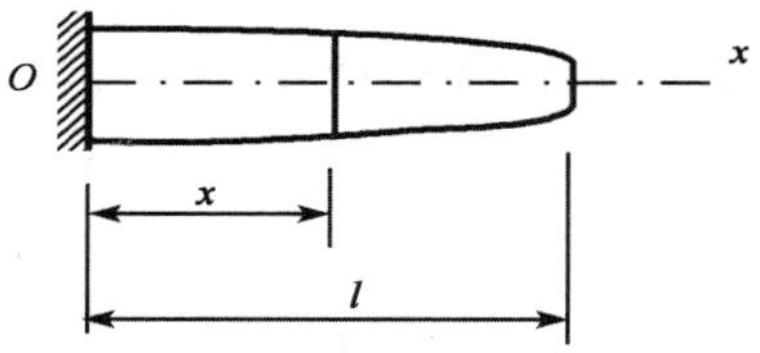

图 6-3 一端固定的变截面轴

解：将轴的扭转振动写作假设振型的线性组合

$$\theta(x,t)=\sum_{i=1}^{n}\phi_i(x)q_i(t)$$

式中：$\theta(x,t)$——扭转角；

$\phi_i(x)$——假设的函数族。

计算动能和势能

$$\begin{aligned}T&=\frac{1}{2}\int_0^l \rho I_{\mathrm{P}}(x)\dot{\theta}^2\mathrm{d}x\\&=\frac{\rho}{2}\int_0^l \rho I_{\mathrm{P}}(x)\left[\sum_{i=1}^{n}\phi_i(x)\dot{q}_i(t)\right]\left[\sum_{j=1}^{n}\phi_j(x)\dot{q}_j(t)\right]\mathrm{d}x\\&=\frac{1}{2}\sum_{i=1}^{n}\sum_{j=1}^{n}m_{ij}\dot{q}_i(t)\dot{q}_j(t)\end{aligned}$$

式中

$$m_{ij}=m_{ji}=\int_0^l \rho I_{\mathrm{P}}(x)\phi_i(x)\phi_j(x)\mathrm{d}x$$

$$V = \frac{1}{2}\int_0^l GI_P(x)[\theta'(x,t)]^2 dx$$
$$= \frac{1}{2}\int_0^l GI_P(x)\left[\sum_{i=1}^n \phi'_i(x)q_i(t)\right]\left[\sum_{j=1}^n \phi'_j(x)q_j(t)\right]dx$$
$$= \frac{1}{2}\sum_{i=1}^n\sum_{j=1}^n k_{ij}q_i(t)q_j(t)$$

其中

$$k_{ij} = k_{ji} = G\int_0^l I_P(x)\phi'_i(x)\phi'_j(x)dx$$

一端固定另一端自由的等截面轴的扭转振型函数有解析解，它们为如下的函数族

$$\phi_i(x) = \sin\left(\frac{2i-1}{2}\cdot\frac{\pi x}{l}\right) \qquad (i = 1,2,\cdots,n)$$

现取这一族函数作为假设振型函数，当 n 只取 1 时，算出

$$m_{11} = \rho I_0\int_0^l\left(1 - \frac{x}{2l}x\right)\sin^2\left(\frac{\pi x}{2l}\right)dx = 0.3243\rho I_0 l$$

$$k_{11} = GI_0\int_0^l\left(1 - \frac{x}{2l}x\right)\left(\frac{\pi}{2l}\right)^2\cos^2\left(\frac{\pi x}{2l}\right)dx = 1.0503\frac{GI_0}{l}$$

导出基频

$$\omega_1 = \sqrt{\frac{k_{11}}{m_{11}}} = 1.7996\sqrt{\frac{G}{\rho l^2}}$$

$\phi_1(x) = \sin\left(\frac{\pi x}{2l}\right)$即是其近似的振型函数。

若取 $n=2$，计算得到

$$\boldsymbol{M} = \rho I_0 l\begin{bmatrix} 0.3243 & 0.0380 \\ 0.0380 & 0.3806 \end{bmatrix}, \boldsymbol{K} = \frac{GI_0}{l}\begin{bmatrix} 1.0503 & -0.375 \\ -0.375 & 8.4525 \end{bmatrix}$$

求解特征对问题

$$(\boldsymbol{K} - \omega^2\boldsymbol{M})\boldsymbol{q} = \boldsymbol{0}$$

解得

$$\omega_1 = 1.7723\sqrt{\frac{G}{\rho l^2}}, \boldsymbol{q}_1 = \{1 \quad 0.0681\}^T$$

$$\omega_2 = 4.7795\sqrt{\frac{G}{\rho l^2}}, \boldsymbol{q}_2 = \{-0.1955 \quad 1\}^T$$

该问题的前二阶近似振型函数为

$$\phi^{(1)}(x) = \sin\frac{\pi x}{2l} + 0.0681\sin\frac{3\pi x}{2l}$$

$$\phi^{(2)}(x) = -0.1955\sin\frac{\pi x}{2l} + \sin\frac{3\pi x}{2l}$$

取 $n=2$ 时求得的基频稍低，也更接近精确值。

例 6.2　海洋钻井台架可模拟为一长度为 l 的均质等截面梁，顶部有一集中质量 m，底部有一扭转弹簧 k，假设弹簧的刚度系数较大，梁在底部的转角非常小，如图6-4 所示。梁的弯曲

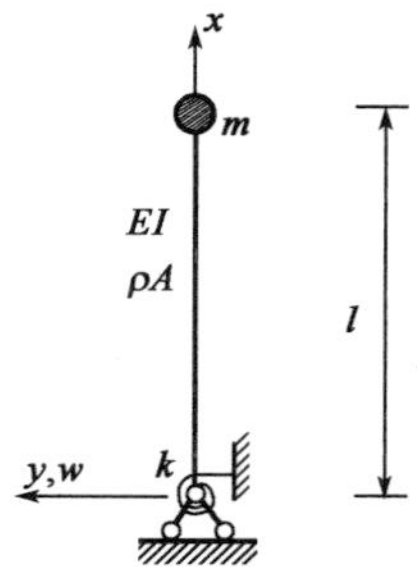

图 6-4 海洋钻井台架模型

刚度为 EI，质量密度为 ρ，横截面积为 A。现以两自由度模型推导其自由振动时广义坐标的动力学运动方程。

解：将梁的弯曲振动函数写作假设振型的线性组合

$$w(x,t) = \sum_{i=1}^{2}\phi_i(x)q_i(t)$$

式中：$w(x,t)$——梁的挠度；

$\phi_i(x)$——假设的函数族，它们应该满足边界条件。

本问题中，梁的上端为自由端，因此只有下端有几何约束，其边界条件为

$$w(0,t) = 0$$

因此，基函数 $\phi_i(x)$ 必须满足

$$\phi_1(0) = \phi_2(0) = 0$$

满足这个条件的函数很容易给出，最简单的为多项多函数，可取

$$\phi_1(x) = \frac{x}{l}, \phi_2(x) = \left(\frac{x}{l}\right)^2$$

由式(6-5)计算其广义质量系数，注意此时 $x_a = l, m_a = m$，有

$$m_{11} = \int_0^l \rho A\phi_1(x)\phi_1(x)\mathrm{d}x + m\phi_1(l)\phi_1(l) = \frac{1}{3}\rho Al + m$$

$$m_{12} = m_{21} = \int_0^l \rho A\phi_1(x)\phi_2(x)\mathrm{d}x + \phi_1(l)\phi_2(l)m = \frac{1}{4}\rho Al + m$$

$$m_{22} = \int_0^l \rho A\phi_2(x)\phi_2(x)\mathrm{d}x + m\phi_2(l)\phi_2(l) = \frac{1}{5}\rho Al + m$$

然后由式(6-7)计算其广义刚度系数，此时 $k_1 = k, k_2 = 0, x_b = 0$，于是有

$$k_{11} = \int_0^l EI\phi''_1(x)\phi''_1(x)\mathrm{d}x + k\phi'_1(0)\phi'_1(0) = \frac{k}{l^2}$$

$$k_{12} = k_{21} = \int_0^l EI\phi''_1(x)\phi''_2(x)\mathrm{d}x + k\phi'_i(0)\phi'_j(0) = 0$$

$$k_{22} = \int_0^l EI\phi''_2(x)\phi''_2(x)\mathrm{d}x + k\phi'_2(0)\phi'_2(0) = \frac{4EI}{l^3}$$

由于没有外力作用，故其广义坐标表示的运动微分方程为

$$\begin{bmatrix} m + \frac{1}{3}\rho Al & m + \frac{1}{4}\rho Al \\ m + \frac{1}{4}\rho Al & m + \frac{1}{5}\rho Al \end{bmatrix}\begin{Bmatrix}\ddot{q}_1 \\ \ddot{q}_2\end{Bmatrix} + \begin{bmatrix}\frac{k}{l^2} & 0 \\ 0 & \frac{4EI}{l^3}\end{bmatrix}\begin{Bmatrix}q_1 \\ q_2\end{Bmatrix} = \begin{Bmatrix}0 \\ 0\end{Bmatrix}$$

在上面的分析中，没有考虑杆件承受轴向荷载的影响，仅考虑了梁的横向弯曲。事实上，由于顶部物体的重量会使得杆件承受一定的压力，这种压力会降低梁弯曲振动时的刚度，从而导致广义刚度系数降低，即所谓几何刚度效应。对多自由度系统，几何刚度影响系数的表达式为

$$k_{Gij} = k_{Gji} = \int_0^l F_N(x)\phi'_i(x)\phi'_j(x)\mathrm{d}x$$

式中：$F_N(x)$——杆件的轴力。

在考虑轴向力之后，需将相应的刚度系数减去对应的几何刚度系数。有关几何刚度的详细讨论，可参考相关书籍。

6.3 ➤ 瑞　利　法

在第4章中曾用 Rayleigh 法求解过多自由度系统的基频，其基本思想是依据能量守恒定律建立 Rayleigh 商，用一个假设振型代入 Rayleigh 商便可估计出一个基频率的上限。该方法的基本思想对连续系统同样有效。现以 Euler-Bernoulli 梁为例来说明。

考虑一长度为 l 的变截面梁，设其单位长度的质量为 $\rho A(x)$，弯曲刚度为 $EI(x)$，不考虑阻尼的影响。设梁以某阶振型函数 $\phi(x)$ 作频率 ω 的自由振动，其横向振动的位移为

$$w(x,t) = \phi(x)\sin(\omega t + \alpha) \tag{6-14}$$

当采用 Euler-Bernoulli 假设时，系统的动能和势能分别为

$$T = \frac{1}{2}\int_0^l \rho A(x)\dot{w}^2(x,t)\,\mathrm{d}x = \frac{1}{2}\omega^2\cos^2(\omega t + \alpha)\int_0^l \rho A(x)\phi^2(x)\,\mathrm{d}x \tag{6-15}$$

$$V = \frac{1}{2}\int_0^l EI(x)[w''(x,t)]^2\mathrm{d}x = \frac{1}{2}\sin^2(\omega t + \alpha)\int_0^l EI(x)[\varphi''(x)]^2\mathrm{d}x \tag{6-16}$$

由此得到最大动能和最大势能

$$T_{\max} = \frac{1}{2}\omega^2\int_0^l \rho A(x)\phi^2(x)\,\mathrm{d}x \tag{6-17}$$

$$V_{\max} = \frac{1}{2}\int_0^l EI(x)[\phi''(x)]^2\mathrm{d}x \tag{6-18}$$

不考虑阻尼和外界激励时系统为保守系统，其机械能守恒，最大动能和最大势能应相等。令 $T_{\max} = V_{\max}$，由式(6-17)和式(6-18)得到

$$\omega^2 = \frac{\int_0^l EI(x)[\phi''(x)]^2\mathrm{d}x}{\int_0^l \rho A(x)\phi^2(x)\,\mathrm{d}x} \tag{6-19}$$

与多自由度一样，若 $\phi(x)$ 就等于系统第 i 阶振型函数 $\phi_i(x)$，则式(6-19)的右端给出的值等于系统同阶的固有频率平方 ω_i^2。不过一般情况下，系统的振型函数都是未知的，若任意给定一个函数，式(6-19)的右边相应地也会给出一个数值，记作

$$R(\phi) = \frac{\int_0^l EI(x)[\phi''(x)]^2\mathrm{d}x}{\int_0^l \rho A(x)\phi^2(x)\,\mathrm{d}x} \tag{6-20}$$

此比值称为 Rayleigh 商，它的数值取决于函数 $\phi(x)$，不同的函数会导致不同的数值，在数学上，称之为 $\phi(x)$ 的泛函。

在工程上，可以假设一个近似的振型函数代入式(6-20)所示的 Rayleigh 商，得到一个固有频率平方的近似的值。理论上，Rayleigh 商可以估算任意一阶固有频率，但由于高阶振型函数的假设较为困难，一般假设的振型函数与其真实的振型函数相差比较远，所以估算的高阶频率

很难有好的精度，通常该方法只用来估算基频，因为系统的第一阶振型函数相对比较简单，构造一个与之相近的函数相对容易一些。

这里，需要特别强调，所假设的振型函数必须满足几何边界条件，并尽可能地接近振型的实际情况，最好也同时满足力的边界条件。如果连几何边界条件都不能满足，那么这个函数显然与其真实的振型函数相去甚远，计算结果会有相当大的误差甚至不可信。实际计算时可选择梁在某种静力荷载（如自重）作用下的静变形曲线函数或选择条件相近的梁的精确解作为试函数。当选择分布荷载 $q(x)$ 作用下的挠曲线作为假设振型时，因为其势能等于外力做的功，故

$$V_{\max} = \frac{1}{2}\int_0^l q(x)[\phi(x)]\mathrm{d}x \tag{6-21}$$

此时，Rayleigh 商变为

$$R(\phi) = \frac{\int_0^l q(x)\phi(x)\mathrm{d}x}{\int_0^l \rho A(x)\phi^2(x)\mathrm{d}x} \tag{6-22}$$

若采用的是自重作用下的挠曲线作为近似振型函数，则

$$R(\phi) = \frac{\int_0^l \rho g A(x)\phi(x)\mathrm{d}x}{\int_0^l \rho A(x)\phi^2(x)\mathrm{d}x} \tag{6-23}$$

若梁上还有若干集中质量和若干弹性支承，类似于图 6-2 所示系统，则 Rayleigh 商式(6-20)应改为

$$R(\phi) = \frac{\int_0^l EI(x)[\phi''(x)]^2\mathrm{d}x + \sum_{i=1}^{m}k_i[\phi'(x_i)]^2 + \sum_{i=1}^{n}k_i[\phi(x_i)]^2}{\int_0^l \rho A(x)\phi^2(x)\mathrm{d}x + \sum_{i=1}^{s}m_i\phi^2(x_i)} \tag{6-24}$$

式中：m、n、s——旋转弹簧、移动弹簧和集中质量的个数。

当梁上有集中质量和弹性支承，并采用自重作用下的挠曲线作为近似振型函数时，Rayleigh 商应改写为

$$R(\phi) = \frac{\int_0^l \rho g A(x)\phi(x)\mathrm{d}x + \sum_{i=1}^{n}m_i g\phi(x_i)}{\int_0^l \rho A(x)\phi^2(x)\mathrm{d}x + \sum_{i=1}^{n}m_i\phi^2(x_i)} \tag{6-25}$$

关于自重作用下的挠曲线，实际上是指在一种分布静力荷载作用下的变形曲线，施加荷载的目的是为了逼近实际系统的第一阶振型曲线，因此所施加的荷载必须与振动的实际方向一致。如果系统的质量是在竖直方向振动，则分布的重力沿竖直方向施加，也就是寻常的重力；而如果系统中的质量是在水平方向振动，那么分布的自重力应沿水平方向施加，如图 6-5a）所示的竖向悬臂结构。对图 6-5b）所示刚架，其第一阶振型一般会是反对称形式的水平振动，故应施加图 6-5b）所示的分布重力；如果欲求其正对称振动的频率，则可施加图 6-5c）所示的分

布重力。对于图6-6所示的伸臂梁,其第一阶振型的变形方向应当是跨内部分与跨外部分相反,故这两部分施加重力的方向也应该相反。

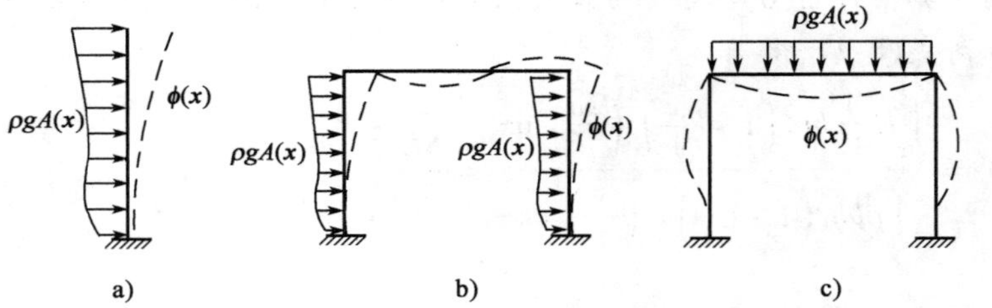

图6-5　求近似振型曲线的荷载施加方法

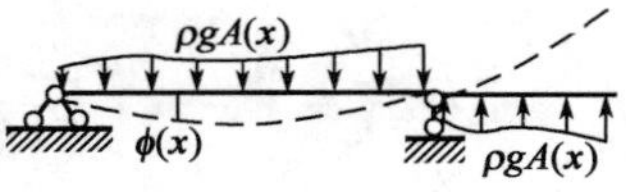

图6-6　伸臂梁的荷载施加

例6.3　设等截面悬臂在自由端处有一集中质量 $m=2\rho Al$,ρ、A、l 分别为梁的质量密度、横截面积和杆长,梁的弯曲刚度设为 EI。试用Rayleigh法估计其基频。

解:选择等截面悬臂梁在均布荷载作用下的静挠度曲线为假设振型函数

$$\phi(x)=\frac{\rho Ag}{24EI}(x^4-4lx^3+6l^2x^2)$$

将假设振型函数代入式(6-13),导出

$$R(\phi)=\frac{1296EI}{(405m+104\rho Al)l^3}$$

将 $m=2\rho Al$ 代入,可求得相应的基频为

$$\omega_1=\frac{1.1908}{l^2}\sqrt{\frac{EI}{\rho A}}$$

若改用端部集中质量荷载作用下的静挠度曲线为试函数,即

$$\phi(x)=\frac{\rho Agl}{3EI}(3lx^2-x^3)$$

则计算出的Rayleigh商为

$$R(\phi)=\frac{402EI}{(140m+33\rho Al)l^3}$$

计算出相应的基频为

$$\omega_1=\frac{1.1584}{l^2}\sqrt{\frac{EI}{\rho A}}$$

由于本例中集中质量大于梁的分布质量,故采用后一种试函数可得到更好的计算结果。

例6.4　用Rayleigh法求图6-7所示楔形变截面悬臂梁竖向振动的基频。梁的厚度为 b。

解:变截面梁的截面高度为

$$h(x)=h_0\left(1-\frac{x}{l}\right)$$

图6-7　楔形悬臂梁

各截面的面积和惯性矩为

$$A(x)=bh_0\left(1-\frac{x}{l}\right),I(x)=\frac{1}{12}bh_0^3\left(1-\frac{x}{l}\right)^3$$

该变截面梁在自重作用下的挠曲线较复杂,现选取较简单的假设振型函数

$$\phi(x) = a\left(\frac{x}{l}\right)^2$$

显然也满足梁左端的几何边界条件 $\phi(0)=\phi'(0)=0$,同时也满足右端的自然边界条件。将假设振型函数代入 Rayleigh 商式(6-9),得

$$R(\phi) = \frac{\int_0^l E\frac{1}{12}bh_0^3\left(1-\frac{x}{l}\right)^3\left(\frac{2a}{l^2}\right)^2 \mathrm{d}x}{\int_0^l \rho bh_0\left(1-\frac{x}{l}\right)a^2\left(\frac{x}{l}\right)^4 \mathrm{d}x} = \frac{5Eh_0^2}{2\rho l^4}$$

故得其基频近似值

$$\omega_1 = \frac{1.581h_0}{l^2}\sqrt{\frac{E}{\rho}}$$

例 6.5 图 6-8a)所示的三层剪切型刚架,设 $m=1.8\times10^5\mathrm{kg}$,$k=0.98\times10^5\mathrm{kN/m}$。试用 Rayleigh 法求该系统的基频。

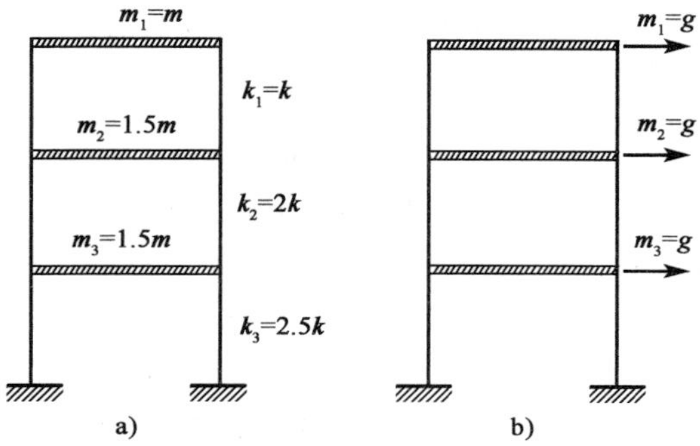

图 6-8 剪切型刚架的自重力施加

解:该结构为有限自由度系统,与例 3.13 中描述的系统相同。试以各层的自重 m_ig 作为水平力施加于各楼层,将水平力产生的各层水平位移 A_i 作为假设的第一振型,如图 6-8b)所示。根据各层间的侧移刚度定义,可知各层之间的相对水平侧移为

$$A_i - A_{i+1} = \frac{\sum_{j=1}^{i} m_j g}{k_i}$$

于是求得

$$A_1 - A_2 = \frac{mg}{k},A_2 - A_3 = \frac{2.5mg}{2k},A_3 = \frac{4mg}{2.5k}$$

由此求得各楼层的位移

$$A_3 = \frac{4mg}{2.5k} = \frac{1.6mg}{k},A_2 = A_3 + \frac{2.5mg}{2k} = \frac{2.85mg}{k},A_1 = A_2 + \frac{mg}{k} = \frac{3.85mg}{k}$$

然后利用式(6-14)求基频的近似值,注意此时分布荷载为零,有

$$\tilde{\omega}_1 = \sqrt{\frac{\sum_{i=1}^{n} m_i g A_i}{\sum_{i=1}^{n} m_i A_i^2}}$$

分别计算式中的分子和分母

$$\sum_{i=1}^{n} m_i g A_i = 10.525\frac{m^2g^2}{k}, \sum_{i=1}^{n} m_i A_i^2 = 29.566\frac{m^3g^2}{k^2}$$

则

$$\tilde{\omega}_1 = \sqrt{\frac{\sum_{i=1}^{n} m_i g A_i}{\sum_{i=1}^{n} m_i A_i^2}} = \sqrt{\frac{10.525k}{29.566m}} = \sqrt{\frac{10.525 \times 0.98 \times 10^5 \times 1000}{29.566 \times 1.8 \times 10^5}} = 13.921$$

与精确解 $\omega_1 = 13.445$ 相比，相对误差为 3.5%。

当然，在求得各楼层位移后，也可以用式(4-23)求得 Rayleigh 商，读者可自行验证。

仿照 Euler-Bernoulli 梁，对其他的连续系统也可以利用系统的动能和势能公式导出其相应的 Rayleigh 商。这里仅给出其能量表达式以及其相应的 Rayleigh 商，读者可自行推导。

对于 5.1 节讨论的横向振动的弦线，若弦线密度为 ρ，横截面积 $A(x)$ 和张力 $F(x)$ 均为坐标 x 的函数，系统的动能和势能分别为

$$T = \frac{1}{2}\int_0^l \rho A(x)\left[\frac{\partial w(x,t)}{\partial t}\right]^2 \mathrm{d}x \tag{6-26}$$

$$V = \frac{1}{2}\int_0^l F(x)\left[\frac{\partial w(x,t)}{\partial x}\right]^2 \mathrm{d}x \tag{6-27}$$

相应的 Rayleigh 商为

$$R(\phi) = \frac{\int_0^l F(x)[\phi'(x)]^2 \mathrm{d}x}{\int_0^l \rho A(x)\phi^2(x)\mathrm{d}x} \tag{6-28}$$

对于 5.2 节讨论的变截面直杆的轴向振动，系统的动能和弹性势能分别为

$$T = \frac{1}{2}\int_0^l \rho(x)A(x)\left[\frac{\partial u(x,t)}{\partial t}\right]^2 \mathrm{d}x \tag{6-29}$$

$$V = \frac{1}{2}\int_0^l E(x)A(x)\left[\frac{\partial u(x,t)}{\partial x}\right]^2 \mathrm{d}x \tag{6-30}$$

相应的 Rayleigh 商为

$$R(\phi) = \frac{\int_0^l E(x)A(x)[\phi'(x)]^2 \mathrm{d}x}{\int_0^l \rho(x)A(x)\phi^2(x)\mathrm{d}x} \tag{6-31}$$

对于 5.2 节讨论的变截面圆轴的扭转振动，系统的动能和弹性势能分别为

$$T = \frac{1}{2}\int_0^l \rho(x)I_{\mathrm{P}}(x)\left[\frac{\partial \theta(x,t)}{\partial t}\right]^2 \mathrm{d}x \tag{6-32}$$

$$V = \frac{1}{2}\int_0^l G(x)I_{\mathrm{P}}(x)\left[\frac{\partial \theta(x,t)}{\partial x}\right]^2 \mathrm{d}x \tag{6-33}$$

相应的 Rayleigh 商为

$$R(\phi) = \frac{\int_0^l G(x)I_{\mathrm{P}}(x)[\phi'(x)]^2 \mathrm{d}x}{\int_0^l \rho(x)I_{\mathrm{P}}(x)\phi^2(x)\mathrm{d}x} \tag{6-34}$$

对于5.4节讨论的受轴向压力 F 作用的Euler-Bernoulli梁，系统的动能不变，弹性势能应考虑轴向压力引起的中性轴压缩势能

$$T = \frac{1}{2}\int_0^l \rho A(x)\left[\frac{\partial w(x,t)}{\partial t}\right]^2 \mathrm{d}x \tag{6-35}$$

$$V = \frac{1}{2}\int_0^l \{EI[w''(x,t)]^2 - Fw'(x,t)\}\mathrm{d}x \tag{6-36}$$

Rayleigh商为

$$R(\phi) = \frac{\int_0^l \{EI[\phi''(x)]^2 - F[\phi'(x)]^2\}\mathrm{d}x}{\int_0^l \rho A(x)\phi^2(x)\mathrm{d}x} \tag{6-37}$$

6.4 里 兹 法

与第4章所述的多自由度系统的情况类似，对于连续系统，Ritz法也可以视作Rayleigh法的改进，可用来求解更精确的基频，同时也可以求前几阶较低的固有频率和振型的近似解。在有限自由度中，Ritz法起着自由度缩减的作用，而对连续系统，Ritz法的实质是将无限自由度系统转化为有限自由度系统。

将Rayleigh法中的试函数改为若干个独立试函数 $\phi_j(j=1,2,\cdots,n)$ 的线性组合

$$\phi(x) = \sum_{j=1}^{n} a_j\phi_j(x) \tag{6-38}$$

其中线性独立的满足几何边界条件的试函数族 $\phi_j(j=1,2,\cdots,n)$ 也称为Ritz基函数，$a_j(j=1,2,\cdots,n)$ 为待定的常数。将上式代入某一个问题的Rayleigh商，其分子和分母分别积分后所得到的结果均为 n 个待定常数 $a_j(j=1,2,\cdots,n)$ 的多元函数，表示为下式

$$R[\phi(x)] = \frac{V^*(a_1,a_2,\cdots,a_n)}{T^*(a_1,a_2,\cdots,a_n)} \tag{6-39}$$

选择系数 a_j，使Rayleigh商取驻值，令

$$\frac{\partial R}{\partial a_j} = 0 \qquad (j = 1,2,\cdots,n) \tag{6-40}$$

得到 a_j 的齐次线性代数方程组，其非零解条件可以用来解系统的固有频率。

以梁的弯曲振动为例，将式(6-38)代入式(6-20)，得到Rayleigh商的分子和分母为

$$T^* = \frac{1}{2}\int_0^l \rho A(x)\left[\sum_{i=1}^{n} a_i\phi_i(x)\right]\left[\sum_{j=1}^{n} a_j\phi_j(x)\right]\mathrm{d}x = \frac{1}{2}\sum_{i=1}^{n}\sum_{j=1}^{n} m_{ij}a_ia_j \tag{6-41}$$

$$V^* = \frac{1}{2}\int_0^l EI(x)\left[\sum_{i=1}^{n} a_i\phi''_i(x)\right]\left[a_j\sum_{j=1}^{n} \phi''_j(x)\right]\mathrm{d}x = \frac{1}{2}\sum_{i=1}^{n}\sum_{j=1}^{n} k_{ij}a_ia_j \tag{6-42}$$

其中

$$\begin{cases} m_{ij} = m_{ji} = \int_0^l \rho A(x)\phi_i(x)\phi_j(x)\mathrm{d}x \\ k_{ij} = k_{ji} = \int_0^l EI(x)\phi''_i(x)\phi''_j(x)\mathrm{d}x \end{cases} \quad (i,j = 1,2,\cdots,n) \tag{6-43}$$

将式(6-41)和式(6-42)代入瑞利商式(6-39),引入质量矩阵 $\widetilde{\boldsymbol{M}}=(m_{ij})$、刚度矩阵 $\widetilde{\boldsymbol{K}}=(k_{ij})$ 和系数列阵 $\tilde{\boldsymbol{a}}=(a_j)$,化作与式(4-40)完全相同的形式

$$R(\phi)=\frac{\boldsymbol{a}^{\mathrm{T}}\widetilde{\boldsymbol{K}}\boldsymbol{a}}{\boldsymbol{a}^{\mathrm{T}}\widetilde{\boldsymbol{M}}\boldsymbol{a}}=\tilde{\omega}^2 \tag{6-44}$$

式中:ω——固有频率的近似值。

将上式代入式(6-40)展开后,重复式(4-43)和式(4-44)的推导,导出

$$(\widetilde{\boldsymbol{K}}-\tilde{\omega}^2\widetilde{\boldsymbol{M}})\tilde{\boldsymbol{a}}=\boldsymbol{0} \tag{6-45}$$

于是又导出一个与多自由度系统相同的本征值问题,可求得 n 个本征值 $\tilde{\omega}_i^2$ 和本征向量 $\tilde{\boldsymbol{a}}_i$,将本征向量代入式(6-38),即可得到各阶振型的近似函数。

Ritz 法不仅改善了 Rayleigh 法对基频的估计,而且可计算高阶频率。计算的精度与 n 的大小及基函数 $\phi_j(j=1,2,\cdots,n)$ 的选择有关。通常采用幂函数、三角函数、贝塞尔函数或条件相近的有精确解的梁的振型函数作为基函数。基函数原则上必须满足几何边界条件,若能选出满足全部边界条件的试函数则能给出更好的结果。在实际计算中,由于基函数的项数不可能取的很多,故只有少数较低阶的固有频率的近似值有实用价值。

例 6.6 用 Ritz 法估计图 6-9 所示等截面简支梁的前二阶频率,集中质量为 $m=\rho Al$。

解:选取无集中质量时等截面简支梁的振型函数

$$\phi_i(x)=\sin\frac{i\pi x}{l}\qquad(i=1,2,\cdots,n)$$

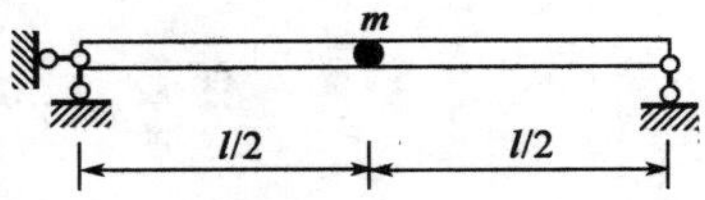

图 6-9 带集中质量的简支梁

作为基函数,则所有的边界自然满足。为保证前二阶固有频率的精度,现取 $n=3$,则试函数为

$$\phi(x)=\sum_{i=1}^{3}a_i\sin\frac{i\pi x}{l}$$

代入式(6-43),导出

$$m_{ij}=m_{ji}=\rho A\int_0^l\sin\frac{i\pi x}{l}\sin\frac{j\pi x}{l}\mathrm{d}x+\rho Al\sin\frac{i\pi}{l}\sin\frac{j\pi}{l}$$

$$=\begin{cases}\rho Al\sin\dfrac{i\pi}{l}\sin\dfrac{j\pi}{l} & (i\neq j)\\[2ex] \dfrac{\rho Al}{2}+\rho Al\sin^2\dfrac{i\pi}{l} & (i=j)\end{cases}$$

$$k_{ij}=k_{ji}=EI\left(\frac{i\pi}{l}\right)^2\left(\frac{j\pi}{l}\right)^2\int_0^l\sin\frac{i\pi x}{l}\sin\frac{j\pi x}{l}\mathrm{d}x=\begin{cases}0 & (i\neq j)\\[1ex] \dfrac{i^4\pi^4EI}{2l^3} & (i=j)\end{cases}$$

则质量矩阵和刚度矩阵

$$\widetilde{\boldsymbol{M}}=\frac{\rho Al}{2}\begin{bmatrix}3&0&-2\\0&1&0\\-2&0&3\end{bmatrix},\widetilde{\boldsymbol{K}}=\frac{\pi^4EI}{2l^2}\begin{bmatrix}1&0&0\\0&16&0\\0&0&81\end{bmatrix}$$

由于集中质量的存在,质量矩阵不再是对角矩阵。将上式代入方程式(6-45),求出特征值和规一化的特征向量

$$\tilde{\omega}_1=\frac{5.6825}{l^2}\sqrt{\frac{EI}{\rho A}},\tilde{\omega}_2=\frac{39.4784}{l^2}\sqrt{\frac{EI}{\rho A}},\tilde{\omega}_3=\frac{68.9945}{l^2}\sqrt{\frac{EI}{\rho A}}$$

$$\boldsymbol{a}_1=\{1\quad 0\quad -0.0084\}^{\mathrm{T}},\boldsymbol{a}_2=\{0\quad 1\quad 0\}^{\mathrm{T}},\boldsymbol{a}_3=\{0.6712\quad 0\quad 1\}^{\mathrm{T}}$$

代入式(6-38),得到梁弯曲振动的前三阶振型函数的近似表达式

$$\phi_1(x)=\sin\frac{\pi x}{l}-0.0084\sin\frac{3\pi x}{l}$$

$$\phi_2(x)=\sin\frac{2\pi x}{l}$$

$$\phi_1(x)=0.6712\sin\frac{\pi x}{l}+\sin\frac{3\pi x}{l}$$

例 6.7 用 Ritz 法求图 6-7 所示楔形变截面梁的基频。

解:梁单位长度的质量和抗弯刚度为

$$\begin{cases}\rho A(x)=\rho bh_0(1-x/l)\\ EI(x)=\dfrac{1}{12}Ebh_0^3(1-x/l)^3\end{cases}$$

由于等截面悬臂梁的振型函数稍显复杂,现选择如下的幂函数为基函数

$$\phi_1(x)=(x/l)^2,\phi_2(x)=(x/l)^3$$

它们显然满足固定端的边界条件。将它们代入式(6-43),导出质量矩阵和刚度矩阵为

$$\widetilde{\boldsymbol{M}}=\rho h_0bl\begin{bmatrix}1/30 & 1/42\\ 1/42 & 1/56\end{bmatrix},\widetilde{\boldsymbol{K}}=\frac{Ebh_0^3}{l}\begin{bmatrix}1/12 & 1/20\\ 1/20 & 1/20\end{bmatrix}$$

代入本征方程求出基频

$$\widetilde{\omega}_1=1.535\sqrt{\frac{Eh^2}{\rho l^4}}$$

基频的精确解为 $\omega_1=1.534\sqrt{\dfrac{Eh^2}{\rho l^4}}$,相对误差仅为 0.065%。

例 6.8 图 6-10 所示的等截面简支梁,假设其跨度为 l,弹性模量和密度为 E 和 ρ,惯性矩为 I,右支座为弹性支承,弹簧刚度系数为 k。用 Ritz 法求该系统的前二阶频率近似值。

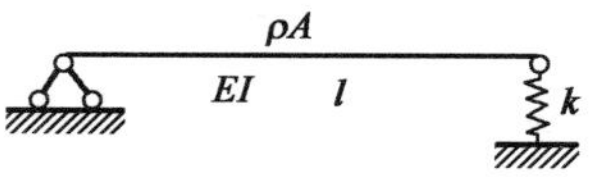

图 6-10 弹性支承的简支梁

解:对于一端弹性支承的简支梁,基函数可选为

$$\phi_1(x)=\frac{x}{l},\phi_2(x)=\sin\frac{\pi x}{l}$$

显然,它们满足梁两端的边界条件。将它们代入式(6-43),得到质量矩阵和刚度矩阵

$$\widetilde{\boldsymbol{M}}=\begin{bmatrix}\dfrac{1}{3}\rho Al & \dfrac{1}{\pi}\rho Al\\ \dfrac{1}{\pi}\rho Al & \dfrac{1}{2}\rho Al\end{bmatrix},\widetilde{\boldsymbol{K}}=\begin{bmatrix}k & 0\\ 0 & \dfrac{\pi^4EI}{2l^3}\end{bmatrix}$$

代入本征方程便可求出频率的近似值。若假设 $k=\dfrac{\pi^4EI}{2l^3}$,则

$$\widetilde{\omega}_1=\frac{8.08}{l^2}\sqrt{\frac{EI}{\rho A}},\widetilde{\omega}_2=\frac{23.57}{l^2}\sqrt{\frac{EI}{\rho A}}$$

与前二阶固有频率的精确值 $\omega_1=\frac{8.04}{l^2}\sqrt{\frac{EI}{\rho A}}$、$\omega_2=\frac{22.2}{l^2}\sqrt{\frac{EI}{\rho A}}$ 相比，相对误差分别为 0.25% 和 6.21%。显然，高阶频率的误差更大一些，但在工程上仍是可以接受的精度。

如果仅取一项近似，即取 $\phi_1(x)=\frac{x}{l}$，可以求出 $\tilde{\omega}_1=\frac{12.09}{l^2}\sqrt{\frac{EI}{\rho A}}$，与精确解的误差接近 50%，显然，这是不可接受的。造成这一结果的根本原因是，$\phi_1(x)=\frac{x}{l}$ 反映的是梁绕左端支座的刚体转动，与梁的第一阶振型相去甚远。事实上，如果弹簧的刚度系数与梁的弯曲刚度相比较小的话，即梁接近于刚体时，相对误差就没有这么大了。

6.5 加权残数法

加权残数法是另一种函数展开法，它从问题的振动微分方程出发，试图构造振动微分方程的近似解，把方程的解假设成为满足边界条件的一组基函数的线性组合，代入微分方程之后一般不能够自然满足而出现所谓残值，采用某种方法消除残值，使待求函数的常微分方程转化为待定系数的代数方程，求出这些待定系数从而得到问题的近似解。所谓残数，是指方程解的误差，即将近似解代入微分方程之后两端之差，加权残数法的实质就是在某种平均意义上让方程的残数变成零。

假设振型法、Ritz 法和加权残数法是基于函数展开的三种近似方法。其中假设振型法基于与能量相关的力学原理（拉格朗日方程或哈密尔顿原理）建立离散化的动力学方程，而不受保守系统的限制，可以求解受迫振动的动力响应。求瑞利商驻值的 Ritz 法基于系统的能量守恒，仅适用于保守系统。加权残数法基于动力学方程，也不限于保守系统。从计算结果来看，假设振型法通过建立的广义坐标的动力学方程的本征问题导出固有频率和振型函数，Ritz 法只能近似计算固有频率和振型函数，加权残数法则直接求解固有频率和振型函数。假设振型法和加权残数法都能计算系统的响应。从适用范围来看，Ritz 法仅限于线性保守系统，假设振型法和加权残数法则可用于非线性系统，假设振型法适用的系统必须能用动能描述，而加权残数法原则上可以分析任何已具备动力学方程的系统。从对试函数的要求来看，Ritz 法和假设振型法仅要求试函数满足几何边界条件，而加权残数法则要求试函数满足所有的边界条件。

6.5.1 自由振动分析

现以 Euler-Bernoulli 梁的自由振动问题为例来说明加权残数法。其自由振动的微分方程如式(5-72)，即

$$\frac{\partial^2}{\partial x^2}\left[EI(x)\frac{\partial^2 w(x,t)}{\partial x^2}\right]+\rho A(x)\frac{\partial^2 w(x,t)}{\partial t^2}=0 \tag{6-46}$$

将方程的解分离变量，写作 $w(x,t)=\phi(x)q(t)$，代入方程式(6-46)得到两个常微分方程

$$\ddot{q}(t)+\omega^2 q(t)=0 \tag{6-47}$$

$$[EI(x)\phi''(x)]''-\omega^2\rho A(x)\phi(x)=0 \tag{6-48}$$

方程式(6-48)为系统的固有频率和振型必须满足的微分方程，若能寻找到一个函数满足这个

方程同时又满足所有的边界条件，那么这个函数就是该问题的振型函数。若假设一个满足边界条件的函数 $\tilde{\phi}(x)$ 作为问题的近似解，将之代入方程式(6-48)后是不能够满足的，记

$$R[\tilde{\phi}(x),x] = [EI(x)\tilde{\phi}''(x)]'' - \omega^2\rho A(x)\tilde{\phi}(x) \tag{6-49}$$

称为残值。现不妨假设

$$\tilde{\phi}(x) = \sum_{j=1}^{n} a_j\tilde{\phi}_j(x) \tag{6-50}$$

式中：a_j——待定的系数($j=1,2,\cdots,n$)；

$\tilde{\phi}_j(x)$———一族满足边界条件的基函数。

将式(6-50)代入式(6-49)，有

$$R[\tilde{\phi}(x),x] = [EI(x)\sum_{j=1}^{n} a_j\tilde{\varphi}''_j(x)]'' - \omega^2\rho A(x)\sum_{j=1}^{n} a_j\tilde{\phi}_j(x) \tag{6-51}$$

加权残数法的思想是，令残值在连续体域内的某种平均意义上等于零，即加权平均值等于零，利用这个条件求出式(6-50)中的系数 $a_j(j=1,2,\cdots,n)$。现令

$$\int_0^l W_i(x)R[\tilde{\phi}(x),x]\mathrm{d}x = 0 \qquad (i = 1,2,\cdots,n) \tag{6-52}$$

式中：$W_i(x)$——权函数。

根据权函数选择的不同，加权残数法可派生出许多种方法，如配点法、子域法、伽辽金法和最小二乘法等。

配点法是加权残数法中最简单的一种形式，它取狄拉克函数 $\delta(x-x_i)$ 为权函数，即

$$W_i(x) = \delta(x - x_i) \qquad (i = 1,2,\cdots,n) \tag{6-53}$$

将式(6-53)代入式(6-52)，得到

$$R[\tilde{\phi}(x_i),x_i] = 0 \qquad (i = 1,2,\cdots,n) \tag{6-54}$$

显然，配点法的实质是，强行令残值在域内的若干离散点上等于零。将式(6-51)代入式(6-54)，得到一组关于待定系数 $a_j(j=1,2,\cdots,n)$ 的线性齐次代数方程组

$$\sum_{j=1}^{n} a_j[EI(x_i)\tilde{\phi}''_j(x_i)]'' - \omega^2\rho A(x_i)\sum_{j=1}^{n} a_j\tilde{\phi}_j(x_i) = 0 \tag{6-55}$$

将上式写成矩阵形式

$$(\tilde{\boldsymbol{K}} - \tilde{\omega}^2\tilde{\boldsymbol{M}})\tilde{\boldsymbol{a}} = \boldsymbol{0} \tag{6-56}$$

其中

$$\tilde{K}_{ij} = [EI(x_i)\tilde{\phi}''_j(x_i)]'',\tilde{M}_{ij} = \rho A(x_i)\tilde{\phi}_j(x_i) \tag{6-57}$$

利用式(6-56)中的系数 $a_j(j=1,2,\cdots,n)$ 不能全等于零的条件，可得到一个特征方程，如此便可求出其固有频率的近似值。

配点法的最大好处是不用积分运算，直接就将微分方程问题转化为代数方程的求解，而且非常直观。但其缺点也显而易见，一是仅在特殊点上令残值等于零而对全域内其他点的情况根本就没有考虑，使得求解结果有很大的片面性，由于这些离散点的选取具有随机性，会使得计算结果存在较大的任意性，计算精度不会太高；二是配点法所形成的广义质量矩阵和刚度矩阵均不是对称矩阵，这在数值求解上是非常不利的，尤其是对那些计算规模较大的问题。

将配点法的随机性加以改善，将直接在离散点上消除残值改为在一些子域上消除残值，即所谓子域法。将问题域[0,l]分成若干子域[x_{i-1},x_i]，令残值在每个子域上的积分等于零，即

$$\int_{x_{i-1}}^{x_i} R[\tilde{\phi}(x),x]\mathrm{d}x = 0 \qquad (i = 1,2,\cdots,n) \tag{6-58}$$

从而得到关于待定系数 $a_j(j=1,2,\cdots,n)$ 的线性齐次代数方程组和相应的特征值问题。式(6-58)可以写为

$$\int_0^l W_i(x)R[\sum_{j=1}^n a_j\tilde{\phi}_j(x),x]\mathrm{d}x = 0 \qquad (i = 1,2,\cdots,n) \tag{6-59}$$

其中的权函数 $W_i(x)$ 定义为

$$W_i(x) = \begin{cases} 1 & x \in [x_{i-1},x_i] \\ 0 & x \in [0,x_{i-1}) \cup (x_i,x_{i+1}] \end{cases} \tag{6-60}$$

显然,随着子域数目的增加,控制微分方程将在更多的子域内近似得到满足,因而求得的结果也更精确。理论上讲,子域划分的越小(子域数目越多)结果会越精确,当子域数目趋于无穷时,所得解答将收敛于精确解。但实际计算时这种划分必须适可而止,因为随着子域数目的增加,不仅计算工作量大幅度增大,更重要的是有可能会出现病态方程从而导致求解失败。子域法能够保证残数在各个子区域内的积分等于零,但可能出现残数绝对值较大但正残数和负残数相互抵消的情形。子域法导出的特征值问题中刚度矩阵和质量矩阵往往也是非对称的。

加权残数法中应用较广泛的是伽辽金(Galerkin)法,它取试函数中的基函数本身作为权函数,即

$$W_i(x) = \tilde{\phi}_i(x) \tag{6-61}$$

这种方法由俄国工程师伽辽金于1915年提出,故得名伽辽金(Galerkin)法。将权函数式(6-61)代入式(6-52),得

$$\int_0^l \tilde{\phi}_i(x)R[\sum_{j=1}^n a_j\tilde{\phi}_j(x),x]\mathrm{d}x = 0 \qquad (i = 1,2,\cdots,n) \tag{6-62}$$

这是一组关于待定系数 $a_j(j=1,2,\cdots,n)$ 的线性齐次代数方程组,整理后亦可写成式(6-56)的形式。对通常的边界条件,利用分部积分可得到刚度系数和质量系数

$$\tilde{K}_{ij} = \int_0^l EI(x)\tilde{\phi}''_i(x)\tilde{\phi}''_j(x)\mathrm{d}x, \tilde{M}_{ij} = \int_0^l \rho A(x)\tilde{\phi}_i(x)\tilde{\phi}_j(x)\mathrm{d}x \tag{6-63}$$

利用待定系数 $a_j(j=1,2,\cdots,n)$ 的非零解条件可以导出频率方程。式(6-62)的意义为试函数与残数正交。若 n 取无限大,要使残数与无限多个独立的试函数正交,其本身必为零。因此,伽辽金法当 n 趋于无限大时,能保证式(6-50)定义的函数 $\tilde{\phi}(x)$ 收敛于真实的振型函数。由式(6-63)不难看出,应用伽辽金法时刚度矩阵和质量矩阵均为对称矩阵,因此这种方法非常适宜于数值计算。

将加权残数法的思想与取驻值的思想相结合,形成最小二乘法,其核心思想是选择一种合适的试函数,使得在域内残值的平方和最小。令

$$I = \int_0^l \{R[\tilde{\phi}(x),x]\}^2\mathrm{d}x = \int_0^l \{R[\sum_{j=1}^n a_j\tilde{\phi}_j(x),x]\}^2\mathrm{d}x \tag{6-64}$$

该式积分后为 n 个待定系数 $a_j(j=1,2,\cdots,n)$ 的多元函数,称为目标函数。现通过选择系数 a_j 使其达到最小值。令

$$\frac{\partial I}{\partial a_i} = \frac{\partial}{\partial a_i}\int_0^l \{R[\sum_{j=1}^n a_j\tilde{\phi}_j(x),x]\}^2\mathrm{d}x = 0 \qquad (i = 1,2,\cdots,n) \tag{6-65}$$

交换求偏导与积分的顺序,根据复合函数的求导法则导出

$$\int_0^l \left\{\frac{\partial R}{\partial a_i}R[\sum_{j=1}^n a_j\tilde{\phi}_j(x),x]\right\}\mathrm{d}x = 0 \qquad (i = 1,2,\cdots,n) \tag{6-66}$$

因此可见，最小二乘法的权函数为

$$W_i(x) = \frac{\partial R}{\partial a_i} \qquad (i = 1,2,\cdots,n) \tag{6-67}$$

式(6-66)也会导出一组关于待定系数 $a_j(j=1,2,\cdots,n)$ 的线性齐次代数方程组，利用这些系数的非零解条件，可导出相应的频率方程，兹不赘述。此方法中权函数的形式显然跟残值本身有关，对一些复杂的振动方程来说，其残值的形式非常复杂，不便于求出权函数的显式形式，通常情况下都不是求出权函数再代入式(6-66)求解，而是直接从式(6-65)出发求解。由于计算较为复杂，在振动分析中很少采用此种方法。

6.5.2 动力响应分析

加权残数法不仅能求解自由振动的频率和振型，还可以求受迫振动的响应。分析自由振动问题时，加权残数法将关于振型函数的常微分方程转化为代数方程，求解动力学响应时，加权残数法将动力学偏微分方程离散成有限个广义坐标对时间求偏导数的常微分方程。

Euler-Bernoulli 梁的受迫振动微分方程曾由式(5-70)给出，现为了方便重写如下

$$\frac{\partial^2}{\partial x^2}\left[EI(x)\frac{\partial^2 w(x,t)}{\partial x^2}\right] + \rho A(x)\frac{\partial^2 w(x,t)}{\partial t^2} = f(x,t) \tag{6-68}$$

对于任意给定的函数 $\tilde{w}(x,t)$，代入动力学方程式(6-68)之后，一般是不会满足的，记

$$R[\tilde{w}(x,t),x,t] = \frac{\partial^2}{\partial x^2}\left[EI(x)\frac{\partial^2 \tilde{w}(x,t)}{\partial x^2}\right] + \rho A(x)\frac{\partial^2 \tilde{w}(x,t)}{\partial t^2} - f(x,t) \tag{6-69}$$

称为残值，它不仅与函数 $\tilde{w}(x,t)$ 有关，还与空间坐标 x 和时间变量 t 有关。现将函数 $\tilde{w}(x,t)$ 表达为若干满足边界条件的线性独立的试函数族 $\tilde{\phi}_j(x)(j=1,2,\cdots,n)$ 的线性组合，即

$$\tilde{w}(x,t) = \sum_{j=1}^{n} q_j(t)\tilde{\phi}_j(x) \tag{6-70}$$

与式(6-50)不同的是，式中的 $q_j(j=1,2,\cdots,n)$ 为广义坐标，它们都是时间的函数。加权残数法选择一种权函数，令残数在某种平均意义上为零，即

$$\int_0^l W_i(x)R\left[\sum_{j=1}^{n} q_j(t)\tilde{\phi}_j(x),x,t\right]\mathrm{d}x = 0 \qquad (i = 1,2,\cdots,n) \tag{6-71}$$

由此便可导出广义坐标所需要满足的常微分方程组。选择不同的权函数会使式(6-71)有不同的形式。

若采用狄拉克 $\delta(x-x_i)$ 为权函数，即在 n 个离散点上令残值等于零，则式(6-71)化成

$$R\left[\sum_{j=1}^{n} q_j(t)\tilde{\phi}_j(x_i),x_i,t\right] = 0 \qquad (i = 1,2,\cdots,n) \tag{6-72}$$

伽辽金法取基函数为权函数，则式(6-71)化为

$$\int_0^l \tilde{\phi}_i(x)R\left[\sum_{j=1}^{n} q_j(t)\tilde{\phi}_j(x),x,t\right]\mathrm{d}x = 0 \qquad (i = 1,2,\cdots,n) \tag{6-73}$$

子域法和最小二乘法的权函数见式(6-60)和式(6-67)，不再赘述。

例 6.9 设有一变截面简支梁，其长度为 l，单位长度的质量为 $\rho A(x)$，抗弯刚度为 $EI(x)$，梁上有分布激励力 $f(x,t)$。试用伽辽金法离散其受迫振动的动力学方程。

解：将式(6-70)代入式(6-69)，得残数的表达式

$$R[\tilde{w}(x,t),x,t] = \rho A(x)\sum_{j=1}^{n}\ddot{q}_j(t)\tilde{\phi}_j(x) + \sum_{j=1}^{n} q_j(t)\frac{\partial^2}{\partial x^2}\left[EI(x)\frac{\partial^2\tilde{\phi}_j(x)}{\partial x^2}\right] - f(x,t)$$

将上式代入式(6-73),有

$$\int_0^l \tilde{\phi}_i(x)\left\{\rho A(x)\sum_{j=1}^{n}\ddot{q}_j(t)\tilde{\phi}_j(x)+\sum_{j=1}^{n}q_j(t)\frac{\partial^2}{\partial x^2}\left[EI(x)\frac{\partial^2\tilde{\phi}_j(x)}{\partial x^2}\right]-f(x,t)\right\}\mathrm{d}x=0$$

引入质量矩阵 $\tilde{\boldsymbol{M}}=(m_{ij})$,刚度矩阵 $\tilde{\boldsymbol{K}}=(k_{ij})$,广义力向量 $\tilde{\boldsymbol{Q}}=(Q_i)$ 和广义坐标向量 $\boldsymbol{q}=(q_i)$,将上式整理为

$$\tilde{\boldsymbol{M}}\ddot{\boldsymbol{q}}+\tilde{\boldsymbol{K}}\boldsymbol{q}=\tilde{\boldsymbol{Q}}$$

其中

$$m_{ij}=\int_0^l \rho A(x)\tilde{\phi}_i(x)\tilde{\phi}_j(x)\mathrm{d}x$$

$$k_{ij}=\int_0^l \tilde{\phi}_i(x)[EI(x)\tilde{\phi}''_j(x)]''\mathrm{d}x$$

$$\tilde{Q}_i=\int_0^l \tilde{\phi}_i(x)f(x,t)\mathrm{d}x$$

如此,便将连续系统的动力计算问题转化为多自由度系统的动力计算问题。

6.6 有限单元法

本章6.1节中的集中质量法简便易行,但计算结果具有很大的随机性而且计算精度不可控,使得该方法的使用受到了很大的限制。后面几节的方法都是基于将振型函数假设为某些彼此线性无关的基函数族的线性叠加的,即所谓假设振型法,这些方法基本上都是对整个结构系统建立一个级数形式的假设振型形状,从而得到有限自由度的数学模型,它们的计算精度很大程度上取决于所选择的基函数。对于复杂的结构系统,这种方法有很大的缺陷,一是难以找到满足复杂边界条件的基函数,二是对各种不同的结构系统没有通用性。

有限单元法(简称有限元法)将集中质量法和假设振型法的思想相结合,能够有效地克服两类方法各自的缺点。它是20世纪60年代发展起来的一种数值近似方法,将复杂结构分割成为若干个彼此之间仅在结点处相互连接的单元集合体。有限单元法的分析通常都采用位移法,即以结点位移为基本未知量,其他一切参量都通过结点位移来表示。它首先将每个单元内各点的位移用节点位移的插值函数来表示,这种插值函数实际就是单元的假设振型,当各单元用结点连接起来时,整个连续体位移曲线就可以由这些结点位移和插值函数来表示出,然后由能量原理可以得到以结点位移为广义坐标的离散化的动力学方程。由于是仅对单元而不是对整个结构取假设振型,而单元本身尺寸都相对较小,因此振型函数可取得十分简单灵活,而且各单元可取相同的假设振型函数,这给动力学分析带来了极大的方便。

有限元法已成为工程中计算复杂结构最广泛使用的方法,它不仅可以分析一维问题,而且可用于分析二、三维复杂结构的动力问题。关于有限元法的研究已有许多专著,本节只以一维杆件结构为例,介绍它用于结构动力分析时的基本概念和基本方法。

对一个结构,采用有限元法建立其运动方程的一般步骤总结如下:

(1)将结构离散化为有限个单元(Element)的集合体,单元与单元之间仅通过某些点相连接,这些点通常称为节点(Node),对一维问题也称为结点。结点的位移(可以包括转角)定义为体系的自由度。

(2)在每个单元内进行局部位移插值,将单元内部各点的位移用单元的结点位移来表示,并根据体系的变形假设和材料的属性,可以将单元内的应变和应力等物理量也用结点位移表示。

(3)由拉格朗日方程或虚功原理建立每个单元在局部坐标系下的动力学方程,即求出单元在局部坐标系中的质量矩阵、刚度矩阵和结点力向量。

(4)建立坐标变换矩阵,将局部坐标系下的物理量均转换到统一的整体坐标系中。

(5)将各单元刚度矩阵、质量矩阵和结点力向量进行组集,形成结构整体的动力学方程。

6.6.1 位移插值函数

现考虑一个平面杆件系统的动力学问题,与平面杆件结构静力问题的矩阵位移法过程类似,我们首先将结构离散成为许多独立无关的单元,每一个单元都假设是一段直杆。考察一个典型单元如图 6-11 所示,其左右两端的结点总体编号为 i 和 j,假设单元的长度为 l,弯曲刚度为 $EI(x)$,拉压刚度为 $EA(x)$,单位长度的质量为 $\rho A(x)$。现以结点 i 一端为坐标原点,指向 j 结点方向为局部坐标的正方向 $\bar{x}$,根据右手规则确定 $\bar{y}$ 轴。该单元在振动过程中的变形和位移情况如图 6-11 所示,其杆端的位移向量为

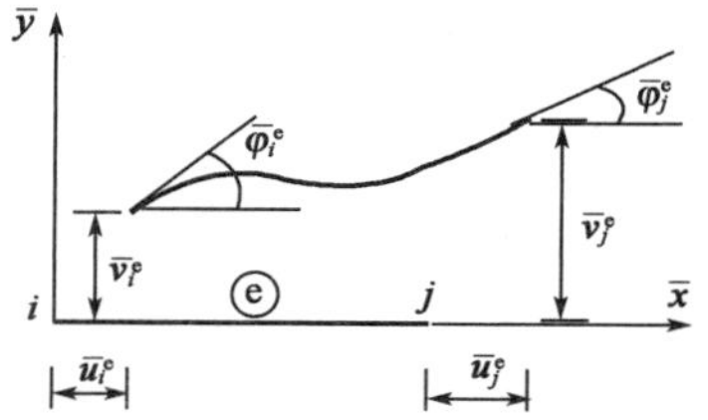

图 6-11 单元运动状态和自由度

$$\bar{\boldsymbol{q}}^e = \{\bar{u}_i^e \quad \bar{v}_i^e \quad \bar{\varphi}_i^e \quad \bar{u}_j^e \quad \bar{v}_j^e \quad \bar{\varphi}_j^e\}^T \tag{6-74}$$

因为平面杆系结构中杆件的运动一般是由轴向运动与横向运动组合而成,而由以前的分析我们知道,其轴向运动与横向弯曲运动是互相独立的,彼此之间没有耦合,故可以分别考虑。先分别研究仅发生轴向运动的轴向杆单元和仅发生横向弯曲运动的梁单元的特性,然后再把它们叠加起来,从而得到两种运动同时存在的平面一般杆件单元的特性。为了便于单独分析这两种单元,我们将式(6-74)中的 6 个位移分量记作

$$\bar{\boldsymbol{q}}^e = \{\bar{u}_1^e \quad \bar{v}_1^e \quad \bar{v}_2^e \quad \bar{u}_2^e \quad \bar{v}_3^e \quad \bar{v}_4^e\}^T \tag{6-75}$$

注意到,轴向位移用 $\bar{u}_i^e(i=1,2)$ 表示,而横向位移和转角都用 $\bar{v}_i^e(i=1,2,3,4)$ 表示。

1)杆单元

对于轴向运动的杆单元仅考虑轴向运动,结点 i 和 j 的位移分别为 $\bar{u}_i^e$ 和 $\bar{u}_j^e$,现记作

$$\bar{\boldsymbol{u}}^e = \begin{Bmatrix} \bar{u}_i^e(t) \\ \bar{u}_j^e(t) \end{Bmatrix} = \begin{Bmatrix} \bar{u}_1^e(t) \\ \bar{u}_2^e(t) \end{Bmatrix} \tag{6-76}$$

这里的下标 i、j 不妨称作结点整体编码,下标 1 和 2 为局部位移编码。单元内任意一点 $\bar{x}$ 的位移 $\bar{u}^e(x,t)$ 可用这两个结点位移 $\bar{u}_1^e(t)$ 和 $\bar{u}_2^e(t)$ 插值而得到,注意结点位移 $\bar{u}_1^e$ 和 $\bar{u}_2^e$ 为时间的函数。因为只有两个边界条件,位移函数可取为 $\bar{x}$ 的线性函数,即

$$\bar{u}^e(\bar{x},t) = a_0 + a_1\bar{x} \tag{6-77}$$

式中:a_0、a_1——待定系数,由单元两端的位移条件 $\bar{u}^e(0,t)=\bar{u}_1^e(t)$ 和 $\bar{u}^e(l,t)=\bar{u}_2^e(t)$ 来确定。

不难求得

$$a_0 = \bar{u}_1^e, a_1 = \frac{\bar{u}_2^e - \bar{u}_1^e}{l}$$

将这两个常数代回到式(6-77),稍加整理可将单元内一点的位移写作

$$\bar{u}^{e}(\bar{x},t)=\sum_{i=1}^{2}N_i(\bar{x})\bar{u}_i^{e}(t)=\{N_1(\bar{x})N_2(\bar{x})\}\begin{Bmatrix}\bar{u}_1^{e}(t)\\ \bar{u}_2^{e}(t)\end{Bmatrix}=\boldsymbol{N}\bar{\boldsymbol{u}}^{e} \tag{6-78}$$

式中

$$\boldsymbol{N}=\{N_1(\bar{x})N_2(\bar{x})\}=\left\{1-\frac{\bar{x}}{l}\ \ \frac{\bar{x}}{l}\right\} \tag{6-79}$$

式中：$N_1(\bar{x})$、$N_2(\bar{x})$——位移形状函数，简称为形函数，也称插值函数，实际上就是单元的假设振型函数，其形状如图 6-12 所示；

N——形函数矩阵。

从图 6-12 以及式(6-79)知，形函数具有以下性质

$$\begin{cases}N_1(0)=1\\ N_1(l)=0\end{cases},\begin{cases}N_2(0)=0\\ N_2(l)=1\end{cases} \tag{6-80}$$

这是构造形函数的基本条件。

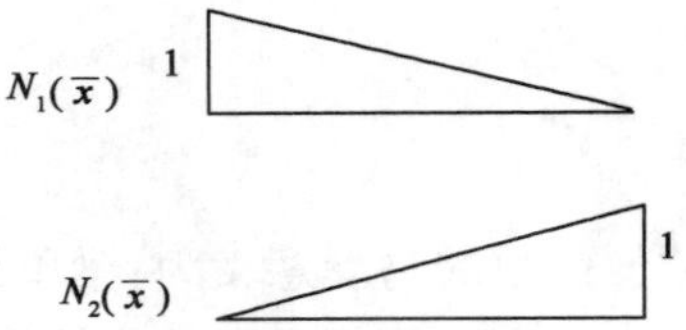

图 6-12　杆单元的形函数

2)梁单元

现在只考虑杆件的横向位移，即梁的弯曲问题。在局部坐标系下，结点 i 和 j 的位移记作

$$\bar{\boldsymbol{v}}^{e}=\begin{Bmatrix}\bar{v}_i^{e}(t)\\ \bar{\varphi}_i^{e}(t)\\ \bar{v}_j^{e}(t)\\ \bar{\varphi}_j^{e}(t)\end{Bmatrix}=\begin{Bmatrix}\bar{v}_1^{e}(t)\\ \bar{v}_2^{e}(t)\\ \bar{v}_3^{e}(t)\\ \bar{v}_4^{e}(t)\end{Bmatrix} \tag{6-81}$$

这里的下标 i、j 仍然是结点整体编码，下标 1、2、3、4 为局部位移编码。在某时刻，单元内任意一点 $\bar{x}$ 的横向位移 $\bar{v}^{e}(x,t)$ 可用这 4 个结点位移 $\bar{v}_1^{e}(t)$、$\bar{v}_2^{e}(t)$、$\bar{v}_3^{e}(t)$ 和 $\bar{v}_4^{e}(t)$ 插值而得到

$$\bar{v}^{e}(\bar{x},t)=\sum_{i=1}^{4}\psi_i(\bar{x})\bar{v}_i^{e}(t)=\boldsymbol{\Psi}\bar{v}^{e} \tag{6-82}$$

其中，

$$\boldsymbol{\Psi}=\{\psi_1(\bar{x})\quad \psi_2(\bar{x})\quad \psi_3(\bar{x})\quad \psi_4(\bar{x})\} \tag{6-83}$$

$$\bar{\boldsymbol{v}}^{e}=\{\bar{v}_1^{e}(t)\quad \bar{v}_2^{e}(t)\quad \bar{v}_3^{e}(t)\quad \bar{v}_4^{e}(t)\}^{T} \tag{6-84}$$

为了满足单元两端的 4 个边界条件

$$\bar{v}^{e}(0,t)=\bar{v}_1^{e},\left.\frac{\partial\bar{v}^{e}}{\partial\bar{x}}\right|_{\bar{x}=0}=\bar{v}_2^{e},\bar{v}^{e}(l,t)=\bar{v}_3^{e},\left.\frac{\partial\bar{v}^{e}}{\partial\bar{x}}\right|_{\bar{x}=l}=\bar{v}_4^{e} \tag{6-85}$$

插值函数应满足

$$\begin{Bmatrix}\psi_1(0)=1\\ \psi'_1(0)=0\\ \psi_1(l)=0\\ \psi'_1(l)=0\end{Bmatrix},\begin{Bmatrix}\psi_2(0)=0\\ \psi'_2(0)=1\\ \psi_2(l)=0\\ \psi'_2(l)=0\end{Bmatrix},\begin{Bmatrix}\psi_3(0)=0\\ \psi'_3(0)=0\\ \psi_3(l)=1\\ \psi'_3(l)=0\end{Bmatrix},\begin{Bmatrix}\psi_4(0)=0\\ \psi'_4(0)=0\\ \psi_4(l)=0\\ \psi'_4(l)=1\end{Bmatrix} \tag{6-86}$$

因为每个插值函数都有 4 个边界条件，故插值位移函数可取为 $\bar{x}$ 的三次函数，即

$$\psi_i(\bar{x}) = a_i + b_i \frac{\bar{x}}{l} + c_i\left(\frac{\bar{x}}{l}\right)^2 + d_i\left(\frac{\bar{x}}{l}\right)^3 \qquad (i = 1,2,3,4) \tag{6-87}$$

将式(6-87)分别代入式(6-86)的每一组插值函数的边界条件,可确定相应的四组系数 a_i、b_i、c_i 和 d_i,从而得到插值函数的表达式为

$$\psi_1(\bar{x}) = 1 - 3\left(\frac{\bar{x}}{l}\right)^2 + 2\left(\frac{\bar{x}}{l}\right)^3 \tag{6-88a}$$

$$\psi_2(\bar{x}) = l\left(\frac{\bar{x}}{l}\right) - 2l\left(\frac{\bar{x}}{l}\right)^2 + l\left(\frac{\bar{x}}{l}\right)^3 \tag{6-88b}$$

$$\psi_3(\bar{x}) = 3\left(\frac{\bar{x}}{l}\right)^2 - 2\left(\frac{\bar{x}}{l}\right)^3 \tag{6-88c}$$

$$\psi_4(\bar{x}) = -l\left(\frac{\bar{x}}{l}\right)^2 + l\left(\frac{\bar{x}}{l}\right)^3 \tag{6-88d}$$

插值函数的物理意义为:梁单元分别在对应的坐标方向产生单位位移时梁的挠曲线。图 6-13 给出了上述插值函数的具体形状。

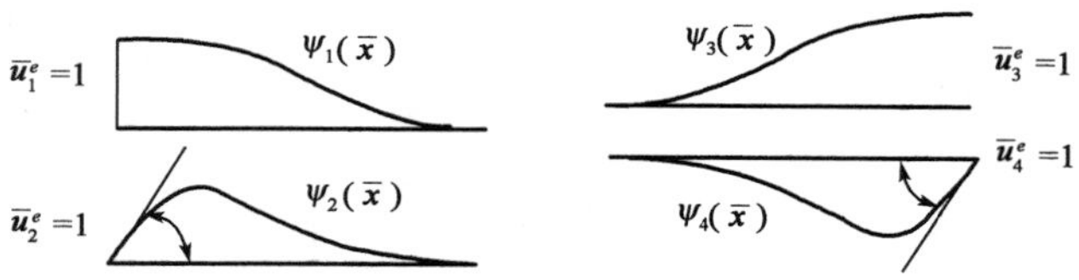

图 6-13 梁单元的插值函数

在确定上述插值函数时,仅涉及了梁单元的边界条件而未涉及其力学性质及控制方程,因此,这些插值函数可以表示等截面或变截面梁单元的位移模式。对于等截面梁单元,式(6-88)给出的插值形函数还能满足两端承受静力作用而杆上无荷载的梁单元的静力平衡控制微分方程

$$EIv'''' = 0 \tag{6-89}$$

因此,对等截面梁单元,这些插值函数就是精确的挠曲线函数。然而对于变截面梁单元,仅在两端受静力荷载时其控制方程为

$$[EI(x)v'']'' = EI''v'' + 2EI'v'' + EIv'''' = 0 \tag{6-90}$$

容易看出,式(6-87)不能保证使方程式(6-90)一定成立,这说明,式(6-88)给出的插值形函数对于变截面梁来说是近似的。

6.6.2 单元刚度矩阵

单元特性分析的目的就是要建立单元的刚度方程,即单元的杆端力和杆端位移之间的关系,反映这种关系的便是单元刚度矩阵。为了得到单元的刚度矩阵,首先要给出以相应的单元结点位移为广义坐标的单元应变能的表达式。

1)杆单元

轴向杆单元的变形势能可用轴向位移函数表示为

$$V_{\mathrm{u}}^{\mathrm{e}} = \frac{1}{2}\int_0^l EA(\bar{x})\left(\frac{\partial \bar{u}^{\mathrm{e}}}{\partial \bar{x}}\right)^2 \mathrm{d}\bar{x} \tag{6-91}$$

将式(6-78)代入式(6-91),得

$$V_{u}^{e}=\frac{1}{2}\int_{0}^{l}EA(\bar{x})[\boldsymbol{N}'\bar{\boldsymbol{u}}^{e}]^{2}\mathrm{d}\bar{x}=\frac{1}{2}[\bar{\boldsymbol{u}}^{e}]^{\mathrm{T}}\{\int_{0}^{l}EA(\bar{x})[N']^{\mathrm{T}}[N']\mathrm{d}\bar{x}\}\bar{u}^{e} \tag{6-92}$$

记

$$\bar{K}_{u}^{e}=\int_{0}^{l}EA(\bar{x})[\boldsymbol{N}']^{\mathrm{T}}[\boldsymbol{N}']\mathrm{d}\bar{x} \tag{6-93}$$

称为轴向杆单元的单元刚度矩阵,其中$\boldsymbol{N}'$由式(6-79)可以求出

$$\boldsymbol{N}'=\{-1/l \quad 1/l\}^{\mathrm{T}} \tag{6-94}$$

对等截面直杆来说,EA为常数,则有

$$\bar{\boldsymbol{K}}_{u}^{e}=\frac{EA}{l}\begin{bmatrix}1 & -1\\ -1 & 1\end{bmatrix} \tag{6-95}$$

于是其轴向应变能可写为

$$V_{u}^{e}=\frac{1}{2}[\bar{\boldsymbol{u}}^{e}]^{\mathrm{T}}\bar{\boldsymbol{K}}_{u}^{e}\bar{\boldsymbol{u}}^{e} \tag{6-96}$$

2)梁单元

对横向弯曲的梁单元,若采用 Euler-Bernoulli 梁的理论,忽略剪切变形的影响,则其弯曲变形的弹性势能为

$$V_{v}^{e}=\frac{1}{2}\int_{0}^{l}EI(\bar{x})\left(\frac{\partial^{2}\bar{v}^{e}}{\partial\bar{x}^{2}}\right)^{2}\mathrm{d}\bar{x} \tag{6-97}$$

将式(6-82)代入式(6-97),得

$$V_{v}^{e}=\frac{1}{2}\int_{0}^{l}EI(\bar{x})[\boldsymbol{\Psi}''\bar{v}^{e}]^{2}\mathrm{d}\bar{x}=\frac{1}{2}[\bar{v}^{e}]^{\mathrm{T}}\left\{\int_{0}^{l}EI(\bar{x})[\boldsymbol{\Psi}'']^{\mathrm{T}}[\boldsymbol{\Psi}'']\mathrm{d}\bar{x}\right\}\bar{v}^{e} \tag{6-98}$$

记

$$\bar{K}_{v}^{e}=\int_{0}^{l}EI(\bar{x})[\boldsymbol{\Psi}'']^{\mathrm{T}}[\boldsymbol{\Psi}'']\mathrm{d}\bar{x} \tag{6-99}$$

称为梁单元的单元刚度矩阵,其中$\boldsymbol{\Psi}''$由式(6-)求导可以得到

$$\boldsymbol{\Psi}''=\left\{-\frac{6}{l^{2}}+\frac{12\bar{x}}{l^{3}} \quad -\frac{4}{l}+\frac{6\bar{x}}{l^{2}} \quad \frac{6}{l^{2}}-\frac{12\bar{x}}{l^{3}} \quad -\frac{2}{l}+\frac{6\bar{x}}{l^{2}}\right\} \tag{6-100}$$

对等截面直杆来说,EI为常数,则有

$$\bar{K}_{v}^{e}=\begin{bmatrix}\frac{12EI}{l^{3}} & \frac{6EI}{l^{2}} & -\frac{12EI}{l^{3}} & \frac{6EI}{l^{2}}\\ \frac{6EI}{l^{2}} & \frac{4EI}{l} & -\frac{6EI}{l^{2}} & \frac{2EI}{l}\\ -\frac{12EI}{l^{3}} & -\frac{6EI}{l^{2}} & \frac{12EI}{l^{3}} & -\frac{6EI}{l^{2}}\\ \frac{6EI}{l^{2}} & \frac{2EI}{l} & -\frac{6EI}{l^{2}} & \frac{4EI}{l}\end{bmatrix} \tag{6-101}$$

于是其弯曲应变能可写为

$$V_{v}^{e}=\frac{1}{2}[\bar{\boldsymbol{v}}^{e}]^{\mathrm{T}}\bar{\boldsymbol{K}}_{v}^{e}\bar{\boldsymbol{v}}^{e} \tag{6-102}$$

3)平面一般杆单元

对平面一般单元,既有轴向变形又有弯曲变形,其总的应变势能等于轴向杆单元应变势能

与梁单元弯曲应变势能之和，即

$$V^{\mathrm{e}} = V_{\mathrm{u}}^{\mathrm{e}} + V_{\mathrm{v}}^{\mathrm{e}} = \frac{1}{2}[\bar{\boldsymbol{u}}^{\mathrm{e}}]^{\mathrm{T}}\overline{\boldsymbol{K}}_{\mathrm{u}}^{\mathrm{e}}\bar{\boldsymbol{u}}^{\mathrm{e}} + \frac{1}{2}[\bar{\boldsymbol{v}}^{\mathrm{e}}]^{\mathrm{T}}\overline{\boldsymbol{K}}_{\mathrm{v}}^{\mathrm{e}}\bar{\boldsymbol{v}}^{\mathrm{e}} \tag{6-103}$$

将该式展开后，再按式(6-75)或式(6-74)所示的位移顺序重新排列，重新组合后有

$$V^{\mathrm{e}} = \frac{1}{2}[\bar{\boldsymbol{q}}^{\mathrm{e}}]^{\mathrm{T}}\overline{\boldsymbol{K}}^{\mathrm{e}}\bar{\boldsymbol{q}}^{\mathrm{e}} \tag{6-104}$$

其中

$$\overline{\boldsymbol{K}}^{\mathrm{e}} = \begin{bmatrix} \frac{EA}{l} & 0 & 0 & -\frac{EA}{l} & 0 & 0 \\ 0 & \frac{12EI}{l^3} & \frac{6EI}{l^2} & 0 & -\frac{12EI}{l^3} & \frac{6EI}{l^2} \\ 0 & \frac{6EI}{l^2} & \frac{4EI}{l} & 0 & -\frac{6EI}{l^2} & \frac{2EI}{l} \\ -\frac{EA}{l} & 0 & 0 & \frac{EA}{l} & 0 & 0 \\ 0 & -\frac{12EI}{l^3} & -\frac{6EI}{l^2} & 0 & \frac{12EI}{l^3} & -\frac{6EI}{l^2} \\ 0 & \frac{6EI}{l^2} & \frac{2EI}{l} & 0 & -\frac{6EI}{l^2} & \frac{4EI}{l} \end{bmatrix} \tag{6-105}$$

此式即为一般平面等截面直杆单元的单元刚度矩阵。

实际上，只需要将式(6-95)表示的轴向单元的刚度矩阵 $\overline{\boldsymbol{K}}_{\mathrm{u}}^{\mathrm{e}}$ 和式(6-101)所示的梁单元刚度矩阵 $\overline{\boldsymbol{K}}_{\mathrm{v}}^{\mathrm{e}}$ 中的元素按单元结点位移向量式(6-74)或者式(6-75)的序号重新排列，便可得到一般杆件单元的刚度矩阵式(6-105)。显然，单元刚度矩阵具有对称性。

6.6.3 单元质量矩阵

单元质量矩阵也是用有限元法进行结构动力分析的一项重要内容。与推导单元刚度矩阵的过程类似，我们先用单元的结点位移分别建立轴向杆单元和横向梁单元的动能表达式，从而得到其质量矩阵，然后再通过叠加得到一般杆件单元的质量矩阵。

1)杆单元

轴向杆单元的动能为

$$T_{\mathrm{u}}^{\mathrm{e}} = \frac{1}{2}\int_0^l \rho A(\bar{x})[\dot{u}(\bar{x},t)]^2\mathrm{d}\bar{x} \tag{6-106}$$

将式(6-78)的位移插值关系式代入式(6-106)，得

$$T_{\mathrm{u}}^{\mathrm{e}} = \frac{1}{2}\int_0^l \rho A(\bar{x})[\boldsymbol{N}\dot{\bar{\boldsymbol{u}}}^{\mathrm{e}}]^2\mathrm{d}\bar{x} = \frac{1}{2}[\dot{\bar{\boldsymbol{u}}}^{\mathrm{e}}]^{\mathrm{T}}\left\{\int_0^l \rho A(\bar{x})\boldsymbol{N}^{\mathrm{T}}\boldsymbol{N}\mathrm{d}\bar{x}\right\}\dot{\bar{\boldsymbol{u}}}^{\mathrm{e}} \tag{6-107}$$

记

$$\overline{\boldsymbol{M}}_{\mathrm{u}}^{\mathrm{e}} = \int_0^l \rho A(\bar{x})\boldsymbol{N}^{\mathrm{T}}\boldsymbol{N}\mathrm{d}\bar{x} \tag{6-108}$$

称为轴向杆单元的单元质量矩阵，将式(6-79)代入上式，积分可得单元质量矩阵。当杆件截面为等截面时，有

$$\overline{\boldsymbol{M}}_{\mathrm{u}}^{\mathrm{e}}=\frac{\rho A l}{6}\begin{bmatrix}2 & 1\\ 1 & 2\end{bmatrix} \tag{6-109}$$

于是其轴向振动动能表达式为

$$T_{\mathrm{u}}^{\mathrm{e}}=\frac{1}{2}[\dot{\boldsymbol{u}}^{\mathrm{e}}]^{\mathrm{T}}\overline{M}_{\mathrm{u}}^{\mathrm{e}}\dot{\boldsymbol{u}}^{\mathrm{e}} \tag{6-110}$$

2)梁单元

同样,对弯曲变形的梁单元,若采用 Euler-Bernoulli 梁的理论,即不考虑微段的转动动能,此时其横向振动的动能为

$$T_{\mathrm{v}}^{\mathrm{e}}=\frac{1}{2}\int_0^l \rho A(\bar{x})[\dot{v}(\bar{x},t)]^2\mathrm{d}\bar{x} \tag{6-111}$$

将式(6-82)代入式(6-111),得

$$T_{\mathrm{v}}^{\mathrm{e}}=\frac{1}{2}\int_0^l \rho A(\bar{x})[\boldsymbol{\Psi}\dot{\bar{v}}^{\mathrm{e}}]^2\mathrm{d}\bar{x}=\frac{1}{2}[\dot{\bar{v}}^{\mathrm{e}}]^{\mathrm{T}}\left\{\int_0^l \rho A(\bar{x})\boldsymbol{\Psi}^{\mathrm{T}}\boldsymbol{\Psi}\mathrm{d}\bar{x}\right\}\dot{\bar{\boldsymbol{v}}}^{\mathrm{e}} \tag{6-112}$$

记

$$\overline{\boldsymbol{M}}_{\mathrm{v}}^{\mathrm{e}}=\int_0^l \rho A(\bar{x})\boldsymbol{\Psi}^{\mathrm{T}}\boldsymbol{\Psi}\mathrm{d}\bar{x} \tag{6-113}$$

称为梁单元的单元质量矩阵。将式(6-83)代入上式,积分便可得梁单元的单元质量矩阵,若梁是等截面直梁,有

$$\overline{\boldsymbol{M}}_{\mathrm{v}}^{\mathrm{e}}=\frac{\rho A l}{420}\begin{bmatrix}156 & 22l & 54 & -13l\\ 22l & 4l^2 & 13l & -3l^2\\ 54 & 13l & 156 & -22l\\ -13l & -3l^2 & -22l & 4l^2\end{bmatrix} \tag{6-114}$$

于是其弯曲振动的动能可写为

$$T_{\mathrm{v}}^{\mathrm{e}}=\frac{1}{2}[\dot{\boldsymbol{v}}^{\mathrm{e}}]^{\mathrm{T}}\overline{\boldsymbol{M}}_{\mathrm{v}}^{\mathrm{e}}\dot{\boldsymbol{v}}^{\mathrm{e}} \tag{6-115}$$

3)平面一般杆单元

对平面一般单元,既有轴向变形又有弯曲变形,其总的动能等于单元轴向振动的动能和弯曲振动的动能之和,即

$$T^{\mathrm{e}}=T_{\mathrm{v}}^{\mathrm{e}}+T_{\mathrm{v}}^{\mathrm{e}}=\frac{1}{2}[\dot{\boldsymbol{u}}^{\mathrm{e}}]^{\mathrm{T}}\boldsymbol{M}_{\mathrm{u}}^{\mathrm{e}}\dot{\boldsymbol{u}}^{\mathrm{e}}+\frac{1}{2}[\dot{\boldsymbol{v}}^{\mathrm{e}}]^{\mathrm{T}}M_{\mathrm{v}}^{\mathrm{e}}\dot{\boldsymbol{v}}^{\mathrm{e}} \tag{6-116}$$

同样,将该式展开后,再按式(6-75)或式(6-74)所示的位移顺序重新排列,重新组合后有

$$T^{\mathrm{e}}=\frac{1}{2}[\dot{\boldsymbol{q}}^{\mathrm{e}}]^{\mathrm{T}}\overline{\boldsymbol{M}}^{\mathrm{e}}\dot{\boldsymbol{q}}^{\mathrm{e}} \tag{6-117}$$

其中

$$\overline{\boldsymbol{M}}^{\mathrm{e}}=\frac{\rho A l}{420}\begin{bmatrix}140 & 0 & 0 & 70 & 0 & 0\\ 0 & 156 & 22l & 0 & 54 & -13l\\ 0 & 22l & 4l^2 & 0 & 13l & -3l^2\\ 70 & 0 & 0 & 140 & 0 & 0\\ 0 & 54 & 13l & 0 & 156 & -22l\\ 0 & -13l & -3l^2 & 0 & -22l & 4l^2\end{bmatrix} \tag{6-118}$$

此式即为一般平面等截面直杆单元的单元质量矩阵。显然,单元质量矩阵也是对称的。

由于计算质量矩阵时所采用的位移插值函数与计算刚度矩阵时的插值函数相同,故所得的质量矩阵也称为一致质量矩阵。确定单元的质量特性,也可以按集中质量法将单元的全部质量集聚在某些需要计算平动位移的节点上,这种方法得到的质量矩阵称作是集中质量矩阵。对等截面平面杆件单元,可简单地将单元的质量集中到两个结点上,其集中质量矩阵为

$$\overline{\boldsymbol{M}}_{\mathrm{C}}^{\mathrm{e}}=\frac{\rho A l}{2}\begin{bmatrix}1&0&0&0&0&0\\0&1&0&0&0&0\\0&0&0&0&0&0\\0&0&0&1&0&0\\0&0&0&0&1&0\\0&0&0&0&0&0\end{bmatrix}\tag{6-119}$$

利用一致质量矩阵进行有限元计算要比利用集中质量矩阵进行有限元计算的工作量大很多,主要是因为一致质量矩阵不是对角矩阵而集中质量矩阵是对角矩阵,而且利用集中质量法时可以用静力凝聚的方法消除那些转动自由度,但采用一致质量矩阵时转动自由度是必须要作为变量求解的。采用一致质量矩阵也有其优点,首先,它的计算精度要比集中质量法高,并且随着有限单元数目的增加能迅速收敛到精确解;其次,在一致质量法中,势能和动能的计算采用了一致的方法,因此我们可以知道固有频率的计算值与精确值的近似程度。因为一致质量法的优点难以胜过其为之付出的高昂代价,因此在实际工程中广泛采用集中质量矩阵。

6.6.4 等效结点荷载

作用于结构上的动力荷载根据其作用的位置可分为两类:一类是作用在结构结点上与位移坐标相对应的集中荷载;另一类是作用在杆件上的分布荷载或者集中荷载。对第一类荷载即所谓直接结点荷载,可直接写入结构的荷载向量中,而对第二类作用于单元上的荷载,则需要将其等效为与对应单元的结点位移分量相对应的广义力,即所谓等效结点荷载。计算等效结点荷载常采用虚位移原理。

1)杆单元

考虑单元上作用有沿杆轴方向分布的荷载$f(\bar{x},t)$和若干个集中力$F_{\mathrm{u}i}(\bar{x}_i,t)$($i=1,2,\cdots,n$),其等效到结点上的等效结点荷载向量设为

$$\overline{\boldsymbol{P}}_{\mathrm{u}}^{\mathrm{e}}=\{\overline{P}_{\mathrm{u1}}^{\mathrm{e}}\quad\overline{P}_{\mathrm{u2}}^{\mathrm{e}}\}^{\mathrm{T}}\tag{6-120}$$

给单元各结点一个虚位移,则由式(6-18)知整个单元的虚位移为

$$\boldsymbol{\delta}\bar{u}^{\mathrm{e}}(\bar{x},t)=\boldsymbol{N}\cdot\boldsymbol{\delta}\bar{\boldsymbol{u}}^{\mathrm{e}}=[\boldsymbol{\delta}\bar{\boldsymbol{u}}^{\mathrm{e}}]^{\mathrm{T}}\boldsymbol{N}^{\mathrm{T}}\tag{6-121}$$

由虚位移原理知,等效结点荷载在结点虚位移上所做的虚功应该等于单元上的外荷载所做的虚功,即

$$[\boldsymbol{\delta}\bar{\boldsymbol{u}}^{\mathrm{e}}]^{\mathrm{T}}\overline{\boldsymbol{P}}_{\mathrm{u}}^{\mathrm{e}}=\int_0^l\Big[f(\bar{x},t)+\sum_{i=1}^{n}F_{\mathrm{u}i}(\bar{x}_i,t)\delta(\bar{x}-\bar{x}_i)\Big]\delta u^{\mathrm{e}}(\bar{x},t)\,\mathrm{d}\bar{x}\tag{6-122}$$

将式(6-121)代入上式的右侧,有

$$\begin{aligned}&\int_0^l\Big[f(\bar{x},t)+\sum_{i=1}^{n}F_{\mathrm{u}i}(\bar{x}_i,t)\delta(\bar{x}-\bar{x}_i)\Big]\delta\bar{u}^{\mathrm{e}}(\bar{x},t)\,\mathrm{d}\bar{x}\\&=[\delta\bar{u}^{\mathrm{e}}]^{\mathrm{T}}\int_0^l\Big[f(\bar{x},t)+\sum_{i=1}^{n}F_{\mathrm{u}i}(\bar{x}_i,t)\delta(\bar{x}-\bar{x}_i)\Big]\cdot\boldsymbol{N}^{\mathrm{T}}\mathrm{d}\bar{x}\end{aligned}\tag{6-123}$$

故知

$$\bar{\boldsymbol{P}}_{\mathrm{u}}^{\mathrm{e}} = \int_0^l \left[f(\bar{x},t) + \sum_{i=1}^{n} F_{\mathrm{u}i}(\bar{x}_i,t)\delta(\bar{x}-\bar{x}_i) \right] \cdot \boldsymbol{N}^{\mathrm{T}} \mathrm{d}\bar{x} \tag{6-124}$$

2)梁单元

考虑单元上作用有垂直于杆轴方向分布的荷载 $q(\bar{x},t)$ 和若干个集中力 $F_{\mathrm{v}i}(\bar{x}_i,t)(i=1,2,\cdots,n)$,其等效到结点上的等效结点荷载向量设为

$$\bar{\boldsymbol{P}}_{\mathrm{v}}^{\mathrm{e}} = \{\bar{P}_{\mathrm{v1}}^{\mathrm{e}} \quad \bar{P}_{\mathrm{v2}}^{\mathrm{e}} \quad \bar{P}_{\mathrm{v3}}^{\mathrm{e}} \quad \bar{P}_{\mathrm{v4}}^{\mathrm{e}}\}^{\mathrm{T}} \tag{6-125}$$

给单元各结点一个虚位移,则由式(6-82)知整个单元的虚位移为

$$\boldsymbol{\delta}\bar{\boldsymbol{v}}^{e}(\bar{x},t) = \boldsymbol{\Psi} \cdot \boldsymbol{\delta}\bar{\boldsymbol{v}}^{\mathrm{e}} = [\boldsymbol{\delta}\bar{\boldsymbol{v}}^{\mathrm{e}}]^{\mathrm{T}} \boldsymbol{\Psi}^{\mathrm{T}} \tag{6-126}$$

由虚位移原理知

$$[\boldsymbol{\delta}\bar{\boldsymbol{v}}^{\mathrm{e}}]^{\mathrm{T}} \bar{\boldsymbol{P}}_{\mathrm{v}}^{\mathrm{e}} = \int_0^l \left[q(\bar{x},t) + \sum_{i=1}^{n} F_{\mathrm{v}i}(\bar{x}_i,t)\delta(\bar{x}-\bar{x}_i) \right] \delta\bar{v}^{\mathrm{e}}(\bar{x},t)\,\mathrm{d}\bar{x} \tag{6-127}$$

将式(6-126)代入上式的右侧,有

$$\begin{aligned} &\int_0^l \left[q(\bar{x},t) + \sum_{i=1}^{n} F_{\mathrm{v}i}(\bar{x}_i,t)\delta(\bar{x}-\bar{x}_i) \right] \boldsymbol{\delta}\bar{\boldsymbol{v}}^{\mathrm{e}}(\bar{x},t)\,\mathrm{d}\bar{x} \\ &= [\boldsymbol{\delta}\bar{\boldsymbol{v}}^{\mathrm{e}}]^{\mathrm{T}} \int_0^l \left[q(\bar{x},t) + \sum_{i=1}^{n} F_{vi}(\bar{x}_i,t)\delta(\bar{x}-\bar{x}_i) \right] \cdot \boldsymbol{\Psi}^{\mathrm{T}} \mathrm{d}\bar{x} \end{aligned} \tag{6-128}$$

于是知

$$\bar{\boldsymbol{P}}_{\mathrm{v}}^{\mathrm{e}} = \int_0^l \left[q(\bar{x},t) + \sum_{i=1}^{n} F_{vi}(\bar{x}_i,t)\delta(\bar{x}-\bar{x}_i) \right] \cdot \boldsymbol{\Psi}^{\mathrm{T}} \mathrm{d}\bar{x} \tag{6-129}$$

3)平面一般杆单元

利用式(6-124)和式(6-129)可以分别计算出其沿轴向和横向的等效结点荷载子向量 $\bar{\boldsymbol{P}}_{\mathrm{u}}^{\mathrm{e}}$ 和 $\bar{\boldsymbol{P}}_{\mathrm{v}}^{\mathrm{e}}$,将这些向量中的各元素按单元的结点位移分量顺序 $\bar{\boldsymbol{q}}^{\mathrm{e}} = \{\bar{u}_1^{\mathrm{e}} \quad \bar{v}_1^{\mathrm{e}} \quad \bar{v}_2^{\mathrm{e}} \quad \bar{u}_2^{\mathrm{e}} \quad \bar{v}_3^{\mathrm{e}} \quad \bar{v}_4^{\mathrm{e}}\}^{\mathrm{T}}$ 重新排列,即可得到平面一般单元的等效结点荷载向量

$$\bar{\boldsymbol{P}}^{\mathrm{e}} = \{\bar{P}_{\mathrm{u1}}^{\mathrm{e}} \quad \bar{P}_{\mathrm{v1}}^{\mathrm{e}} \quad \bar{P}_{\mathrm{v2}}^{\mathrm{e}} \quad \bar{P}_{\mathrm{u2}}^{\mathrm{e}} \quad \bar{P}_{\mathrm{v3}}^{\mathrm{e}} \quad \bar{P}_{\mathrm{v4}}^{\mathrm{e}}\}^{\mathrm{T}} \tag{6-130}$$

在建立了单元的动能、势能和沿广义坐标方向的非保守力向量的表达式式(6-117)、式(6-104)和式(6-130)之后, 由 Lagrange 方程不难得到该单元的动力平衡方程

$$\bar{\boldsymbol{M}}^{\mathrm{e}} \ddot{\bar{\boldsymbol{q}}}^{\mathrm{e}} + \bar{\boldsymbol{K}}^{\mathrm{e}} \bar{\boldsymbol{q}}^{\mathrm{e}} = \bar{\boldsymbol{P}}^{\mathrm{e}} \tag{6-131}$$

6.6.5 坐标变换

上述单元动力学方程式(6-131)中的各种物理量都是在局部坐标系下的,与静力有限元一样,为了进行结构动力分析,必须利用变形协调条件和平衡条件将各单元连接成一个整体,为此,须首先将所有单元的内力、位移、加速度等物理量转换到统一的整体坐标系下。

局部坐标系 $O\text{-}\bar{x}\bar{y}$ 与整体坐标系 $O\text{-}xy$ 的关系如图 6-14a)所示,假设局部坐标的 $\bar{x}$ 轴由整体坐标的 x 轴逆时针方向转过一个 α 角得到,α 以逆时针方向为正。某一点 i 的位移在两种坐标系中投影如图 6-14b)所示。不难知道,该点的位移在两个坐标系中的分量具有以下关系

$$\bar{\boldsymbol{q}}_i^{\mathrm{e}} = \begin{Bmatrix} \bar{u}_i^{\mathrm{e}} \\ \bar{v}_i^{\mathrm{e}} \\ \bar{\varphi}_i^{\mathrm{e}} \end{Bmatrix} = \begin{bmatrix} \cos\alpha & \sin\alpha & 0 \\ -\sin\alpha & \cos\alpha & 0 \\ 0 & 0 & 1 \end{bmatrix} \begin{Bmatrix} u_i^{\mathrm{e}} \\ v_i^{\mathrm{e}} \\ \varphi_i^{\mathrm{e}} \end{Bmatrix} = \boldsymbol{t}\boldsymbol{q}_i^{\mathrm{e}} \tag{6-132}$$

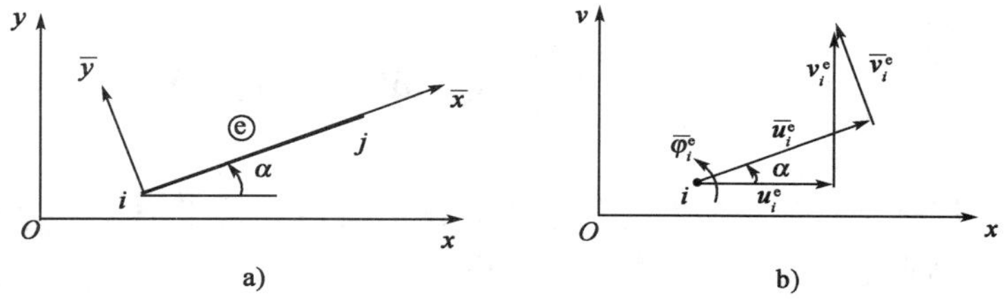

图 6-14 坐标转换关系

同样，单元另一端 j 的位移在两个坐标系中也具有相同的关系，将这两个结点的位移在两个坐标系下的关系写在一起，即

$$\bar{\boldsymbol{q}}^e = \begin{bmatrix} \boldsymbol{t} & 0 \\ 0 & \boldsymbol{t} \end{bmatrix} \begin{Bmatrix} \boldsymbol{q}_i^e \\ \boldsymbol{q}_j^e \end{Bmatrix} = \boldsymbol{T}\boldsymbol{q}^e \tag{6-133}$$

式中：$\boldsymbol{T}$——坐标变换矩阵。

容易验证，坐标变换矩阵是一个正交矩阵，即

$$\boldsymbol{T}^{\mathrm{T}} = \boldsymbol{T}^{-1} \tag{6-134}$$

显然，单元两端的加速度列阵、杆端力列阵在两个坐标系下都具有式(6-133)所示的转换关系，即

$$\ddot{\bar{\boldsymbol{q}}}^e = \boldsymbol{T}\ddot{\boldsymbol{q}}^e, \bar{\boldsymbol{P}}^e = \boldsymbol{T}\boldsymbol{P}^e \tag{6-135}$$

将式(6-133)、式(6-135)代入式(6-131)，并在两边同时乘以 $\boldsymbol{T}^{\mathrm{T}}$，考虑到式(6-134)，得

$$\boldsymbol{M}^e\ddot{\boldsymbol{q}}^e + \boldsymbol{K}^e\boldsymbol{q}^e = \boldsymbol{P}^e \tag{6-136}$$

式中

$$\boldsymbol{M}^e = \boldsymbol{T}^{\mathrm{T}}\bar{\boldsymbol{M}}^e\boldsymbol{T}, \boldsymbol{K}^e = \boldsymbol{T}^{\mathrm{T}}\bar{\boldsymbol{K}}^e\boldsymbol{T} \tag{6-137}$$

分别称为整体坐标系下的单元质量矩阵和单元刚度矩阵。

式(6-136)即为单元在整体坐标系下的运动微分方程。

6.6.6 全系统的动力学方程

以上建立了一个典型单元的运动微分方程，但还不能求解，因为它没有反映各单元之间的联系以及结构的约束条件。对一个结构来说，它是由许多这样的单元组成的，我们要进行结构动力分析，必须用这些单元组装成原结构，组装的过程同时考虑变形协调条件和平衡条件。和静力分析问题一样，组装的结果，就等同于将各单元的单元刚度矩阵、质量矩阵以及荷载向量按照定位向量的编码直接对号入座叠加，如此可得整个结构的运动方程

$$\boldsymbol{M}\ddot{\boldsymbol{q}} + \boldsymbol{K}\boldsymbol{q} = \boldsymbol{P} \tag{6-138}$$

这是一个具有若干个自由度的运动微分方程，可利用第 3 章的方法加以求解，这里不再赘述。需要说明的是，在确定每个单元的定位向量的时候，如果已经考虑了全部约束条件，即所谓边界条件的先处理法，那么方程式(6-138)便可求解。如果确定每个单元的定位向量时不考虑约束条件，那么在得到运动方程组式(6-138)后，还要再引入边界条件才能求解，即所谓边界条件后处理法。读者可参考结构矩阵分析的有关书籍。

例 6.10 如图 6-15a)所示等截面悬臂梁，其长度为 l，单位长度的质量为 ρA，抗弯刚度为 EI。试采用两个单元，建立此结构自由振动时的有限元动力方程，并求其自由振动的固有

频率。

解:(1)结构离散化编码

将梁划分成两个等长度的单元,每个单元的长度均为 $l/2$,相应的单元和结点编号如图6-15a)所示。由于只考虑梁的横向弯曲变形,所以每个结点只有竖向位移和转角两个自由度,如果采用边界条件的先处理法,则结点1处的两个自由度全部被约束住了,故将其位移分量整体编号为(0,0),剩下结点2和结点3处的位移分量整体编码见图6-15b)。两个单元两端的位移分量局部编码见图6-15c)。

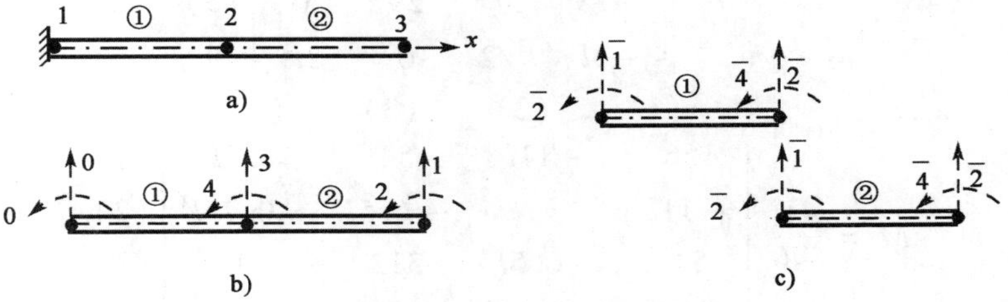

图6-15　悬臂梁及其有限元模型

(2)建立单元刚度矩阵和质量矩阵

利用式(6-101)和式(6-114)可分别写出每个单元在局部坐标下的刚度矩阵和质量矩阵,注意每个单元的长度为 $l/2$。由于本结构的两个单元局部坐标和整体坐标方向均一致,故不需要做坐标变换,其整体坐标系中的单元刚度矩阵和质量矩阵与局部坐标系中的相应矩阵完全相同,即

$$\boldsymbol{K}_{\mathrm{v}}^{1}=\frac{8EI}{l^{3}}\begin{array}{c}\begin{array}{cccc}(0) & (0) & (3) & (4)\end{array}\\ \begin{bmatrix}12 & 3l & -12 & 3l\\ 3l & l^{2} & -3l & l^{2}/2\\ -12 & -3l & 12 & -3l\\ 3l & l^{2}/2 & -3l & l^{2}\end{bmatrix}\end{array}\begin{array}{c}(0)\\(0)\\(3)\\(4)\end{array}$$

$$\boldsymbol{K}_{\mathrm{v}}^{2}=\frac{8EI}{l^{3}}\begin{array}{c}\begin{array}{cccc}(3) & (4) & (1) & (2)\end{array}\\ \begin{bmatrix}12 & 3l & -12 & 3l\\ 3l & l^{2} & -3l & l^{2}/2\\ -12 & -3l & 12 & -3l\\ 3l & l^{2}/2 & -3l & l^{2}\end{bmatrix}\end{array}\begin{array}{c}(3)\\(4)\\(1)\\(2)\end{array}$$

$$\boldsymbol{M}_{\mathrm{v}}^{1}=\frac{\rho Al}{840}\begin{array}{c}\begin{array}{cccc}(0) & (0) & (3) & (4)\end{array}\\ \begin{bmatrix}156 & 11l & 54 & -6.5l\\ 11l & l^{2} & 6.5l & -0.75l^{2}\\ 54 & 6.5l & 156 & -11l\\ -6.5l & 0.75l^{2} & -11l & l^{2}\end{bmatrix}\end{array}\begin{array}{c}(0)\\(0)\\(3)\\(4)\end{array}$$

$$\boldsymbol{M}_{\mathrm{v}}^{2}=\frac{\rho Al}{840}\begin{array}{c}\begin{array}{cccc}(3) & (4) & (1) & (2)\end{array}\\ \begin{bmatrix}156 & 11l & 54 & -6.5l\\ 11l & l^{2} & 6.5l & -0.75l^{2}\\ 54 & 6.5l & 156 & -11l\\ -6.5l & 0.75l^{2} & -11l & l^{2}\end{bmatrix}\end{array}\begin{array}{c}(3)\\(4)\\(1)\\(2)\end{array}$$

(3)建立结构刚度矩阵和质量矩阵

将各单元的刚度矩阵和质量矩阵按照其定位向量的编码送入结构刚度矩阵和质量矩阵中，

得

$$
\begin{array}{c} \\ \boldsymbol{K} = \dfrac{8EI}{l^3} \end{array}
\begin{array}{c}
\begin{matrix} (1) & (2) & (3) & (4) \end{matrix} \\
\begin{bmatrix} 12 & -3l & -12 & -3l \\ -3l & l^2 & 3l & l^2/2 \\ -12 & 3l & 24 & 0 \\ -3l & l^2/2 & 0 & 2l^2 \end{bmatrix}
\end{array}
\begin{matrix} \\ (1) \\ (2) \\ (3) \\ (4) \end{matrix}
$$

$$
\begin{array}{c} \\ \boldsymbol{M} = \dfrac{\rho A l}{840} \end{array}
\begin{array}{c}
\begin{matrix} (1) & (2) & (3) & (4) \end{matrix} \\
\begin{bmatrix} 156 & -11l & 54 & 6.5l \\ -11l & l^2 & -6.5l & -0.75l^2 \\ 54 & -6.5l & 312 & 0 \\ 6.5l & -0.75l^2 & 0 & 2l^2 \end{bmatrix}
\end{array}
\begin{matrix} \\ (1) \\ (2) \\ (3) \\ (4) \end{matrix}
$$

(4)求解特征值问题

求解特征问题的方程

$$(\boldsymbol{K} - \omega^2 \boldsymbol{M})\boldsymbol{\phi} = \boldsymbol{0}$$

可得

$$\omega_1 = \frac{3.518}{l^2}\sqrt{\frac{EI}{\rho A}},\omega_2 = \frac{22.222}{l^2}\sqrt{\frac{EI}{\rho A}}$$

$$\omega_3 = \frac{75.157}{l^2}\sqrt{\frac{EI}{\rho A}},\omega_4 = \frac{218.138}{l^2}\sqrt{\frac{EI}{\rho A}}$$

习题

6.1　一长为 l 的等截面悬臂梁，其横截面积为 A，抗弯刚度为 EI，质量密度为 ρ。若将梁分成两段，质量分别集中到每一段的端点，试用集中质量法计算前两阶固有频率。

6.2　题6.2图所示等截面悬臂梁的弯曲刚度为 EI，横截面积为 A，质量密度为 ρ，若分别取第一振型函数为

(1) $\psi(x) = c\left(1 - \cos\dfrac{\pi x}{2l}\right)$，$c$ 为一非零常数。

(2)梁的自重挠曲线 $\psi(x) = -\dfrac{mg}{24EI}(x^4 - 4lx^3 + 6l^2x^2)$。

试用 Rayleigh 法求系统基频的近似值。

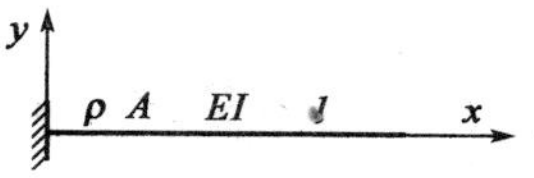

题6.2图

6.3　题6.3图所示等截面简支梁的弯曲刚度为 EI，横截面积为 A，质量密度为 ρ，弹簧支座的刚度系数为 $k = \dfrac{12EI}{l^3}$。若假设第一阶振型为 $\psi(x) = c\sin\dfrac{\pi x}{l}$，其中 c 为一非零常数，试用 Rayleigh 法求系统基频的近似值。

6.4　题6.4图所示等截面简支梁的弯曲刚度为 EI，横截面积为 A，质量密度为 ρ，弹簧支座的刚度系数为 $k=\dfrac{6EI}{l^3}$，若假设第一阶振型为 $\psi(x)=c\left(1-\cos\dfrac{\pi x}{2l}\right)$，其中 c 为一非零常数，试用 Rayleigh 法求系统基频的近似值。

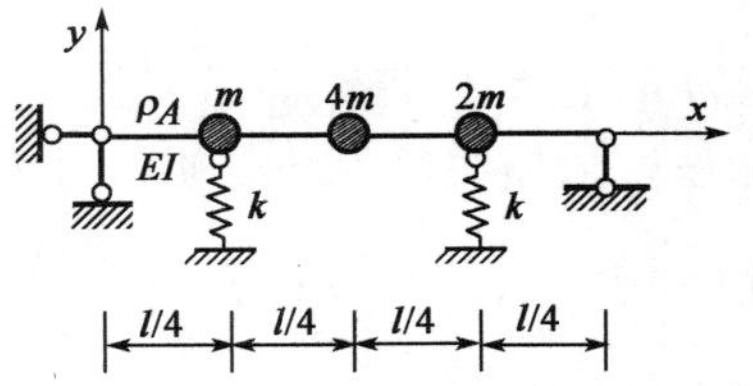

题6.3图

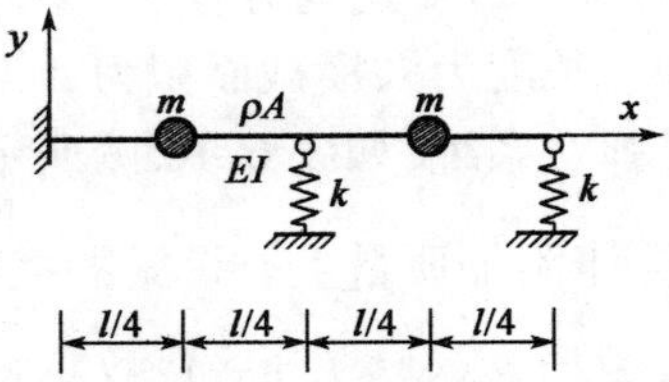

题6.4图

6.5　设有一变截面悬臂梁如题6.5图所示，梁的厚度 b 为常数，截面高度为 $h(x)=h_0\left(1+\dfrac{x}{l}\right)$，试用 Rayleigh 法估算系统的基频。

6.6　设有一变截面简支梁如题6.6图所示，其横截面积与惯性矩均按简谐规律变化，分别为

$$A(x)=A_0\left(1+\sin\frac{\pi x}{l}\right),I(x)=I_0\left(1+\sin\frac{\pi x}{l}\right)^3$$

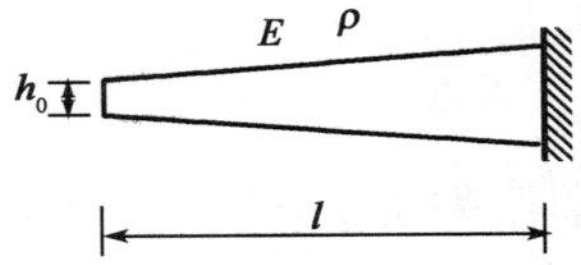

题6.5图

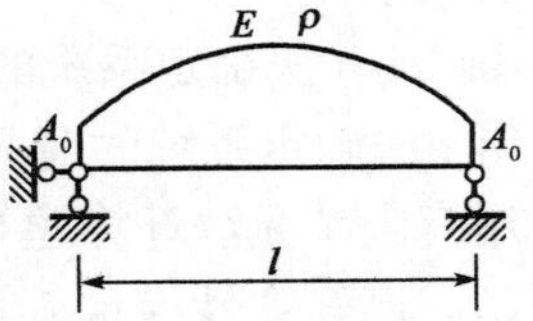

题6.6图

试用 Rayleigh 法估算系统的基频。

6.7　题6.7图所示等截面简支梁的弯曲刚度为 EI，质量密度为 ρ，横截面积为 A，梁上有两个集中质量 $m_1=m_2=\rho Al/2$，试用 Ritz 法近似求解系统的前二阶固有频率和主振型函数。基函数可取均质等截面简支梁的振型函数。

6.8　题6.8图所示变截面杆，其弹性模量为 E，质量密度为 ρ，横截面积的变化规律为 $A(x)=A_0\left[1-\dfrac{1}{2}\left(\dfrac{x}{l}\right)^2\right]$。试用 Ritz 法近似求解系统的前二阶固有频率和主振型函数。基函数可取均质等截面杆纵向振动的振型函数。

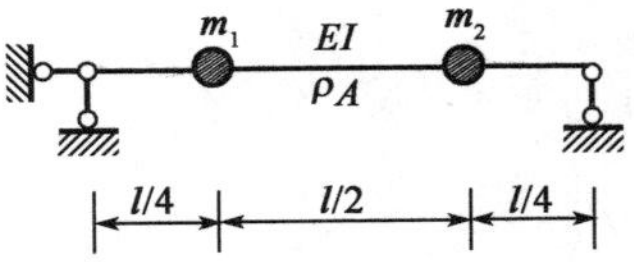

题6.7图

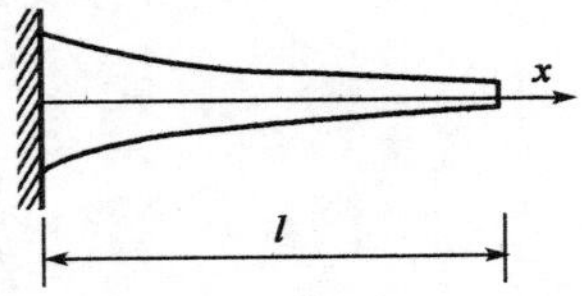

题6.8图

6.9 长度为l、横截面积为A、密度为ρ、弯曲刚度为EI的均质等截面梁两端由两个刚度系数分别为k_1和k_2的弹簧支承，如题6.9图所示，梁上有均布的简谐激励力$q_0\sin\theta t$。设梁的挠度为$w(x,t)=\sum_{i=1}^{2}\phi_i(x)q_i(t)$，其中$\phi_1(x)=\sin\frac{\pi x}{l}$，$\phi_2(x)=1$。试用广义坐标法建立广义坐标$q_i(t)(i=1,2)$的运动方程。

6.10 长度为l、横截面积为A、密度为ρ、弯曲刚度为EI的均质等截面悬臂梁，自由端附加一质量弹簧系统，如题6.10图所示，弹簧的刚度系数为k，附加质量为m。初始时突然作用集中力F_0于附加质量上。设梁的挠度为$w(x,t)=\sum_{i=1}^{3}\phi_i(x)q_i(t)$，其中$\phi_i(x)=\left(\frac{x}{l}\right)^{i+1}$$(i=1,2,3)$。试用广义坐标法建立广义坐标$q_i(t)(i=1,2,3)$的运动方程。

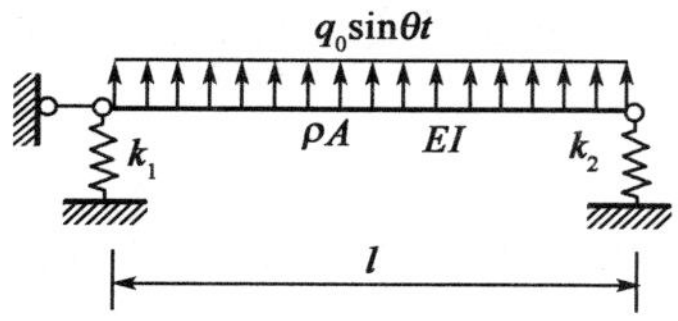

题6.9图

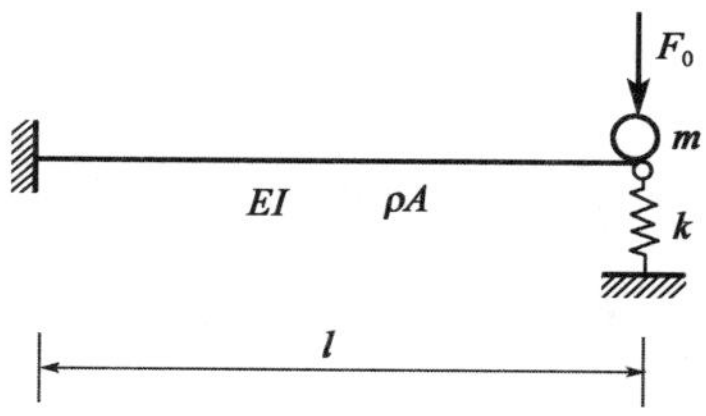

题6.10图

6.11 如题6.11图所示的悬臂梁，自由端有一集中质量$m=\rho Al$，在$x=l/2$处有一刚度系数为k的弹簧支承。

(1)用Rayleigh法确定系统的基频。

(2)用Ritz法确定系统的前两阶频率。

6.12 用有限单元法计算题6.12图所示具有分布质量刚架的第一和第二阶自振频率及相应的主振型。已知弹性模量$E=2.5\times10^{10}\text{N/m}^2$，材料密度$\rho=2.5\times10^3\text{kg/m}^3$。柱子横截面积$A_1=0.01\text{m}^2$，惯性矩$I_1=8.33\times10^{-6}\text{m}^4$；梁的横截面积$A_2=0.015\text{m}^2$，惯性矩$I_2=2.8125\times10^{-5}\text{m}^4$。

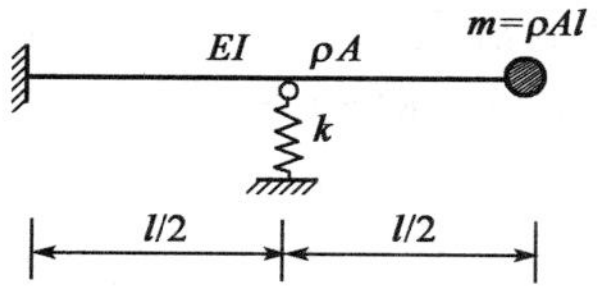

题6.11图

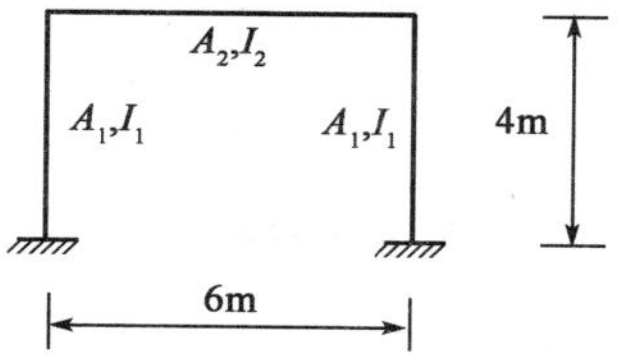

题6.12图

6.13 长度为l、横截面积为A、密度为ρ、弯曲刚度为EI的均质等截面两端固定梁，将梁分成两个等长度的单元，试用有限单元法计算梁弯曲振动的固有频率。

参 考 文 献

[1] 倪振华.振动力学[M].西安:西安交通大学出版社,1989.

[2] 刘延柱,陈立群,陈文良.振动力学[M].北京:高等教育出版社,2011.

[3] 张相庭,王志培,黄本才,等.结构振动力学[M].上海:同济大学出版社,2005.

[4] 张子明,周星德,姜冬菊.结构动力学[M].北京:中国电力出版社,2009.

[5] 刘晶波,杜修力.结构动力学[M].北京:机械工业出版社,2014.

[6] 马建勋.高等结构动力学[M].西安:西安交通大学出版社,2012.

[7] 刘章军,陈建兵.结构动力学[M].北京:中国水利水电出版社,2012.

[8] 盛宏玉.结构动力学[M].合肥:合肥工业大学出版社,2012.

[9] 赵光恒.结构动力学[M].北京:中国水利水电出版社,1996.

[10] 朱慈勉.结构力学[M].北京:高等教育出版社,2004.

[11] 李廉锟.结构力学[M].北京:高等教育出版社,2010.

[12] 谢官模.振动力学[M].北京:国防工业出版社,2011.

[13] 唐友刚.高等结构动力学[M].天津:天津大学出版社,2002.

[14] R W Clough, Joseph Penzien. Dynamics of structures[M]. Computers and Structures, Inc., 2003.

[15] W T Thomson, M D Dahleh. Theory of vibration with applications[M]. Beijing: Tsinghua University Press, 2005.